中国新材料产业发展报告
（2018）

国家发展和改革委员会创新和高技术发展司
工业和信息化部原材料工业司　编写
中国材料研究学会

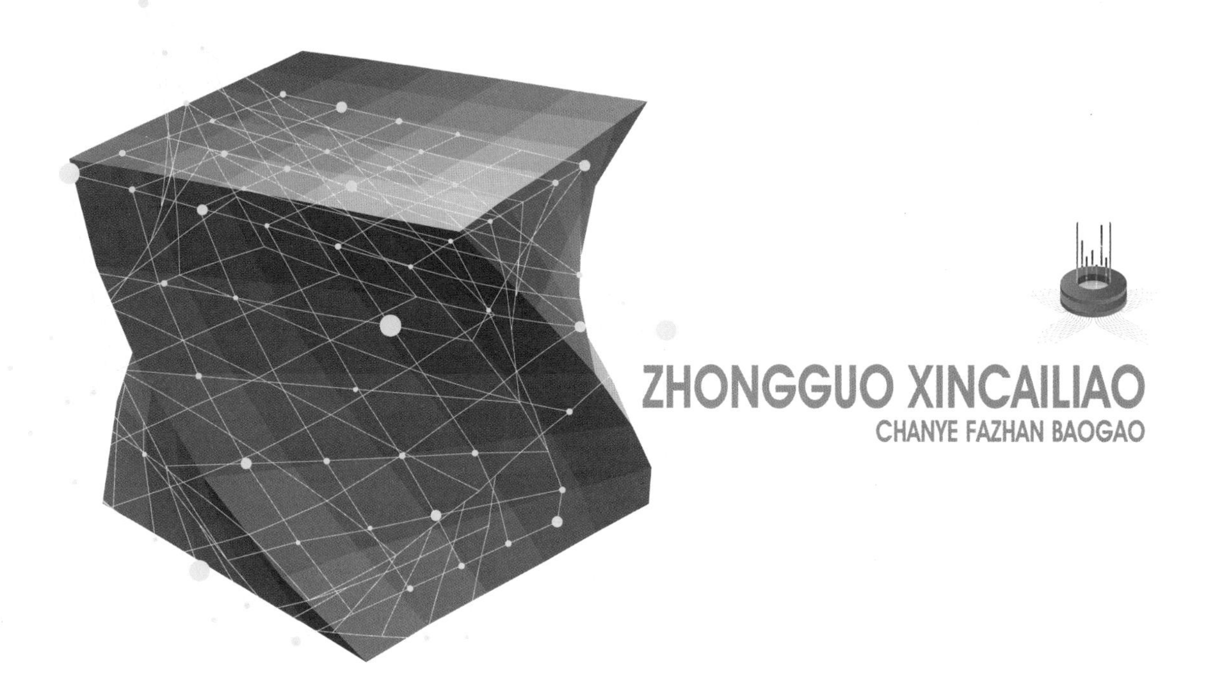

·北京·

图书在版编目（CIP）数据

中国新材料产业发展报告. 2018/国家发展和改革委员会创新和高技术发展司，工业和信息化部原材料工业司，中国材料研究学会编写. —北京：化学工业出版社，2019.7

ISBN 978-7-122-34572-1

Ⅰ. ①中… Ⅱ. ①国… ②工… ③中… Ⅲ. ①工程材料-研究报告-中国-2018 Ⅳ. ①TB3

中国版本图书馆CIP数据核字（2019）第101758号

责任编辑：刘丽宏　　　　文字编辑：余纪军
责任校对：杜杏然　　　　装帧设计：王晓宇

出版发行：化学工业出版社（北京市东城区青年湖南街13号　邮政编码100011）
印　　装：北京缤索印刷有限公司
787mm×1092mm　1/16　印张24½　字数453千字　2019年7月北京第1版第1次印刷

购书咨询：010-64518888　　售后服务：010-64518899
网　　址：http://www.cip.com.cn
凡购买本书，如有缺损质量问题，本社销售中心负责调换。

定　　价：188.00元

《中国新材料产业发展报告（2018）》
编委会

前言

新材料产业是我国建设高端制造业强国和推动战略新兴产业的关键支撑基础。最近几年，我国的新材料产业发展势头强劲，一些创新能力强、具有核心竞争力、产值过百亿元的龙头企业开始涌现，一批行业突出、产业配套齐全的新材料产业集群不断形成，一批批新材料专业型骨干企业蓬勃发展，我国的新材料产业正在逐步走向自主创新、协同发展的道路。

然而，我们也必须清楚地看到，当前，我国的新材料产业从整体上看仍然处于跟踪模仿和产业化培育的初期阶段，无论是创新能力，还是竞争实力，都与国际先进水平存在较大的差距。高端制造业中数控机床、高档装备仪器等以及运载火箭、大飞机、航空发动机、汽车等关键精加工生产线上95%以上制造及检测设备都依赖进口。我国的新材料产业与发达国家还存在几十年的差距。当前和今后一个时期，我们不仅面临着自主创新的压力，更面临着残酷的国际竞争的压力。建设制造业强国，打造战略新兴产业，我们还有艰难的路要走，还需要付出不懈的努力。

为助力推进我国新材料产业健康快速发展，由中国材料研究学会发起，联合国家新材料产业发展专家咨询委员会，在2018年12月19日~22日共同主办了“第一届中国新材料产业发展大会（2018）”。大会就当前我国新材料产业发展的整体形势和行业热点领域存在的问题进行了深入讨论，形成了大会宣言（蓝皮书）和部分重要行业领域蓝皮书以及产业发展报告。

本书以本次大会为依托，首篇特别邀请了科学技术部高新技术发展及产业化司曹国英副司长从战略和全局的高度深刻论述我国新材料科技面临的问题和破解对策；专题篇包括第三代半导体材料、石墨烯、超硬材料、高性能纤维及其复合材料，稀土新材料、环境工程材料、新型绿色建筑材料、手机新材料、生物医用材料、绿色涂装材料、液态金属新材料、锂电池等热点新材料领域。第三篇为新材料园区篇。力争全面反映2018年中国当前新材料产业发展态势、问题和拟解决的途径，以及一些关键行业领域新材料产业动态和突破着力点（给出了大量新材料技术数据及行业领先企业的发展信息），为从事新材料事业以及关心和支持中国新材料产业发展的社会各界人士提供重要的参考资料。

我们谨代表本书编委会，对参与本书编写工作的各位作者表示衷心的感谢！对本书在编写过程中提出宝贵意见的各位政府领导、专家、企业家表示诚挚的谢意！

编者

第一篇　综述篇　/1

目录

第二篇　专题篇　/29

目录

第一篇

综述篇

第 1 章

新形势材料科技发展的战略思考

曹国英

新材料产业是战略性、基础性产业，是高技术竞争的关键领域，也是未来高新技术产业发展的基石和先导。中国共产党第十九次全国代表大会提出，创新是引领发展的第一动力，是建设现代化经济体系的战略支撑。因此，以科技创新为核心的全面创新必然是材料产业发展的第一动力，材料科学技术的发展，对推动我国经济高质量发展，保障国家安全均具有十分重要的意义。

1.1 我国材料领域科技发展现状及成绩

新中国成立以来，特别是改革开放 40 年来，通过对材料科学技术的系统部署，我国材料领域取得了瞩目成绩：形成了全球门类最全、规模最大的材料产业体系；新材料快速发展不断推动产业结构优化，区域布局日趋合理；科技创新能力得到迅速提升，新材料科技贡献度日益增强。

我国材料领域的人才队伍逐渐壮大，材料学科建设整体水平大幅提升。材料领域现有研发科技人才 115 万余人，两院院士 220 余名，各高校每年材料类本科毕业生 4 万余人，硕士和博士毕业生 1 万余人。目前，全国总计有材料科学与工程学科授权点 208 个，博士学位授权点 92 个，硕士学科授权点 116 个。有 30 个高校的材料科学与工程学科入选国家“双一流”学科建设，属各学科之最；全国共有 116 个高校或研究机构的材料学科进入世界 ESI（基本科学指标数据库）学科排名前 100 名，其中 21 所高校进入 ESI 学科排名前 1000 名。2016 年～ 2017 年，我国材料领域的论文发文量（67276 篇）、高被引科技论文增长率（11.08%）、专利申请量均处于世界第一，世界上高学术影响力的华人科学家逐年增加。

材料科技的快速发展，为国家经济、社会的发展做出巨大贡献：形成了一批“高精尖”的科技成果，支撑了传统产业转型升级；形成了战略性新兴产业的增长点，支撑了国家的国防建设。

1.2　材料领域科技创新面临的挑战

在材料科技实力较之前明显提高的同时，我们也清醒地认识到，我国材料产业总体水平还处于全球价值链的中低端，一些核心关键技术环节仍受制于人。汤森路透集团发布的 2000 年～ 2010 年全球顶尖一百材料学家名人堂榜单中，共有 15 位华人科学家入选，其中榜单前 6 位均为华人，入选的华人科学家很多是在国内获取的本科学位。这些优秀的人才来自中国，而优秀的成果却属于国外。中国研究工作者发表的材料科学论文数量远远高于美国、日本等发达国家，但我们仍然不是材料强国，材料领域的科研和产业大而不强，我国材料产业的能力也满足不了科技强国的要求。

长期以来，材料领域的两个基本问题没有得到根本解决：一是我们原始创新能力的严重不足，已经成为制约材料领域发展的重要因素。仅仅统计 100 年来，引领材料自身发展的标志性新材料全无中国的身影，如因瓦合金和艾林瓦合金、半导体材料、超导材料、合成塑料及高分子、催化剂、液晶和聚合物、富勒烯和石墨烯等，尽管我国近年来可以在新的方向被提出后快速跟进，但最先发现并提出新概念的人往往是发达国家的学者。二是我们解决实际问题的能力严重滞后于国家发展的需求。经过此轮中美贸易摩擦下对科技短板的梳理与分析，存在受制于人的“卡脖子”问题，一半以上都涉及关键材料，如被长期诟病的发动机依赖关键的高温合金，制造业关键装备需要关键高端材料的支撑，甚至高端零部件也因材料问题而大量进口。

材料科技必须支撑传统产业的转型升级、支撑经济的高质量发展、支撑供给侧结构改革，这是我国发展的历史阶段对材料科技提出的基本要求。

1.3 形势发展对材料科技发展提出了更高要求

中国共产党第十九次全国代表大会（以下简称“十九大”）提出，到2035年，我国经济实力、科技实力将大幅跃升，跻身创新型国家前列；加强应用基础研究，拓展实施国家重大科技项目，突出关键共性技术、前沿引领技术、现代工程技术、颠覆性技术创新，为建设科技强国、质量强国、航天强国、网络强国、交通强国、数字中国、智慧社会提供有力支撑。材料作为高技术的支柱之一，是国民经济和国防建设的基础，是其他战略高技术发展的保障，也是一国产业安全的基础。要实现世界科技强国的宏伟蓝图，必然需要材料科技的重要支撑，需要材料大国向材料强国的转变。

中美经贸摩擦、中兴受制事件的持续发酵，其本质在于科技实力的博弈。正像美国宾夕法尼亚大学沃顿商学院院长Geoffrey Garrett指出，中美贸易战的本质其实并不是贸易冲突，而是要遏制来自中国的创新。我们受制于人的根本原因就是关键核心技术的缺失，对我国经济、产业、贸易造成了系列影响。深入分析看，这些问题大部分的根源都在于材料的短板。新的形势，对材料发展提出了更高要求，新材料产业必须要承担起支撑科技强国建设、引领高质量发展以及应对未来产业竞争的使命。

1.4 夯实材料科技强国的基础

在此形势下，我们要保持战略定力，坚定地夯实材料强国的基础。什么是材料强国？材料科技强国不单单是几款材料、几个器件的突破，而是整体材料科学技术综合能力的打造，是一项涉及科技、人才、平台等多方面的立体化工程。其基础就是创新体系的打造。创新体系是融创新主体、创新环境和创新机制于一体，在国家层次上促进全社会创新资源合理配置和高效利用，促进创新机构之间相互协调和良性互动，充分体现国家创新意志和战略目标的系统。我们要按照十九大提出的加强国家创新体系建设，强化战略科技力量。深化科技体制改革，建立以企业为主体、市场为导向、产学研深度融合的技术创新体系，加强对中小企业创新的支持，促进科技成果转化。具体需要从以下几个方面着手。

一是优化学科布局，构建符合世界科技发展趋势的知识体系。新材料已成为当今世界发展最快和最具有发展潜力的高新技术，世界各国都不失时机地加速布局材料前沿技术和颠覆性技术。我们应改变传统的知识架构，构建符合世界科技发展趋势的知识体系。材料基因组等技术的蓬勃发展，提示我们材料学科的布局要主动把握技术的发展潮流，学科间不应再局限于单纯的某一领域的研究，而是加强跨学科、跨领域研究。高校科研院所应重视学科交叉融合，集中发挥有限的资源和能力发展适合自身、独具特色、顺应世界科技发展趋势的材料知识体系。

二是完善平台建设布局。材料领域现有 64 家依托科研机构、科技型企业或高校建立的国家工程技术研究中心，41 家国家重点实验室，支撑了材料领域基础研究与产业化发展。结合《国家科技创新基地优化整合方案》，要推动国家实验室的建设，凝聚体现国家意志、实现国家使命、代表国家水平的战略科技力量，承担国家任务和国家未来发展的责任；要补充一批国家重点实验室，着重考虑与未来发展方向密切相关的材料专业方向；要依托高校、科研院所、企业部署一批战略定位高端、组织运行开放、创新资源集聚的综合性和专业性国家技术创新中心，强化材料科技发展中的平台支撑；同时，还要完善材料数据库、检验检测平台、材料台站等材料的基础性工作。

三是壮大人才队伍。人才是创新的第一资源。据统计，国内材料领域的科技活动人员达 115 万。在此基础上，要构建梯次接续、结构合理的材料科技人才长远的战略布局，重视科学家和企业家两个主体，建立青年人才培养的制度化机制，激发人才创造活力，大力弘扬科学精神和严谨学风作风，集聚造就一大批具有全球视野和国际水平的战略科技人才、科技领军人才、青年科技人才和高水平创新团队。转变人才使用的思维模式和格局，要从 13 亿人中培养人才转变为从全球 70 亿人中选择人才为我所用的用人机制。

四是创新体制机制。习总书记在两院院士大会上强调，推进自主创新，最紧迫的是要破除体制机制障碍，最大限度解放和激发科技作为第一生产力所蕴藏的巨大潜能。当前，我国各种资源的效率发挥不够，需要以体制机制的改变使其发挥最高效率。要下大力气解决科技创新资源分散、重复、低效的问题，缓解人才评价中唯论文、唯职称、唯学历的不合理现象，形成并实施有利于科技人才潜心研究和创新的评价制度，营造良好创新环境。围绕国家重大任务方向，在培养和遴选一批战略科学家的同时，尽快打破体制机制的障碍，使大批有潜力的年轻科学家脱颖而出，激发年轻人的创造力。

1.5　新形势下材料发展过程中亟须处理好的几个关系

一是处理好对外开放与自主创新的关系。这个问题具有当前的形势特点和现实意义。改革开放以来，我们自觉参与国际分工，使众多产业融入全球产业链，也秉承全球采购的宗旨。但新的贸易摩擦与技术封锁使我们意识到各种产业安全风险。因此，一切都要自力更生。

人类文明历史不断证明，开放是文明发展的重要方式，是保持一个民族具备竞争优势的根本保证。开放既可吸收人类社会创造的一切文明成果，又可通过竞争使自身处于文明的前沿。技术体系是一开放的耗散结构。耗散结构理论阐明的开放系统从无序走向有序的过程证明，一个开放、包容的科技体系才是最有活力和竞争力的。

所有技术我们都要做，且做出世界第一的思想是不切实际的。但是，现实也要求我们要有安全底线的思维，既要开放，也要在开放中把握住核心关键技术。中美贸易摩擦与新一轮技术封锁再次提醒我们，“关键核心技术是要不来、买不来、讨不来的”，只有把关键核心技术掌握在自己手中，努力实现自主可控，才能从根本上突破我国材料领域的发展瓶颈。我们要继续积极参与国际分工，融入世界产业链，但要在国际分工中牢牢把握住产业链中的核心关键技术，特别是要掌握产业链高端的核心关键技术，以保证我们的经济安全、社会安全以及国防安全等。

二是处理好国家关键急需与积累的关系。技术是由社会需求形塑而成，它们来自经验，更容易伴随在知识交换的过程中产生，特别是现代技术往往来源于技术，甚至来源技术的技术。就像布莱恩·阿瑟在《技术的本质》中提到的，新技术的构成来自于那些已经存在的技术，而这些新技术又能为进一步的建构提供建构模块。因此，新技术的产生和发展不仅仅基于长期的理论和经验的积累，它对技术的积累也有越来越强的依赖。在技术发展新的态势下，我们要正确处理好发展和技术积累之间的关系，技术积累可以更好地解决国家关键急需，而解决好国家关键急需也反映了我们基础理论和技术经验的积累和目标。

在积累过程中首先要瞄准突破国家关键急需的技术方向，这样的积累才是更高效、更有针对性、更快达到量变到质变飞跃的积累。我国面临科学研究“底子薄”的现状，美国从第二次世界大战以来就维持高强度的研发经费投入，近 60 年来维持在 2% 以上，而我国研发投入在 2014 年才首次突破 2%，科技创新投入积累不足、战略储备不够是我国科技创新水平差距的一个重要表现。在当前的国际科技发展和竞争态势下，材料领域的发展既要聚焦国家战略目标和产业发展的关键问题，也要围绕国家关键急需尽快解决“卡脖子”的问题。

三是处理好材料科技与其他领域科技发展的关系。当前，技术的组合是新技术的潜在来源。技术的交叉与融合会越来越明显，新一轮技术和产业革命的方向不会仅仅依赖于一两类学科或某种单一技术，而是多学科、多技术领域的高度交叉和深度融合。技术融合趋势决定了战略性新兴产业不可能也不应该孤立地发展，而是既要有利于推动传统产业的创新，又要有利于未来新兴产业的崛起，而且，战略性新兴产业与其他产业之间、战略性新兴产业内部之间的融合也是大势所趋。

材料学科的发展为其他技术的发展奠定了基础和新的技术元素，因此有了“一代材料，一代装备”的概念。而其他技术的发展也为材料学科的发展提供了新的技术手段。例如，材料一直面临着传统“三高一低”的问题，即高纯净、高均匀、高一致性以及低成本问题，而智能制造领域的发展为解决此类问题提供了新的技术和手段。随着材料生产工艺流程的智能化管理，利用精准控制和智能控制方法解决该问题已经成为可能，也使材料向着“一代需求，一代材料”的概念转变。因此，材料领域不仅要关注材料自身的发展，也要密切关注其他领域技术的进步对材料学科的影响，充分利用其他技术的发展为材料进步提供诸多手段，使材料科技创新保持与其他领域技术进步的同步协调发展。

四是处理好重点突破与整体推进的关系。“整体”和“重点”是一个问题的两个部分，而且是密切联系的两个方面。整体是全局性的，重点虽然是局部性的，但对整体具有非常重要的意义。因此，两者是相辅相成、相互促进的关系。“重点”既是“整体”的产物，也是实现“整体”目标的重要途径。材料领域因历史等因素，使我国在世界材料格局中处于相对弱势的态势。但近几年的发展使我国材料整体上得到较大提升，也为进一步跨入创新型领域奠定了基础。但材料领域系统太过庞大、复杂，不仅涉及的面太广，而且许多问题是多因素形成的，解决这些问题需要一个过程。但从突出的问题抓起，既符合“抓住主要矛盾和矛盾的主要方面”哲学思想，也是坚持问题导向、破解材料系统整体推进的有效办法。正如习近平总书记指出的，“要坚持重点突破，在整体推进的基础上抓主要矛盾和矛盾的主要方面，努力做到全局和局部相配套、治本和治标相结合、渐进和突破相衔接，实现整体推进和重点突破相统一”。

五是处理好能力建设与科技计划的关系。能力建设是科技计划的重要内容，科技计划也要为能力建设服务。随着全球科技创新进入空前密集活跃的时期，新一轮科技革命和产业变革正在重构全球创新版图、重塑全球经济结构。加快建设创新型国家的任务已经被提到了历史高度，将科技创新能力摆在国家发展全局的核心位置。国家科技计划是提升我们国家科技创新实力的重要推手，在实施过程中，要从建设科技强国的目标出发，以支撑国家经济长远发展的先进材料体系、知识技术体系以及人才体系作为核心内涵。此外，科技计划一方面要瞄准原始创新能力和解决问题能力的提升开展研究工作，从科技创新体系、保障体系、机制体制等方面切实加强我们的科研能力建设，形成对科技创新成果的正面促进作用；另一方面，加快自主创新成果转化应用，利用成果转化的牵引作用带动科研能力的同步提升。

六是处理好材料科技与应用的关系。材料发展不单单是为了做出几款材料，为了发表论文、专利等，其终极目标在于应用。材料科技进步的表现是面对应用需求，结构设计、表征评价、服役测试等技术的进步以支撑起需求材料的研发生产。凡技术发明者，首重适用性和便利性，脱离了应用导向的材料技术生命力是有限的。科技可以使材料性能得到一些提升，但通过应用的不断反馈，可以使材料更趋于实际服役。因此，材料科技在兼顾材料自身发展的同时，要始终强调其应用目标。

希望我们不忘初心，共同努力，朝着建设科技强国的宏伟目标而努力，夯实材料强国基础。我们材料人要肩负起历史使命，不要让材料成为中国未来发展的“阿喀琉斯之踵”！

作者简介

曹国英，科学技术部高新技术发展及产业化司副司长。

1984 年 08 月，中南大学金属物理专业本科毕业；

1984 年 08 月～ 1988 年 08 月，在首都钢铁公司钢铁研究所工作；

1991 年 01 月，北京科技大学材料科学与工程专业毕业，获硕士学位；

1991 年 01 月始，文化和旅游部外文局从事行政管理工作；

1992 年 06 月始，国家教育委员会（教育部）科技司从事科技管理工作；

1994 年 05 月始，国家科学技术委员会（科技部）基础研究高技术司从事 863 计划管理工作，历任副处长、处长；

2001 年 09 月始，中央人民政府驻香港特别行政区联络办公室教育科技部从事科技交流与合作工作，历任副巡视员、副部长（其间：2009 年 3 月 ~2010 年 1 月在中央党校第九期中青年干部培训班学习）；

2013 年 05 月始，科学技术部基础研究司从事基础研究管理工作；

2014 年 12 月始，科学技术部高新技术发展及产业化司从事高新区政策与管理以及科技管理工作，任副司长。

第2章

推动我国新材料产业又快又好的发展

——“2018年中国新材料产业发展”蓝皮书

王镇

新材料产业是制造业强国建设的物质基础，是推动战略新兴产业和武器装备高质量发展的物质先导，更是补强我国科技实力短板的重要着力点，已成为决定国家竞争力的关键战略领域，其核心技术及产业化水平是体现国家经济社会发展、国防军工实力和科技创新能力的重要标志。

面对新一轮科技革命和产业变革，新材料技术正加速发展、加快融合。材料基因组计划、智能仿生超材料、石墨烯、增材制造等新技术蓬勃兴起，新材料创新步伐持续加快，“互联网 +”、氢能经济、“人工智能 +”等新模式推陈出新，新材料与信息、能源、生物等高技术领域不断创新迭代，催生新经济增长。世界新一轮科技革命、产业变革同我国转型发展正形成历史交汇，全球创新格局重构、经济结构重塑，既面临着差距拉大的严峻挑战，也是千载难逢的战略发展机遇期。

加快推动我国新材料产业发展，实现“一代装备、一代材料”向“一代材料、一代装备”转变，对于推进我国产业结构升级、加快经济发展方式转变，支撑“中国制造 2025”以及战略新兴产业发展，保障国家重大工程和国防军工建设，构建国际竞争新优势具有重要的现实意义和战略意义。

2.1 我国新材料产业发展现状

“十三五”以来，在国家各部门大力支持下，通过各级地方政府、行业和广大科技工作者的共同努力，我国新材料事业取得了举世瞩目的成就。产业规模持续扩大，创新成果不断涌现，龙头企业和领军人才不断成长，整体实力大幅提升，对重大工程、重大装备的综合保障能力显著增强，有力支撑了国民经济发展和国防科技工业建设。

（1）产业规模持续扩大，新兴产业成为发展新动力

我国新材料产业整体实力大幅提升。2016 年我国新材料产业生产总值为 26500 亿元，2017 年达到 33020 亿元，同比增长 25%，产生了若干创新能力强、具有核心竞争力、新材料销售收入超过百亿元的综合性龙头企业，培育了一批新材料专业型骨干企业，建成了一批主业突出、产业配套齐全的新材料产业集聚区和特色产业集群。新兴应用领域不断涌现，数据中心、AI、智能汽车、5G、VR 等已成为拉动新一代半导体、稀土新材料等关键战略材料发展的新动力源。据统计，2017 年，这些新兴应用相关的销售总额已达 1800 亿美元，贡献了整个半导体产业总产值的 40%，未来三年，预计这些新兴应用将以 11.3% 的年复合增长率增长，到 2021 年，将带来超过 1000 亿美元的全新商业机会。新能源汽车、人工智能、5G 通讯、大数据等新兴产业已成为催生新材料产业新一轮扩张的强劲动力。

（2）创新能力不断增强，应用水平明显攀升

新材料在重大技术研发及成果转化中的促进作用日益突出。新材料领域的国家实验室、国家工程（技术）研究中心、企业技术中心和科研院所实力大幅提升，众多国家级制造业创新中心、技术创新中心相继成立。石墨烯、超材料、高熵合金等前沿新材料领域取得显著进展，稀土永磁磁动力系统取得重大突破，人工晶体等部分产品实现了与国际先进水平“并行”甚至“领跑”。随着我国新材料产业技术和创新能力的不断提升，我国在第三代半导体、稀土永磁材料、高性能纤维及复合材料、大飞机用铝锂合金、核电用钢、大尺寸石墨烯薄膜、高品质高温合金等一批重点品种的生产应用取得重要进展，为我国海洋工程、航空航天、新能源轻量化汽车、物联网、高速铁路等战略新兴产业发展和重大工程项目的实施提供了核心关键科技支撑与重要物质保障。

（3）空间布局日趋合理，产业集聚效应不断增强

“十三五”以来，各地依托优势特色资源，高起点规划、高水平建设、高质量发展，使新材料产业呈现出区域产业集聚的良好发展态势，初步形成了若干产业集群和

产业集聚区，加速了产业链向上下游逐步延伸，带动了相关配套产业的发展。北京、天津、山东等地新近专门制定了区域新材料产业发展战略规划，指导优化布局、产业集群有序发展；环渤海、长三角、珠三角等地区依托自身的产业优势、人才优势、技术优势，形成了较为完整的新材料产业体系，综合性产业集群优势突出；中西部地区基于原有产业基础、资源禀赋，发展凸显本地区优势的新材料产业，一批特色鲜明的新材料产业基地已具规模。

（4）创新体系初步形成，发展新模式、新路径不断涌现

以企业为主体、市场为导向、“产学研用”相互结合的新材料创新体系逐步形成并日趋完善；以新材料测试评价平台、生产应用示范平台、资源共享平台、参数库平台为代表的新材料生产应用协同创新体系正在建立，以应用需求牵引材料研发的机制开始发挥作用；以国家级制造业创新中心、技术创新中心等为核心节点的多层次、网络化的重点新材料创新体系正逐步优化重塑，以民办非营利组织为重要支撑的网络协同、运营协同创新平台初步创立，将进一步创新体制机制，显著增强产品全生命周期内优势科技资源的最大化利用，提升整个行业的创新创业效果和核心竞争实力。

（5）高端化、绿色化、智能化成为未来发展趋势

随着科技进步和产业发展需求，新材料逐步走向高端化、精细化，面临超高纯度、超高性能、超低缺陷、高速迭代、多功能、高耐用等多种严苛性能要求，低维化和复合化、结构功能一体化、功能材料智能化、材料与器件集成化、制备及应用绿色化趋势明显。“绿水青山就是金山银山”，绿色、民生已成为未来产业发展的前置条件，既是关系到国计民生的大事，也是新材料产业的重点研究领域和未来发展方向，大力发展符合人民绿色生活和健康需求的新材料是未来的必然趋势。以“材料基因组”为代表的新材料智能化研发生产新理念、新技术已成为各国关注的焦点，不仅转变了新材料的研发生产模式，同时也顺应了工业发展的需要。对于显著提升新材料研发与应用的创新能力和水平，支撑和加速重点新材料的研发和应用具有重要意义。

2.2　制约我国新材料产业发展的瓶颈

我国新材料产业发展的巨大成绩毋庸置疑，但也应客观看到，目前我国新材料产业仍处于跟踪模仿和产业化培育的初期阶段，无论是创新能力，还是竞争实力，都与国际先进水平存在较大差距。随着新材料产业发展的不断加速，产业发展多年来存在的问题正在逐步显现。

（1）产业总体实力偏弱，核心关键技术短缺局面尚未根本改变

2017年，我国先进基础材料和关键战略材料的产值分别占材料产业总产值的59.8%和37.8%，而前沿新材料的占比仅为2.4%。我国在先进高端材料的研发和生产方面与国际先进水平差距甚大，关键高端材料远未实现自主供给，“短板明显、长板不长”问题突出，关键短板材料数量巨大，涉及面广，无法满足国防军工及国计民生关键领域重大需求，长项材料技术水平不够突出，未能真正形成绝对领先优势。新材料品种大多面临“技术关、质量关、成本关、市场关”等多重考验，仍然是制约制造强国建设的瓶颈。总体看，我国新材料产品仍集中在中低端，技术含量和附加值较低，而高技术门槛、高资金投入、高附加值的新材料发展相对滞后。

国家工业和信息化部对国内30多家大型企业的130多种关键基础材料调研结果显示，32%的关键材料在我国仍为空白，52%依赖进口，绝大多数计算机和服务器通用处理器95%的高端专用芯片，70%以上智能终端处理器以及绝大多数存储芯片依赖进口。在装备制造领域，高档数控机床、高档装备仪器等以及运载火箭、大飞机、航空发动机、汽车等关键精加工生产线上95%以上制造及检测设备都依赖进口。与发达国家有几十年的差距，建设制造强国我们还有很长的路要走，还需要付出长期不懈的努力。

（2）原始创新能力不足，材料先行理念尚未完全体现

我国新材料原始创新能力不足，缺乏不同学科之间的深层次交流合作和原创性的重大基础理论研究。总体上，我国的新材料企业尚未完全成为新材料创新主体，普遍存在创新研发少、跟踪仿制多、关键技术自给率低、发明专利少、关键元器件和核心部件受制于人、技术储备少等问题，大多数企业仍在“引进—加工生产—再引进—再加工生产”的怪圈里挣扎。企业不掌握创新的主动权，使得“中国制造”产品中缺乏“中国创造”元素，往往只能依靠廉价销售和低层次竞争手段寻找出路，这在很大程度上成为新材料产业实现跨越式发展的重要制约。

在第三代半导体领域，富士通、英飞凌、三菱等跨国公司都已初步完成产业布局，并陆续开发出新一代产品，在高速列车、智能电网、5G通信等领域实现了应用。与之比较，我国尚处于发展初期，仅在照明领域具备一定优势。石墨烯也是如此，最近国外已诞生了不少颠覆性产品原型，如射频电路、光电调制器、新原理集成电路等，我国还主要集中在初级开发和低端应用，高端研发刚刚起步。特别是一些高端材料的研发往往需要长时间持续投入，但其在某一特定产品中的用量却不大，因此进口往往成为解决高端材料需求的“可靠”途径，长此以往，越进口就越依赖进口，高端材料的自主研发被严重抑制。特别是，面对中国的崛起，一些国家已开始将中国视为竞争对手，在新材料等关键技术领域对我国实行了严格的封锁和遏制，这种局面的改

变将变得更为迫切。

（3）应用研究能力不强，生产应用脱节严重影响新材料产业发展

经过几十年的发展，特别是“十三五”时期我国对新材料产业发展的高度重视和大力支持，新材料产业在整体规模不断扩大的同时，技术创新能力、应用水平等方面都有了较大提升。现阶段，新材料产业发展的主要矛盾已发生转变，从过去苦于“无材可用”转变为“有材不好用”“好材不敢用”，即生产应用脱节问题。

一方面材料应用企业不了解材料供应信息；另一方面材料的研发生产与设计、下游应用脱节，材料指标与设计、应用标准不对应，导致生产出的新材料无法使用，即“有材不好用”；三是部分性能优异的材料，下游用户或是由于从未用过而不放心，或是因为材料尚未经过长时间的服役验证和必要的资质认证而不敢用，导致“好材不敢用”，譬如在航空航天、轨道交通、核电等涉及国计民生和重大安全领域普遍存在认证周期长、程序复杂等问题，制约了新材料的推广应用和产业培育。另一类是新出现的材料产品，下游用户因对其使用规范和方法以及可能带来的产品性能提升缺乏了解而无法投入使用，譬如石墨烯材料性能优异，但下游应用企业普遍反映不知道如何利用其提高产品性能。生产应用脱节制约了国产新材料技术和产业的发展，对材料企业、下游用户企业和产业安全等都带来了诸多不利影响。

2.3　促进我国新材料产业健康发展的对策和建议

新材料是“强国之基”，是保障中国制造实现由大变强的物质基础。党中央、国务院高度重视新材料产业发展，材料的基础性、先导性作用获得广泛认同，“材料先行”理念渐成业界共识，新材料在国家创新驱动发展战略中的分量越来越重、地位越来越重要。未来几年，是国家实施“中国制造 2025”、调整产业结构、推动制造业转型升级的关键时期，新一代信息技术、航空航天装备、海洋工程和高技术船舶、节能环保、新能源等领域的发展，为新材料产业提供了广阔的市场空间，也对新材料质量基础、保障能力等提出了更高要求。我们必须紧紧把握历史机遇，集中力量，加紧部署，统筹协调，进一步健全新材料产业体系，下大力气突破一批关键材料，提升新材料产业保障能力，支撑中国制造实现由大变强的历史跨越。

（1）着力建设并不断完善新材料产业自主创新体系

以短板需求为突破口，以体系薄弱环节为重点，建立完整攻关体系，推动产业链、创新链、资金链和平台基地载体紧密结合，上下游协同发展，构建“产学研用”深度融合的新材料产业创新体系。充分发挥企业的创新主体作用，以各类平台及创新

中心等新型创新机构为载体，实行应用牵引，引入市场竞争机制，优化财税等扶持政策，注重知识产权保护、标准认证体系建设及高端人才培养，为构建我国新材料产业自主创新体系打下坚实基础。

（2）补短板，强优势，加快科技成果转移转化

从科技创新规律出发，加强“产学研用”分工合作，紧密结合国家需求和区域发展战略，进一步优化国家创新基地布局，加强材料专业领域学科基础建设，构建高效完善、开放共享的特色新材料科技创新体系，筑牢发展的根基。抓住发展基础薄弱、需求迫切、关键核心技术受制于人的战略领域，创新组织模式，加快突破、缩小差距、迎头赶上。加快推动科技成果转移转化相关政策的管理改革与落地实施，打通科技与经济结合通道的“最后一公里”。及时跟踪了解国内外产业发展最新动态，一方面要聚焦重点，解决急需的关键短板材料，提高自主保障能力，切实保障国家安全；另一方面要发挥我国资源等禀赋特色，巩固长项技术优势，形成产业核心竞争力，把握“换道超车、反向制衡”机会。

（3）注重原始创新，提高新材料产业的持续创新能力

认识新材料产业研发、生产、应用规律的重要性，重视材料科学基础研究和应用基础研究，在事关国家全局和长远发展的重大、关键新材料领域，集中全国优势科技资源，以新材料生产企业和应用企业为主，吸收产业链相关单位，衔接已有国家科技创新基地，组织力量开展协同创新和科技攻关，打破技术与行业壁垒，实现新材料与终端产品协同联动。着力解决一批战略性科技问题，力争在一些重要领域赢得主动、占领先机。并以此为基础，加强战略性科技创新力量建设，形成持续的一流创新能力，抢占前沿竞争制高点。

（4）实施军民融合发展国家战略，加强新材料产业自主保障能力建设

聚焦国家新材料目标和战略需求，优先在具有明确国家目标和紧迫战略需求的国防军工及国计民生重大领域，依托最有优势的大企业集团、科研院所、大专院校等，布局建设具有较大规模、综合性集成性强、多学科融合的高层次技术创新平台，持续加大基础研发、关键设备投入力度，提升新材料领域的研发能力，满足我国高端装备制造和武器装备用先进材料的自主需求。

（5）强化人才优先发展，营造良好环境，加快建设高水平创新队伍

充分利用全球人才流动的有利机遇，以优化人才结构、提升人才质量为重点，强化需求导向，进一步健全完善人才政策体系，培养造就一支“高精尖”人才队伍。建立健全人才竞争择优、有序流动机制，激发各类人才创新活力和潜力，逐步提高人才队伍水平。赋予科研院所和科研团队更大的用人和财务自主权，以创新质量、贡献、

绩效分类评价各类创新人才，进一步规范既有效激励又公平合理的分配政策，充分激发科研人员的积极性、主动性和创造性，营造良好的创新发展环境，实现人尽其才、才尽其用。

当前，世界形势风云变幻，我国经济步入新常态，供给侧改革循序深入，产业结构调整压力日显，新技术、新业态、新模式不断涌现，对新材料产业发展提出了更高要求。“核心技术靠化缘是要不来的”，新材料是事关国家发展的关键领域、核心技术，需要牢牢地掌握在自己手里。面对新形势，我国新材料产业必须立足国情，发挥自身优势特色，找准突破口，抓住关键问题，将科技创新成果与实体经济紧密联系起来，加快形成先进生产力，构建新材料自主创新体系，走出一条中国特色新材料强国之路。

本章撰写组

召集人：周少雄

成员：李强、吕智、唐清、王镇、张劲松、张增志

执笔人：王镇

审核专家

曹国英、丁文江、高瑞平、干勇、韩雅芳、李卫、李义春、毛新平、毛治民、石定寰、魏炳波、翁端、吴玲、谢建新、姚燕、周少雄

作者简介

王镇， 国家新材料产业发展专家咨询委员会秘书处成员，中国材料研究学会产业工作委员会委员，钢铁研究总院科技信息与战略研究所行业分析与战略研究部副部长，从事新材料产业行业分析与研究工作，参与科技部、工信部、国资委等政府部门咨询规划项目 10 余项。

第 3 章

材料创新拥抱数据驱动新时代

北京聚材云科技有限责任公司

3.1 新材料行业发展现状

新材料是国民经济的战略性、基础性产业，是建立科技强国及当前各战略性新兴产业的重要支撑；新材料是我国重点打造的战略新兴产业之一。2010 年全球新材料市场规模超过 4000 亿美元，到 2016 年已接近 2.15 万亿美元，平均每年以 10% 以上的速度增长。我国 2014 年产业规模超过 1.6 万亿元，2017 年已超过 3 万亿元，预测到 2025 年产业规模将达到 10 万亿元，年增长率保持在 20% 以上（图 3-1）。

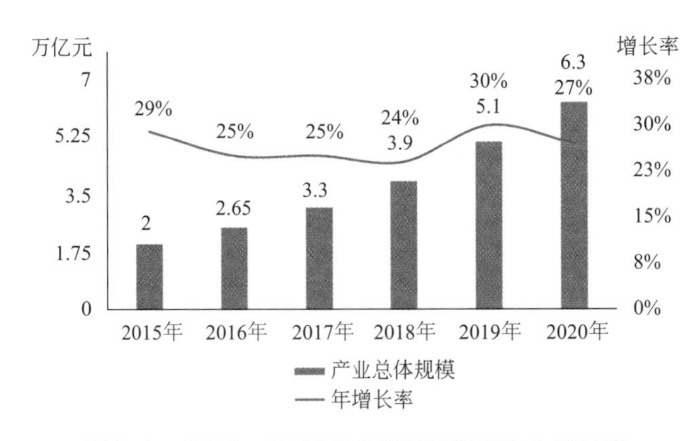

图3-1　2015～2020年中国新材料产业市场规模

3.2　新材料行业发展面临的问题

目前，新材料技术创新，发达国家在国际新材料产业中仍占据领先地位，龙头企业主要集中在美国、欧洲和日本。中国、韩国、俄罗斯属全球第二梯队。

中国在半导体照明、稀土永磁材料、人工晶体材料方面具有比较优势；但总体来讲，国内新材料产业整体处于“大而不强”的态势，在产业规模、市场需求巨大的背景下，高端产品自给能力严重不足。

（1）高校、科研机构面临的问题

① 科研成果产业化成熟度较低、成果转化率较低。

② 高校服务于企业、对企业技术创新支持力度较弱。

③ 材料科学与材料工程有脱节现象（重科学轻工程）。

④ 科研以申报政府课题为主要导向。

⑤ 材料学生存在转行倾向。

（2）企业面临的问题

① 产品不能满足用户发展需求。

② 创新能力不足，无力开展基础研究，技术积累较弱。

③ 企业盈利能力较低，行业长期处于低端激烈竞争局面，利润率低，部分处于挣扎在生存保命阶段，利润积累不足。无力投入大量研发经费到新品开发中去。

④ 技术人才缺乏，创新体系没有建立起来。

⑤ 与高校科研院所合作不紧密，利用外部智力资源程度不够。

⑥ 资金成本、税负成本、利润水平低下等；产业同质化，低水平重复。

⑦ 对外部新技术、新成果接受、吸收、转化、开发能力不足。

3.3　数据驱动与材料基因组工程

以大数据、云计算、物联网和人工智能为代表的新一代信息技术正在成为新一轮技术革命的核心驱动力，新材料行业将迎来数据驱动新机遇。

如图 3-2 所示，人类自第一次工业革命以来，历经第二、三次工业革命后，目前已迎来以数据驱动为代表的第四次变革。大数据、云计算、人工智能已在远程医疗、智慧交通、无人驾驶、新零售、金融及教育等多个场景成熟应用，但在新材料领域应用还处于初期。

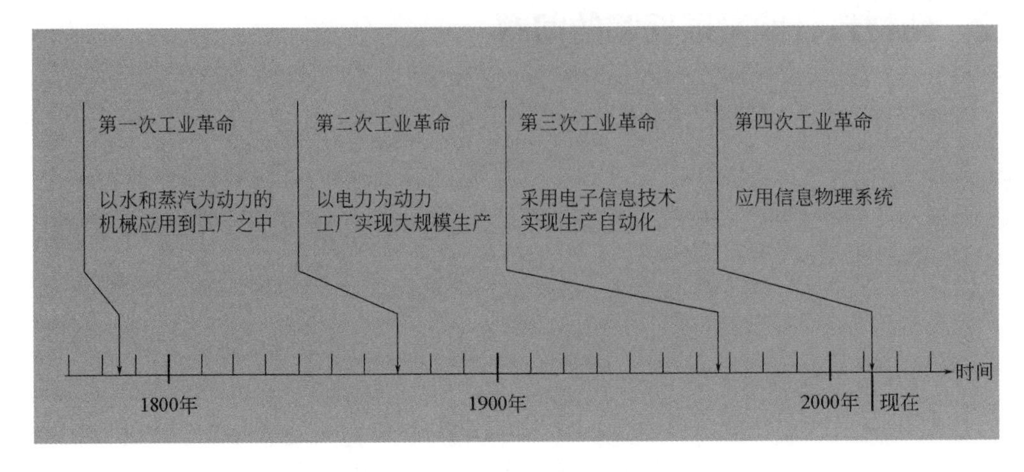

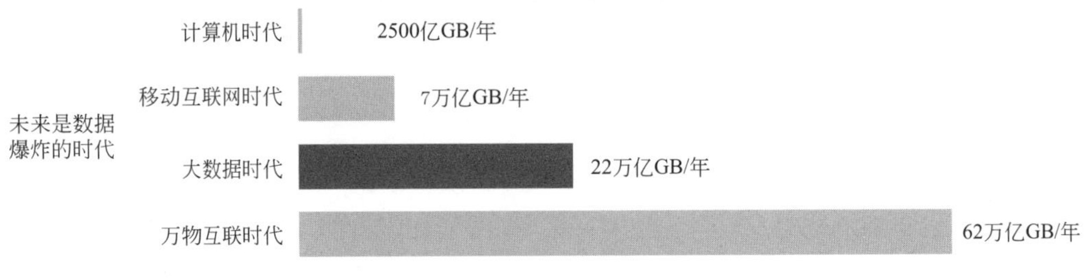

图3-2　人类工业革命与发展

数据驱动：通过移动互联网或者其他的相关软件为手段采集海量的数据，将数据进行组织形成信息，之后对相关的数据进行整合和提炼，在数据的基础上经过训练和拟合形成自动化的决策模型。

目前，数据驱动在材料领域的应用比较活跃的方面主要是材料基因组技术，包括软件模拟计算、高通量实验及检测、数据库及数据挖掘。

2011 年材料基因组工程被提出，时任美国总统奥巴马宣布启动一项价值超过 5 亿美元的“先进制造业伙伴关系”计划（Advanced Manufacturing Partnership，AMP），而“材料基因组计划”（Materials Genome Initiative，MGI）作为 AMP 计划中的重要组成部分，是美国先进制造业数据化在材料领域的应用举措；材料基因组计划的目的是利用近年来在材料模拟计算、高通量实验和数据挖掘方面取得的突破，将材料从发现到应用的速度至少提高一倍，成本至少降低一半（图 3-3）。

欧盟以轻量、高温、高温超导、热电、磁性及热磁、相变记忆存储六类高性能合金材料需求为牵引，于 2011 年启动了第 7 框架项目“加速冶金学”计划（Accelerated Metallurgy，AccMet），2012 年提出了“冶金欧洲”（Metallurgy Europe）研究计划，建立欧盟的高通量试验平台等。

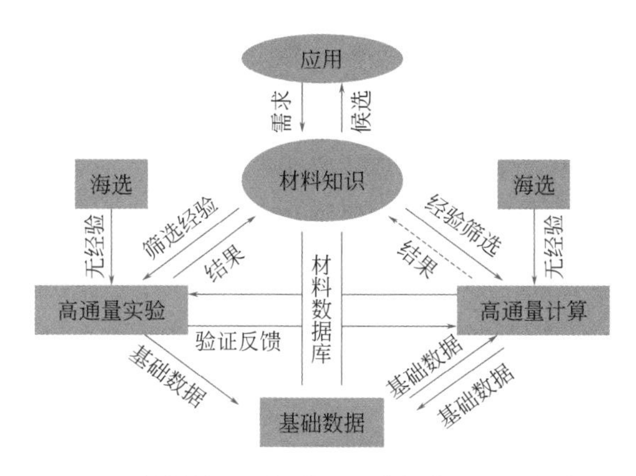

图3-3　材料基因组技术三要素间的协同工作流程

日本则将建设玻璃、陶瓷、合金钢等领域材料数据库、知识库等。美国国家研究理事会在 2014 年发表的一份名为《轻质化技术在军用飞机、舰船和车辆中的应用》报告中提到，GE（通用电气公司）开发的燃气涡轮机用 GTD262 高温合金，从概念到生产只用了 4 年时间，研发经费是以前同类合金开发成本的 1/5 左右。这就是“材料基因组计划”的代表性成功实例之一。

3.4　材料领域数据驱动研究与应用状况

（1）我国材料基因组工程进展

国内在 1999 年 6 月召开了以“发现和优化新材料的集成组合方法”为主题的香山会议，很多单位进行了相关尝试，但是由于各种问题，最后没有得到普及和开展。当美国宣布材料基因组计划后，在国内引起了极大的响应，2011 年 12 月 21 日～ 23 日 79 名科学家在北京香山，召开了以“材料科学系统工程”为主题的香山科学会议，根据我国材料领域发展现状，具体提出 3 条建议：集理论计算平台、数据库平台和测试平台三位一体的共用平台的协同建设；重点材料示范突破；成立一个包括政府机构、科学家和产业代表在内的指导协调委员会。继香山会议后，中国工程院设立了中国版材料基因组计划重大咨询项目《材料科学系统工程发展战略研究》，咨询项目在 2012 年 12 月 21 日“材料科学系统工程”S14 香山科学会议一周年之际正式启动。中国工程院在2013年5月向国家提交了“建议启动材料基因组计划三大平台建设——材料基因组计划咨询报告”。

继 2013 年科技部批准了 2 项与材料基因组技术密切相关的项目立项后，2016 年 2 月，科技部发布了关于国家重点研发计划高性能计算等重点专项，正式拉开中国“材料基因组计划”发展大幕。中国“材料基因组计划”启动了“材料基因工程关键技术与支撑平台”重点专项。该专项共部署 40 个重点研究任务，实施周期为 5 年，其中 2016 年当年就启动 14 个专项研究任务。

（2）我国高校及科研院所数据驱动学科建设情况

我国高校及科研院所数据驱动学科建设情况见表 3-1。目前，上海大学材料基因组工程研究院，北京材料基因组工程高精尖创新中心；上海交通大学、中南大学、北京工业大学、北京大学、华东大学、西安交通大学、深圳大学等已经开展这方面的研究实践工作。

表3-1　我国高校及科研院所数据驱动学科建设情况

序号	研究任务	牵头单位
1	先进核燃料包壳的材料基因组多尺度软件设计开发和应用示范	哈尔滨工程大学
2	低维组合材料芯片高通量制备及快速筛选关键技术与装备	中国科学院上海硅酸盐研究所
3	高通量块体材料制备新方法、新技术与新装备	中南大学
4	先进材料多维多尺度高通量表征技术	重庆大学
5	材料基因工程专用数据库和材料大数据技术	北京科技大学
6	基于材料基因组技术的全固态锂电池及关键材料研发	北京大学深圳研究生院
7	环境友好型高稳定性太阳能电池的材料设计与器件研究	北京计算科学研究中心
8	基于材料基因工程的组织诱导性骨和软骨修复材料研制	四川大学
9	基于材料基因工程的高丰度稀土永磁材料研究	中国科学院宁波材料技术与工程研究所
10	基于高通量结构设计的稀土光功能材料研制	吉林大学
11	高效催化材料的高通量预测、制备和应用	吉林大学
12	轻质高强镁合金集成计算与制备	上海交通大学
13	航空用先进钛基合金集成计算设计与制备	中国科学院金属研究所
14	新型镍基高温合金组合设计与全流程集成制备	中国航空工业集团公司北京航空材料研究院

2015 年，在上海市政府的支持下，上海大学材料基因组工程研究院成立，该研究院是目前国内唯一自成体系的材料基因工程研究院。目前该研究院已开展以下工作。

① 上海大学作为牵头单位、协同复旦大学、华东理工大学、上海交通大学、上海材料研究所、中科院上海硅酸盐研究所、中科院上海应用物理研究所（上海光源）等单位承担着“上海材料基因组工程研究院”的建设。

② 研究院下设计算材料科学中心、材料科学数据库中心、材料表征科学与技术研究所、智能材料及应用技术研究所、先进能源材料研究开发中心等单位。

③ 研究院按照国际化标准对接材料科学前沿原始创新和先进制造业的应用需求，培养高层次人才。

2018 年，在北京市财政设立专项资金支持下，北京科技大学牵头联合北京信息科技大学、中国科学院物理研究所、中国钢研科技集团有限公司共同成立了北京材料基因组工程高精尖创新中心。该中心重点研究方向包括以下内容。

① 高通量材料设计与软件。

② 高通量材料制备与表征技术。

③ 材料服役行为高度评价与预测技术。

④ 材料基因工程专用数据库和大数据技术。

⑤ 材料基因工程技术应用。

北京材料基因工程高精尖创新中心将建设成为国际材料基因工程研究高端人才的汇聚平台，新材料研发模式和方法变革性创新的引领平台。

目前，我国大部分高校及科研院所对于材料基因、数据驱动的研究处于刚刚起步阶段，学科建设仍不完善，大多分散在化学、材料、计算机等领域，尚未形成独立的体系。

高校及科研院所材料领域数据平台建设推进现状如下。

① 北京科技大学牵头建设，目前材料基因工程专用数据库（https://www.mgedata.cn/）已经上线、数据完善工作尚需时日，该数据库是目前中国唯一公共材料基因数据库。

② 中科院计算机网络信息中心牵头建设，目前国内第一家高通量材料在线计算平台 MatCloud（http://matcloud.cnic.cn/）上线，MatCloud 实现了大规模第一性原理计算的作业在线提交和监控、结果分析，数据自动提取、数据的规范化加工及数据的自动存储等功能。

目前数据驱动分析工具仍比较缺乏，大多来源于国外，市场上常用的四类软件中，MATLAB 应用最为成熟和广泛；此外我国高校及科研院所也在自主开发设计相关软件用于内部使用。

（3）中国超算能力建设世界领先

截至目前，科技部批准建立的国家超级计算中心共有六家，分别是国家超级计算天津中心、国家超级计算广州中心、国家超级计算深圳中心、国家超级计算长沙中心、国家超级计算济南中心和国家超级计算无锡中心。

国内云计算市场的发展也是风生水起，各路资金和创新技术纷纷涌入，国内主要的几类云计算公司包括公有云服务提供商阿里云、腾讯云、uCloud 和华为、百度云，九州云、海云捷讯等，纷纷布局云计算数据中心。

（4）其他数据驱动相关建设也在积极推动中

2018 年 5 月，国家发改委、科技部联合批复同意建设北京怀柔综合性国家科学中心，其中材料基因组等首批五大交叉研究平台已经顺利开工建设。

新近启动了迈海材料基因组国际研究院创新平台。2018 年 8 月 15 日在河北固安举行揭牌仪式，在华夏幸福、清华控股、陕西金控等产业资本支持下成立，预计到 2020 年形成初具规模的产业链布局，涵盖材料基因组软件、新能源材料、低维材料与器件、石墨烯、生物 3D 打印和特色专科医院等，材料基因组产业集群规模届时也将超过 10 亿。

高校及科研院所材料领域数据驱动研究部分成果见表 3-2。

表3-2 高校及科研院所材料领域数据驱动研究部分成果

高校/科研院所	课题名称
北京工业大学	基于数据挖掘的Sm-Co基多元永磁合金设计
北京科技大学	螺旋梯度连铸高通量制备方法的研究
北京科技大学	材料基因工程数据库建设的挑战与实践
上海大学	第一性原理高通量计算平台与材料应用案例
上海大学	高通量集成计算软件及新一代高温合金研制
上海大学	智能的材料数据挖掘平台与应用
北京航空航天大学	高通量第一性原理计算筛选Sb2Te3相变存储材料的最佳掺杂元素
中国科学院计算机网络信息中心	高通量材料集成计算和数据管理平台MatCloud
东南大学	高通量热力学计算与微观组织模拟的直接耦合
中南大学	高通量块体材料制备方法、技术和装置研究进展
电子科技大学	薄膜材料高通量实验技术研究进展
上海交通大学	数据是材料基因工程当前的核心问题
北京大学	基于AI与材料基因组科学和工程探索新型锂电池材料
中国科学院物理研究所	高通量组合薄膜技术在FeSe物性研究中的应用
中国应用物理与计算数学研究所	高通量集成计算软件及新一代高温合金研究
中国科学院宁波材料所	基于第一性原理的多尺度计算模拟在催化与分离材料设计中的应用
华中科技大学	尾气净化复合催化剂的精准设计与可控制备
中国科学院宁波材料所	材料基因工程技术的多尺度理论研究方法在新型核能材料服役行为研究中的应用
厦门大学	基于材料基因组理念的新型Co-V基高温合金的设计与开发
中国科学院物理研究所	材料磁性的大数据挖掘与机器分类

续表

高校/科研院所	课题名称
北京大学深圳研究生院	基于材料基因组技术探索新型锂电池材料
中国科学院物理研究所	材料基因组方法对锂电池中固态电解质材料研究的促进
中国科学院金属研究所	高强钛铝合金的计算辅助设计
东华大学	钙钛矿高温压电陶瓷的材料基因组学设计
中南大学	定位于材料基因组计划的多元合金互扩散系数数据库的高通量建立及应用
大连理工大学	具有巨磁各向异性能的有机-金属复合低维材料的高通量计算设计

3.5　数据驱动在材料企业中的认知现状

目前，部分新材料企业开始探索数字车间、智能工厂建设，横店东磁已经实施了智能工厂项目，其他部分企业也在推进智能工厂项目，一部分企业开始关注大数据、云计算及人工智能方面发展情况。但绝大部分企业仅做了数据积累，并没有对数据进行完整的整理、存储、分析和应用，数据实际应用率仍比较低。调查显示，材料企业对数据驱动认知度较低，认知率不足 15%，数据驱动在企业的认知和应用仍有较长路要走（图 3-4 和图 3-5）。

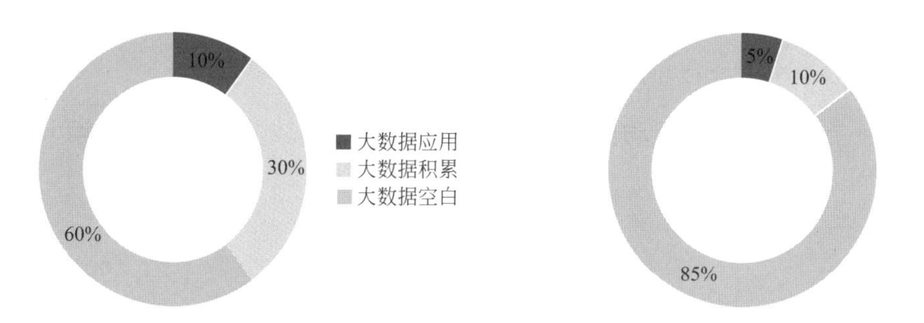

图3-4　材料企业对大数据的认知情况　　图3-5　材料企业对数据驱动的认知情况

（1）数据驱动在材料企业中的应用方向及价值

研发领域：

① 可通过软件建模计算设计预测材料成分、结构、性能等；

② 数据驱动可以解决定量的问题，如材料指标提高等；

③ 基于一定量的试验数据，使用数据驱动的方式进行新材料设计分析，能够减少试验次数，缩短研发时间。

生产过程控制：

① 利用数据驱动可以解决定性的问题，如产品合格率控制、产品成品率控制等；

② 分析影响最终结果的多个因素之间的关系，从而优化生产过程控制、稳定产品质量及合格率，增强企业竞争力；

③ 通过数据驱动深入分析进行生产过程的控制调整，提高生产效率、降低能耗的效果，同时又能够保障生产经营活动的正常开展，能够为企业带来可观的经济效益。

（2）材料企业在研发过程中的数据驱动应用现状

国内材料企业研发基础较差，目前材料企业仍以满足客户需求的应用研发为主，从事新材料研发的企业较少，占比仅为10%，提高材料企业新材料研发能力仍有很长的路要走，其如图3-6所示。

在从事新材料研发的企业中，数据驱动使用占比仅为3%，仍有较高提升空间，其如图3-7所示。

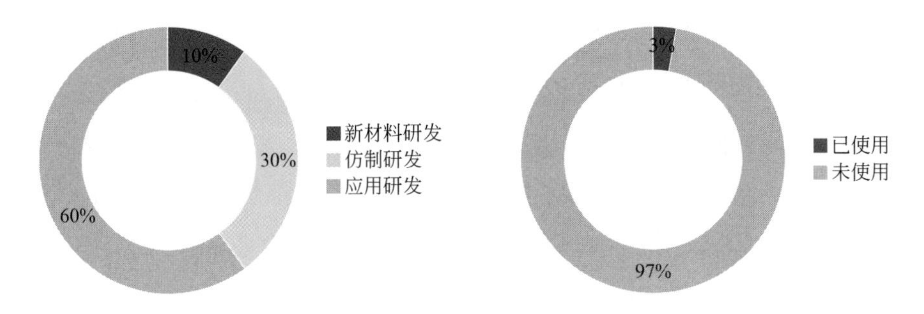

图3-6　材料企业研发能力现状　　图3-7　新材料研发中数据驱动应用现状

（3）材料企业在生产经营过程中的数据驱动应用现状

由于材料企业运用数据驱动优化生产过程控制的意识较低，没有参考案例，企业不知如何下手，导致数据驱动实际应用率较低，其如图3-8所示。

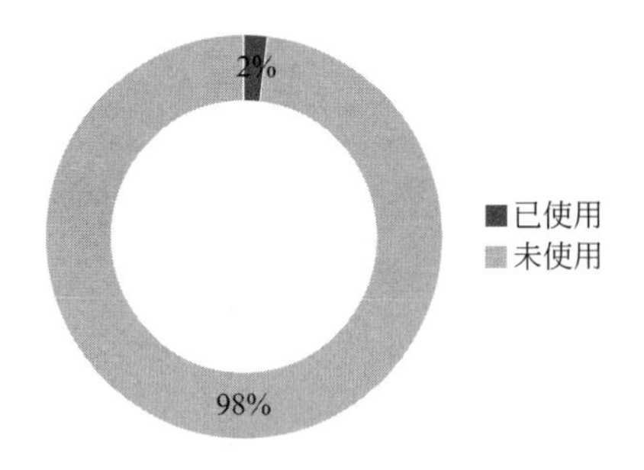

图3-8　生产经营过程中数据驱动应用现状

目前在生产经营过程中数据驱动应用工具主要以Excel软件为主，MATLAB等专业软件使用比例非常低，也和企业对数据驱动、材料基因的认识较低有较大关系，其如图3-9所示。

数据驱动在材料企业生产经营过程中的应用仍需要较长的培育和指导。

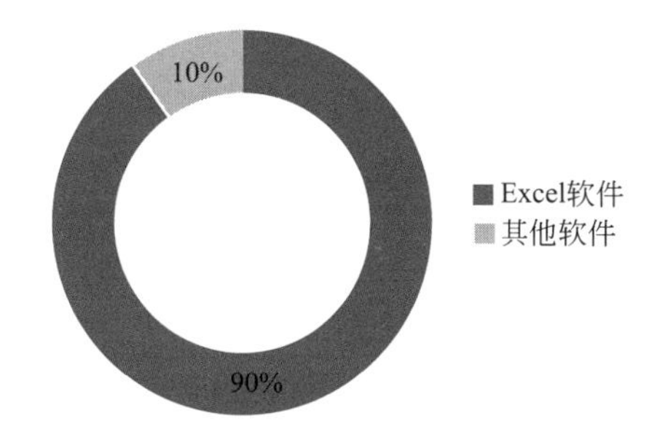

图3-9　生产经营过程中数据驱动应用工具

（4）材料企业数据驱动应用面临的问题

缺乏获取数据驱动相关知识的渠道，数据驱动研究资金、时间投入有限，缺乏专业性数据分析及应用人才，已有大量数据情况下，缺乏数据算法和应用经验，数据库建设缺失、不完善、不持续。

（5）数据驱动在材料领域的发展展望

数据驱动在材料领域的发展展望见图 3-10。

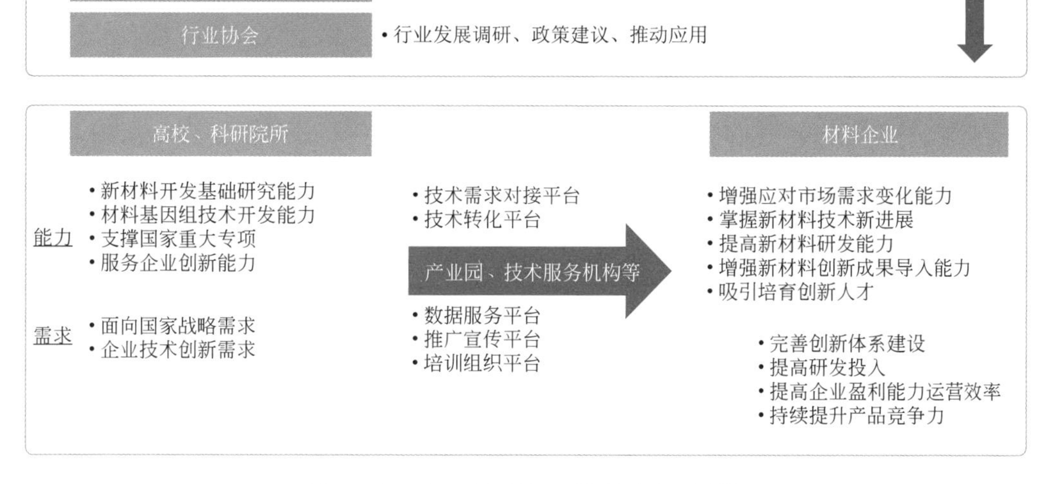

图3-10　数据驱动在材料领域的发展展望

3.6　案例分享——东阳开发区横店东磁公司智能工厂项目

横店东磁是一家拥有磁性材料、新能源等多个产业群的高新技术企业，是全球最大的永磁铁氧体生产企业、全球最大的软磁材料制造企业。

2016 年，横店东磁公司全面启动该集团新能源领域的智能制造项目，提升该公司产品制造的智能化水平。智能化样板工厂建设成效显著，填补行业空白。

该项目综合解决方案着重围绕解决锂电池公司数字化工厂建设展开，提高生产制造质量和效率，打造行业数字化样板工厂，主要内容包括：建立一套基于 MES 系统管理信息平台，建立灵活、高效的制造过程控制体系，建立产品快速追溯体系，建立统一的信息平台等。

根据省经信委的精心部署及东阳市委市政府的大力指导，东磁公司在完成永磁十五分厂自动化样板工厂建设的基础上，加快实施智能工厂建设步伐，于 2015 年 12 月，就永磁十五分厂智能化改造，启动智能样板工厂建设。目前已取得多项突破性、开创性技术成果，遵循精益制造等先进的管理理论，用机械自动化代替了人工粗放操作。产品质量检测从原来的松散管理到全流程的质量追溯，严格把控产品的质量。其中，产品追溯由人工追溯转变为自动“条码”追溯，填补国内行业空白。

当前，国家工业和信息化部发布“2017 年智能制造综合标准化与新模式应用拟立项项目公示”，公布了 43 项标准化类项目及 165 项新模式类项目。其中，横店集团东磁股份有限公司申报的“磁性材料智能制造新模式应用”项目被列入新模式类项目，是磁性材料行业唯一一家上榜企业。

公司自 2014 年 9 月开始设备投入，项目以高性能永磁磁瓦智能生产为对象，购置工业机器人和机械手，并完成了大量自动化设备的开发研制，研制了自动排坯机及传送装置、窑炉用转角机构、自动传送链、空盘自动回传接收装置、自动清洗设备等多套自动化、智能化装备，并开发专用机床伺服系统，通过 MES 系统和 ERP 系统的集成，形成了磁瓦工厂的智能化生产线。

通过“高性能永磁磁瓦智能化生产工厂应用试点”项目实施，在工厂产能提高、生产周期缩短、产品质量提高、生产工艺改进和省人化方面，取得了优异的成果，创造了较高的经济效益和社会效益。项目实施期间，申报专利 37 件，其中发明专利 11 件；已获得授权专利 21 件，其中发明专利 3 件，实用新型专利 18 件。

经过智能化技术改造，横店东磁永磁工厂的操作工人减少 1500 多人，生产周期缩短 35%，产品合格率提高 12%。成品一次合格率不断提升，生产工艺自动化数据采集率达到 98% 以上，年产生效益 1 亿多元，大幅度提升了车间的效率及效益。

2017 年，横店东磁加大力度进行技术进步与创新，公司全年研发投入 2.45 亿元，完成技术难题及重大技术创新专项 29 项，完成技术改进项目 204 项。

鸣谢

本报告形成过程中，得到了上海大学陆文聪教授，北京工业大学刘东博士等的大力支持，在此表示衷心感谢。

作者简介

北京聚材云科技有限责任公司，公司围绕科技产业化、产业数字化及园区产业创新发展等方面开展工作，为客户提供科技创新项目对接、成果孵化转化等服务、提供数据驱动助力新产品设计开发、生产运营效率提升等方面创新服务，致力于科技创新、产业升级及园区产业创新发展的解决方案提供及实施。

第二篇

专题篇

第4章
第三代半导体材料

第三代半导体产业技术创新战略联盟

4.1 概述

半导体产业是现代信息社会的基石，是支撑当前经济社会发展和保障国家安全的战略性、基础性和先导性产业。第三代半导体作为半导体产业的重要组成部分，其发展壮大对国民经济、国防安全、国际竞争、社会民生等领域均具有重要战略意义，是当前世界各国科技竞争的焦点之一。

（1）中国迎接第三次半导体产业转移浪潮

从历史进程看，全球范围完成两次明显的半导体产业转移：第一次为20世纪70年代从美国转向日本，第二次则从20世纪80年代转向韩国与中国台湾地区，而目前，中国大陆则日渐成为半导体产业第三次转移的核心地。尽管大陆半导体产业起步较晚，但凭借着巨大的市场容量和生产群体，中国已成为全球最大的半导体消费国。加上政策大力支持、资本源源汇集、产业链初步形成、技术进步加速、劳动力资源丰富，中国大陆吸引了全球优秀半导体企业纷纷投资布局。半导体产业向中国大陆转移的浪潮已开启。

（2）国际贸易争端加大国内自主创新决心

2018年，世界经济领域最具关注度和影响力的事件之一，无疑是贸易保护主义的抬头，具体表现为美国威胁退出 WTO，以及发起中美贸易摩擦。美国为维持其全球领先地位，对中国悍然发动有史以来最大规模贸易战，并主要针对“中国制造 2025”中包含的高科技领域，以获取更多经济利益，遏制中国技术进步，防范中国发展壮大。在妥善应对中美贸易摩擦的同时，我们更意识到，中国面临的不是简单的贸易战，而是影响长期发展的技术战。因此，把握新一轮技术革命战略机遇，全国上下团结一致、勠力同心，化压力为动力，充分发挥我国制度、产业、市场优势，加速技术追赶，提升科技水平、提高自主创新能力，不断扩大对外开放，对接高标准国际经贸规则，提升产业国际竞争力，才是根本战略。

（3）第三代半导体国际竞争日趋激烈，我国迫切需要加快发展步伐

2018 年，美国、欧盟等继续加大第三代半导体领域的研发支持力度，国际厂商积极、务实推进，商业化的 SiC、GaN 电力电子器件新品不断推出，性能日益提升，应用逐渐广泛。2018 年，国际技术层面，SiC 同质外延片和 Si 基 GaN 异质外延片商业化最大尺寸为 6 英寸，8 英寸产品也已开发出。据 CASA 统计 Mouser 数据，商业化 SiC 肖特基二极管最高耐压达 3300V，最高工作温度下的电流小于 60A；SiC MOSFET 目前最高耐压为 1700V，最高工作温度下电流在 65A 以下；全 SiC 功率模块耐压达到 3300V，最高电流达到 800A，并已开发出 6500V 样品；Si 基 GaN HEMT 朝集成化方向发展，最高电压为 650V，室温下（25℃）最大电流为 120A，创下新高。商业化 RF GaN HEMT 工作频率达到 25GHz，最大功率实现 1800W，此外，2018 年，众多企业也推出 GaN MMIC 产品。产业层面，2018 年，由于电动汽车、光伏等市场拉动，第三代半导体电力电子器件供不应求，国际电力电子器件厂商纷纷启动扩产，如美国 II-VI、日本昭和电工、日本罗姆、美国 X-Fab 等均已发布扩产计划。此外，2018 年，国际第三代半导体 SiC 和 GaN 领域（除 LED 外）企业间并购活动也相对活跃，共有 6 起并购案例，披露交易金额接近 100 亿美元。不过，目前来看，虽然 GaN 射频器件价格基本达到用户可接受范围，但 SiC、GaN 电力电子器件价格仍然较高，后续降低成本，提高产品可靠性，加快市场渗透，仍是行业努力的重点方向。市场层面，综合 Yole 和 IHS Markit 的数据，2018 年 SiC 电力电子器件市场规模约 3.9 亿美元，GaN 电力电子器件市场规模约 0.5 亿美元，两者合计市场规模在 4.4 亿美元左右，占整体电力电子器件市场规模的比例达到 3.4% 左右。IHS Markit 预计，SiC 和 GaN 电力电子器件预计将在 2020 年达到近 10 亿美元。Yole 统计，2018 年全球 3W 以上 GaN 射频器件（不含手机 PA）市场规模达到 4.57 亿美元，预计到 2023 年市场规模将达到 13.24 亿美元，年复合增长率超过 23%。

国内方面，受益于整个半导体行业宏观政策利好、资本市场追捧、地方积极推

进、企业广泛进入等因素，第三代半导体产业稳步发展。技术层面，SiC 衬底和外延方面，国内仍然是 4 英寸为主，已开发出 6 英寸产品并实现小批量供货；国内批量生产的 GaN 衬底仍以 2 英寸为主。国内 600 ～ 3300V SiC 肖特基二极管技术较为成熟，产业化程度继续提升，目前也已研制出 1200 ～ 1700V SiC MOSFET 器件，但可靠性较低，现处于小批量生产阶段；国内全 SiC 功率模块，主要指标为 1200V/50 ～ 600A、650V/900A。GaN HEMT 方面，国内 2018 年推出了 650V/10 ～ 30A 的 GaN 晶体管产品；GaN 微波射频器件方面，国产 GaN 射频放大器已成功应用于基站，Sub 6GHz 和毫米波 GaN 射频功率放大器也已实现量产。产业方面，在半导体对外投资受阻情况下，国内自主创新发展是必由之路。2018 年，在政策和资金的双重支持下，国内第三代半导体领域新增 3 条 SiC 生产线。投资方面 GaN 热度更高，据 CASA 不完全统计，2018 年国内第三代半导体相关领域共有 8 起大的投资扩产项目，其中 4 起与 GaN 材料相关，涉及金额 220 亿元。此外，与国际企业并购热潮对比，国内 2018 年仅有 2 起。生产模式上，中国大陆在第三代半导体电力电子器件领域形成了从衬底到模组完整的产业链体系，器件制造方面以 IDM 模式为主，且正在形成“设计 - 制造 - 封测”的分工体系；中国大陆代工生产线总体尚在建设中，尚未形成稳定批量生产。市场方面，根据 CASA 统计，2018 年国内市场 SiC 和 GaN 电力电子器件的规模约为 28 亿元，同比增长 56%，预计未来五年复合增速为 38%。GaN 微波射频应用市场规模约为 24.49 亿元，未来 5 年复合增速有望达 60%。区域方面，我国第三代半导体产业发展初步形成了京津冀、长三角、珠三角、闽三角、中西部五大重点发展区域，其中，长三角集聚效应凸显，占从 2015 年下半年至 2018 年底投资总额的 64%。此外，北京、深圳、厦门、泉州、苏州等代表性城市正在加紧部署、多措并举、有序推进。

总体而言，我国第三代半导体技术和产业都取得较好进展，但在材料指标、器件性能等方面与国外先进水平仍存在一定差距，市场继续被国际巨头占据，国产化需求迫切。

资料来源：CASA 整理

4.2 国内各级政策频出，旨在实现自主可控

（1）科技计划实施，阶段成果喜人

2016 年至今，国家科技部先后支持第三代半导体和半导体照明相关研发项目 32 项，其中，2018 年启动 7 项，包括“新能源汽车”“战略性先进电子材料”以及“智

能电网技术与装备”三个重点专项。且上述专项都结合了具体应用需求，对第三代半导体材料、器件研发和应用给予全面支持（表 4-1）。

表4-1 2018年度国家重点研发计划重点专项

序号	项目名称	牵头单位
2018 国家重点研发计划“新能源汽车”重点专项（第三代半导体相关项目）		
1	基于碳化硅技术的车用电机驱动系统技术开发	上海电驱动股份有限公司
2	基于新型电力电子器件的高性能充电系统关键技术	许继电源有限公司
2018 国家重点研发计划“战略性先进电子材料”重点专项（第三代半导体相关项目）		
1	超宽禁带半导体材料与器件研究	西安电子科技大学
2	氮化物半导体新结构材料和新功能器件研究	北京大学
3	第三代半导体新型照明材料与器件研究	中国科学院半导体研究所
4	三基色激光二极管（LD）材料与器件生产示范线	杭州增益光电技术有限公司
2018 国家重点研发计划“智能电网技术与装备”重点专项（第三代半导体相关项目）		
1	碳化硅大功率电力电子器件及应用基础理论	全球能源互联网研究院有限公司

资料来源：CASA 整理

截至目前，部分前期部署的项目已获得阶段研发成果。具体如下：制备出低缺陷 6 英寸 N 型 SiC 单晶衬底样品，微管密度≤ 1 个 /cm^2，电阻率≤ 30mΩ • cm，已达到“开盒即用”要求；解决了大尺寸晶体单一晶型控制技术，获得低应力 4H-SiC 晶型，电阻率≤ 30mΩ • cm，电阻率不均匀性小于 10%。Si 基 GaN 材料外延生长与器件研制取得重要突破，通过调控应力与抑制缺陷，在 Si 衬底上外延生长出无裂纹的 GaN 材料，晶体质量达到国际领先水平，并在国际上首次澄清了 C 杂质在 GaN 中替代 N 位，成功研制了国际首支 Si 衬底 GaN 基激光器，并实现了室温连续电注入激射，采用 p-GaN 栅极结构研制出常关型 GaN 基 HEMT 器件，器件阈值电压 +2.0V 和沟道迁移率 1500cm^2/V • s，达到国际先进水平。实现国产射频芯片批量商用，成功研制了 10W 的毫米波 GaN 功率 MMIC，器件效率超过 67%，宽带器件效率超过 61.5%，线性增益 15dB；MTTF 225℃超过 100 万小时，器件可靠性达到国际领先水平；已在 5000 余台商用基站中使用了 4 万多只国产 GaN 器件。研制出 GaN 基高效黄光 LED（电光转换效率从 2016 年初的 15% 提升至目前的 26.52%，565nm 20A/cm^2），并基于这一成果，研发了五基色 LED 光源，色温 2941K，显指高达 97.5，效率 121.3lm/W，达到了实用化水平。

（2）各级政策频出，精准支持强化

2018 年以来，从中央到地方政府对集成电路、第三代半导体均给予了高度重视，纷纷出台相关产业发展扶持政策。从政策的出台部门和发布时间密度可以看出，国家正在大力发展半导体产业，且集成电路是各级政策的支持重点。

① 中央部委全方位支持集成电路产业发展。2018 年，国务院、工信部、发改委、财政部、税务总局、证监会等国家部委先后从产业发展、科研管理、税收政策、知识产权转移、资产证券化、对台合作等多方面出台政策，全方位支持集成电路及相关产业发展（表 4-2）。

表4-2　2018年国家部委关于集成电路产业的扶持政策汇总

政策名称	发布时间	部门	主要内容
关于深化“互联网+先进制造业”发展工业互联网的指导意见	2018/1/2	国务院	落实相关税收优惠政策，推动固定资产加速折旧、企业研发费用加计扣除、软件和集成电路产业企业所得税优惠、小微企业税收优惠等政策落实，鼓励相关企业加快工业互联网发展和应用
关于集成电路生产企业有关企业所得税政策问题的通知	2018/3/28	财政部、税务总局、发改委、工信部	该文件涉及的优惠政策如下。 ① 两免三减半。适用范围：2018年1月1日后投资新设的集成电路线宽小于130纳米，且经营期在10年以上的集成电路生产企业或项目。政策：第一年至第二年免征企业所得税，第三年至第五年按照25%的法定税率减半征收企业所得税，并享受至期满为止。 ② 五免五减半。适用范围：2018年1月1日后投资新设的集成电路线宽小于65纳米或投资额超过150亿元，且经营期在15年以上的集成电路生产企业或项目。政策：第一年至第五年免征企业所得税，第六年至第十年按照25%的法定税率减半征收企业所得税，并享受至期满为止
《知识产权对外转让有关工作办法（试行）》	2018/3/29	国务院	技术出口、外国投资者并购境内企业等活动中涉及本办法规定的专利权、集成电路布图设计专有权、计算机软件著作权、植物新品种权等知识产权对外转让的，需要按照本办法进行审查
开展创新企业境内发行股票或存托凭证试点若干意见	2018/3/30	证监会	试点企业应当是符合国家战略，掌握核心技术，市场认可度高，属于互联网、大数据、云计算、人工智能、软件和集成电路、高端装备制造、生物医药等高新技术产业和战略性新兴产业，且达到相当规模的创新企业
《2018年工业通信业标准化工作要点》	2018/4/2	工信部	深入推进军民通用标准试点工作，加强集成电路军民通用标准的推广应用，开展军民通用标准研制模式和工作机制总结
关于落实《政府工作报告》重点工作部门分工的意见	2018/4/12	国务院	推动集成电路、第五代移动通信、飞机发动机、新能源汽车、新材料等产业发展，实施重大短板装备专项工程，推进智能制造，发展工业互联网平台等

续表

政策名称	发布时间	部门	主要内容
《进一步深化中国（福建）自由贸易试验区改革方案》	2018/5/24	国务院	深化集成电路、光学仪器、精密机械等先进制造业和冷链物流、文化创意、健康养老、中医药等现代服务业对台合作
《智能传感器产业三年行动指南（2017年～2019年）》	2018/6/25	工信部	总目标提出：涵盖智能传感器模拟与数字/数字与模拟转换（AD/DA）、专用集成电路（ASIC）、软件算法等的软硬件集成能力大幅攀升。在智能传感器创新中心的主要任务中提出，研发高深宽比干法体硅加工技术，晶圆级键合技术，集成电路与传感器的系统级封装技术、系统级芯片（SoC）技术，通信传输技术等共性技术
关于优化科研管理提升科研绩效若干措施的通知	2018/7/24	国务院	对试验设备依赖程度低和实验材料耗费少的基础研究、软件开发、集成电路设计等智力密集型项目，提高间接经费比例，500万元以下的部分为不超过30%，500万元至1000万元的部分为不超过25%，1000万元以上的部分为不超过20%
《扩大和升级信息消费三年行动计划（2018年～2020年）》	2018/7/27	工信部、发改委	加大资金支持力度，支持信息消费前沿技术研发，拓展各类新型产品和融合应用。各地工业和信息化、发展改革主管部门要进一步落实鼓励软件和集成电路产业发展的若干政策，加大现有支持中小微企业税收政策落实力度

资料来源：CASA 整理

② 地方政府积极出台半导体产业扶持政策。据不完全统计，2018 年，包括北京、上海、深圳等超过 13 个地方政府出台了支持半导体，特别是集成电路产业发展的产业政策，以培育经济增长新动能，抢占半导体产业新一轮发展先机（表 4-3）。

表4-3　2018年各地半导体产业支持政策汇总

地区	政策名称
安徽	《安徽省半导体产业发展规划（2018年～2021年）》
上海	《上海市软件和集成电路企业设计人员、核心团队专项奖励办法》
重庆	《重庆市加快集成电路产业发展若干政策》
厦门	《厦门市加快发展集成电路产业实施细则》
	《海沧区扶持集成电路产业发展办法》
成都	《进一步支持集成电路产业项目加快发展若干政策措施》
	《支持集成电路设计业加快发展的若干政策》
杭州	《进一步鼓励集成电路产业加快发展专项政策》

续表

地区	政策名称
合肥	《合肥市加快推进软件产业和集成电路产业发展的若干政策》
	《合肥高新区促进集成电路产业发展政策》
长沙	《长沙经济技术开发区促进集成电路产业发展实施办法》
珠海	《珠海市促进新一代信息技术产业发展的若干政策》
无锡	《关于进一步支持集成电路产业发展的政策意见》
芜湖	《芜湖市加快微电子产业发展政策规定（试行）》
深圳	《深圳市坪山区人民政府关于促进集成电路第三代半导体产业发展若干措施（征求意见稿）》
北京	《顺义区促进高精尖产业发展实施意见》

资料来源：CASA 整理

其中，2018 年 8 月，深圳坪山区发布《深圳市坪山区人民政府关于促进集成电路第三代半导体产业发展若干措施（征求意见稿）》，该《措施》从产业资金、发展空间、企业落地、人才队伍、核心技术攻关、产业链构建等方面对第三代半导体产业进行全方位支持。

为深入实施《北京市加快科技创新发展新一代信息技术等十个高精尖产业的指导意见》，2018 年 11 月，北京顺义区出台了《顺义区促进高精尖产业发展实施意见》，该《实施意见》涵盖 5 大方面 18 项支持政策，全力吸引高端人才入区，加速科技成果转化，实现包括第三代半导体在内的高精尖产业快速健康发展。另据消息称，中关村国家自主创新示范区管委会与北京市顺义区政府正在联合制定促进第三代等先进半导体产业发展的相关政策，上述文件若出台，将对第三代半导体产业在北京顺义实现快速集聚发展提供有力条件保障。

此外，2018 年 12 月，江苏张家港市召开《张家港市化合物半导体产业发展规划》发布会，该规划结合国内外化合物半导体产业发展现状和趋势，明确了张家港未来 5 年化合物半导体产业发展战略定位、发展目标、发展原则、空间承载和重点任务，并提出了张家港在半导体照明、化合物功率半导体、集成光电等方向的发展重点和差异化实施路径，并从组织保障、资金支持、人才支撑、创新生态等方面提出了保障措施。

4.3 技术稳步提升，商业进程加快

（1）国际技术日渐成熟，产品性能不断提升

① 材料尺寸扩大，缺陷持续降低。

• SiC 同质外延片和 Si 基 GaN 异质外延片方面，作为应用最广泛的两种第三代半导体材料，目前商业化的最大尺寸为 6 英寸，为进一步降低器件成本，业界已经研发出 8 英寸产品。其中，8 英寸 Si 基 GaN 外延片的研发尤为活跃，2018 年以来，业内企业成功研发出 8 英寸 Si 基 GaN 外延片，并在 8 英寸晶圆上成功开发出 GaN 电力电子器件（表 4-4）。

表4-4　2018年8英寸Si基GaN外延片及器件研发进展

序号	时间	内容
1	2018 年 4 月	无晶圆厂公司Qromis与比利时微电子中心IMEC宣布，Qromis在IMEC的Si晶圆先导工艺线上，基于200mm热膨胀系数（CTE）匹配衬底开发出高性能增强型p-GaN电力电子器件。衬底由Qromis公司提供，其200mm QST衬底是公司专利产品。IMEC率先开发了8英寸（200mm）晶圆的硅基GaN技术，以及用于100V、200V和650V工作电压的增强型高电子迁移率器件（HEMT）和肖特基二极管电力电子器件，为实现更高量产规模铺平道路
2	2018 年 9 月	意法半导体和CEA Tech下属的研究所Leti宣布合作研制Si基GaN功率开关器件制造技术。本合作项目的重点是开发和检测在200mm晶片上制造的先进的硅基氮化镓功率二极管和晶体管架构。意法半导体和Leti利用IRT纳电子研究所的框架计划，在Leti的200mm研发线上开发工艺技术，预计在2019年完成工程样品的验证，然后转到意法半导体的200mm晶圆试产线。意法半导体还将建立一条高品质生产线，包括GaN / Si异质外延工序，计划2020年前在意法半导体位于法国图尔前工序晶圆厂进行首次生产
3	2018 年 9 月	EpiGaN宣称可以提供8英寸GaN-on-Si和6英寸GaN-on-SiC外延片

资料来源：CASA 整理

• 金刚石衬底方面，同质外延单晶金刚石衬底的尺寸实现 2 英寸，位错密度小于 10^3cm^{-2}；Si 基异质外延金刚石衬底的主流尺寸为 3 英寸，但位错密度较高，在 10^7cm^{-2} 左右。

• Ga_2O_3 衬底方面，国际上商用的衬底直径以 10 ～ 50mm 为主。目前，日本 Tamura 公司已经实现 2 英寸 β-Ga_2O_3 衬底的产业化，且已经研发出 6 英寸衬底。

② 器件性能提升，新品不断推出

• SiC 电力电子器件

a. 商业化的 SiC 肖特基二极管❶目前最高耐压为 3300V，最高工作温度（100 ～ 190℃）下的电流在 60A 以下。其见图 4-1。SiC 肖特基二极管的耐压达到 3300V，但主要产品耐压范围还集中在 650V 和 1200V 左右，1700V 和 3300V（GeneSiC，

❶ 本报告所称商业化产品数据均来自 Mouser 或 Digi-key 电商网站在售产品。

3300V/0.3A）产品较少。最高工作温度（100 ～ 190℃）下 SiC 二极管的电流在 60A（UnitedSiC，650V/60A）以下。

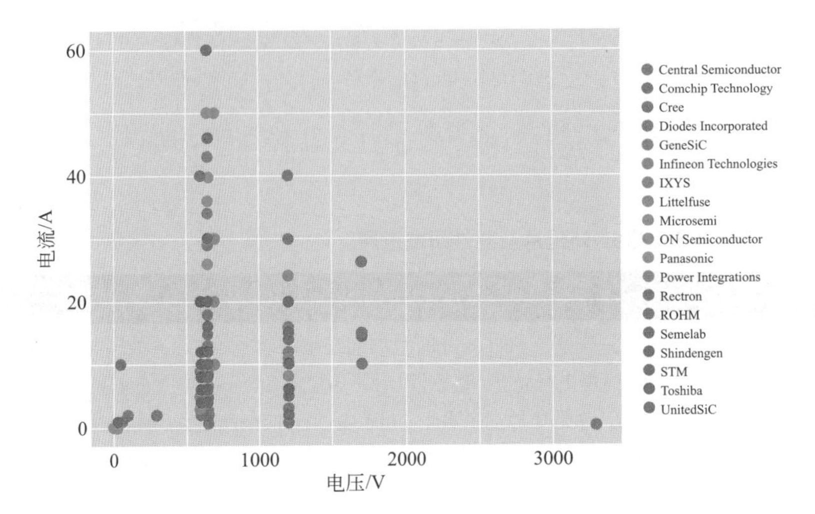

图4-1　国际上已经商业化的SiC 肖特基二极管的器件性能

注：图中电流为各企业产品在最高工作温度下的数值。

数据来源：Mouser，CASA

b. 国际主要企业最新推出的 SiC 肖特基二极管产品电压集中在 650V、1200V，以 MPS、JBS 结构为主。MPS 与 JBS 器件结构类似，但工作原理不同。JBS 二极管有源区中的 p-n 结结构是用来防止反向阻断时其肖特基势垒的降低，以获得减小其漏电流的作用；而 MPS 二极管中的 p-i-n 结结构则是为获得高击穿电压而设置。其见表 4-5。

表4-5　2018年国际企业最新推出的SiC二极管产品

序号	时间	厂商	产品	参数	特点
1	2018 年 1 月	Littelfuse	SiC MPS	1200V/8A、15A、20A	GEN2系列MPS器件结构可确保提升抗浪涌能力并降低泄漏电流。采用主流的TO-220-2L封装和采用TO-252-2L封装
2	2018 年 2 月	安森美	SiC SBD	650V/6 ～ 50A	采用表面贴装和穿孔封装。提供零反向恢复、低正向压、不受温度影响的电流稳定性、高浪涌容量和正温度系数
3	2018 年 4 月	Microsemi	SiC SBD	1200V	该公司的SiC SBD在低反向电流下具有折中的浪涌电流、正向电压、热阻和热容额定值

续表

序号	时间	厂商	产品	参数	特点
4	2018年6月	Littelfuse	SiC MPS	1200V/10 ~ 40A	GEN2系列MPS器件结构可确保提升抗浪涌能力并降低泄漏电流
5	2018年8月	Cree	SiC MPS	1200V/20A	Wolfspeed E-系列是该公司首个实现商业化量产且通过AEC-Q101认证和符合生产件批准程序（PPAP）要求的二极管产品，满足高湿度环境和汽车认证要求

资料来源：CASA 整理

c. 商业化的 SiC MOSFET 目前最高耐压为 1700V，最高工作温度（100 ~ 160℃）下电流在 65A 以下。其见图 4-2。目前，国际上商业化的 SiC MOSFET 耐压在 1700V 以下，主要有 650V、900V、1200V 和 1700V 四个电压层次；最高工作温度（100 ~ 160℃）下 SiC MOSFET 的最大电流为 65A（罗姆，650V/65A，100℃），阈值电压 V_{gs}（th）最高达到 5.6V。业内生产 SiC JFET 的企业较少，Mouser 上只有 UnitedSiC 在销售 SiC JFET 产品，耐压在 650V、1200V，最高工作温度下的最大电流为 62A（650V/62A，100℃）。2018 年国际企业最新推出的 SiC 晶体管产品见表 4-6。

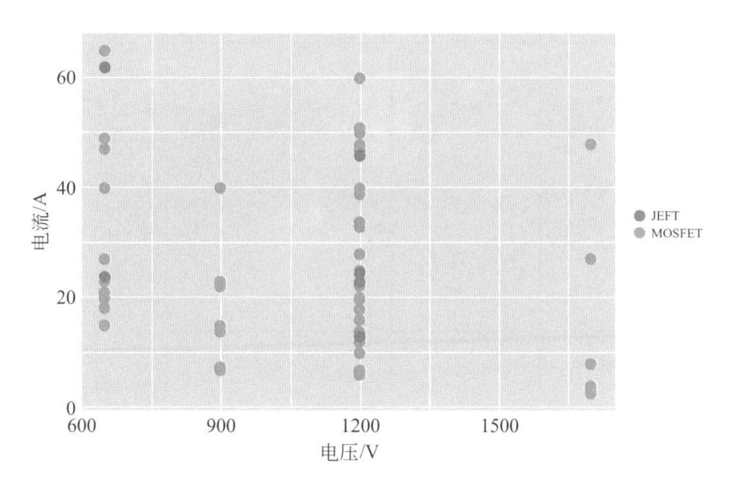

图4-2　国际上已经商业化的SiC 晶体管的器件性能

注：图中电流为各企业产品在最高工作温度下的数值。

数据来源：Mouser，CASA

表4-6　2018年国际企业最新推出的SiC晶体管产品

序号	时间	厂商	产品	参数	特点
1	2018年3月	UnitedSiC	SiC Cascade FETs	650V/31～85A，27mΩ	UJ3C系列产品，将SiC JFETs器件与定制设计的经ESD保护的低压Si MOSFET级联并封装在一起。通过标准的TO-220、TO-247和D2PAK-3L封装，使用标准的Si-MOSFET栅极驱动电路驱动，无需重新设计驱动电路，同时提供低导通电阻和低栅极电荷以降低系统损耗
2	2018年3月	Littelfuse	SiC MOSFET	1200V/18A/120mΩ 1200V/14A/160mΩ	具有超低导通电阻
3	2018年4月	Microsemi	SiC MOSFET	1200V	新一代的SiC MOSFET产品系列具有高雪崩特性，在工业、汽车和民用航空领域的电源应用方面具有很好的耐用性
4	2018年5月	UnitedSiC	SiC Cascade FETs	1200V，40和80mΩ	UJ3C系列产品
5	2018年6月	Cree	SiC MOSFET	1200V	第三代的C3M™ 1200V SiC MOSFET，适用于电动汽车功率变换系统
6	2018年8月	Cree	SiC MOSFET	900V	新型E-系列SiC MOSFET是目前业界唯一通过汽车AEC-Q101认证、符合PPAP要求、能够耐受高湿度环境的MOSFET。它采用Wolfspeed第三代坚固的平面技术，累计现场实际工作时间超过100亿小时
7	2018年9月	Littelfuse	SiC MOSFET	1700V，1Ω	Littelfuse首款1700V SiC MOSFET，支持电动和混合动力汽车、数据中心和辅助电源等高频、高效电源控制应用

资料来源：CASA 整理

• GaN 电力电子器件

a. 商业化的 Si 基 GaN HEMT 最高电压为 650V，室温下（25℃）最大电流为 120A，创下新高。其见图 4-3。Si 基 GaN HEMT 的耐压在 650V 以下，其中，

GaN Systems 的产品耐压为 650V 和 100V，而 EPC 的产品耐压集中在 200V 以下。室温下 Si 基 GaN HEMT 的最大电流为 120A@650V，由 GaN Systems 生产。

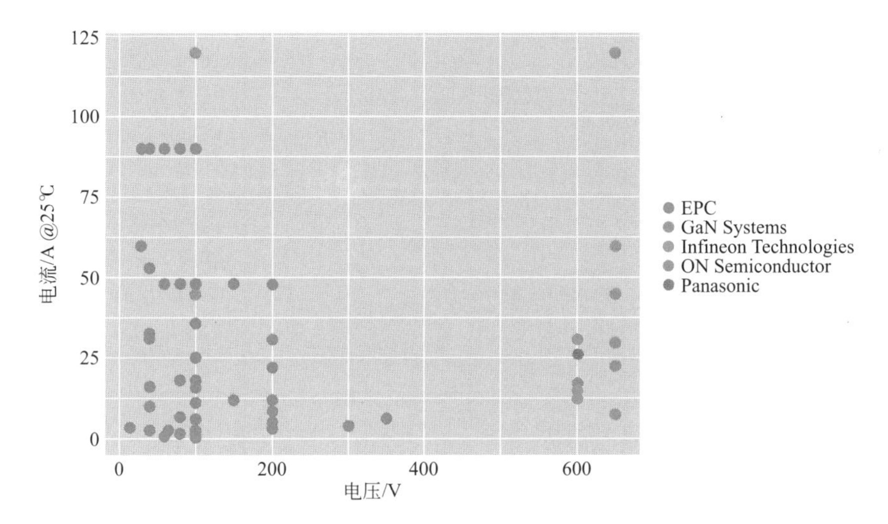

图4-3　国际上已经商业化的Si基GaN HEMT电力电子器件性能

数据来源：Mouser，Digi-key，CASA

b.GaN 电力电子器件朝着集成化方向发展，解决方案不断完善。目前，市场上 GaN 电力电子器件解决方案分为三种：一是分立式，开关器件 + 外部驱动器；二是多片集成，将开关器件和驱动器封装在一起；三是单片集成，将栅极驱动集成到开关器件，可以消除高频工作时的互联电感，提升效率，并节省空间。GaN 电力电子器件适用于中低功率（目前功率大约在 kW 级以下水平），分立式方案是目前最成熟的一种解决方案，但集成度的提高是未来的发展趋势。2018 年以英飞凌、Exagan 和 EPC 为代表的企业分别推出了分立式、多片集成和单片集成 GaN 电力电子器件解决方案。2018 年国际企业最新推出 GaN 电力电子器件产品见表 4-7。

表4-7　2018年国际企业最新推出GaN电力电子器件产品

序号	时间	厂商	产品	参数	特点
1	2018 年 2 月	GaN systems	GaN E-HEMT	650V/120A	业内最高电流等级，将功率转换系统的功率密度从20kW/cm^{3}提高到500kW/cm^3
2	2018 年 3 月	GaN systems	GaN E-HEMT	100V/120A/5mΩ	业内最高电流等级
3	2018 年 3 月	EPC	GaN 解决方案	150V/70mΩ/7MHz	单片集成IC，可以消除高频工作时的互联电感，提升效率，并节省空间

续表

序号	时间	厂商	产品	参数	特点
4	2018 年 3 月	德州仪器	GaN 驱动器	50MHz	宣称是业内最小、最快的GaN驱动器。可在提供50MHz的开关频率的同时提高效率，晶圆级芯片封装尺寸仅为0.8mm×1.2mm
5	2018 年 5 月	EPC	GaN HEMT	80V/ 脉冲电流 75A/16mΩ，80V/ 脉冲电流 18A/73mΩ	EPC首次获得汽车AEC-Q101认证的GaN电力电子器件产品。这2款产品的体积远小于传统的Si MOSFET，且开关速度是Si MOSFET的10～100倍
6	2018 年 6 月	Transphorm	GaN FET	650V/35、50mΩ	Transphorm第三代（Gen Ⅲ）产品，采用标准TO-247封装。将Gen Ⅱ的栅极门槛电压（噪声抗扰性）从2.1V提高到4V，无需使用负压栅极驱动。栅极可靠性额定值为±20V，比第二代增加11%
7	2018 年 6 月	英飞凌	GaN HEMT	400V、600V	CoolGaN系列，将于2018年底量产
8	2018 年 6 月	Exagan	GaN 解决方案	30～65mΩ	Exagan在 PCIM Europe展示了GaN/Si G-FET™ 晶体管和G-DRIVE™智能快速开关解决方案，将晶体管与驱动封装在一起
9	2018 年 9 月	EPC	GaN HEMT	100V/ 脉冲电流 37A/25mΩ	尺寸比等效硅器件小30倍，500kHz下效率达97%
10	2018 年 11 月	英飞凌	GaN 解决方案	CoolGaN 600V E-HEMT+ 驱动 IC	GaN解决方案

资料来源：CASA 整理

c. 多家企业发布图腾柱（Totem）功率因数校正（PFC）参考设计，最大程度发挥 GaN 电力电子器件优势。基于图腾柱拓扑，GaN 可以实现更高的性能、更高的功率密度、更小的尺寸和更低的整体系统成本。2018 年 3 月，Transphorm 发布了一个完整的 3.3kW 连续导通模式（CCM）无桥图腾柱功率因数校正（PFC）参考设计，用于高压 GaN 电源系统。德州仪器也推出了一种紧凑的满载设计功率为 1.6kW、开关频率为 1MHz 图腾柱 PFC 转换器参考设计，用于服务器、电信和工业电源，使用自产的 600V GaN 器件。

• GaN 射频器件

a. 商业化的 RF GaN HEMT 工作频率达到 25GHz，最大功率实现 1800W。其见图 4-4。据 Mouser 官网数据，RF GaN HEMT 最高工作频率达到 25GHz（由 Qorvo 生产）；输出功率最高达到 1800W（1.0 ~ 1.1GHz，由 Qorvo 生产），集中在 500W 以下。

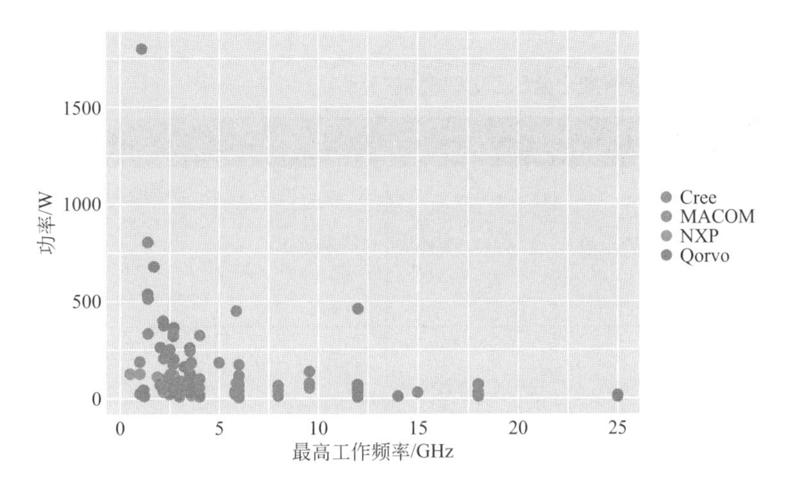

图4-4　国际上已经商业化的RF GaN HEMT性能

数据来源：Mouser，CASA

b. 基于 SiC 基 GaN 的军用 L 波段射频晶体管的输出功率实现新高。2018 年 3 月，Qorvo 推出业内最高功率的 GaN-on-SiC 射频晶体管，在 65V 工作电压下输出功率达到 1.8kW，工作频率在 1.0 ~ 1.1GHz；2018 年 6 月，在收购英飞凌的 LDMOS 和 GaN 射频业务后，Cree 也推出 L 波段 1.2kW GaN HEMT，这些器件均可用于 L 波段航空电子设备和敌我识别（IFF）应用领域。2018 年国际企业最新推出 GaN 射频晶体管产品见表 4-8。

表4-8　2018年国际企业最新推出GaN射频晶体管产品

序号	时间	厂商	产品	参数	特点
1	2018 年 3 月	Qorvo	GaN HEMT	65V、1.0 ~ 1.1GHz、1.8kW	GaN-on-SiC 射频晶体管，可用于L波段航空电子设备和敌我识别（IFF）应用领域
2	2018 年 6 月	Cree	GaN HEMT	L 波段、1200W	可用于L波段航空电子设备和敌我识别（IFF）应用领域

资料来源：CASA 整理

③ 模块产品渐多，凸显材料优势

• SiC 功率模块。商业化的全 SiC 功率模块耐压达到 3300V，最高电流达到

800A，已开发出6500V样品。2018年1月，三菱电机宣布已成功开发出6.5kV耐压等级全SiC功率模块，该模块采用单芯片构造和新封装（HV100封装），在1.7kV到6.5kV同类功率模块中实现了世界最高等级的功率密度（9.3kVA/cm³）。与Si IGBT模块相比，全SiC功率模块具有高效、节能及小型化等突出优势。业内企业一直致力于用全SiC功率模块逐步取代传统的Si功率模块。2018年国际企业最新推出全SiC功率模块产品见表4-9。

表4-9 2018年国际企业最新推出全SiC功率模块产品

序号	时间	厂商	产品	参数	特点
1	2018年1月	三菱电机	全SiC功率模块	6500V	采用SiC SBD和SiC MOSFET一体化芯片设计，减小了模块体积，实现了6.5kV业界最高的功率密度（9.3kVA/cm³）
2	2018年6月	罗姆	全SiC功率模块	1200V /400、600A	面向工业设备用电源、太阳能发电功率调节器及UPS等的逆变器、转换器
3	2018年10月	罗姆	全SiC功率模块	1700V/250A	采用新涂覆材料和新工艺方法，成功地预防了绝缘击穿，并抑制了漏电流的增加。已于2018年10月开始投入量产

资料来源：CASA整理

• GaN射频模块。商业化的GaN功率放大器工作频率高达31GHz。对应到我国公布的5G频段，3.3～3.6GHz频率范围内射频功率放大器的最高功率达到100W，4.8～5GHz频率内最高功率达到50W。国际上已经商业化的RF GaN功率放大器性能见图4-5。国际主流厂商商业化RF GaN功率放大器性能见图4-6。

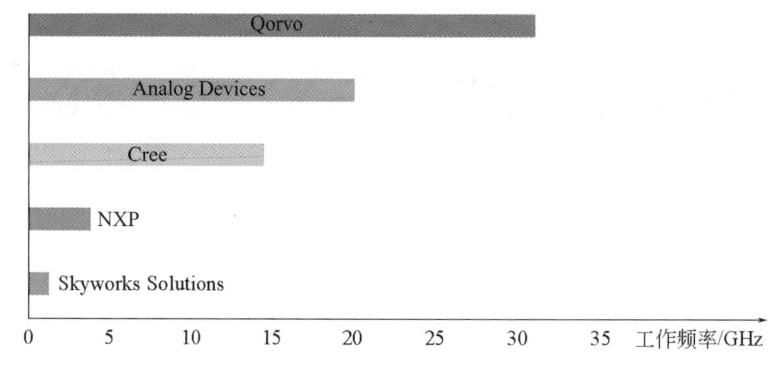

图4-5 国际上已经商业化的RF GaN功率放大器性能

数据来源：Mouser，CASA

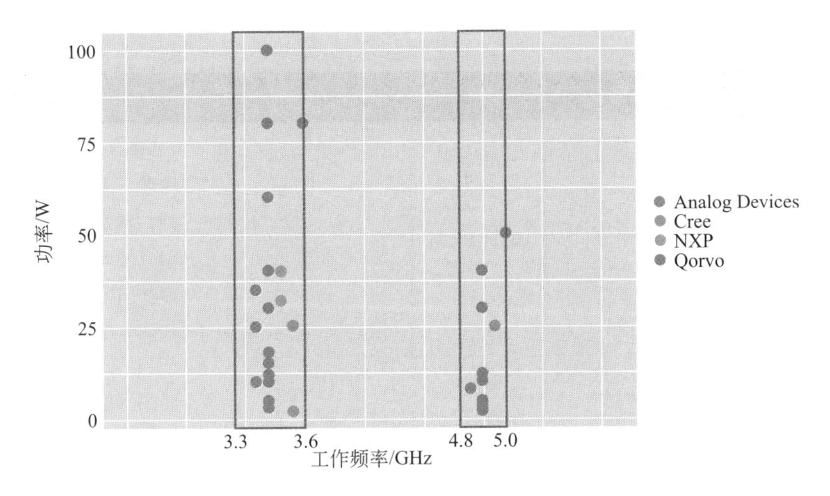

图4-6　国际主流厂商商业化RF GaN功率放大器性能（@中国5G频段）

数据来源：Mouser，CASA

除分立的功率模块外，GaN 也已经应用于单片微波集成电路（MMIC）。2018 年，MACOM、Custom MMIC 和 Cree 等企业纷纷推出新的 GaN MMIC 模块产品。2018 年国际企业最新推出 GaN 射频模块产品见表 4-10。

表4-10　2018年国际企业最新推出GaN射频模块产品

序号	时间	厂商	产品	参数	特点
1	2018 年 2 月	MACOM	GaN MMIC PA	同时覆盖 Band 42（3.4 ~ 3.6GHz）和 Band 43 频带（3.6 ~ 3.8GHz）	MACOM的新MAGM系列PAs将GaN-on-Si技术固有的独特性能和成本优势与MMIC封装效率相结合，提供了宽带性能，具有平坦的功率和卓越的功率效率，满足商用批量5G基站制造和部署的需求
2	2018 年 3 月	Custom MMIC	GaN MMIC LNA	2.6 ~ 4GHz/14dB，5 ~ 7GHz/20dB，8 ~ 12GHz/15dB	无铅4mm × 4mmQFN封装，适合要求高性能和高输入功率生存性的雷达和电子战（EW）应用
3	2018 年 4 月	Diamond Microwave	GaN SSPA	X 波段，200W、400W，饱和增益 55dB	GaN基微波脉冲固态功率放大器（SSPA），尺寸仅为150mm × 197mm × 30mm，是要求苛刻的国防、航空航天和通信应用中真空管放大器（TWT）的一种紧凑替代品
4	2018 年 6 月	稳懋	GaN PA	0.45μm 加工工艺，100MHz ~ 6GHz，50V	可以用于Massive MIMO无线天线系统等5G应用

续表

序号	时间	厂商	产品	参数	特点
5	2018年6月	Qorvo	GaN FEM	X波段	GaN射频前端模块产品在单个紧凑封装中提供四种功能，包括RF开关、功率放大器、低噪声放大器和限幅器。设计用于下一代有源电子扫描阵列（AESA）雷达
6	2018年9月	Cree	GaN MMICPA	C波段，25W、50W，28V	用于雷达

资料来源：CASA整理

（2）国内技术稳步提升，商用产品陆续推出

① 材料品质提升，支持国产应用

• SiC衬底方面，国内仍然是4英寸为主，6英寸衬底已开始小批量供货，6英寸衬底的微管密度控制在5个/cm^2以下。目前已经开发出低缺陷密度6英寸碳化硅（SiC）N型衬底，SiC衬底材料的微管密度（MPD）低于1个/cm^2。SiC外延片方面，实际用于器件生产的4英寸外延片最大厚度约50μm，国内已开始小批量生产6英寸SiC外延片。

• GaN衬底方面，国内批量生产的衬底以2英寸为主，位错密度已经降到$10^5/cm^2$，实验室里可以降到$10^4/cm^2$。已开发出自支撑4英寸衬底，缺陷密度降到$10^6/cm^2$。GaN异质外延片方面，国内多家企业研制出8英寸Si基GaN外延片，耐压在650V/700V左右，SiC和蓝宝石衬底的GaN外延片的尺寸可达6英寸。

• Ga_2O_3衬底方面，国内仍处于研究阶段。山东大学晶体材料国家重点实验室首次获得了机械剥离技术，一步法获得高质量单晶衬底，但对于大尺寸衬底的CMP加工技术仍处于研究阶段。Ga_2O_3外延片方面，目前受限于β-Ga_2O_3单晶衬底的尺寸，同质外延片的尺寸在2英寸以内，主要采用MBE的方式进行，但MOCVD已开始被用于MOSFET器件结构的同质外延；异质外延主要采用蓝宝石衬底，有利于实现Ga_2O_3薄膜的大尺寸、低成本制备。

② 器件成熟不同，产品陆续推出

• SiC器件方面，国内600～3300V SiC肖特基二极管技术较为成熟，产业化程度继续提升。目前已研制出了1200～1700V SiC MOSFET器件，因可靠性问题尚未完全解决，目前处于小批量生产阶段。SiC模块方面，国内2018年推出1200V/50～600A、650V/900A全SiC功率模块。

• GaN 电力电子器件方面，国内推出了 650V/10 ～ 30A 的 GaN 晶体管产品。国内某知名化合物半导体代工企业在 2018 年四季度完成 650V GaN 电力电子器件生产工艺。

• GaN 微波射频器件方面，国产 GaN 射频放大器已成功应用于基站，Sub6GHz 和毫米波 GaN 射频功率放大器也已实现量产，工艺节点涵盖 0.5 ～ 0.15μm，并在研发 0.09μm 工艺。

• GaN 光电器件方面，2018 年，我国半导体照明产业技术实现稳步提升，部分技术国际领先。功率型白光 LED 产业化光效达到 180lm/W，与国际先进水平基本持平；LED 室内灯具光效超过 100lm/W，室外灯具光效超过 130lm/W。功率型 Si 基 LED 芯片产业化光效达到 170lm/W；白光 OLED（面积 < 10mm × 10mm）产业化光效达到 150lm/W，白光 OLED（面积 > 80mm × 80mm）产业化光效达到 100lm/W。

4.4　产业持续整合，生态不断完善

（1）国际企业积极扩产，产品后续降价可期

① 产品供不应求，企业积极扩产

• 电动汽车销量快速增长，拉动电力电子器件市场需求。据国际能源署（IEA）预测，到 2030 年，在全球销售的纯电动汽车台数将达到 2017 年的 15 倍，增至 2150 万辆。随着纯电动汽车销量的成倍增加，车用电力电子器件的市场规模也将快速扩大。以 SiC 和 GaN 为代表的第三代半导体电力电子器件具有高效节能、小型化等诸多优点成为关注焦点。

• 国际传统电力电子器件大厂纷纷发力汽车市场。2018 年 3 月，世界最大的电力电子器件生产企业德国英飞凌与上海汽车宣布成立合资企业，为中国市场生产汽车级框架式 IGBT 模块。排名第 2 的美国安森美半导体公司也将以车载半导体为中心，扩充电力电子器件产品。此外，日本电力电子器件生产企业东芝、三菱电机和富士电机也纷纷投资百亿日元规模资金用于扩产纯电动汽车用半导体电力电子器件。

• 市场需求增长，第三代半导体尤其是 SiC 生产企业积极扩产。随着已经广泛应用的开关电源、光伏逆变和刚开启应用的新能源汽车功率变换等下游需求的快速增长，2017 年以来 SiC 电力电子器件处于供不应求的状态。为了应对日益增长的需求，SiC 产业链上下游企业纷纷开始扩产。2018 年，SiC 外延片生产企业美国

Ⅱ－Ⅵ和日本昭和电工、电力电子器件IDM制造企业日本罗姆、电力电子器件代工企业美国X-Fab均已发布扩产计划。2018年国际第三代半导体企业扩产情况见表4-11。

表4-11　2018年国际第三代半导体企业扩产情况

时间	企业	投资金额	明细
2018年8月	日本昭和电工	—	昭和电工表示，该公司之前分别于2017年9月、2018年1月宣布增产SiC晶圆，不过因SiC制电源控制晶片市场急速成长、为了应对来自顾客端旺盛的需求，因此决定对SiC晶圆进行第3度的增产投资。昭和电工SiC晶圆月产能甫于2018年4月从3000片提高至5000片（第1次增产），且将在2018年9月进一步提高至7000片（第2次增产），而进行第3度增产投资后，将在2019年2月扩增至9000片的水准、达现行（5000片）的1.8倍
2018年5月	日本罗姆	600亿日元	2018年5月8日，ROHM为加强需求日益扩大的SiC功率元器件的生产能力，决定在ROHM Apollo Co.，Ltd.（日本福冈县）的筑后工厂投建新厂房，新建一栋6 英寸 SiC的新大楼。预计将于2019年动工，于2020年竣工。生产能力为6 英寸 SiC月产5000片，生产设备可以同时应对6 英寸与8英寸产品。罗姆目标2025年在SiC电力电子器件市场能获得30%左右的市场份额，成为行业领先者。为了实现这一目标，罗姆计划截至2024财年累计将进行约600亿日元的设备投资，SiC电力电子器件产能较2016年预计增加约16倍
2018年5月	美国Ⅱ－Ⅵ	—	2018年5月14日，Ⅱ－Ⅵ子公司Ⅱ－Ⅵ EpiWorks宣布将位于美国伊利诺伊州的化合物半导体外延制造中心的产能扩充为原来的4倍。Ⅱ－Ⅵ EpiWorks是Ⅱ－Ⅵ公司的子公司，由伊利诺伊大学香槟分校微纳米技术实验室（MNTL）的教师和研究生创建。Ⅱ－Ⅵ EpiWorks致力于将该公司保留在伊利诺伊州，并帮助该大学成为半导体研究、商业化和制造中心
2018年8月	美国X-Fab	—	2018年8月30日，X-Fab宣布计划将位于得克萨斯州的6英寸SiC代工厂的加工能力增加一倍，以应对客户对高效率电力电子器件的需求。为了准备双倍产能，德州X － FAB购买了第二台加热离子注入机，用于制造6英寸SiC晶片。预计这种加热离子注入机将于2018年底交付，产能将于2019年第一季度释放

资料来源：CASA整理

② 企业并购活跃，产业持续整合。据CASA不完全统计，2018年，国际第三代

半导体行业 SiC 和 GaN 领域有 6 起并购案例，披露的交易金额接近 100 亿美元。其中，美国 Microchip 收购 Microsemi 的交易对价就达到了 83.5 亿美元，是 2018 年国际第三代半导体领域最大的并购交易。但实际上，Microsemi 的业务以 Si 集成电路为主，其第三代半导体业务（SiC SBD 和 MOSFET）占比很小。从被收购企业所在产业链环节来看，2018 年的并购交易以器件环节为主，其次是材料生长和加工环节。从并购类型来看，以产业链横向并购为主，此外，部分电路保护企业通过跨界收购的方式切入 SiC 电力电子器件领域。

产业链横向并购方面，美国 Cree 以 3.45 亿欧元收购德国英飞凌射频业务，增强 Cree 在射频封装方面的技术实力；英国 IQE 花费 500 万美元收购澳大利亚 Silex Systems 旗下子公司 Translucent 公司拥有的 cREO（TM）技术和 IP 组合，进一步增强 IQE 的 Si 基化合物半导体外延生长能力；整合单片机、混合信号、模拟器件和闪存专利解决方案的供应商美国 Microchip 斥资 83.5 亿美元收购美国半导体企业 Microsemi，扩展 Microchip 在通信、航空和国防等多个终端市场的市占率。英飞凌以 1.39 亿美元收购初创企业 Siltectra，将一种高效的晶体材料加工工艺“冷切割”技术收入囊中。

跨界并购方面，电路保护企业美国 Littelfuse 以 6.55 亿美元收购功率半导体企业美国 IXYS，完善公司在功率控制领域的产品组合；电气保护与控制、先进材料供应商法国美尔森（Mersen）收购法国 CALY Technologies 49% 的股份，这项投资将巩固 CALY 的 SiC 电流限制器件（Current Limiting Devices）和肖特基二极管器件等产品组合，为电气保护和电力转换应用提供突破性的创新产品。

2018 年国际第三代半导体行业 SiC 和 GaN 领域并购情况见表 4-12。

表4-12　2018年国际第三代半导体行业SiC和GaN领域并购情况

时间	收购方	被收购方	交易金额	影响
2018 年 1 月	美国 Littelfuse	美国 IXYS	6.55 亿美元	IXYS 是电力电子器件和集成电路市场的全球领导者之一，专注于工业、通信、消费和医疗市场的中高压功率控制半导体。两家公司的结合带来了广泛的电力电子器件产品系列、互补的技术专长和强大的人才队伍，符合Littelfuse在功率控制和工业OEM 市场加速增长的公司战略
2018 年 3 月	美国科锐	德国英飞凌射频业务	3.45 亿欧元	此次收购强化了 Wolfspeed在RF GaN- on-SiC技术领域的领导地位，并提供了进入更多市场、客户和包装专业知识的机会

续表

时间	收购方	被收购方	交易金额	影响
2018 年 3 月	英国 IQE	收购澳大利亚 Silex Systems 旗下 Translucent 拥有的 cREO（TM）技术和 IP 组合	500 万美元	cREO（TM）技术提供了一种独特的方法来制造各种Si基化合物半导体产品，包括用于新兴功率开关和RF技术市场的Si基GaN。收购cREO（TM）技术将进一步增强IQE的Si基化合物半导体外延生长能力
2018 年 4 月	法国 Mersen	法国 CALY Technologies49% 股份	—	这项投资将巩固CALY的SiC电流限制器件和肖特基二极管器件等产品组合，为电气保护和电力转换应用提供突破性的创新产品
2018 年 5 月	美国 Microchip	美国 Microsemi	83.5 亿美元	这笔交易将扩展Microchip在多个终端市场的市占率，包括通信、航空和国防等市场。这些市场领域占Microsemi销售额的60%左右，此次收购将使其服务的市场规模从180亿美元扩大至500亿美元以上
2018 年 11 月	德国英飞凌	德国 Siltectra	1.39 亿美元	与普通锯切割技术相比，Siltectra开发出了一种分解晶体材料的新技术——冷切割。“冷切割”是一种高效的晶体材料加工工艺，能够将材料损失降到最低

资料来源：CASA 整理

③ 产品价格仍高，后续降价可期。目前，SiC、GaN 电力电子的价格仍然较高，GaN 射频器件价格基本达到用户可接受范围。2018 年由于产品供不应求，SiC 电力电子器件的价格较年初有所上涨。SiC 电力电子器件的价格是同规格 Si 器件的 5 ～ 10 倍，而 Si 基 GaN HEMT 电力电子器件（600 ～ 650V）的价格比 SiC 器件高 50% 以上。整体而言，SiC、GaN 电力电子器件的价格离业界可普遍接受的价格（约是 Si 产品价格的 2 ～ 3 倍）还有较大距离，产品的快速渗透有赖于后续生产成本的降低。射频器件方面，RF GaN HEMT 的价格较年初有所下降，已经降到 Si LDMOS 价格的 3 倍以内，在系统层面已经达到用户可接受的范围，随着技术的不断成熟，后续仍有较大降价空间。

• 电力电子器件

据 CASA 对 Mouser 和 Digi-key 数据统计分析，截至 2018 年 12 月，业内累计推出了超过 790 个品类 SiC 器件，较 1 月增加 19.3%，其中二极管 600 个，分立半导体模块 81 个，晶体管 113 个；以及 207 个电力电子 GaN HEMT，1 月份时该数量只有 15 个，产品类型实现大幅增长。从供应厂家来看，有 21 家企业提供 SiC

电力电子产品，5 家企业提供 GaN 电力电子产品。

目前有包括 Infineon、ROHM、Cree、STM 等 20 家企业提供 SiC 肖特基二极管产品。截至 12 月，产品类型最多的企业分别为 ROHM、Infineon、Cree 和 STM，其提供的产品占比达 53.2%。从上述 4 家产品对比来看，ROHM 和 Cree 产品价格较高，STM 产品价格最低。其见表 4-13、表 4-14。

表4-13　不同制造商SiC 肖特基二极管产品平均价格对比单位（元/A）

耐压/V	Cree	Infineon	ROHM	STM
600	4.13	3.42	4.73	2.19
650	4.06	2.56	3.37	2.20
1200	9.46	6.84	10.39	4.03

数据来源：Mouser，CASA

表4-14　不同制造商SiC SBD产品价格中位数对比单位（元/A）

耐压/V	Cree	Infineon	ROHM	STM
600	3.81	2.86	4.36	2.01
650	4.07	2.47	2.90	1.91
1200	8.87	5.64	9.31	3.47

数据来源：Mouser，CASA

SiC 肖特基二极管价格是同规格 Si 快恢复二极管（FRD）的 5 倍左右。SiC 肖特基二极管价格分布见图 4-7。最高工作温度下，耐压 600V SiC 肖特基二极管的平均价格为 4.80 元 /A，是 600V Si FRD 的平均价格（1.02 元 /A）的 4.7 倍；1200V SiC 肖特基二极管产品的平均价格为 7.54 元 /A，约是 1200V Si FRD 的平均价格（1.32 元 /A）的 5.7 倍；650V 和 1700V SiC 肖特基二极管平均价格分别 2.84 元 /A 和 24.41 元 /A。中位数价格对比参照下文表格数据。其见表 4-15、表 4-16。

表4-15　SiC肖特基二极管与Si FRD平均价格对比

耐压/V	SiC肖特基二极管平均价格/（元/A）	Si FRD平均价格/（元/A）	价格之比
600	4.80	1.02	4.7X
650	2.84	—	—
1200	7.54	1.32	5.7X
1700	24.41	—	—

数据来源：Mouser，CASA

表4-16　SiC肖特基二极管与Si FRD价格中位数对比

耐压/V	SiC肖特基二极管价格中位数/（元/A）	Si FRD价格中位数/（元/A）	价格之比
600	3.32	0.54	6.1X
650	2.47	—	—
1200	6.08	0.94	6.5X
1700	20.00	—	—

数据来源：Mouser，CASA

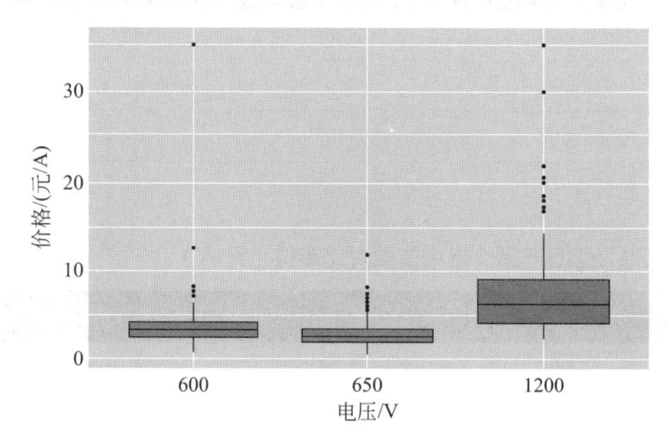

图4-7　SiC肖特基二极管价格分布（截至2018年12月）

数据来源：Mouser，CASA

SiC MOSFET 价格约是同规格 Si IGBT 的 8 ～ 13 倍。国外已经商业化的 SiC 晶体管价格见图 4-8。目前有包括 Cree 和美高森美等 8 家企业提供 SiC 晶体管产品。最高工作温度下，耐压 650V SiC MOSFET 的平均价格为 4.18 元 /A，是 650V Si IGBT 的平均价格（0.35 元 /A）的 11.9 倍；1200V SiC MOSFET 产品的平均价格为 7.05 元 /A，约是 1200V Si IGBT 的平均价格（0.87 元 /A）的 8.1 倍；900V 和 1700V SiC MOSFET 平均价格分别 3.78 元 /A 和 11.31 元 /A，分别为 Si IGBT 的平均价格的 3.4 倍和 3.3 倍。其见表 4-17、表 4-18。

表4-17　SiC MOSFET与Si IGBT平均价格对比

耐压/V	SiC MOSFET平均价格/（元/A）	Si IGBT平均价格/（元/A）	价格之比
650	4.18	0.35	11.9X
900	3.78	—	—
1200	7.05	0.87	8.1X
1700	11.31	—	—

数据来源：Mouser，CASA

表4-18 SiC MOSFET与Si IGBT价格中位数对比

耐压/V	SiC MOSFET价格中位数/（元/A）	Si IGBT价格中位数/（元/A）	价格之比
650	4.05	0.31	13.1X
900	3.70	—	—
1200	6.34	0.79	8.0X
1700	11.72	—	—

数据来源：Mouser，CASA

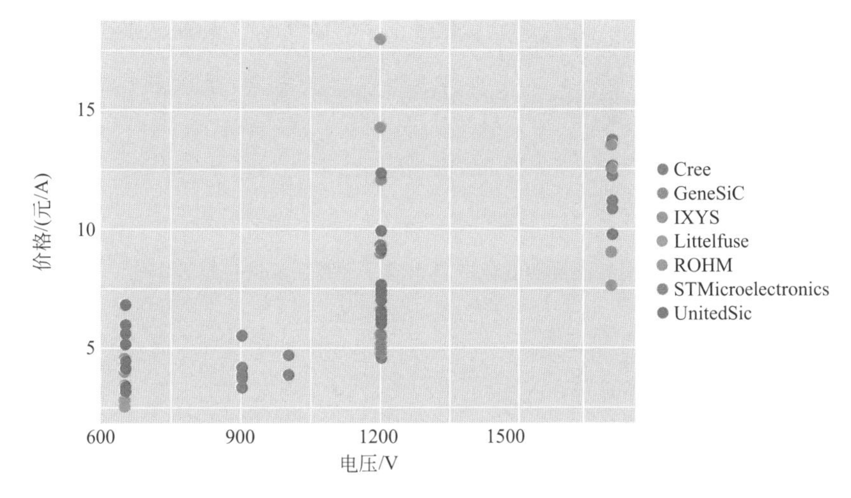

图4-8 国外已经商业化的SiC 晶体管价格

数据来源：Mouser，CASA

电力电子 Si 基 GaN HEMT 产品品类大幅增加，但价格较高。国外已经商业化的电力电子 Si 基 GaN HEMT 价格见图 4-9。目前有包括 EPC、GaN Systems 等 5 家企业对外销售电力电子 Si 基 GaN HEMT 器件。EPC 产品耐压全部位于 350V 及以下，除 GaN Systems 有 5 款产品的耐压为 100V 外，其他产品耐压均在 600 ~ 650V。室温（25℃）下，600 ~ 650V 产品的平均价格为 6.39 元 /A，价格高于以最高工作温度下电流计量的 SiC MOSFET 产品，而 350V 及以下产品价格的平均值为 2.30 元 /A。

• 射频器件

RF GaN HEMT 价格跨度较大，价格略有下降。国外已经商业化的 RF GaN HEMT 价格见图 4-10。目前有包括 Qorvo、Cree、NXP 和 MACOM 4 家企业对外销售 170 个类型的 RF GaN HEMT 器件，产品报价范围为 90 ~ 9000 元 / 只。平均价格为 23.78 元 /W，较年初下降约 7.65%，已经降到 Si LDMOS 平均价格（8.50 元 /W）的 3 倍以内。4 家企业中 MACOM 主要产品为 Si 基 GaN 射频器件，Qorvo、Cree

和 NXP 主要生产 SiC 基 GaN 射频器件。其中，MACOM 的 Si 基 GaN 射频器件的频率在 6GHz 以下，产品价格与 SiC 基 GaN 射频器件相当。

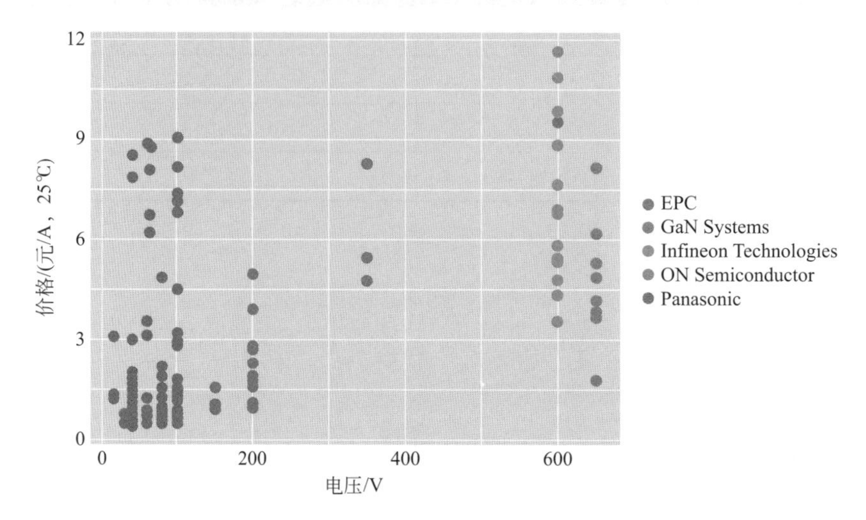

图4-9　国外已经商业化的电力电子Si基GaN HEMT价格

数据来源：Mouser，CASA

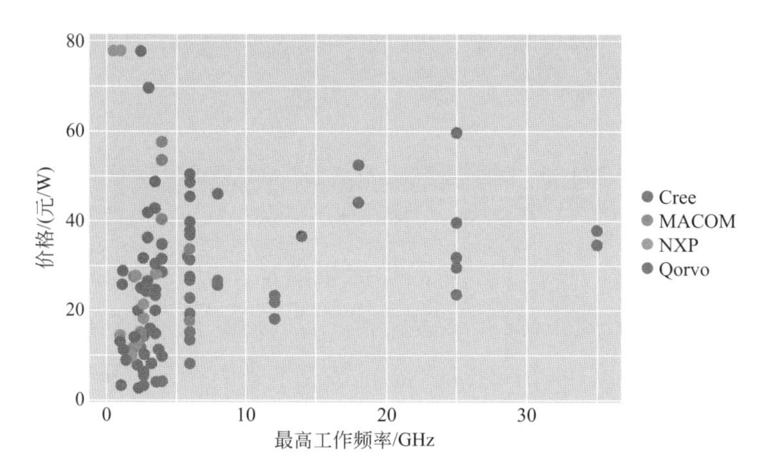

图4-10　国外已经商业化的RF GaN HEMT价格

数据来源：Mouser，CASA

（2）国内产业积极推进，分工体系逐渐形成

① 中国大陆总产值超 7400 亿，同比增长 13%。2018 年，在国内市场环境偏紧和国际形势紧张的大背景下，我国第三代半导体产业继续向前推进。2018 年我国 SiC、GaN 电力电子产业和微波射频产业产值见图 4-11。据初步统计，2018 年我国第三代半导体整体产值约为 7423 亿元（包括半导体照明），较 2017 年同比增长近 13%。其中电力电子产值规模近 12.3 亿元，较上年增长 23% 以上；微波射频产值规模 36.7 亿元，较上年增长了 20%；光电（主要为半导体照明）产业规模为 7374 亿元，较上年增长近 13%。

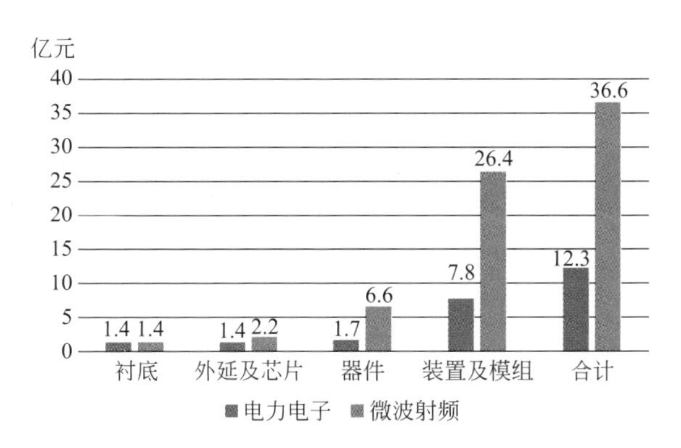

图4-11 2018年我国SiC、GaN电力电子产业和微波射频产业产值

数据来源：CASA，CSA Research

② 企业稳步扩产，内生发展为本。美国以国家安全为由，联合欧美、日本等发达国家，实施对中国等发展中国家的高端技术封锁，我国半导体领域的海外并购之路艰难。此外，“中兴事件”更揭露了我国在半导体等核心技术方面的缺失，为摆脱受制于人的卡脖子局面，真正实现信息安全领域的自主可控，国内半导体自主创新发展需求迫切。在政策和资金的大力支持下，2018 年，国内第三代半导体产业化进程不断深入，企业积极扩产，多条生产线（中试线）获得启用。

• 生产线陆续开通，产能不断提升

据 CASA 不完全统计，2018 年国内第三代半导体领域新增 3 条 6 英寸 SiC 生产线。2018 年国内 SiC 生产线建设顺利，新增 3 条 6 英寸（兼容 4 英寸）SiC 生产线（中试线），分别是株洲中车时代、三安集成和国家电网全球能源互联网研究院（中试线）的 6 寸线，均已完成调试开始流片。除上述 3 条生产线外，国内泰科天润和中电科 55 所已有 SiC 生产线，至此，国内目前至少已有 5 条 SiC 生产线（包括中试线）。

• 氮化镓投资升温，碳化硅热度持平

2018 年国内第三代半导体投资扩产热度不减，但重点投资方向略有变化。据 CASA 不完全统计，目前国内第三代半导体相关领域共有 8 起大的投资扩产项目，已披露的总投资额至少达到 639 亿元。从扩产的方向上看，有 4 起与氮化镓（GaN）材料相关，包括外延及芯片、电力电子及射频器件等，投资扩产项目总额为 220 亿元（与 2017 年的 19 亿元相比，增加了近 11 倍），投资企业包括华灿光电、英诺赛科、聚能晶源以及聚力成半导体；碳化硅（SiC）材料相关的衬底、外延及芯片、封装测试、电力电子器件等项目的投资扩产总共 4 起，已披露的总额约为 60 亿元（与 2017 年的 65 亿元基本持平），投资企业包括中科院微电子研究所、中国台湾强茂集团、北京天科合达以及山东天岳。其他以先进半导体集成电路为名义的投资 1 起，投资金额近 359 亿元，其中涉及建设一条 SiC 电力电子器件生产线。2018 年国内第三代半导体领域投资扩产详情见表 4-19。

表4-19　2018年国内第三代半导体领域投资扩产详情

时间	企业	地区	金额	详情
2018 年 2 月	华灿光电	浙江义乌	108 亿	华灿光电与义乌信息光电高新技术产业园区管理委员会签署合作协议，拟投资108亿元建设先进半导体与器件项目，建设周期7年。项目包括LED外延片及芯片；蓝宝石衬底；紫外LED；红外LED；microLED；MEMS传感器；垂直腔面发射激光器（VCSEL）氮化镓（GaN）基激光器；氮化镓（GaN）基电力电子器件等先进半导体与器件项目
2018 年 6 月	英诺赛科	江苏苏州	60 亿	2018年6月23日，英诺赛科宽禁带半导体项目在苏州市吴江区举行开工仪式。该项目占地368亩，建成后将成为世界一流的集研发、设计、外延片生产、芯片制造、分装测试等于一体的第三代半导体全产业链研发生产平台，填补我国在氮化镓的电子电力器件及射频器件，尤其是硅基氮化镓领域的产业空白，该项目也是该领域全球首个大型量产基地，单月满产可达6万～8万片，为5G移动通信、新能源汽车、高速列车、电子信息、航空航天、能源互联网等产业的自主创新发展和其他转型升级行业提供先进、高效、节能和低成本的核心电子元器件
2018 年 7 月	聚能晶源	山东青岛	2 亿	为帮助和尽快形成产能，占领国内第三代半导体材料市场份额，青岛即墨同意与聚能晶源另行签署正式项目合作协议，为聚能晶源提供一系列项目支持；聚能晶源预计本项目投资总额不少于约2亿元人民币：2018年年底前投资总额不低于 5000 万元人民币，2020年年底前投资总额不低于1.5亿元人民币；聚能晶源未来产品线将覆盖功率与微波器件应用，打造世界级氮化镓（GaN）材料公司，项目主要产品有面向电力电子器件应用的氮化镓（GaN）外延片，以及面向微波器件应用的氮化镓（GaN）外延片等
2018 年 8 月	上海积塔半导体	上海	359 亿元	该项目为上海市重大产业项目，位于浦东新区临港重装备产业区，占地面积23万平方米，总建筑面积31万平方米，共由21个单体组成，总投资额约359亿元，产品重点面向工控、汽车、电力、能源等领域。项目建设分为两个阶段：一阶段建设一条8英寸0.11μm 60000片/月的生产线，一条12英寸65nm 3000片/月先进模拟电路先导生产线，一条6英寸5000片/月SiC宽禁带半导体电力电子器件先导生产线。二阶段再建一条12英寸65nm先进模拟电路生产线，生产能力47000片/月，优化8英寸生产线的产品结构，扩充SiC、GaN电力电子器件的产能

续表

时间	企业	地区	金额	详情
2018 年 9 月	中科院微电子所	江苏徐州	20 亿	总投资20亿元，主要产品为碳化硅（SiC）肖特基二极管、碳化硅（SiC）MOS晶体管等电力电子器件
	中国台湾强茂集团	江苏徐州	10 亿	主营二极管、三极管封装、IGBT封装、集成电路封装、碳化硅封装、高压贴片电容器等，总投资10亿元，打造半导体封装测试生产基地
2018 年 10 月	北京天科合达	江苏徐州	未披露	投资SiC晶片项目
2018 年 11 月	山东天岳	湖南长沙	30 亿元	11月13日，浏阳高新区举行天岳SiC材料项目开工活动，标志着国内最大的第三代半导体碳化硅材料项目及成套工艺生产线正式开建，也为长沙碳基材料产业发展增添“新引擎”。总投资30亿元，分为两期建设，一期占地156亩，主要生产SiC导电衬底，预计年产值可达13亿元；二期主要生产功能器件，包括电力器件封装、模块及装置，新能源汽车及充电站装置、轨道交通牵引变流器、太阳光伏逆变器等，预计年产值可达50亿～60亿元，税收可达5亿～7亿元
2018 年 11 月	聚力成半导体	重庆	50 亿	聚力成半导体项目占地500亩，拟投资50亿元，将在重庆大足打造集GaN外延片制造、晶圆制造、芯片设计、封装、测试、产品应用设计于一体的全产业链基地。项目建成投产后可实现年产值100亿元以上，有望突破我国第三代半导体器件在关键材料和制作技术方面的瓶颈，形成自主制造能力

资料来源：CASA 整理

• 并购案例虽少，交易金额可观

国外企业并购热潮形成鲜明对比的是，国内企业并购交易量仅有两例，但并购金额可观。

其中闻泰科技拟收购安世半导体成为国内半导体历史上最大并购案。而根据闻泰科技最新公告显示，公司共需支付交易对价 201.49 亿元。根据前期披露的现金购买方案，第一步为 114.35 亿元现金收购，2018 年 5 月已经支付其第一批款 57.175 亿元。目前并购仍在进行中，若此次收购完成后，闻泰科技与安世半导体将形成优势互补，进一步打开下游消费电子与汽车市场。安世半导体主要生产 Si 分立器件、逻辑芯片和 PowerMos 芯片等产品，此外也开始布局第三代半导体电力电子器件产品。2018 年 4 月 19 日，Cree 宣布与安世半导体签署非排他性、全球性的付费专利许可协议。通过这一协议，安世半导体将有权使用 Cree 的 GaN 电力电子器件专利组合，包括了超过 300 项已授权美国和国外专利，涵盖了 HEMT（高电子迁移率场效晶体管）和 GaN 氮化镓肖特基二极管的诸多创新。

2018 年 10 月 30 日，上海积塔半导体有限公司与先进半导体订立合并协议，积塔半导体吸收合并先进半导体。先进半导体是国内大型集成电路芯片制造商，主营业务为制造及销售 5 寸、6 寸及 8 寸半导体晶圆。先进半导体还是国内最早从事汽车电子芯片、IGBT 芯片制造的企业。积塔半导体成立于 2017 年，是华大半导体旗下全资子公司，主要从事半导体技术领域内的技术开发、技术咨询、技术服务、技术转让，电子元器件、电子产品、计算机软件及辅助设备的销售，计算机系统集成，货物及技术的进出口业务。这次成功合并，可使积塔半导体和先进半导体在人力资源、质量监控、工艺技术等方面充分整合，为先进半导体提供资金支援和其他行业资源，还将减少土地与厂址选择的限制和降低潜在关联交易的风险。

③ 分工体系渐成，生态不断完善。整体而言，大陆在第三代半导体电力电子和射频领域形成了从衬底到模组完整的产业链体系。

器件生产方面以 IDM 模式为主，且正在形成“设计 - 制造 - 封测”的分工体系。类似于国际企业，国内在第三代半导体电力电子和射频领域以 IDM 模式为主，但不同的是，国内的代表企业多是初创企业，而国际企业以传统的 Si、GaAs 器件企业为主。在分工体系方面，由于国内第三代半导体在电力电子和射频产业尚处于产业化初期，产业规模相对较小，无法单独支撑企业的生产经营活动，因而参与分工的企业通常以传统的 Si、GaAs 或 LED 芯片业务为主。芯片设计方面，参与企业在增多，但数量仍然较少；代工环节，大陆生产线尚在建设中，无法保障稳定批量生产，目前主要依赖中国台湾企业进行代工。封测方面，传统的封装材料无法充分发挥第三代半导体的性能，尤其是耐高温的优势，参与企业均在积极开发适合于第三代半导体材料的封装材料和结构。

④ 地方积极部署，区域有序推进。在 5G、新能源汽车、能源互联网、轨道交通、国防军备等下游应用领域快速发展带动下，第三代半导体产业将成为未来半导体产业发展的重要引擎。2018 年是第三代半导体产业发展重要窗口期，创新发展时机日趋成熟，众多企业积极布局，产业链条已经形成。当前，我国第三代半导体产业发展初步形成了京津冀、长三角、珠三角、闽三角、中西部五大重点发展区域。2015 年下半年至 2018 年各区域项目投资分布情况见图 4-12。从 2015 年下半年至 2018 年年底，已披露的第三代半导体项目投资总额来看，五大地区的投资额占比分别为长三角区域（63%）、中西部区域（14%）、京津冀区域（6%）、闽三角区域（5%）、珠三角区域（2%）。长三角区域第三代半导体产业集聚能力凸显，投资总额 607 亿元，其中，2018 年投资总额超过 550 亿元（其中积塔半导体的 359 亿元投资以 Si 电力

电子器件生产线为主)。北京、深圳、厦门、泉州、苏州等代表性城市在 2018 年深入部署，多措并举，有序推动第三代半导体产业发展。2018 年国内第三代半导体集聚区建设进展见表 4-20。

表4-20　2018年国内第三代半导体集聚区建设进展

区域	建设进展
京津冀区域	北京顺义致力于打造第三代半导体创新产业集聚区。 • 目前，中关村顺义园已组织召开第三代半导体产业规划和专项扶持政策论证会，就产业规划、专项政策的编制完善提出了具体的指导意见。 • 2018年11月，“2018产融合作峰会暨顺义高精尖产业政策发布会”在顺义举行，在本次峰会上顺义区成功签约17个高精尖项目，投资总额达300亿元，其中总部类项目10个，具有自主知识产权和前沿技术的领军企业12个，年产出预计达百亿元的项目6个。 • 第三代半导体材料及应用联合创新基地已于12月竣工，总面积7.1万平方米。 • 北京世纪金光、国家电网全球能源互联网研究院SiC生产线成功通线
长三角区域	江苏苏州、张家港等地重点部署第三代半导体产业，长三角区域协同作战能力加强。 • 江苏张家港市编制化合物半导体产业发展规划，以半导体照明、功率半导体等为主攻方向，全面推进张家港化合物半导体产业战略崛起；张家港启动总规模近150亿元的“张家港基金”，在化合物半导体等新兴产业领域持续深耕，积极打造新的经济增长点。 • 江苏苏州明确将吴江打造成国内乃至全球具有重要影响力的新型半导体特色产业基地，对符合条件的从事半导体设计、制造以及装备、材料等配套支撑的半导体企业和研发机构给予政策扶持。此外，汾湖高新区加快建设第三代新型半导体产业园区。新型半导体产业园规划面积约3平方公里，首期开发1平方公里。 • 江苏如皋高新区把第三代半导体产业作为优先发展的战略性新兴产业。高新区规划建设占地1500亩的第三代半导体科技产业园。设立5亿元的第三代半导体产业发展母基金，由专业的基金管理团队运营，为创新创业者提供金融支持。构建以“平台公司+研究院+产业园区+产业基金”“四位一体”模式的全产业链生态创新体。 • 华灿光电、英诺赛科、中科院微电子所、中国台湾强茂集团、天科合达等企业加大第三代半导体产业投资，根据已披露数据统计以上企业在该区域投资总额超过550亿元
珠三角区域	珠三角区域的广东、深圳等地积极谋划第三代半导体产业持续发展。 • 2018年3月，深圳第三代半导体研究院成立，该研究院立足深圳地区，覆盖粤港澳大湾区，以创新的体制机制，致力于建设第三代半导体国家级公共研发和服务平台，围绕节能减排、智能制造、信息安全、产业升级等重大战略需求，突破解决第三代半导体核心材料、芯片、封装及应用集成技术开发问题。 • 2018年6月，广东省“宽禁带半导体材料、功率器件及应用技术创新中心”在松山湖成立，该创新中心由广东省科技厅、东莞市政府支持及引导，易事特、中镓半导体、天域半导体、松山湖控股集团、广东风华高新科技股份有限公司多家行业内知名企业共同出资发起设立。该创新中心努力建设成为广东省高水平的宽禁带半导体器件应用技术创新研发平台，进而发展成为国际一流电力电子技术研究开发中心。 • 2018年8月，深圳坪山区政府发布《深圳市坪山区人民政府关于促进集成电路第三代半导体产业发展若干措施（征求意见稿）》。其中，合作设立规模30亿元的集成电路基金

续表

区域	建设进展
闽三角区域	闽三角区域的福建厦门、泉州等地大力扶持第三代半导体产业发展。 • 泉州市政府发布《泉州市推进电子信息产业重大项目行动方案（2018年～2020年）》，未来三年，泉州电子信息产业主要依托半导体高新技术产业园区（泉州芯谷），围绕集成电路、化合物半导体、光电、智能终端四大领域，新增投资1200亿元，新增产值800亿元；扶持形成3家主营收入超100亿元的龙头产业、15家主营收入超10亿元的核心企业。 • 厦门芯光润泽科技有限公司自主研发的国内首条碳化硅智能功率模块（SiC IPM）生产线正式投产。该生产线每月生产规模可达30万片，每年可达360万片
中西部区域	中西部地区以重庆、成都、西安为代表大力发展半导体产业。 • 重庆、成都先后发布支持集成电路产业发展的政策措施。 • 2018年11月，聚力成半导体（重庆）有限公司落户大足高新区，拟投资50亿元，打造集氮化镓外延片制造、晶圆制造、芯片设计、封装、测试、产品应用设计于一体的全产业链基地

资料来源：CASA 整理

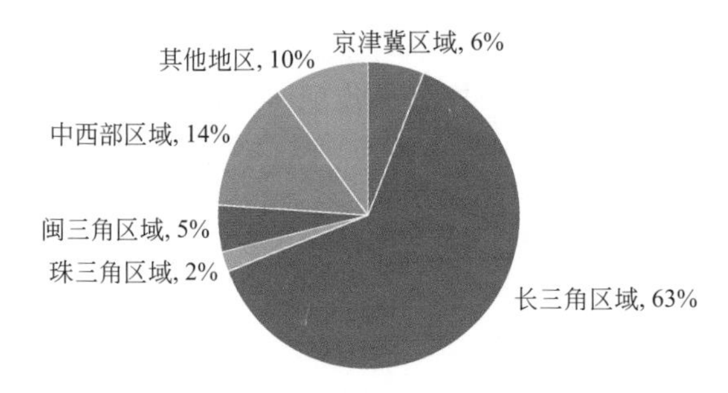

图4-12　2015年下半年至2018年各区域项目投资分布情况

（注：中西部地区以成都、重庆、西安为核心城市结点；资料来源：CASA 整理）

中国台湾汉磊科技 2018 年 8 月宣布，汉磊科技决定扩大 SiC 产能，董事会决议斥资 3.4 亿元新建 6 英寸 SiC 生产线，为台湾地区第一家率先扩增 SiC 产能的代工厂，预计 2019 年下半年可以展开试产。汉磊目前已建立 4 英寸 SiC 制程月产能约 1500 片，预计将现有 6 寸晶圆厂部分生产线改为 SiC 制程生产线，先把制程建立起来，以满足车载、工控产品等客户强劲需求

4.5　应用规模扩大，市场渗透加快

（1）SiC 应用领域拓展，射频市场渗透加快

① 电力电子器件市场规模达 4.4 亿美元

• 第三代半导体电力电子市场规模达 4.4 亿美元

据 Yole 和 IHS Markit 数据显示，2018 年全球半导体电力电子市场规模约 390 亿美元，其中，2018 年分立器件的市场规模约 130 亿美元左右，约占整体市场的三分之一。推动该市场增长的主要因素为电力基础设施的升级、便携式设备对高能效

电池的需求增长。其中，汽车应用市场增速最高，主要归因于混合动力汽车（HEV）和电动汽车（EV）的数量日益增长和全球对轿车和其他乘用车的需求不断增加。

综合参照 Yole 和 IHS Markit 的数据，2018 年 SiC 电力电子器件市场规模约 3.9 亿美元，GaN 电力电子器件市场规模约 0.5 亿美元，两者合计市场规模在 4.4 亿美元左右，占整体电力电子器件市场规模的比例达到 3.4% 左右。

第三代半导体电力电子市场成长空间广阔。据 IHS Markit 预计，SiC 和 GaN 电力电子器件预计将在 2020 年达到近 10 亿美元，受益于混合动力及电动汽车、电力和光伏（PV）逆变器等方面的需求增长。自 2017 起，由于 SiC 和 GaN 电力电子器件在混合动力和电动汽车的主传动系逆变器中的应用开启，SiC 和 GaN 电力电子器件市场年复合增长率（CAGR）将超过 35%，到 2027 年达到 100 亿美元。

据 Yole 预测，在汽车等应用市场的带动下，到 2023 年 SiC 电力电子器件市场规模将增长至 14 亿美元，复合年增长率接近 30%。目前，SiC 电力电子器件市场的主要驱动因素是功率因数校正（PFC）和光伏应用中大规模采用的 SiC 二极管。然而，得益于 SiC MOSFET 性能和可靠性的提高，3 ～ 5 年内，SiC MOSFET 有望在电动汽车传动系统主逆变器中获得广泛应用。未来 5 年内驱动 SiC 器件市场增长的主要因素将由 SiC 二极管转变为 SiC MOSFET。

据 IHS Markit 预测，到 2020 年 GaN 电力电子晶体管在同等性能的情况下，将会达到与 Si MOSFET 和 IGBT 持平的价格，到 2024 年 GaN 电力电子器件市场预计将达到 6 亿美元。IHS Markit 认为，GaN 电力电子器件有可能凭借成本优势，取代价格较高的 SiC MOSFET，成为 2020 年后期逆变器中的首选。

• 可靠性获认可，开启汽车市场

第三代半导体电力电子器件加速开启汽车市场。据 Yole 统计，2018 年，国际上有 20 多家汽车厂商已经在车载充电机（OBC）中使用 SiC SBD 或 SiC MOSFET。此外，特斯拉 Model 3 的逆变器采用了意法半导体生产的全 SiC 功率模块，该功率模块包含两个采用创新芯片贴装解决方案的 SiC MOSFET，并通过铜基板实现散热。目前几乎所有汽车制造商，特别是中国企业，都计划于未来几年在主逆变器中应用 SiC 电力电子器件。

截至 2018 年 3 月，GaN Systems 宣布其 GaN E-HEMT 器件的合格性测试时间已超过 1 万小时，10 倍于 JEDEC 资格要求的 1000 小时，增强了早期采用者对 GaN 晶体管的可靠性的信心。除获得 JEDEC 认证外，多家企业的 GaN HEMT 产品相继获得汽车级认证。2017 年 Transphorm 公司推出第一款同时通过 JEDEC 和 AEC-Q101 认证的 GaN 场效应晶体管（650V、49mΩ）。2018 年 5 月，EPC 的 2 款 GaN 电力电子器件产品 EPC2202（80V、脉冲电流 75A、16mΩ）、EPC2203

（80V、脉冲电流 18A、73mΩ）首次获得汽车 AEC-Q101 认证。据 IHS Markit 分析，由于 GaN 晶体管可能率先突破大尺寸外延瓶颈从而降低价格，相较 SiC MOSFET，GaN 晶体管可能会成为 2020 年后期逆变器中的首选。

② GaN 射频器件市场渗透率超过 25%

• GaN 射频器件渗透率超过 25%

GaN 射频器件已成功应用于众多领域，以无线基础设施和国防应用为主，还包括卫星通信、民用雷达和航电、射频能量等领域。据 Yole 统计，2018 年全球 3W 以上 GaN 射频器件（不含手机 PA）市场规模达到 4.57 亿美元，在射频器件市场（包含 Si LDMOS、GaAs 和 GaN）的渗透率超过 25%。预计到 2023 年市场规模将达到 13.24 亿美元，年复合增长率超过 23%。

• 国防、基站双擎拉动，射频产业快速发展

国防是 GaN 射频器件最主要的应用领域。由于对高性能的需求和对价格的不敏感，国防市场为 GaN 射频器件提供了广阔的发展空间。据 Yole 统计，2018 年国防领域 GaN 射频器件市场规模为 2.01 亿美元，占 GaN 射频器件市场的份额达到 44%，超过基站成为最大的应用市场。全球国防产业没有减缓的迹象，GaN 射频器件在国防领域的市场规模将随着渗透率的提高而继续增长，预计到 2023 年，市场规模将达到 4.54 亿美元，2018 年～ 2023 年年均复合增长率为 18%。

基站是 GaN 射频器件第二大应用市场。据 Yole 统计，2018 年基站领域 GaN 射频器件规模为 1.5亿美元，占GaN射频器件市场的33%的份额。随着5G通信的实施，2019 年～ 2020 年市场规模会出现明显增长。预计到 2023 年，基站领域 GaN 射频器件的市场规模将达到 5.21 亿美元，2018 年～ 2023 年年均复合增长率达到 28%。

（2）国内市场需求庞大，国产器件渗透较低

① 电力电子市场同比增长 56%

• SiC、GaN 电力电子器件市场规模约 28 亿元

受到经济形势的影响，2018 年我国半导体电力电子市场增速有所下滑。中国半导体协会数据显示，预计 2018 年中国半导体电力电子市场规模为 2264 亿元，同比增长率为 4.3%。2018 年，SiC、GaN 器件在电力电子应用领域的渗透率持续加大。根据CASA统计，2018年国内市场SiC、GaN电力电子器件的市场规模约为28亿元，同比增长 56%，预计未来五年复合增长率为 38%，到 2023 年 SiC、GaN 电力电子器件的市场规模将达到 148 亿元。2016 年～ 2023 年我国 SiC、GaN 电力电子器件应用市场规模预估见图 4-13。

现阶段我国第三代半导体电力电子器件的市场渗透率仍然较低。国内应用市场中，进口产品的占有率仍然超过 90%，市场继续被国际电力电子器件巨头公司

Cree、ROHM、Infineon、MACOM 等公司产品占有，进口替代问题仍然亟须突破解决。

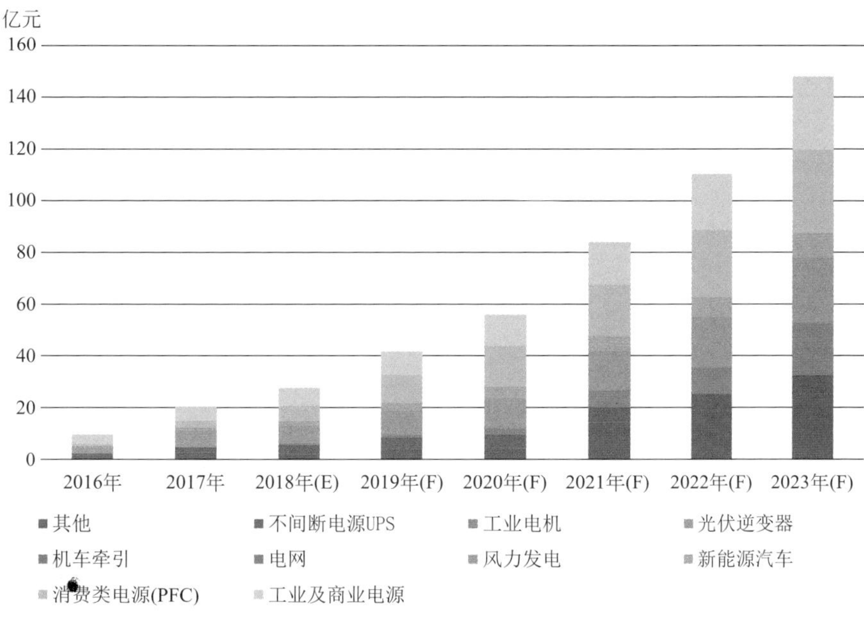

图4-13　2016年～2023年我国SiC、GaN电力电子器件应用市场规模预估

数据来源：CASA

• 电源市场占据半壁江山，光伏逆变器紧随其后

从应用市场来看，第三代半导体器件在电源（包括不间断电源 UPS、消费类电源 PFC、工业及商业电源）、太阳能光伏逆变器领域取得了较大进展。

电源领域是第三代半导体电力电子器件领域最大的市场，规模约为 16.2 亿元，占到整个第三代半导体电力电子器件市场规模的近 58%。以工业及商业电源市场中的服务器电源为例，从 2017 年三季度开始受到挖矿机的影响，预计 2018 年国内服务器电源市场规模约为 960 亿元，该领域中 SiC 电力电子器件的市场规模可达 6.8 亿元。

太阳能光伏逆变器虽然在 2018 年第三代半导体电力电子器件领域仍然占据第二大的市场份额，但由于受到光伏“5 • 31”新政的影响，2018 年中国新增光伏装机量有所减缓，全年约 40GW，比 2017 年全年的新增量减少了 25%。据 CASA 测算，2018 年第三代半导体电力电子器件在光伏逆变器的市场规模约 6.8 亿元，相比 2017 年增速仅 7%。尽管如此，SiC 电力电子器件在光伏逆变器中渗透率却在逐年提升，国内几大太阳能光伏厂商从 2017 年均已开始采用 SiC 二极管，到 2019 年 SiC 电力电子器件的渗透率有望超过 20%。

• 新能源汽车市场规模 1.5 亿元，整车市场有待起航

新能源汽车市场包括新能源汽车整车和充电桩两个细分领域，近两年来一直是第三代半导体电力电子器件应用领域中备受瞩目的市场，而受到技术和成本等因素的制约，该市场的增长情况一直低于预期。2018 年新能源汽车领域第三代半导体电力电子器件市场规模仅有 1.5 亿元，虽然较 2017 年增长超过 87%，但 90% 的市场由充电桩市场占据，新能源整车市场仍未起航。

2018 年新能源汽车销售量累计值预计超过 100 万台，累计产销率比上年同期增加 0.8%。但是在新能源整车应用领域第三代半导体器件的渗透率有待进一步提升。据 CASA 测算，2018 年新能源汽车上电力电子器件的市场规模高达 6 亿元，而第三代半导体电力电子器件的市场规模仅 1700 万元。

新能源汽车市场另一细分领域——充电桩市场表现反而不俗。以直流充电桩为例，据 CASA 测算，电动汽车充电桩中的 SiC 器件的平均渗透率达到 10%，2018 年整个直流充电桩 SiC 电力电子器件的市场规模约为 1.3 亿，较 2017 年增加了一倍多。2018 年我国 SiC、GaN 电力电子器件应用市场分布见图 4-14。

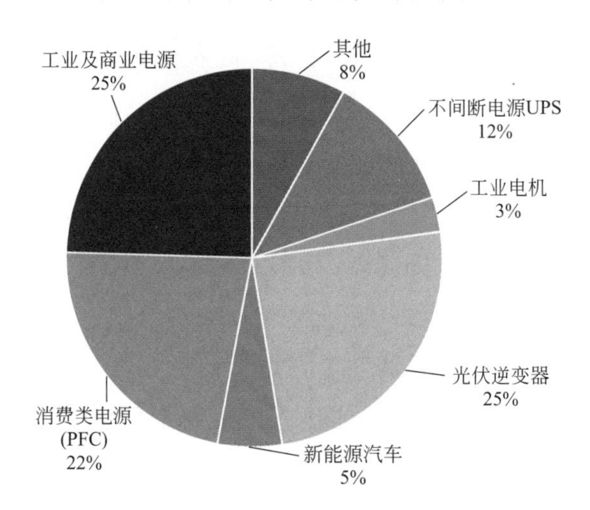

图4-14　2018年我国SiC、GaN电力电子器件应用市场分布

数据来源：CASA

② 微波射频市场约 24.5 亿元

• GaN 射频器件市场规模约 24.5 亿元

2018 年，我国第三代半导体微波射频电子市场规模约为 24.5 亿元，较 2017 年同比增长 103%。国防应用和基站的持续增长将推动 GaN 射频市场规模不断放大。根据当前细分市场来看，国防、航天应用仍为驱动 GaN 市场的主力军，占 GaN 射频市场规模的 47%。受益于国防需求驱动，特别是机载和舰载军用装备现代化转变，

我国军用雷达系统更新换代，AESA（有源相控阵）雷达技术成为主流，这将推动对 GaN 射频市场需求不断增长。2016 年～ 2023 年我国 GaN 射频器件应用市场规模预估见图 4-15。

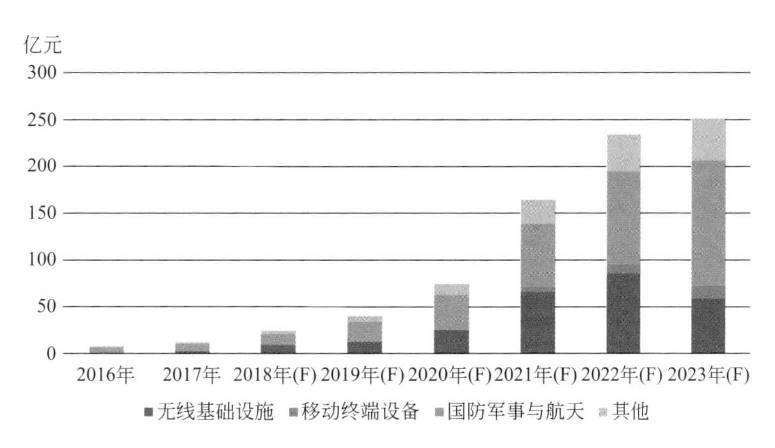

图4-15　2016年～2023年我国GaN射频器件应用市场规模预估

数据来源：CASA

• 移动通信基站成为 GaN 射频器件最主要增长来源

移动通信市场是 GaN 射频器件市场增长的新动力。多频带载波聚合和大规模 MIMO 等新技术的出现，要求通信基站必须逐步采用性能更优异的功率放大器件。随着 5G 商业化渐行渐近，5G 基站的规模化铺设将进一步催生对微波射频器件的大量需求。移动通信基站应用方面，2018 年 GaN 射频市场需求达到 9 亿元，同比增长翻两番。2018 年我国两大设备商——中兴、华为在 5G 业务领域中砥砺奋进。受中美贸易战影响，中兴通讯上半年受"禁运事件"影响测试进程，下半年加速追赶并持续保持在第一梯队。在美国、澳大利亚、意大利、加拿大等欧美国家阻挠声中，华为高歌猛进，11 月底 5G 基站发货量超过 1 万套，带动 GaN 射频器件需求规模超过 0.4 亿元。

• 未来 5 年复合增速有望达 60%

从市场前景来看，我国 5G 商业化渐行渐近。随着移动通信要求的工作频率和带宽日益增加，GaN 在基站和无线回传中的应用持续攀升，预计 2018 年～ 2023 年未来五年，我国 GaN 射频器件市场年均增长率达到 60%，2023 年市场规模将有望达到 250 亿元。

③ LED 应用规模超 6000 亿元。通用照明为最大应用市场，新兴应用开始起量。半导体照明是目前光电子板块发展最快，体量最大的细分领域，我国目前是全球最大的半导体照明制造中心、销售市场和出口地。我国半导体照明应用域分布见图 4-16。

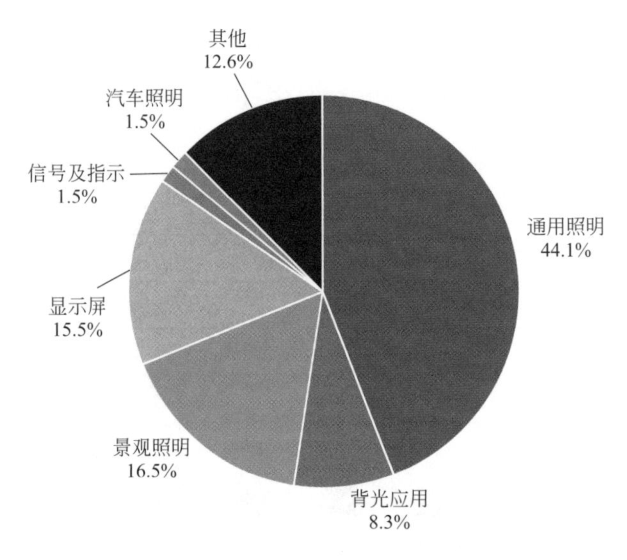

图4-16　我国半导体照明应用域分布

数据来源：CSA Research

2018 年，在内忧外困背景下，LED 产业整体发展增速放缓，进入下降周期。其中应用环节约 6080 亿元，同比增长 13.8%。其中通用照明仍是最大的应用市场，占比达 44.1%，但增速放缓，2018 年约为 5.0%，产值达 2679 亿元。景观照明仅次于通用照明为第二大应用，产值达 1007 亿元，同比增长 26%，占整体应用市场的 16.5%。显示应用中超小间距显示屏是市场主要驱动力，2018 年，LED 显示屏产值为 947 亿元，同比增长 30.2%。汽车照明作为 LED 应用新突破点，实现同比 20% 的高增长。农业光照、紫外 LED、红外 LED 等创新应用市场推进速度加快，新品不断推出，市场热度较高，逐步开始起量。

4.6　半导体材料发展展望

第三代半导体因其优越的性能和在国民经济、国防安全、社会民生等领域的广泛应用，成为国际社会科技竞争的焦点之一。当前，我国已开始全球最大、最复杂、发展最快的能源互联网建设，已建和在建全球最高运营速度、最长运营里程、最佳效益的高速轨道交通，并正在发展全球增长最快的新能源汽车，全球最大规模的 5G 移动通信，以及全球产能最大、市场最大的半导体照明产业。所有上述应用都需要第三代半导体材料和器件的支撑。未来，第三代半导体将与第一代、第二代半导体技术互补发展，对节能减排、产业转型升级、催生新的经济增长点发挥重要作用。

电力电子领域，受新能源汽车等新兴市场的拉动，碳化硅电力电子市场已启动规模应用，氮化镓电力电子技术也开始被市场逐步认可。但半导体在应用系统中成本占比低，性能、成本和可靠性要求高，作为后进入者，国产材料和器件进入应用供应链难度大、周期长，没有机会通过应用验证进行迭代研发，产业化技术能力提升慢。亟须通过示范项目和政策拉动，搭建国家级测试验证和生产应用示范平台，帮助国产材料和器件打开应用市场。

在射频领域主要细分市场，GaN 渗透率将不断提高。由于具有工作频带宽、工作频率高、输出功率高、抗辐射能力强等优点，GaN 射频器件在军用和民用细分市场不断攻城略地。现阶段在整个射频市场（功率在 3W 以上），LDMOS、GaAs 和 GaN 几乎三分天下，但未来 LDMOS 的市场份额会逐渐缩小，被 GaN 所取代，而 GaAs 依赖日益增长的小基站带来的需求和较高的国防市场等需求，其市场份额整体相对稳定。长期来看，在宏基站和无线回传领域，GaN 将逐渐取代 LDMOS 和 GaAs 从而占据主导位置；在射频能量领域，LDMOS 有望占据主要市场份额；在其他领域，将形成 GaAs 和 GaN 共同主导的格局。

光电领域，MiniLED 与 MicroLED 显示成为上游芯片厂商未来新的产业增长点，被认为是行业景气翻转的关键。其优势在于自发光、分辨率及亮度高、寿命长、耗电量低，能够实现多功能异质集成，实现更多应用场景。在市场对于高品质显示需求的驱动下，MicroLED 显示技术将最先可能在 55 寸以上的大尺寸显示屏领域打开市场，同时也将在 Smart Watch（智能手表）、AR/VR 等对于显示品质要求高且价格不敏感的领域进入市场。然而，MicroLED 还面临高波长均匀性材料生长，高良率、低成本微米尺度器件制备，高速大面积巨量转移及键合与修复，新型彩色显示及色转化，基于 TFT 或 CMOS 的驱动电路设计和驱动背板制造等技术瓶颈需要攻克，距离产业化还有一定时间。

超宽禁带半导体材料和器件受到的关注度与日俱增。金刚石具有击穿场强高、化学稳定性好、耐辐照、热导率极高等优点，可以满足未来大功率、强电场、极端强辐射等方面的应用需求。但是目前金刚石除了作为热沉和探测器应用以外，其他方面的产品尚处于研究的阶段，需要突破解决大尺寸电子级单晶材料、掺杂及器件制备技术问题。氧化镓由于其禁带宽度大，适合于制造大电压、大功率电子器件及紫外探测器件，并且氧化镓单晶相对易于制备、成本低，成为学术和产业关注的热点。但其热导率低、p 型难于获得等问题，成为产业应用瓶颈。

第三代半导体自主可控发展需求迫切。中国半导体产业该如何发展是一个复杂的问题，涉及战略目标设定、产业定位、技术路线、发展路径、金融支持、人才培养与集聚等多方面。在当前国际国内新形势下，中国第三代半导体产业实现“自主可控”发展具有一定基础也具有可行性。一是当前是进入第三代半导体产业的最佳窗口期。这一时期相关的国际半导体产业和装备巨头还未形成专利、标准和规模的垄断，存在2～3年的窗口期。二是有一定的技术和产业积累。中国精密加工制造技术和配套能力在迅速提升，人才队伍基本形成，具备开发并主导这一产业的能力和条件。三是良好的国际合作氛围。越来越多的国外大学和研究机构愿意与中国进行合作研究，并转移成果。此外，每年大量在国外著名高校、科研机构和企业工作并掌握核心技术的专家学者和团队回国创业。四是市场需求的驱动。中国市场的多元性和需求梯度为未来市场提供了机会。五是中国的制度优势。具有中国特色的“政产学研用”协同创新模式，为新兴产业的发展提供了可借鉴的经验和成功的可能性。

作者简介

第三代半导体产业技术创新战略联盟（以下简称“联盟”）是在国家科技部、工信部、北京市政府的支持下，由第三代半导体枢关科研、院校、行业优势企业等单位自愿发起，于2015年9月9日在北京正式成立，是为第三代半导体及相关新兴产业提供全方位创新的新兴组织。

联盟通过构建以应用为牵引的产业创新体系，突破解决材料、工艺、器件、装备及应用全产业链核心技术问题，建设研发、产业、市场和资本深度融合的第三代半导体生态系统；构建创新链和产业链，抢占技术和产业制高点，引领全世界的跨学科、跨行业、跨区域的第三代半导体创新价值链，重塑全球半导体产业发展格局。

第 5 章

生物医用材料

任力　张峰

5.1　全球生物医用材料行业发展概况

5.1.1　全球生物医用材料行业概况

5.1.1.1　生物医用材料概述

生物医用材料又称为生物材料，指主要用在人体的诊断、治疗、修复、替换组织和器官，或者增进功能的一类高技术新材料。生物医用材料应用广泛，分类方法多种多样，可以按材料属性分类、按材料应用部位分类等。

① 生物医用材料的分类　其传统领域主要包括支持运动功能人工器官（骨科植入物、人工骨、人工关节、人工假肢）、血液循环功能人工器官（人工血管、人工心脏瓣膜）、整形美容功能人工器官、感觉功能人工器官（人工晶体、人工耳蜗）等材料，新型领域主要包括分子诊断新型材料、3D 打印新型材料等。

② 生物医用材料的特征　主要包括安全性、耐老化、亲和性及物理和力学性质稳定、易于加工成型、价格适当。同时，便于消毒灭菌，无毒无热源，不致癌不致畸也是必须考虑的。对于不同用途的材料，其要求各有侧重。其产业特征包括低原材料消耗、低能耗、低环境污染、高技术附加值，高投入、高风险、高收益、知识与技术

密集。

生物医用材料及植入器械产业是学科交叉最多、知识密集的高技术产业，其发展需要上、下游知识、技术和相关环境的支撑，多数聚集在经济、技术、人才较集中或临床资源较丰富的地区。

5.1.1.2 全球生物医用材料行业市场状况

生物医用材料的发展已经具有较长的历史，在性能方面的发展经历了由最初的生物惰性材料，具有生物活性或生物可降解性的材料，再到近年来的具有性能兼具性、可调性、智能性的新一代材料。目前，国际生物医用材料及其制品占医疗器械产品市场份额为 40% ～ 50%。生物医用材料行业是关系到人类生命健康的新兴产业，年贸易额以 25% 的复合增长率高速增长，已成为世界经济重要的支柱性产业之一。作为高技术重要组成部分的生物医用材料已经进入一个快速发展的新阶段，预计在未来 20 年内，生物医用材料所占的份额将赶上药物市场，成为一个支柱产业。

（1）市场数据

全球生物医用材料占医疗器械产品市场份额为 40% ～ 50%。

全球医疗器械细分产品市场规模见表 5-1。据数据统计，全球医疗器械市场规模在 2000 年～ 2017 年全球市场复合增长率（CAGR）高达 5.6%，2017 年全球市场达 4050 亿美元，预计 2024 年达 5945 亿美元，并且将带动相关产业（不含医疗）新增产值约 3 倍。其中生物医用材料相关的医疗器械有心血管类、骨科类、眼科类、整形外科类、牙科类、伤口护理类和肾脏系统类等。

表5-1 全球医疗器械细分产品市场规模

医疗器械分类		全球市场规模/十亿美元		年复合增长率	全球市场占有率/%		
		2017	2024		2017	2024	变化情况（+/-）
1	体外诊断	52.6	79.6	6.1%	13.0	13.4	0.4
2	心血管	46.9	72.6	6.4%	11.6	12.2	0.6
3	诊断影像	39.5	51	3.7%	9.8	8.6	-1.2
4	骨科	36.5	47.1	3.7%	9.0	7.9	-1.1
5	眼科	27.7	42.2	6.2%	6.8	7.1	0.3
6	整形外科	22.1	34.3	6.5%	5.5	5.8	0.3
7	内视镜	18.5	28.3	6.3%	4.6	4.8	0.2
8	药物载体	18.5	25.3	4.6%	4.6	4.3	-0.3

续表

医疗器械分类		全球市场规模/十亿美元		年复合增长率	全球市场占有率/%		
		2017	2024		2017	2024	变化情况（+/-）
9	牙科	13.9	21.6	6.5%	3.4	3.6	0.2
10	糖尿病护理	11.7	19.8	7.8%	2.9	3.3	0.4
11	伤口护理	13	17.8	4.6%	3.2	3.0	-0.2
12	健康信息系统	11.6	17.6	6.1%	2.9	3.0	0.1
13	神经系统	8.6	15.8	9.1%	2.1	2.7	0.5
14	肾脏系统	11.7	15.6	4.2%	2.9	2.6	-0.3
15	耳鼻喉科	8.9	13.1	5.7%	2.2	2.2	0.0
	Top15	341.7	501.7	5.6%	84.5	84.5	-0.1
	其他	63.3	92.8	5.7%	15.5	15.5	0.0
	全球医疗器械总销售	405	594.5	5.6%	100.0	100.0	

资料来源：Evaluate Medtech

另外，据公开资料显示，2016年，全球生物医用材料市场规模为1709亿美元，预计2020年将突破3000亿美元，2016年～2020年复合增长率约16%。

（2）全球各国市场规模占比概况

在全球医疗器械生产和消费方面，美国约占40%，处于领先地位。由于经济发达，社会医疗保障体系也健全，欧盟成了全球第二大医疗器械市场，占比约为30%。亚太地区是全球第3大市场，占有28%的市场份额。其中日本是亚太地区医疗技术先进且发展较快的国家，我国和印度则最具备成长潜力与空间。由于拥有最多的人口，且其医疗保健系统正在发展当中且尚未成熟，东南亚国家的医疗保健系统仍然有很大的改善空间，因此市场也将持续成长；拉丁美洲也是一个成长最迅速的地区，墨西哥、巴西、阿根廷和智利等国家都逐步向工业化国家发展，预估将来对医疗器械的需求也将会保持较大速度增长（见图5-1）。

（3）全球医疗器械企业概况

2010年世界医疗器械产业由27000个医疗器械公司构成，其中90%以上为中小企业。发达国家的中小企业主要从事新产品、新技术研发，通过向大公司转让技术或被大公司兼并维持生存。大规模产品生产及市场运作基本上由大公司进行。不同于我国医疗器械企业“多、小、散”的局面，发达国家医疗器械产业已形成“寡头”统治的局面，全球市场也呈现类似的格局（图 5-2）。

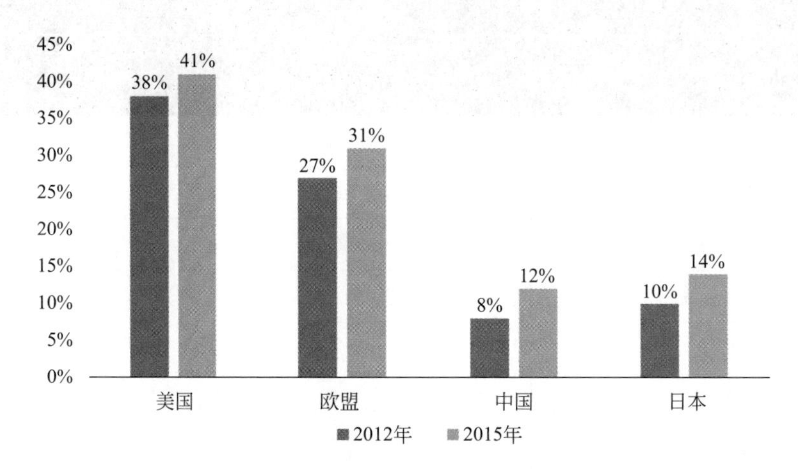

图5-1　主要国家生物医用材料销售收入占全球医疗器械市场比例分析

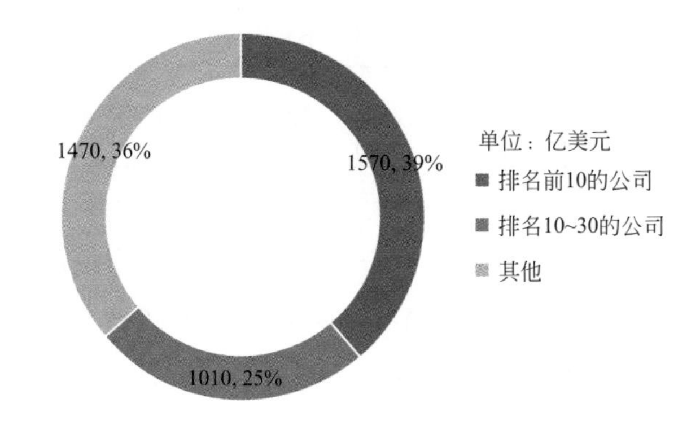

图5-2　主要国家生物医用材料销售收入占全球医疗器械市场比例分析

为提高市场竞争力，保持优势，世界医疗器械行业的兼并和整合一直在进行，仅 1998 年～ 2009 年期间，美国行业年均兼并收购达 200 起，行业集中度或垄断度不断提高是生物医用材料产业发展的一个重要趋势。

继 2015 年的大型并购风潮后，2016 年上半年的并购活动大幅缩减 79%，涉及数额仅为 170 亿美元。EvaluateMedTech® 发现，与 2015 年上半年总价值 840 亿美元的大额活动相比，2016 年上半年全部并购活动的总价值大幅降低 79%，仅为 170 亿美元。而 2016 年上半年的交易数量反而比上年同期增加 18%。

2017 年全球前 20 强医疗器械制备公司总收入合计 2221 亿美金，同比增长 7.1%。2017 年，排名前 30 位的跨国大公司占有全球医疗器械市场的 64%，较 2015 年增加了 2%，其中排名前 10 位的公司占有 39%（见图 5-2）；另外，据公开资料显示 6 家美国公司和英国公司：DePuy，Zimmer，Stryker，Biomet，Medtronic，

SynthesMathys和Smith&Nephew约占有全球骨科材料和器械市场75%，其中前4家美国公司和英国Smith&Nephew公司占有人工关节市场的90%；6家大公司：Johnson&Johnson，Abbott，BostonScientific，Medtronic，CRBard（美国），Terumo（日本）公司占有心脑血管系统修复材料及植（介）入器械市场的80%～90%；5家大公司：BaxterInternational（美国），Fresenius（德国），Gambro（瑞典），Terumo和AsahiMedia（日本）占有血液净化及体外循环系统材料和装置市场的80%；牙种植体和牙科材料市场基本上为Straumann（瑞士），DentsplyInternational（美国），NobelBiocare（德国）和Osstem（韩国）等大公司所垄断。全球医疗器械制造公司排行见表5-2。

表5-2 全球医疗器械制造公司排行

排名	公司	2016年收入/十亿美金	2017年年收入/十亿美金	2017年全球市场占有率
1	Medtronic	29.7	30	7.4%
2	Johnson&Johnson	25.1	26.6	6.6%
3	Abbott Laboratiories	9.9	16	4.0%
4	Siemens Healthcare	15	15.5	3.8%
5	Philips	13.1	13.6	3.3%
6	Stryker	11.3	12.4	3.1%
7	Roche	11.6	12.3	3.0%
8	Becton Dickinson	11.4	11	2.7%
9	General Electric	9.8	10.2	2.5%
10	Boston Scientific	8.4	9	2.2%
11	Danaher	7.8	8.7	2.1%
12	Zimmer Biomet	7.7	7.8	1.9%
13	B.Braun Melsungen	7.2	7.7	1.9%
14	Essilor International	6.9	7.3	1.8%
15	Baxter International	7.1	7.3	1.8%
16	Novartis	5.8	6	1.5%
17	Olympus	5.3	5.6	1.4%
18	3M	5.2	5.5	1.4%
19	Terumo	4.4	4.9	1.2%
20	Smith&Nephew	4.7	4.8	1.2%

资料来源：Evaluate Medtech

为提升企业的市场竞争力，回避投资风险，发展壮大企业，国外跨国公司已从初期的较单一产品生产，发展为通过企业内部技术创新及并购其他企业，不断进行产品生产线延伸和扩大，实现生产品种多元化。

生产和销售国际化是生物医用材料发展的突出趋势。几乎所有生物医用材料的大型企业均是跨国公司，其销售额的相当部分来自国际市场。为开拓国际市场，跨国公司通过向境外输出技术和资金，在国外建立子公司和研发中心，就地生产和研发。同时，为适应国际贸易的发展，国际标准化组织（ISO）不断制定和发布生物医用材料和制品的国际标准。

未来，全球生物医用材料行业的集中度会越来越聚集。

5.1.1.3 全球生物医用材料的论文概况

根据汤森路透 Web of Science 网站的数据显示，以“biomedical material（生物医用材料）”为关键词进行全球专利的检索，结果表明 2016 年全球新增相关专利申请总量为193件，其中中国的授权量为75件，美国的为54件，欧洲、日本、韩国、加拿大等国家和地区的授权量均在 10 件左右，体现了相关国家和地区的生物医用材料在市场增长意向，以及该行业在中国、美国等地区未来市场发展的倾向（图 5-3）。

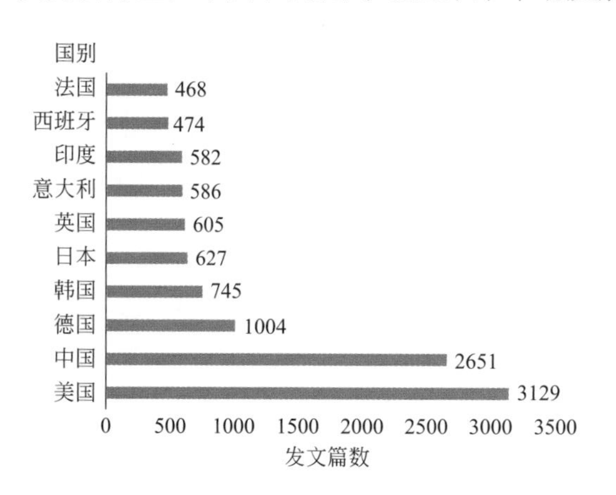

图5-3 生物医用材料文献的地区分布

从主要专利权人的申请量统计，可看出美国企业占据领先地位，应用级别及研究级别的成果都领跑着全球的生物医用材料行业的研究方向。而中国的主要专利申请人则集中在高校院所等科研机构，从侧面也反映了我国该行业的发展主要集中在科研阶段，市场应用方面的深化研究和相关的专利布局仍待加强，这样方能实现产学研的发展。

现阶段，新一代的生物医用材料在国外产业前沿研究主要集中在人工心脏膜、心脏支持和心血管支架、心脑血管系统修复材料等方向。发达国家的生物医用材料龙头企业以跨国企业为主，具有适应国际化的生产和销售形式。发达国家从事生物医用材料行业的中小型企业，受到资金和规模的限制。值得我国借鉴的是，这些中小型企业通过技术和产品的创新，来寻求自身企业价值。通常这些企业最终会向大公司实现技术转让，或者被大公司兼并。

随着分子生物学、细胞生物学、生物材料学、医学等学科的迅速发展和交叉学科研究的成熟，以及医疗器械和设备的日益完善，生物医用材料的研究及应用越来越广。通过生物医用材料的文献计量分析显示全球各国都广泛开展了生物医用材料的研究，且研究规模呈上升趋势。生物医用材料文献的地区分布见图 5-3。其中，美国和中国在生物医用材料的成果数量上远超过其他国家。在发文量和高影响论文方面，美国在该领域拥有一定的领先优势。中国在生物医用材料的研究中仅 5 年的发文量位列全球第二，在发文量排行前十的研究机构中，中国的研究机构最多，但高影响论文 Top10 中中国论文较少，可见中国的论文质量和影响力有待提升。在研究机构的构成方面，中国可以借鉴美国的"校企研"三类机构结合的模式更能加快专利成果的应用转化。

5.1.2 生物医用材料代表性产品

5.1.2.1 心血管材料

心血管疾病（cardiovascular disease，CVD）现已成为全球范围内人类的头号死因。心脏疾病器械是医疗器械的第二大领域，仅跟在 IVD 之后，市场规模占医疗器械市场的 11%。由于研发和学术营销壁垒均较高，心血管材料行业已形成了寡头竞争、强者恒强的格局。其中，中国在心血管疾病高发的大环境下，心血管介入器械的市场需求巨大，行业发展前景良好。

对于数以千万计的全球心脏病患者，尤其是心脏病高危患者来说，降低心脏病发病率与死亡率的干预手段，已经成为一个重大公共卫生的研究热点。根据 Evaluate Medtech 的数据，全球心血管医疗器械市场规模在 2017 年达到 468 亿美元，成为了全世界医药巨头布局的重要领域，预计 2017 年～ 2024 年全球市场整体将维持 6.4% 的年复合增长率，到 2024 年全球市场规模达 726 亿美元（表 5-3）。

表5-3 全球心血管医疗器械TOP10企业情况

排名	公司	2017年收入/亿美金	2017年市场占比
1	Medtronic	113.54	24.2%
2	Abbott Laboratories	79.86	17.0%
3	Boston Scientific	56.73	12.1%

续表

排名	公司	2017年收入/亿美金	2017年市场占比
4	Edwards Lifesciences	33.47	7.1%
5	Johnson&Johnson	20.96	4.5%
6	Terumo	26.04	5.6%
7	W.L.Gore&Associates	16.81	3.6%
8	Asahi Kasei	14.48	3.1%
9	Lepu Medical Technology	6.67	1.4%
10	Abiomed	5.71	1.2%
	其他	94.28	20.2%
	行业总计	468.55	100.0%
	排名前 10 的企业	374.27	79.8%

资料来源：Evaluate Medtech

心脏医疗器械中占据了市场总份额最多的产品为高端介入耗材和心脏起搏器，这两类产品的技术壁垒极高，中小企业多数并没有实力在该领域进行持续投入，造成这些产品的集中度远远高于药物市场。全球心血管医疗器械 TOP10 企业情况见表 5-3。据 EvaluateMedtech 的数据统计，美敦力（Medtronic）在 2017 年仍在心脏病科公司居于第一位，预计其在 2022 年仍将为全球领先的心脏器械制造商。据预测爱德华兹生命科学（Edwards Lifesciences）将是 2015 年～ 2022 年间增长最快的公司，增长的主要推动因素是大力推动经导管心脏瓣膜方向发展。

雅培（Abbott）在收购圣犹达（St.Jude Medical）后，将成为第二大心脏病科公司，其在 2022 年的销售额预计将达到 99 亿美元。美敦力、圣犹达、波士顿科学、雅培等 Top10 的企业占据了约市场总份额的 80%，而且行业整合速度快，预计未来寡头垄断的竞争格局将不会有太大变化。

5.1.2.2 骨科材料

骨科医疗器械从治疗的角度划分，可以分为创伤类、脊柱类、关节类和足踝类材料。创伤类材料是最普遍的，也是最基础的材料。在一些大型的医院分类更细，有些甚至将脊柱类还细分为颈椎、腰椎等。

骨科材料占据了全球生物材料市场的首位，市场占有率为 37.5%，其中以伤口护理和整形外科为主，约占全球生物材料市场的 9.6% 和 8.4%。根据 Evaluate Medtech 的数据，全球骨科医疗器械市场规模在 2017 年达到 365 亿美元，成了全世界医药巨头布局的重要领域，预计 2017 年～ 2024 年全球市场整体维持 6.4% 的年复合增长率，到 2024 年全球市场规模达 726 亿美元。全球骨科 TOP10 企业情况见表 5-4。

表5-4 全球骨科TOP10企业情况

排名	公司	2017年收入/亿美金	2017年市场占比
1	Johnson&Johnson	88.23	24.2%
2	Zimmer Biomet	74.06	20.3%
3	Stryker	59.7	16.3%
4	Medtronic	30.16	8.3%
5	Arthrex	21.33	5.8%
6	Smith&Nephew	20.78	5.7%
7	NuVasive	9.35	2.6%
8	Wright Medical Group	7.45	2.0%
9	Globus Medical	6.36	1.7%
10	Orthofix Medical	4.43	1.2%
	排名前 10 的企业	321.85	88.1%
	其他	43.41	11.9%
	行业总计	365.26	100.0%

资料来源：Evaluate Medtech

强生（Johnson & Johnson）和捷迈邦美（Zimmer Biomet）两大集团将在 2022 年骨科市场中保持领先地位，其中，捷迈邦美（Zimmer Biomet）将实现强劲增长。Evaluate Medtech 预计，虽然捷迈邦美（Zimmer Biomet）预计将以 7.0% 的增长率（复合年增长率）大幅地增长，且在 2022 年占据 20.6% 的市场份额，但强生（Johnson & Johnson）仍将是 2022 年世界排名第一的骨科产品公司。同样的，骨科医疗器械的 Top10 企业占据了高达 88% 的市场份额。

5.1.2.3 眼科材料

眼科疾病在医学上属于大病种，目前已了解的眼科疾病至少有数十种。在各类眼科病中，最常见的是近视，危险性系数最高的是白内障。目前全球近视的患病人数已超过 10 亿。

生物医用材料在眼科疾病治疗方面的应用涵盖角膜接触镜（俗称隐形眼镜）、人工晶状体、人工角膜、治疗青光眼植入材料、眼科手术用玻璃体填充物、黏弹性体、人工眼球和人工眶骨等。目前市场规模最大的是用于近视和散光治疗的角膜接触镜，其次是用于白内障治疗的人工晶状体。

目前全球70%以上的角膜接触镜市场被美国的Cibaision，Cooperision，JNJision，和B&L四大公司生产的产品占据。前十名的企业占据了98%的市场，这种高度集中的现象在眼科尤为突出。

目前白内障治疗的最好的治疗方案是在摘除的浑浊晶体囊内植入人工晶状体。美国的Alcon，Abbott和B&L公司拥有该领域超过60%的全球市场份额。

依视路（Essilor International）领跑2022年的眼科市场。据Evaluate Medtech资料显示（见表5-5），镜片制造商依视路（Essilor International）将是2022年领先的眼科技术公司，预计销售额将达到102亿美元。诺华（Novartis）以79亿美元的销售额位居第二。

表5-5 全球眼科TOP10企业情况

全球眼科市场销售额：前10名公司及其总市场份额（2015/2022年）		全球销售额/百万美元		复合年增长率	全球市场份额	
排名	公司	2015年	2022年		2015年	2022年
1	依视路	6479	10211	6.7%	26.0%	27.5%
2	诺华	5999	7902	4.0%	24.1%	21.3%
3	豪雅	2128	3564	7.6%	8.5%	9.6%
4	威朗制药	2046	3418	7.6%	8.2%	9.2%
5	强生	2608	3272	3.3%	10.5%	8.8%
6	卡尔蔡司	2015	2656	4.0%	8.1%	7.2%
7	库柏医疗	1488	2149	5.4%	6.0%	5.8%
8	雅培	1133	1550	4.6%	4.5%	4.2%
9	拓普康	365	678	9.2%	1.5%	1.8%
10	尼德克	296	508	8.0%	1.2%	1.4%
	前10名	24557	35908	5.6%	98.6%	96.8%
	其他	369	1184	18.1%	1.4%	3.2%
	行业总计	24926	37092	5.8%	100.0%	100.0%

资料来源：Evaluate Medtech

5.1.2.4 其他材料

除了上述材料外，还有口腔和血液净化材料也是市场热点。

（1）口腔材料

口腔种植体市场成为医材大厂瞩目焦点。在全球人口老龄化及口腔健康意识提升的驱动下，全球口腔医材市场将逐年成长。2016年～2021年全球口腔医材市场规模见图 5-4。据统计，2016 年全球口腔医材市场规模约 281 亿美元，2021 年可成长至 368 亿美元，2016 年～ 2021 年年复合成长率为 5.6%，其中以口腔种植体市场的发展最为快速。

人口老龄化促使口腔修复、义齿与口腔种植体的需求增加，且在发展中国家生活水平逐渐提高的趋势下，与欧、美、日本等国都更加重视口腔的美观与疾病预防，因此虽然有口腔相关人力资源短缺等因素限制，全球口腔医材市场仍将稳定成长。

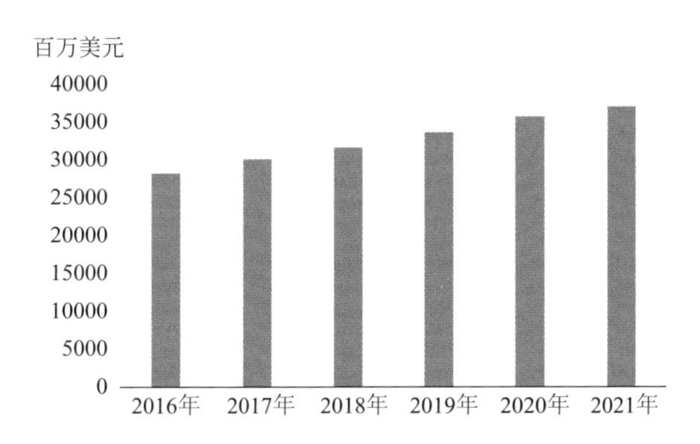

图5-4　2016年～2021年全球口腔医材市场规模

观察口腔各类医材市场，TrendForce 预估口腔种植市场发展将最为快速。现阶段口腔种植技术与植体材料发展趋于成熟，种植医疗人力的扩充、种植成本降低，病患对口腔种植接受度更逐日提高，因此驱动全球口腔种植市场持续成长，口腔种植体及种植相关设备也渐成为全球口腔医材厂商开发焦点。

此外，近年口腔领域大型并购案中，口腔种植占前五大并购案的三项，分别为 Danaher 并购 Nobel Biocare、Dentsply Sirona 并购 MIS Implants、Straumann 并购 Neodent。可见口腔医材大厂相当看好口腔种植市场成长潜力，纷纷并购该领域的厂商来快速发展口腔种植事业。

（2）血液净化

血液净化，在日常生活中我们一般称它为透析。其主要是把患者的血液引出身体外并通过一种净化装置，除去其中某些致病物质，净化血液，达到治疗疾病的目的。

血液净化的适应症主要分为四大类，分别是急性肾功能衰竭、慢性肾功能衰竭（晚期表现为尿毒症）、急性药物或毒物中毒和其他疾病的术前准备（如高钙血症、高尿酸症、高镁血症、梗阻性黄疸患者等）。血液净化属于高技术、高风险医疗项目，因此，只有获得相应资质的医院和独立血透中心能开展相关业务。

血液净化的治疗方式主要有：血液透析（HD）、血液滤过（HF）、血液透析滤过（HDF）、血液灌流（HP）、血液置换（PE）、免疫吸附（IA）和连续性血液净化

（CBP）等。腹膜透析（PD）虽然没有将血液引出体外，但其原理都是一样的，因此在广义上也属于血液净化领域。

据 Evaluate Medtech 发布的《2017 年全球医械市场概况以及 2022 年全球医械市场预测》显示，2016 年全球医械市场销售为 3870 亿美元，其中肾病市场规模为 110 亿美元，占比 2.84%，预计 2022 年市场规模将达到 144 亿美元，复合增长率为 4.6%。

5.1.3 全球生物医用材料产品发展趋势

老龄化的加速、医疗水平提升、损伤人数上升等因素影响下，在未来 20 ～ 30 年内，心血管材料、骨科材料等产业将发生革命性变化：一个为再生医学提供可诱导组织或器官再生或重建的生物医用材料和植入器械新产业将成为生物医用材料产业的主体；表面改性的常规材料和植入器械作为其重要的补充。

（1）行业发展趋势

行业集中度或垄断度不断提高是生物医用材料产业发展的重要特点和趋势。发达国家的中小企业主要从事新产品、新技术研发，通过向大公司转让技术或被大公司兼并维持生存。大规模产品生产及市场运作基本上由大公司进行。各种高档的加工中心、专用机床、激光微加工及涂层等设备已装备于生物材料企业；自动化、信息化技术已在生产中广泛应用；最先进的检验设备在大公司中随处可见。先进的技术装备确保了其产品的先进性及市场的垄断地位。但我国的技术发展主要依靠的是科研机构和高校，发达国家的这种模式可以提高社会分工的效率和提供技术创新的氛围，值得我国借鉴。

因生物医用材料行业有发展高技术含量和高人才素质要求，多数生物医用材料聚集在经济、技术、人才较集中或临床资源较丰富的地区，产业高度集聚是发达国家生物医用材料产业的重要特点。如美国集聚于技术资源丰富的硅谷、128 号公路科技园、北卡罗来纳研究三角园，以及临床资源丰富的明尼阿波利斯及克利夫兰医学中心等；德国聚集于巴州艾尔格兰、图林根州等地区；日本聚集于筑波、神奈川、九州科技园等。

（2）技术发展趋势

对于第一二代生物医用材料，将会提高第一二代生物医用材料的使用寿命和生物相容性，同时提高生产第一二代生物医用材料的装置的性能，制造出更加优质的产品。其次，对于第三代生物医用材料，研发进程将会加快。

生物医用材料产业的发展与相关领域先进技术的支持、强大的经济实力以及临床应用的要求密不可分。生物医用材料产品和相关技术具有更新换代速度快、科技含量高的特点，不断的技术创新和升级是其生存和未来发展的基础，只有拥有了先进的技术才能确保其产品的先进性和市场的垄断地位。现有的生物医用材料应用已取得了一定的成绩，但是面对临床应用表现出来的生物相容性差、使用寿命短及长时间功能缺失等问题仍无法解决，更是无法满足当代临床医学对组织及器官修复、个性化和微创伤治疗的需求。赋予材料全新的生物结构与功能活性，使其具有良好的生物相容性、生物安全性及复合多功能性，已成为生物医用材料发展重要的方向。

生物医用材料是生命科学和材料科学的交叉，二者之间形成的联系使得人类生命质量得到提高。目前，针对生物医用材料的开发工作还在持续进行。而在生物医用材料开发中的第三代生物医用材料以及组织工程技术结合开发的材料值得期待。

5.2　我国生物医用材料行业发展状况

5.2.1　中国生物医用材料概况

5.2.1.1　中国生物医用材料行业现状

中国医疗器械市场销售规模由 2013 年的 2120 亿元增长到 2016 年的 3700 亿元，3 年间增长了约 1.75 倍。2017 年中国医疗器械市场销售规模约为 4425 亿元，比 2016 年增长了 725 亿元，增长率为 19.59%，预计 2020 年将会达到 7529 亿元的市场规模。

我国生物医用材料研制和生产自 20 世纪 80 年代初期开始起步以来发展迅速，初具规模，现已成为一个新型产业，总产值增长率远高于国民经济平均发展速度。目前，我国生物医用材料在临床应用中主要用作医疗器械，其产品约占医疗器械市场的 45% ~ 60%。2017 年我国医疗器械细分领域市场占比见图 5-5。

中国生物医用材料产业市场规模增长趋势见图 5-6。据统计数据显示，2010 年我国生物医用材料市场规模约 670 亿元，2016 年增长至 1730 亿元左右，增长了 158.21%，而近两年增速呈明显的加快趋势，目前年增长已达 20% 左右，高于全球生物医用材料市场增长率。预计 2020 年，总体产业规模将达 4000 亿元左右。我国对生物医用材料和制品有着非常大的需求原因：一方面，我国居民收入水平持续稳定上升，医疗消费能力和消费意愿的提高，无形中推动了生物医用材料的发展；另一方面，我国人口老龄化加速，将长期利好生物医用材料的发展。这是因为老年人易发肌体组织和器官病变，单纯依靠传统的治疗模式难以解决组织和器官缺损修复等诸多根本问题。而新型生物医用材料具备组织相容性、力学顺应性和组织诱导性好以及无免疫排斥反应等优点，可有效减轻病人疼痛，改善患者术后生活品质。

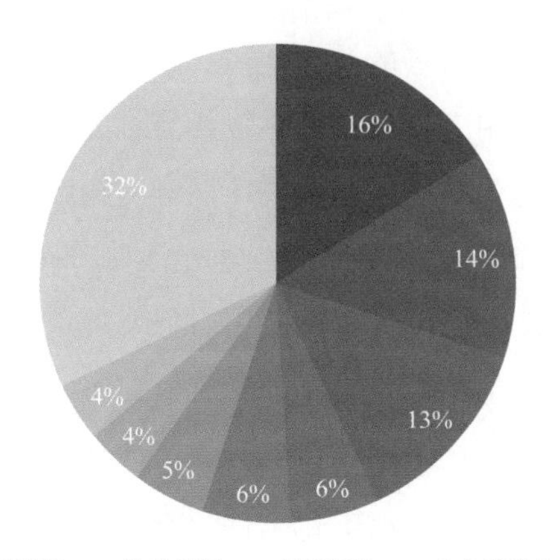

图5-5 2017年我国医疗器械细分领域市场占比

资料来源：中国报告网

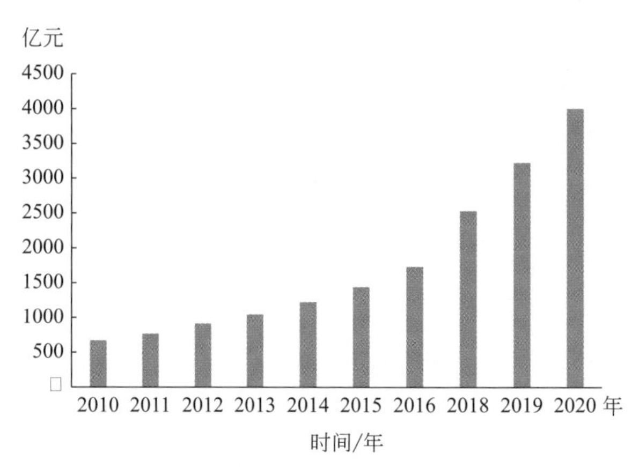

图5-6 中国生物医用材料产业市场规模增长趋势

资料来源：赛瑞研究

目前我国生物医用材料领域已经形成的 3 大产业聚集区：长三角区域、珠三角区域和京津环渤海湾区域。长三角产业聚集区是以出口为导向的中小型医疗器械（骨科器械和牙科器械等）为主；珠三角产业聚集区生产综合性高技术医疗器械（有源植入性微电子器械、动物源生物材料和人工器官等）；环渤海湾产业聚集区以高技术数字化医疗器械的研发生产（例如医用高分子耗材、医用技术及植入器械等）为主。虽然目前我国生物医用材料整体发展较国际落后，但随着研发能力的不断增强，心血管支架、封堵器、生物型硬膜补片、骨创伤修复器等生物医用材料已经实现进口替代（图 5-5）。部分国产生物医用材料产品替代进口见表 5-6。

表5-6　部分国产生物医用材料产品替代进口

产品名称	国内企业所处市场地位	外资竞争对手
心血管支架	乐普、微创、吉威（柏盛国际集团控股80%）共占据国内市场的76%以上	雅培、波士顿公司、美敦力
心脏封堵器	北京华医圣杰、上海形状（乐普子公司）、先健科技（美敦力入股）占国内市场的90%	美国AGA、St Jude Mdical、德国Occlutech GmbH
生物型硬脑（脊）膜补片	冠昊生物已占据国内市场40%～50%，国内市场排名第一	德国贝朗医疗、美国强生等
骨创伤修复器材	创生（被史赛克收购）、康辉（被美敦力收购）、威高、苏州欣荣等占据国内市场65%	强生、史赛克、施乐辉等

资料来源：《前瞻产业研究院生物材料行业报告》

5.2.1.2　中国生物医用材料相关产业政策影响

影响中国医疗器械行业发展的三大主要因素依然为政策、市场和新技术。为了加快生物医用材料的发展，国家从“十三五”战略规划等顶层设计逐步向下落实到具体政策鼓励和促进生物材料行业的发展。生物医用材料“十三五”相关政策见表 5-7。国家发布的众多的“十三五”发展规划中，均将发展生物医用材料列为今后工作的重中之重。2018 年“生物医用材料研发与组织器官修复替代”重点专项拟立项 22 个项目，中央财政经费支持 2.3 亿元，“数字诊疗装备研发”重点专项拟立项 25 个项目，中央财政经费支持 1.5 亿元。迈瑞医疗、大博医疗、先健科技、冠昊生物等公司都在其中。

表5-7　生物医用材料“十三五”相关政策

政策名称	主要内容
“十三五”医疗器械科技创新专项规划	以“组织替代、功能修复、生物调控”为方向，围绕组织器官修复、功能替代、降解调控等难点问题，重点开展生物材料的细胞组织相互作用机制、不同尺度特别是纳米尺度与不同物理因子的生物学效应等基础研究，加快发展生物医用材料表面改性、生物医用材料基因组、植入材料及组织工程支架的个性化3D打印等新技术，促进组织工程与再生医学的临床应用
“十三五”生物技术创新专项规划	加快发展新型植入装置、新型生物医用材料、体外诊断技术与产品、家庭医疗监测和健康装备、可穿戴设备、基层适宜的诊疗设备、移动医疗等产品
“十三五”科学和技术发展规划	将生物材料技术及其相关产品列入重点发展领域，并提出在十三五期间重点突破解决生物医用材料及器械的优化设计和测评等关键技术问题
“十三五”生物产业发展规划	明确推动动植物介入产品创新发展，如加速仿生医学再生医学组织工程技术的发展，推进增材制造（3D打印）技术早植介入新产品中的应用

续表

政策名称	主要内容
“十三五”国家战略性新产业发展规划	利用增材制造等新技术，加快组织器官修复和替代材料及植介入医疗器械产品创新和产业化
“十三五”卫生与健康科技创新专项规划	重点发展医学影像设备、医用机器人、新型植入装置、新型生物 医用材料、体外诊断技术与产品等产品

生物材料行业其他相关产业政策见表 5-8。“创新进出境生物材料监管”模式是此次国务院批复的 29 条服务贸易创新发展经验中涉及海关部门优化监管、便利通关的重要内容之一。在此方面，广州和上海走在全国前列，是试点经验重点推广地区。其主要做法，一是实施进出境生物材料检验检疫改革，二是创新监管模式。监管模式的创新大幅提升了两地生物材料通关便利化水平，促进了生物医药研发、测试服务行业的发展，为我国生物材料走出去提供更加便利的环境。数据显示，广州 2016 年试点企业进出口生物材料 1100 多批，通关周期由原来的 30 天缩短至 5 天，通过建设华南生物材料进出境公共服务平台，将生物试剂进出口周期由 1 个月左右缩短至 3 天以内。上海以风险评估的方式代替原有的前置审批，重建卫生检验工作流程，评估时限缩短三分之一。

表5-8 生物材料行业其他相关产业政策

政策名称	主要内容
国家中长期科学和技术发展规划纲要（2006年～2020年）	确定先进医疗设备与生物医用材料作为人口与健康的优先发展主题，要重点研究组织工程等技术，开发人体组织器官替代等新型生物医用材料
促进生物产业加快发展的若干政策（2009年）	加快发展生物医学材料、组织工程和人工器官、临床诊断治疗康复设备
中国制造2025	重点发展影像设备、医用机器人等高性能诊疗设备，全降解血管支架等高附加值医用耗材，可穿戴、远程诊疗等移动医疗产品。实现生物3D打印、诱导多能干细胞等新技术的突破和应用
广州市“IAB 计划”的产业发展战略	生物医药即是三大战略新兴产业之一，而生物材料作为生物医药中的最重要组成之一，也是广州市的优势产业，这完全符合广州市政府未来5～10年重点支持和发展的产业方向
“创新进出境生物材料监管”模式	一是实施进出境生物材料检验检疫改革，二是创新监管模式

5.2.2　我国生物医用材料行业发展存在的主要问题

5.2.2.1　行业发展的主要特征

（1）高速发展阶段

我国生物医用材料研发和生产处于高速发展阶段，初具规模，已形成一个新型产业。据统计数据显示，2010 年我国生物医用材料市场规模约 670 亿元，2016 年增长至 1，730 亿元左右，增长了 158.21%，近几年增速呈加快趋势，目前年增长已达 20% 左右，高于全球生物医用材料市场增长率。

（2）成果转化率偏低

虽然我国生物医用材料基础研究已达到国际先进水平，但受专业技术壁垒及企业资金投入的限制，进口产品仍占据我国高端市场的半壁江山。国内 80% ～ 90% 的成果仍然待在实验室里，企业基本生产中、低端产品，70% 的高端产品依靠进口。

（3）外资或合资企业独占鳌头

市场集中度高，本土企业劣势尽显。跨国公司为开拓中国广阔、极富有前景的医疗市场，通过向中国输出技术和资金，在中国建立子公司和研发中心，就地生产和研发生物医用材料产品，或者通过并购国内部分港股和海外上市的优秀公司以及未上市公司强化国内市场地位。面对外资蚕食，本土生物医用材料及其制品工业想要突围，过程会相对艰难和漫长。

（4）国际市场地位不断提高

中国海关数据统计，2017 年我国医疗器械出口总额 217.03 亿美元，同比上涨 5.84%。其中，对美国出口额为 58.38 亿美元，同比增长 5.08%，美国成为中国医疗器械第一出口大国。不过我国出口产品以低附加值耗材为主。

（5）科学技术创新能力和产业技术层次快速提升

作为生物医用材料产业基础的“中国生物材料科学与工程”极为成功地登上了世界舞台，显著标志是四年一次的世界生物材料大会第九次大会于 2012 年 6 月在我国成都举行，四川大学的张兴栋院士在 2016 年被选为国际生物材料学会联合会主席。近十年来我国已初步形成以国家工程（技术）研究中心、企业创新中心、省部级工程中心和重点实验室为核心的、包括 200 余个单位的生物医用材料科技创新体系。一批国际生物医用材料前沿产品，如组织诱导性骨和软骨、组织工程制品、全降解支架、植入性生物芯片、脑刺激电极、生物人工肝等几乎与国际研发同步或领先做出了样品，为进一步实施产业化、发展新的产业奠定了基础。一些原为进口品垄断市场的中高端产品近年来逐步实现了国产替代。

（6）管理日趋完善

为完善生物医用材料产品标准确保产品质量，国家已相继建立了13个与生物医用材料相关的技术标准化委员会，负责标准的制订和修订，已制订和颁布医疗器械行业标准629个、国家标准157个，特别是在组织工程化产品质量控制方面，我国已发布8个标准，和国际处于同一水平。

5.2.2.2 存在的主要问题

我国生物医用材料产业还存在一些问题，主要表现在：

① 产业规模小、技术装备落后、规模化生产企业尚未形成、缺乏市场竞争力；

② 科技成果转化能力低，产业技术创新能力不强，产品技术结构落后，技术含量的高端产品70%以上依靠进口；

③ 完整的产业链尚未形成；

④ 缺乏产业化接轨机制，风险投资出口狭窄，融资渠道不畅通，缺乏成果产业化及企业技术改造资金等。

5.2.3 我国生物医用材料产品发展趋势

生物医用材料和制品技术创新化、产品高端化、产业融合化、区域集群化和布局国际化是整个产业发展的大趋势。当前我国生物医用材料制品急需向规模化、精准化、个性化、智能化方向发展。

我国生物医用材料今后的研发重点，主要包括医用材料的开发设计等基础研发，应用方向主要针对骨科、牙科、皮肤、血管等组织修复和再生，生物活性物质载体材料及其递送系统，以及植入医疗器械和医用影像等，解决相关领域关键原料国产化的问题，突破材料领域的关键技术，加强高端医用材料的产业化技术提升。

对于第一、二代生物医用材料，提高第一、二代生物医用材料的使用寿命和装置的性能，将仍然是未来20～30年主要研究方向之一。对于第三代生物医用材料，加快这方面材料的研发是今后的研发热点。结合组织工程技术，建立有特定功能和形态的新的组织及器官将是生物医用材料的走向。

5.2.4 我国生物医用材料代表性产品及相关企业介绍（按临床应用分类）

生物医用材料主要分类（临床应用）见表5-9。临床上，生物医学材料有骨科材料，心脑血管系统修复材料，皮肤掩膜、医用导管、组织黏结剂、血液净化及吸附等医用耗材，软组织修复及整形外科材料，牙科修复材料，植入式微电子有源器械，生物传感器、生物及细胞芯片以及分子影像剂等临床诊断材料，药物控释载体及系统等很多种。

表5-9　生物医用材料主要分类（临床应用）

临床分类	代表产品	国内代表企业
骨科	创伤类、脊柱类、关节类、运动医学类和神经外科类等，如骨水泥、生物陶瓷、羟基磷灰石、生物玻璃、同种骨、异体骨等	威高、创生、康辉、爱康、苏州欣荣等
心血管类	人工心脏、人工心脏瓣膜、人工心脏起搏器、人工血管、人工血管支架、封堵器等	微创、乐普、吉威、先健科技、华医圣杰等
牙科	牙套、种植牙、牙齿填充物、纤维桩/固定钉等	威高、现代牙科、新华医疗、江苏创英医疗等
血液净化	人工肾膜、人工肺等	威高、江苏朗生、珠海健帆生物等
生物再生	医用几丁糖、生物型硬脑（脊）膜补片、口腔修复膜、细菌纤维素伤口敷料等	创尔生物、正海生物、昊海生物、鼎瀚恒海生物等
医用耗材	输血器材、医用注射器、留置针等	威高、新华医疗、微创医疗等

5.2.4.1　骨科类

（1）威高生物科技股份有限公司企业基本信息

威高集团有限公司始建于 1988 年，以一次性医疗器械和药业为主业，实行多业并举，联动发展。下辖医用制品、血液净化、骨科、生物科技、药业、心内耗材、医疗商业、房地产、金融等 10 个产业集团、60 多个生产子公司，占地 600 多万平方米，净化车间 260 多万平方米。成为全球品种齐全、安全可靠、值得信赖、国内领先的医疗系统解决方案制造商。积极进入医疗健康和服务领域，开展肾透析服务，在全国建有数十家肾透析中心。集团控股子公司山东威高集团医用高分子制品股份有限公司为香港上市公司（股票代码：1066，简称威高）。威海蓝海银行获得中国银保监会批准，为省内首家民营银行。

威高集团是国家“863”产业化基地、国家火炬计划重点高新技术企业，荣获中国工业大奖（为行业唯一获奖企业）、行业排头兵企业、全国守合同重信用企业、全国自主创新示范单位、全国助残先进集体、全国五一劳动奖状、中国企业文化建设先进单位、中国企业文化顶层设计与基层践行优秀单位、全国实施卓越绩效模式先进企业、中国专利山东明星企业、国家技术创新示范企业、中国最具投标实力医疗器械品牌供应商第一名、山东省第二届省长质量奖、山东省产学研合作创新突出贡献奖、山东工业突出贡献奖、山东公益助残特别贡献奖等荣誉，为中国大企业集团竞争力 500 强、全国医药工业百强、中国民营企业 500 强、山东省百强企业、山东省首批诚信示范企业、山东省最佳企业公民、山东省首批履行社会责任达标企业、山东民营企业公益之星。并为中国企业信用500强、中国制造业企业信用100强、中国医药工业制造业百强、中国民营企业信用100强。2017年名列中国企业500强第418位；中国制造业500强第194位；中国民营企业500强第154位，中国民营制造业企业500强第86位。威高在行业首家通过了ISO9000认证，通过了3C、CMD、ISO13485质量体系认证、欧盟CE认证、GMP认证等，30多种产品获得了美国FDA认可。

• 生物医用材料主要产品、市场份额

威高医疗器械主要有输注耗材、输血器材、心内耗材、留置针及各种异型针、血液净化设备及耗材、骨科材料、手术设备及附件、创伤护理、手术机器人、微创器械及设备、ICU产品及附件、肾科产品、生物诊断试剂、手术缝合线、牙种植体、感控设备及耗材、PVC及非PVC原料等50多个系列，500多个品种、8万多个规格。2018年上半年威高主要产品类销售情况见表5-10。

表5-10　2018年上半年威高主要产品类销售情况

产品类别	2018年上半年/千元	2017年上半年/千元	同比增长
临床护理	1879758	1698169	10.70%
药品包装	473538	369928	28%
骨科业务	523640	398598	31.37%
介入业务	680570	70267	868.50%
创伤管理	120206	109001	10.30%
血液管理	179483	154435	16.22%
医学检验	70265	52605	33.60%
麻醉及手术相关产品	29993	14984	100.17%
其他耗材	193045	119042	62.20%
总计	4150498	2987029	39%

数据来源：上市公司年报

• 核心技术、创新能力

威高坚持以技术创新调整产品结构，大力提高自主创新能力。建有国家级企业技术中心、植入器械国家工程实验室、全国创新试点型企业、院士工作站、博士后工作站、山东省高性能医疗器械研究中心、山东省医疗器械技术创新中心、省级工程技术研究中心、泰山学者实验室等创新平台，并在北京、天津、长春、深圳设立研发机构，拥有研发和管理人员4000人。现拥有发明专利150多项，自主知识产权产品600多项，高科技含量和高附加值产品达80%以上，骨科器械、透析器、心脏支架、人工肝、全自动化学发光分析仪、彩超、DRX光机、预充式注射器、膜式氧合器、蛋白 A 免疫吸附柱等 100 多种产品打破国外垄断，30 多种产品列入国家火炬计划、国家“863”计划等国家项目，获国家科技进步二等奖和技术进步二等奖 3 项。威高妙手 S 微创手术机器人获得国家优秀工业设计金奖，且为唯一的概念奖。

（2）上海凯利泰医疗科技股份有限公司企业基本信息

凯利泰医疗集团成立于 2005 年，总部位于上海，专注于骨科、心血管微创、运动医学等医疗科技领域。 2012 年登陆创业板（300326），以卓越的微创技术和研发能力，奠定“凯利泰”骨科微创品牌的领先地位。2013 年收购北京易生、江苏艾迪尔等同业精锐，成功拓展心血管微创、脊柱与创伤等医疗领域。

• 生物医用材料主要产品、市场份额

上海凯利泰医疗科技股份有限公司主要从事椎体成形微创介入手术系统的研发、生产和销售，产品主要用于因骨质疏松导致的椎体压缩性骨折的临床微创手术治疗，具体包括经皮椎体成形（PVP）手术系统和经皮球囊扩张椎体后凸成形（PKP）手术系统。公司产品属于生物和新医药领域中重点支持的先进医疗设备、医用材料等生物医学工程产品，所属细分行业为骨科脊柱类微创介入医疗器械行业。2018 上半年骨科类产品实现营业收入 2.52 亿元，同比增长 33.94%。

公司自成立以来，一直致力于为骨质疏松导致的椎体压缩性骨折患者提供优质临床治疗方案，通过不断努力，公司率先在国内实现了顺应性椎体扩张球囊导管的国产化，打破了跨国公司的产品技术垄断，并大大降低了产品价格，使更多的患者受益。目前，公司产品质量和稳定性已达到国际先进水平，产品覆盖了国内 500 多家二级以上医院并出口至欧洲、美洲等国家和地区，使超过数万名患者摆脱了病患的痛苦。公司能够在国内外椎体成形微创介入手术器械领域和跨国企业直接竞争，并且已经在国内市场建立了领先的市场地位。

• 核心技术、创新能力

本公司依托不断加强的公司研发团队，瞄准骨科微创领域的发展趋势，坚持产品的滚动开发，并逐步实现了产品从技术跟随到技术创新和领先的身份转换。目前公司拥有国家药监局颁发的三类医疗器械产品注册证 2 项，拥有上海市药监局颁发的二类医疗器械产品注册证 7 项，一类医疗器械产品注册证 2 项，拥有国家批准的专利 14 项。公司产品曾先后荣获“上海市重点新产品”“上海市自主创新产品”“上海市专利新产品”等荣誉称号，并获得科技部“科技型中小企业技术创新基金”的支持，列入“上海市高新技术成果转化项目”。2008 年 11 月，本公司被上海市科学技术委员会、上海市财政局、上海市国家税务总局及上海市地方税务局联合授予高新技术企业称号。

（3）大博医疗科技股份有限公司企业基本信息

大博医疗科技股份有限公司，2004 年成立于厦门，是一家以骨科、神经外科、微创外科为主的综合性医疗集团，是国家火炬计划重点高新技术企业，也是国内具有竞争力的骨科植入物生产企业之一。公司先后通过了 FDA、CE、ISO13485、GMP 等专业认证，产品品质不断超越国际标准，得到国内外用户的一致认可。

• 生物医用材料主要产品、市场份额

公司主营业务是医用高附加值耗材的生产、研发与销售，主要产品包括骨科创伤类植入耗材、脊柱类植入耗材及神经外科类植入耗材、微创外科耗材等。

创伤类植入耗材产品：主要用于成人及儿童上、下肢、骨盆、髋部、手部及足踝等部位的病理性、创伤性骨折修复或矫形需要等的外科治疗。产品包括髓内钉、金属接骨板及骨针、螺钉等内固定系统及外固定支架等。

脊柱类植入耗材产品：主要用于由创伤、退变、畸形或其他病理原因造成的各类脊柱疾患的外科治疗。产品包括椎弓根螺钉系统、脊柱接骨板系统、椎间融合器系列等各类脊柱内固定装置。

神经外科类植入耗材产品：主要用于颅骨骨块固定或缺损修复、颌面部骨折或矫形截骨固定术等外科治疗。产品包括颌面钛网、颌面接骨板、颅骨钛网、颅骨接骨板及螺钉等内固定系统。

其他产品：包括手术工具器械、微创外科产品等。其中手术工具器械是公司所销售的各类医用高附加值耗材的专用配套手术工具，除了与医用高附加值耗材产品配套销售外，部分手术工具器械也采用了外借的形式供予经销商。

大博医疗科技股份有限公司各品类营业收入情况见表 5-11。

表5-11　大博医疗科技股份有限公司各品类营业收入情况

产品类别	2017上半年/元	2018上半年/元	同比增长
创伤类	182772713.70	220549603.32	20.67%
脊柱类	54346038.67	71453888.51	31.48%
神经外科类	13974779.78	13996658.31	0.16%
手术器械	8313331.09	7491515.47	-9.89%
其他	16672755.69	38780996.33	132.60%

• 核心技术、创新能力

大博成立了厦门骨科医疗器械工程技术研究中心、与厦门大学联合成立厦大化工－大博医疗外科材料研发中心、同时还与台湾科技大学合办产学研项目，并承接多个国家级、省部级重点科技项目。引进国际先进的加工设备，以高度机械化的生产工艺，依托科学的质量管理体系，精心打造各种尖端医疗产品，涵盖骨科、齿科、微创外科、神经外科、医用电子、医疗设备等方面。

截至目前，公司已取得专利证书的专利 104 项，其中发明专利 18 项，实用新型专利 82 项，外观设计专利 4 项。公司持有国内三类医疗器械注册证 57 个，二类医疗器械注册证 20 个，一类医疗器械备案凭证 126 个。公司部分产品也通过了美国 FDA、欧盟 CE 认证许可。

（4）上海双申医疗器械股份有限公司企业基本信息

双申医疗成立于 2005 年，注册资本 2450 万元，是专注于植入性医疗器械生产、研发与销售的高新技术企业。2014 年公司实现股份制改造和“新三板”挂牌（证券代码：831230）。公司秉持安全有效、专业规范、精益求精、共创卓越的质量方针，积极打造以产品技术平台和合作研发平台为支柱的企业核心竞争力，力争以合理的价格为患者提供国内领先、国际先进质量水准的植入性医疗器械产品。

• 生物医用材料主要产品、市场份额

公司的主要产品为颅颌骨内固定夹板以及颅颌骨内固定螺钉，属于国家三类植入性医疗器械，也是神经外科和口腔（颌面）外科的常规性手术耗材，主要用于由肿瘤切除或机械创伤造成的颅颌骨缺损、骨折部位的修复与内固定。

凭借先进的生产工艺、卓越的产品质量和专业的售后服务，公司颅颌骨内固定系统得到了临床医师和患者的广泛认可，产品临床应用已覆盖国内 500 多家二级以上医院，推进了颅颌骨内固定系统的国产化和进口产品替代。2018 年上半年产品实现营业收入 12，389，845.15 元，较去年同期增长 36.78%。

• 核心技术、创新能力

公司不断完善产学研医一体化的合作研发平台，持续研发、注册和推广应用于神经外科、口腔科、心胸外科以及整形科的植入性高端医疗器械新产品，承担了上海市科委立项的“颅颌骨内固定系统产业化关键技术研究”课题，并在张江高新区青浦园建设双申医疗钛及钛合金植入性医疗器械研发中心及生产基地（一期）的基础设施建设，及研发项目实施。公司与中科院上海硅酸盐研究所联合申报的“抑菌促成骨型钛制牙种植体系统开发项目”获上海市科委立项扶持，项目编号为 18441907900。目前项目产品处于工艺研究和样品试制阶段。截至 2018 年 12 月，公司共获得专利授权 10 项，其中发明专利 3 项，实用新型专利 7 项。

5.2.4.2　心血管类

（1）上海微创医疗器械（集团）有限公司企业基本信息

微创®起源于1998年成立的上海微创医疗器械（集团）有限公司（股票代码：00853，简称微创医疗），是一家中国领先的创新型高端医疗器械集团。总部位于中国上海张江科学城（上海市浦东新区张东路1601号），在中国上海、苏州、嘉兴、东莞，美国孟菲斯，法国巴黎近郊，意大利米兰近郊和多米尼加共和国等地均建有主要生产（研发）基地，形成了全球化的研发、生产、营销和服务网络。公司现有员工约5000名，来自30多个国家，其中过半数为中国员工。微创®致力于通过不断创新，为医生提供能挽救并重塑患者生命或改善其生活质量的最佳普惠医疗解决方案。微创®的产品已进入全球逾8，000家医院，覆盖亚太、欧洲和美洲等主要地区。在全球范围内，平均每12秒就有一个微创®的产品被用于救治患者生命或改善其生活品质或用于帮助其催生新的生命。

• 生物医用材料主要产品、市场份额

微创®已上市产品约300个，覆盖心血管介入及结构性心脏病医疗、心脏节律管理及电生理医疗、骨科植入与修复、大动脉及外周血管介入、神经介入及脑科学、糖尿病及内分泌管理、泌尿及妇女健康、外科手术、医疗机器人与人工智能等十大业务集群。其中，微创®生产的冠脉药物支架产品，作为第一个中国本土生产的药物支架系统，自2004年上市以来持续保持国内市场占有率第一；2014年推出的全球首个药物靶向洗脱支架系统更是令微创®在冠脉支架领域完成了从追随者和并跑者到全球引领者的跨越。目前，在冠心病介入治疗、骨科关节、心律管理及大动脉介入治疗等多个分支领域，微创®的市场占有率均位居世界前五。

2018年上半年微创主要产品销售情况见表5-12。

表5-12　2018年上半年微创主要产品销售情况

业务类型	2017年上半年/千元	2018年上半年/千元	同比增长
骨科医疗器械业务	108771	122134	12.29%
美国	46824	50985	8.89%
欧洲、中东及非洲	29570	32984	11.55%
日本	15904	17401	9.41%
中国	5134	8007	55.96%
其他	11339	12757	12.51%
心血管介入产品	82422	106848	29.64%
心率管理医疗器械	1052	43752	295.87%
大动脉及外周血管介入产品	12181	19876	63.17%
神经介入产品	5810	8331	43.39%

续表

业务类型	2017年上半年/千元	2018年上半年/千元	同比增长
电生理医疗器械	3526	5520	56.55%
外科医疗器械	2862	3406	19.01%
糖尿病医疗器械	715	—	—

数据来源：上市公司年报

• 核心技术和创新能力

微创®专注于自主创新并以贯之高强度投资于研发，累计研发总投入数百亿元人民币（含海外公司历史累计金额），现已拥有专利（申请）3500 余项（国外 2000 项），先后 5 次获得中国国家科学技术进步奖（其中一项为企业创新平台模式奖）和多个省部级科技进步奖，14 个产品进入国家创新医疗器械注册绿色通道（截至 2018 年 8 月）；微创®尊崇循证医学，几乎所有核心产品与解决方案的临床应用效果（经验）都在全球主流学术杂志上得到了发表。

截至 2018 年 6 月 30 日，上海微创医疗器械（集团）有限公司共有 5 个产品获得 CFDA 注册证书，一个产品进入绿色通道，并有多个项目获得不同阶段的进展。2018 年 3 月，微创自主研发的 Firesorb™西罗莫司靶向洗脱生物可吸收血管支架治疗冠心病的首次人体研究两年临床随访结果发布。随访结果显示，患者术后两年主要终点时间发生率均为 0%，面向患者的复合次要终点 PoCE（包括死亡、心肌梗死及血运重建）发生率为 2.2%；全因死因、靶血管 MI 或支架内血栓发生率均为 0%；两年的随访数据进一步证实了 Firesorb™对于冠脉单支病变患者的可行性和初步安全性。2018 年 4 月，微创公布了自主研发的 VitaFlow™一年随访数据。随访数据显示：患者具有较低的全因死亡率（2.7%）且无患者发症严重卒中，所有患者瓣膜功能良好，无中度或重度瓣周漏。一年临床随访数据证实了 VitaFlow™安全且有效的治疗严重钙化性主动脉瓣狭窄疾病。

（2）乐普（北京）医疗器械股份有限公司企业基本信息

乐普（北京）医疗器械股份有限公司（股票代码：300003，简称乐普医疗集团）创立于 1999 年，销售网络遍布全中国及 95 个国家和地区，年营业收入 46 亿元人民币。主营医疗器械业务涵盖冠心病、结构性心脏病、心脏节律、预先和术后诊断、诊疗设备及高血压等领域高端植入医疗器械、诊断试剂。

• 生物医用材料主要产品、市场份额

乐普医疗生产的支架系统、封堵器、起搏器及外科器械等高附加值耗材产品市场占有率稳步提升，品牌影响力更加显著，稳居行业首位。结合国家卫健委高附加值耗材国家谈判以及中华人民共和国人力资源和社会保障部发布医保按病种付费推荐目录等事件，高附加值耗材的进口替代有望加速，乐普市场份额将进一步提升。

乐普医疗重点生物材料产品销售情况见表 5-13。

表5-13　乐普医疗重点生物材料产品销售情况

产品名称	2017年上半年/元	2018年上半年/元	同比增长
支架系统	589604100	712005900	20.76%
封堵器	49256100	60525900	22.88%

数据来源：上市公司年报

• 核心技术、创新能力

国家心脏病植介入诊疗器械及设备工程技术研究中心是国家科技部授予乐普医疗建立的。乐普医疗现有产品和在研的重磅产品形成了领先的技术竞争力，市场龙头地位的稳固和领先地位的进一步扩大，从技术和市场两个维度，进一步加强了“护城河”。乐普医疗在研生物材料产品情况见表 5-14。乐普医疗自主研发三大核心重磅产品：完全可降解血管支架（NeoVas）、完全可降解封堵器和介入生物瓣膜。过去传统金属支架为血管再通技术，而完全可降解支架则可视为血管的再造技术，能恢复血管本身的功能；NeoVas 已处于注册审评阶段，在时间上早于主要竞争伙伴 3 年，有望成为国际范围内第一个大量应用的完全可降解支架产品，引领中国乃至世界的行业发展；完全可降解封堵器顺利完成全球首例成功植入，其临床试验工作正快速推进。完全可降解封堵器的推广，将完全解决现在金属可降解封堵器植入儿童而导致成长后的可能风险，为患有先天性疾病的儿童带来巨大的远期受益。

表5-14　乐普医疗在研生物材料产品情况

<table>
<tr><th>在研产品</th><th>状态</th><th>核心技术、创新能力</th></tr>
<tr><td>完全可降解血管支架（NeoVas）</td><td>获得 CFDA 注册受理</td><td rowspan="3">国家心脏病植介入诊疗器械及设备工程技术研究中心</td></tr>
<tr><td>完全可降解封堵器</td><td>临床阶段</td></tr>
<tr><td>介入生物瓣膜</td><td>动物实验阶段</td></tr>
</table>

数据来源：上市公司年报

（3）先健科技（深圳）有限公司企业基本信息

先健科技（01302.HK）是全球领先治疗心脑血管和周围血管疾病的微创介入医疗器械供应商，集研发、制造和销售于一体。先健科技成立于 1999 年，总部设在中国深圳，在全球先心病封堵器市场占有领先地位，同时也是全球第二大先心病封堵器供应商。

• 生物医用材料主要产品、市场份额

目前公司主要产品线包括结构性心脏病业务、外周血管病业务及起搏电生理业务。结构性心脏病业务主要包括先天性心脏病封堵器及 LAA 封堵器。外周血管病业务主要包括腔静脉滤器及覆膜支架。新产品线起搏电生理主要与起搏器有关。2018 年上半年主营产品实现营业收入 2.47 亿元，比 2017 年同比增长 40.35%。

• 核心技术、创新能力

先健科技设有研发中心负责产品设计、工艺和设备开发、临床研究、产品注册及知识产权管理。占员工总数近 35% 的高素质研发团队专注于创新型心血管介入医疗器械及相关技术的研发。先健科技注重与国内外著名医生和技术专家的广泛合作和交流，研发全程进行知识产权控制，已具有欧洲国家和中国及其他国家开展临床试验的能力，以及在全球所有国家进行注册和认证的能力。公司现拥有包括室间隔封堵器发明专利等 20 多项技术专利。

先健科技研发中心实验室专门从事医疗器械（含载药器械）临床前评估，包括动物实验、生物相容性评估、组织病理学、材料表征及分析化学、失效分析。测试中心现有检测场地面积 2000 多平方米。本实验室于 2012 年 12 月获得 ISO17025 认可，到目前为止通过审核的检测项目已达 160 多项。可为骨科器械、心血管器械、含药器械等研究提供全套（包括器械植入、血生化、病理和药代）非临床评估实验。

（4）辽宁垠艺生物科技股份有限公司企业基本信息

辽宁垠艺生物科技股份有限公司（证券代码：835066，简称垠艺生物）2004 年 10 月成立，2015 年 12 月在“新三板”上市。垠艺生物专业从事心血管支架等三类介入医疗器械研发、生产和销售，是国家级高新技术企业和国家创新型试点企业。垠艺生物在国际上率先研发出第一个 Polymer-free 微盲孔载药心脏支架和第一个用于治疗冠脉分叉病变的药物洗脱球囊，产品拥有中国授权发明专利，填补国内空白，是我国新一代药物支架和冠脉药物洗脱球囊的技术领跑者。

垠艺生物坐落在辽宁省大连市金普新区。现有员工 130 多人，专科以上学历人员占总人数的 99%。垠艺生物拥有 GMP 净化生产车间两座，通过了 ISO9001 和 ISO13485 国际质量管理体系认证。公司先后主持承担了国家“十五”科技攻关计划、国家“十一五”科技支撑计划、国家“十二五”科技支撑计划、863 计划等三十多项国家、省、市政府科技项目，是中国介入器械领域最具创新能力的公司。

垠艺生物现已建成生物医学材料研发技术国家地方联合工程研究中心、辽宁省博士后创新实践基地、辽宁省企业技术中心、大连市生物医学材料工程研究中心。其是辽宁省首批创新型中小企业、大连市首批领军型科技企业、大连市高成长性创新型企业和大连市 AAA 级诚信纳税企业，荣获 2016 中国新三板创新品牌价值 100 强、2016 中国新三板最具创新力企业 100 强、2016 辽宁省新三板挂牌企业总资产 100 强和 2017 年辽宁省新三板市值 100 强。近五年来公司每年为国家上缴税收 2000 余万元。

垠艺生物已自主开发上市第三代无载体药物支架、PTCA 扩张球囊导管、金属支架、造影导管、药物洗脱球囊等创新产品。公司已在北京、上海、广州、西安和沈阳开设了销售代表处，与国内多家一级代理商合作，产品销售全国 30 多个省、区。

• 主要生物医用材料产品及其份额

垠艺生物主要产品包括心血管支架和球囊导管，其中心血管支架收入占主营业务收入的 48%，球囊导管收入占主营业务收入的 50% 以上。目前我国心血管支架主流产品是金属支架，前三家生产厂家：乐普医疗、微创®和山东吉威医疗约占市场份额 77% 以上，市场集中度较高。乐普医疗（300003）、微创医疗（HK.00853）、山东吉威医疗药物涂层为西罗莫司、垠艺生物（835066）药物涂层为紫杉醇、美中双和（835170）药物涂层为三氧化二砷，三种药物涂层均安全可行，效果微差，产品之间可替代性强。垠艺生物虽已铺设全国销售网络，但主要客户集中在东北、华北市场，其他区域市场占有率低，渠道竞争优势不明显，从全国的市场占有情况来看，市场份额仅有 2.00%。

基于心血管支架业务不具有非常明显的优势，2017 年垠艺生物进行销售战略调整，把产品销售力量集中在球囊扩张导管，并且新产品药物洗脱球囊导管获准注册并上市销售，原有产品药物支架的销售份额逐渐下降。球囊扩张导管销售额比上年同期增长 45.93%，并且新产品药物球囊实现销售收入 7，692，308.03 元，虽然药物支架销售收入比上年同期减少 17.26%，但销售收入总额仍然比上年同期增长 11.62%。2016 年～ 2017 年垠艺生物主要产品销售情况见表 5-15。

表5-15　2016年～2017年垠艺生物主要产品销售情况

类别/项目	2016年收入/元	占比/%	2017年收入/元	占比/%
药物涂层冠状动脉金属支架系统	63677627.17	65.08	52687435.16	48.24
球囊扩张导管	32509334.22	33.22	47439964.47	43.44
药物洗脱球囊导管	—	—	7692308.03	7.04
外购配件及其他	1660727.21	1.70	1396956.68	1.28
总计	97847688.60	100.00	109216664.34	100.00

数据来源：上市公司年报

• 核心技术和创新能力

垠艺生物自主研发的产品主要为心血管支架、球囊导管等Ⅲ类植 / 介入医疗器械。截至 2018 年 12 月 19 日，垠艺生物拥有发明专利 7 项，实用专利 10 项。技术优势在于：

a. 无聚合物微盲孔载药冠脉支架是国内最早自主研发的无聚合物药物支架；

b. 球囊扩张导管在技术和性能上可与国外一流产品相抗衡，在推送力的传递、显影性、通过性、跟踪性以及折叠技术等方面都展现出突出优势；

c. 药物洗脱球囊导管为国际首个批准用于冠状动脉分叉病变的药物洗脱球囊导管，为临床急需的分叉病变治疗提供了新的治疗策略。

5.2.4.3　牙科类

以珠海拜瑞口腔医疗股份有限公司为例介绍。

珠海拜瑞口腔医疗股份有限公司（证券简称：拜瑞口腔；证券代码：838025）成立于 2008 年 6 月。公司于 2016 年 3 月完成股份制改制，整体变更为股份有限公司，并于 2016 年 8 月 1 日顺利通过全国中小企业股份转让系统挂牌上市，成为“中国口腔行业全产业链第一股”。

• 主要生物医用材料产品及其份额

公司专注于定制式义齿的研发、生产与销售，以及牙科临床治理和口腔修复医疗服务，是国内一家发展迅速并获得社会各界高度认可的医疗器械供应商和口腔医疗服务商。

• 核心技术和创新能力

公司以专业、精美的义齿制品赢得客户和医患的信赖，主要出口美国、加拿大、英国、法国等国外市场。公司现已通过 ISO13485、ISO9001、OHSAS18001、ISO14001 国际质量体系的认证。公司研发实力和技术创新能力不断加强。公司拥有强大的研发团队，并与国内外院校、研究机构等开展深度的产学研究和技术合作。公司拥有多项国家专利，并获得国家“高新技术企业”称号。

口腔医疗门诊是公司业务新亮点，也是公司未来的战略重点。公司为向中国中高端收入人群提供更优质的口腔医疗服务，引进国外先进的诊疗理念与技术，大力拓展口腔医疗门诊连锁经营，为消费者提供国内外一流的口腔临床治疗技术以及口腔修复的新材料、新产品，全方位满足患者各种口腔医疗方面的需求。

“中国口腔医疗仁义之师”——作为公司未来发展的核心理念。公司将继续以定制式义齿加工业务、口腔医疗门诊为业务支柱，通过一系列相关产业升级或行业整合，将“拜瑞口腔”打造成为中国口腔行业典范，成为口腔医疗行业的领跑者之一。

5.2.4.4 血液净化类

以珠海健帆生物科技股份有限公司为例介绍。

健帆生物科技股份有限公司（股票代码：300529，简称健帆生物）创建于1989年，是国内第一家以血液净化产品为主营业务的创业板上市公司。健帆生物专业从事生物材料和高科技医疗器械的研发、生产及销售，市值稳居我国医疗器械上市公司前列，企业连年纳税过亿元，并入选2017年福布斯中国上市公司潜力企业榜100强。健帆生物曾获“2009年国家科技进步二等奖”，2010年～2011年蝉联“福布斯中国潜力企业百强榜”，2011年被认定为“国家火炬计划重点高新技术企业”。其是全国首批、广东省第二家通过医疗器械GMP检查的企业，入选国家2012年产业振兴和技术改造项目、2012年国家重大科技成果转化项目、2012年广东省战略性新兴产业核心技术攻关项目及2014年国家十二五科技支撑计划项目。健帆生物产品已通过CE认证、ISO国际质量管理体系认证，承担两项“国家重点新产品项目”和三项“国家级火炬计划项目”，获批组建广东省血液净化工程技术研究开发中心、省级企业技术中心、博士后科研工作站、院士工作站。公司自主投资新建的世界一流的血液净化科研生产基地（健帆科技园）已于2015年胜利竣工并顺利投产。

- 主要生物医用材料产品及其份额

健帆生物现有一次性使用血液灌流器、胆红素吸附柱、DNA免疫吸附柱、血液灌流机、血液净化机等九大系列40多个规格的产品。主营产品“DNA免疫吸附柱”“血浆胆红素吸附器”和“树脂血液灌流器”的市场占有率高。

2018年上半年健帆生物主要产品销售额见表5-16。

表5-16 2018年上半年健帆生物主要产品销售额

产品名称	销售额/元	占比
一次性使用血液灌流器	415550482.62	91.50%
一次性使用血浆胆红素吸附器	21191267.75	4.67%
DX-10型血液净化机	3484748.02	0.76%
血液灌流机	2493342.60	0.55%
总计	442719841	97.48%

数据来源：上市公司年报

- 核心技术和创新能力

截至2018年11月，健帆生物及控股子公司共拥有授权专利167项，其中发明专利 40 项（其中一项为美国授权专利）。主要核心技术“全血灌流”。

技术优势如下。

a. 组合型人工肾（透灌结合高效净化）

2004 年，组合型人工肾概念被首次提出。

2016 年，健帆组合型人工肾技术临床开展已覆盖全国近 3500 多家医院。

b.DPMAS 人工肝治疗模式（双“灌”齐下 标本兼治）

2010 年，健帆 DPMAS 人工肝治疗模式进入临床试用。

2016 年，被纳入《非生物型人工肝治疗肝衰竭指南（2016 年版）》。

5.2.4.5 生物再生类

（1）创尔生物科技股份有限公司企业基本信息

广州创尔生物技术股份有限公司成立于 2002 年 8 月 20 日，并于 2014 年 10 月 8 日在新三板成功挂牌（股票代码：831187，简称创尔生物）。创尔生物是一家专业从事活性胶原蛋白生物医用材料研发及生产经营的高新技术企业，以动物筋腱为原料所生产的胶原蛋白产品具有活性高、纯度高、生物相容性佳的特性，质量稳定，各项技术指标已达到国际领先水平。经过多年全方位发展，规模不断壮大，目前拥有下属全资子公司广州创尔美生物科技有限公司、控股子公司广州创尔云信息科技有限责任公司、广东赤萌医疗科技有限公司。

创尔生物坚持自主创新的发展道路，近年来承担海洋经济创新发展区域示范专项项目、国家 863 课题、科技部中小企业创新基金项目、国家火炬计划项目、广州市重大科技专项计划项目、广州市医药卫生重点项目等多项项目，并荣获广州市科技进步二等奖、广东省科技进步三等奖、广东省优秀自主品牌、广东省著名商标、广州市著名商标、广州市行业领先企业等称号，主营产品获得广东省自主创新产品、广州市自主创新产品、广东省高新技术产品、广东省重点新产品等荣誉。创尔生物作为广东省医疗器械管理学会副会长单位、广东省医疗器械行业协会会员单位，以及广东省人体组织功能重建产学研创新联盟成员，创建了广东省医用胶原工程技术研究开发中心，并与国内外多所知名高校建立了广泛的项目合作关系，积极推动行业的产学研合作研发和技术成果转化。

• 主要生物医用材料产品及其份额

创尔生物旗下拥有“创福康”“创尔美”两大品牌。“创福康”品牌胶原贴敷料、胶原蛋白海绵、医用冷敷贴等医疗器械产品主要采用经销商模式和配送商模式。子公司广州创尔美生物科技有限公司已上市。“创尔美”药妆医学护肤品产品有净澈系列、安润系列及胶原匿迹修护系列护肤品，并以电子商务形式在天猫、京东商城、创尔美商城进行网上销售。2018 年上半年创尔生物主要产品销售情况见表 5-17。

表5-17　2018年上半年创尔生物主要产品销售情况

产品类别	2017年上半年/元	2018年上半年/元	同比增长
创福康医疗器械	3976.7116	4803.47	20.79%
药妆医学护肤品	1714.84	4687.95	173.38%

数据来源：上市公司年报

• 核心技术和创新能力

基于广州市创伤外科研究所十几年的胶原研究基础，创尔生物研发人员经过不断技术创新，形成了胶原无菌提取、过滤纯化、冷冻干燥等方面技术新高点，极大提升了生产率，节约能源。

创尔生物在以活性胶原蛋白作为主要材料的外科敷料这一细分市场中，作为国内械字号胶原贴敷料的首创者，公司在胶原提取技术及市场品牌知名度上在该细分市场仍具备较强的竞争优势。创尔生物熟练掌握了全套胶原蛋白提取技术，从源头保证产品的功效和品质。基于活性胶原蛋白高效的组织修复功能，创尔生物不断拓展活性胶原蛋白的应用领域，目前已经拥有 8 项发明专利、4 项实用新型专利和 1 项外观设计专利。

（2）正海生物科技股份有限公司企业基本信息

烟台正海生物科技股份有限公司成立于 2003 年，于 2017 年 5 月 16 日成功上市（股票代码：300653，简称正海生物）。正海生物是国家重点研发计划承担单位，国家“863”计划承担单位，高新技术企业。正海生物立足于再生医学领域，属于“十三五”战略性新兴产业，通过 ISO13485/ISO9001 质量管理体系认证，设有山东省医用再生修复材料工程技术研究中心、山东省企业技术中心、山东省生物再生材料工程实验室等高规格再生医学材料研发平台。先后承担国家及省市各级科技发展项目 50 余项，获得国家重点研发计划单位、国家“863”计划单位、中国创新创业大赛生物医药行业全国第二名。

• 生物医用材料主要产品、市场份额

正海生物立足于再生医学领域，深耕再生医学相关产品的研发及产业化，主营业务为生物再生材料的研发、生产与销售。目前拥有软组织修复材料和硬组织修复材料两大系列产品，主要用于临床组织再生和创伤修复。正海生物已上市产品为生物再生材料，其中软组织修复系列产品口腔修复膜、生物膜、皮肤修复膜等已广泛用于口腔科、头颈外科、神经外科等多个领域，赢得了数以万计医生和患者用户的信赖与支持；硬组织修复产品骨修复材料是具有重大临床需求、引导骨损伤修复的功能支架材料，项目技术水平处于行业前列。正海生物主要采用“直销与经销相结合”的销售模式。神经外科是对精细化程度要求较高的外科领域，硬脑膜缺损为临床常见，临床医生对产品的安全性和有效性要求较高，经得住时间考验的产品将会在激烈的市场竞争中稳步提升市场占有率，正海生物用于脑膜缺损修复的生物膜产品 2018 年上半年实现稳定增长，市场地位稳步提升。

正海生物 2018 年上半年各软组织修复系列产品生产完工并入库 13.08 万片，同比增长 67.26%；骨修复材料生产完工并入库 1.35 万瓶，同比增长 60.71%。正海生物口腔膜产品在颌面外科市场中居垄断地位，在种植牙领域市场占有率国内第二，硬脑脊膜主要用于神外科手术和骨科，市场占有率国内第三。

2018 年上半年正海生物主要产品销售情况见表 5-18。

表5-18 2018年上半年正海生物主要产品销售情况

主要产品	营业收入/元	营业成本/元	毛利率
口腔修复膜	50049656.71	3414799.96	93.18%
生物膜	48558640.93	3393735.89	93.01%

数据来源：上市公司年报

• 核心技术、创新能力

正海生物是采用自主创新的核心技术，对动物源性的特定组织和器官进行脱细胞、病毒及病原体灭活等一系列处理后，得到具有天然组织空间结构的支架材料。正海生物设有山东省医用再生修复材料工程技术研究中心、山东省生物再生材料工程实验室和山东省企业技术中心等高规格再生医学材料研发平台，具备较强的研发和技术优势。目前正海生物已建立起具有自主知识产权的核心技术体系和完善的知识产权保护体系。截至 2018 年 6 月 30 日，正海生物拥有 39 项专利授权，其中发明专利 25 项。

（3）昊海生物科技股份有限公司企业基本信息

昊海生物科技成立于 2007 年，并已于 2015 年 4 月 30 日于香港联交所主板成功上市（股票代码：6826.HK，简称昊海生物科技）。昊海生物科技是一家专注于研发、生产及销售医用可吸收生物材料的高科技生物医药企业。

昊海生物科技拥有强大的研发实力，所有核心产品均由内部研发团队为主开发，并借助中国各大高校、科研院所和大型三级医院的力量进行联合研究。昊海生物科技的重组人表皮生长因子和医用几丁糖专利技术分别于 2002 年、2009 年获得国务院颁发的科学技术进步二等奖。国家发展和改革委员会发布了 2017 年～ 2018 年（24 批）新认定及全部国家企业技术中心名单，昊海生物科技作为上海唯一一家生物医药企业入选，成为自 1993 年以来全国获国家企业技术中心认定的十八家医疗器械企业的一员。

• 主要生物医用材料产品及其份额

昊海生物科技专注于中国医用可吸收生物材料市场中快速增长的治疗领域，包括骨科、整形美容与创伤面护理、眼科、防黏连及止血。产品主要包括利用天然原材料制成的医用透明质酸 / 玻璃酸钠系列、医用几丁糖系列和医用胶原蛋白海绵系列，也生产基因工程药物外用重组人表皮生长因子。2018 年上半年昊海生物产品类别销售情况见表 5-19。

表5-19　2018年上半年昊海生物产品类别销售情况

产品类别	2017年上半年/元	2018年上半年/元	同比增长
眼科	224812000	336443000	49.70%
整形美容与创伤面护理	127831000	177068000	38.52%
骨科	136405000	145736000	6.84%
防黏连及止血	113482000	101577000	-10.50%
其他	2593000	249000	-90.40%
合计	605123000	761073000	25.80%

数据来源：上市公司年报

根据原国家市场监督管理总局南方医药经济研究所、广州标点信息股份有限公司研究报告，2017 年眼科粘弹剂、防黏连系列产品和关节腔注射剂市场份额稳居首位，分别达到 45.9%、36.2% 和 49%。2018 年上半年昊海生物主要产品销售情况见表 5-20。

表5-20　2018年上半年昊海生物主要产品销售情况

产品大类	产品名称	2017年上半年/元	2018年上半年/元	同比增长
眼科	人工晶状体及视光材料	178065000	280628000	57.60%
	眼科黏弹剂产品	41453000	49239000	18.80%
	其他眼科产品	5294000	6576000	24.22%
骨科	玻尿酸产品	107111000	147807000	38.00%
	重组人表皮生长因子	20721000	29261000	41.21%
骨科	玻璃酸钠注射液	92664000	97729000	5.50%
	医用几丁糖	43741000	48007000	9.80%

续表

产品大类	产品名称	2017年上半年/元	2018年上半年/元	同比增长
防黏连及止血	医用几丁糖	69364000	53039000	-23.50%
	医用透明质酸凝胶	34628000	39800000	14.90%
	胶原蛋白海绵	9490000	8738000	-7.90%

数据来源：上市公司年报

目前昊海生物科技主要生产、销售三类眼科产品，包括六个品牌的人工晶体产品，用于人工晶状体和角膜镜等视光产品生产的材料、五个品牌眼科粘弹剂产品、一个润眼剂及其他眼科高附加值耗材。

根据昊海生物科技人工晶状体产品的销售数量以及全国白内障手术实施例数推算，昊海生物科技已占中国晶状体市场 30% 的份额。根据原国家市场监督管理总局南方医药经济研究所、广州标点医药信息股份有限公司研究报告，2017 年本集团眼科粘弹剂产品的市场份额为 45.9%，连续十一年市场份额超四成，稳居中国最大的眼科粘弹剂生产商地位。

整形美容与创伤面护理的生物医用材料产品二种，包括玻尿酸皮肤填充剂（海薇）、玻尿酸产品（姣兰）。

骨关节腔注射产品包括两种：一种利用医用透明质酸 / 玻璃酸钠制成，另一种是利用医用几丁糖制成。根据原国家市场监督管理总局南方医药经济研究所、广州标点医药信息股份有限公司研究报告，本集团已经连续四年稳居中国骨关节腔注射产品首位，市场份额由 2016 年的 35.4% 上升至 2017 年的 36.2%。医用几丁糖（奇特杰）为本集团独家品种，是中国唯一以 3 类医疗器械注册的关节软骨保护剂。

昊海生物科技生产及销售五种手术防黏连及止血产品，包括以医用透明质酸和医用几丁糖为原料制成的防黏连系列产品以及用于止血及组成填充的医用胶原蛋白海绵。根据国家市场监督管理总局南方医药经济研究所、广州标点医药信息股份有限公司研究报告，本集团已经连续十一年稳居中国最大的防黏连产品生产商，2017 年市场份额 49%。

• 核心技术和创新能力

昊海生物科技拥有国家级企业技术中心，已在中国、美国和英国建立一体化的研发体系，初步完成了国际化研发布局。本集团拥有三个具有上海市级研发机构生产基地，一个国家级博士后科研工作站和一个上海院士专家工作站。截至2016年6月30日，本集团内部研发团队 213 人，本科生以上学历 158 人，博士 14 人，硕士 57 人。本集团拥有 60 个产品注册证，40 个处于不同研发阶段的在研产品，其中 2 个产品正在申报生产，10 个处于临床试验或是样式检验阶段，以及 28 个产品正处于临床前研究或技术研究阶段。

并拥有新型人工晶状体及高端眼科植入材料研发平台（获选为“十三五”国家重点研发计划项目）、医用几丁糖技术平台［获选为国家高技术研究发展计划（“863”计划）项目及“十二五”国家科技重大专项］以及电纺丝技术平台（获选为国家科技重大专项）。

（4）北京鼎瀚恒海生物科技股份有限公司企业基本信息

北京鼎瀚恒海生物科技股份有限公司由鼎瀚控股集团投资 8000 多万元建成，注册资本 5000 万元。公司坐落在风景秀美的八达岭经济开发区（隶属于北京中关村科技园区），是严格按照国家新版 GMP 认证要求建立的生物医药研发、生产基地。鼎瀚恒海生物一直坚持走“科技创新、技术领先”的发展之路，先后与北京、天津、上海等多所科研院校进行生物医药技术和新产品研发合作，建立了长期合作关系，已成长为集生物医药产学研为一体的医药类研发、生产和销售的高新技术企业。鼎瀚恒海生物拥有系列化新型多功能高端 BC（细菌纤维素伤口敷料）生物医用敷料项目，在国内首次将新型生物纳米材料 BC 应用于医疗领域，填补了国内空白，处于世界领先水平。

鼎瀚恒海生物公司的发展得到了各级政府的大力支持和肯定，先后获得了北京市科委重大课题立项并通过了验收。其是北京市财政局企业专项资金支持项目等，并荣获北京市高新技术企业荣誉称号。鼎瀚恒海生物一直重视产业化项目的研发和专业人才队伍的培养，与北京科技大学合作成立了鼎瀚生物医疗材料研究中心，先后引进硕士、博士等医药研发专业技术人才和高级管理人才，努力打造专业的研发平台和研发团队，建立完善的医药研发管理体系与质量控制管理体系，使鼎瀚恒海生物公司始终走在高端医用敷料的前列。鼎瀚恒海生物主营业务为新型细菌纤维素医用敷料等医疗器械的研发、生产和销售，拥有系列化新型多功能高端 BC 生物医用敷料项目，在国内首次将新型生物纳米材料 BC 应用于医疗领域。该系列产品主要用于临床烧烫伤、整形美容、外科手术及其他疾病导致的继发性皮肤溃疡如糖尿病足、静脉坏死、褥疮等方面，具有显著的保护创面、抗菌、止痛、止血、促进创面愈合等功效，该产品具有广阔的国内外市场发展前景。

• 主要生物医用材料产品及其份额

鼎瀚恒海生物第一个产品“创舒”细菌纤维素伤口敷料已于 2014 年 11 月取得医疗器械注册证，获准进入市场销售。由于鼎瀚恒海生物生产的细菌纤维素伤口敷料属于独家品种，市场前景非常好。2015 年～ 2017 年鼎瀚恒海生物主要产品销售情况见表 5-21。

表5-21　2015年～2017年鼎瀚恒海生物主要产品销售情况

产品名称	2015年/元	2016年/元	2017年预测/元
细菌纤维素伤口敷料	2188128	140660	145894

数据来源：上市公司年报

• 核心技术和创新能力

鼎瀚恒海生物通过合作研发及自主研发的模式，掌握了细菌纤维素医用敷料的制备工艺技术，成功实现产业化，并获得了 3 项共有发明专利授权及 3 项自有发明专利授权。与“创舒”同系列的三个细菌纤维素医用敷料产品（分别为细菌纤维素胶原蛋白医用敷料、细菌纤维素抗菌材料、细菌纤维素壳聚糖医用敷料）预计将逐步获准上市。鼎瀚恒海生物生物医用材料专利情况见表 5-22。

表5-22　鼎瀚恒海生物生物医用材料专利情况

专利号/申请号	专利名称	申报日期	专利阶段
201710357845X	一种细菌纤维素皮肤替代物及其制备方法	2017/5/19	进入实质审查阶段
ZL201410225319.4	一种复合医用敷料及其制备方法	2014/5/26	有效
ZL201410225948.7	一种复合医用敷料及其制备方法	2014/5/26	有效
ZL201410226726.7	一种复合医用敷料及其制备方法	2014/5/26	有效

数据来源：国家知识产权局

（5）冠昊生物科技股份有限公司企业基本信息

冠昊生物科技股份有限公司（股票代码：300238，简称冠昊生物）是一家立足再生医学产业，拓展生命健康相关领域，嫁接全球高端技术资源和成果，面向中国市场进行贯通性产业化的专业化、平台化、生态化产业高科技上市企业。凭借在诱导再生功能的新型生物材料及其产品研发领域的领先水平，冠昊生物承担着二十多项国家和地方的科技攻关项目。由国家发展和改革委员会立项的“再生型医用植入器械国家工程实验室”和“再生型生物膜高技术产业化示范工程”先后落户冠昊生物。目前冠昊生物拥有国内外专利百余项。2013 年起，冠昊生物不断布局细胞与干细胞产业化平台，陆续开展人源组织工程化再生软骨移植治疗技术、免疫细胞储存等技术服务。2014 年，冠昊生物与北京大学合作成立“北大冠昊干细胞与再生医学研究院”，立志成为世界一流的国际化干细胞研究与临床转化平台。

• 生物医用材料主要产品、市场份额

冠昊生物以生物材料技术和细胞与干细胞技术两大技术体系为支撑，坚持自主创新与国际先进技术相结合。1999 年，建立天然生物材料处理技术平台并实现产业化，生物材料板块已成为冠昊生物核心业务。已上市产品有 6 种：生物型硬脑（脊）膜补片、B 型硬脑膜补片、胸普外科修补膜、无菌生物护创膜、艾瑞欧乳房补片、优得清脱细胞角膜植片。生物型硬脑（脊）膜补片在上市后以优异的性能迅速占领国内硬脑膜补片市场，位居国内市场占有率第一；优得清脱细胞角膜植片采用全球首创的技术，是世界上唯一以脱盲复明为主要疗效指标的产品，为众多失明患者重现光明。在研产品数十种，涵盖神经外科、骨科、眼科、烧伤科、整形美容科、妇科等科室。2018 年上半年冠昊生物主要上市生物材料产品销售情况见表 5-23。

表5-23　2018年上半年冠昊生物主要上市生物材料产品销售情况

主要上市产品	营业收入/元	营业成本/元	毛利率
生物型硬脑（脊）膜补片	58933295.83	2995468.70	94.92%
胸普外科修补膜	7958302.80	1665373.68	79.07%
无菌生物护创膜	2329329.93	263413.47	88.69%
B 型硬脑（脊）膜补片	4734936.42	660099.46	86.06%
乳房补片	1474393.22	639953.09	56.60%

数据来源：上市公司年报

冠昊生物全资子公司珠海祥乐是一家眼科领域的品牌运营商，于 2000 年进入眼科手术产品领域，2007 年引进美国“爱锐”人工晶体，拥有该产品在中国的独家代理权，通过不懈努力，爱锐人工晶体产品已经在中国眼科界得到广泛认可，经过多年的发展在国内眼科领域建立了较为完善的销售渠道，2017 年引进新产品美国“爱舒明”人工晶体，借助成熟的销售渠道，迅速得到市场认可。冠昊生物生物医用材料产品基本情况见表 5-24。

表5-24　冠昊生物生物医用材料产品基本情况

产品	2017年上半年/元	2018年上半年/元	同比增长
销售量 - 自产产品（片）	34643	36629	5.73%
销售量 - 代理产品（台、个）	193169	146709	-24.05%
生产量 - 自产产品（台、个）	40919	39404	-3.70%
库存量 - 自产产品（片）	43051	43319	0.62%
库存量 - 代理产品（台、个）	214456	290999	35.69%

数据来源：上市公司年报

• 核心技术、创新能力

生物材料板块作为冠昊生物核心业务，保持稳定的持续发展能力。对现有产品及可开发领域进行有效梳理，全面提升研发效率，其中完成了生物骨修复材料提交注册并成功通过注册质量体系核查，生物硬脑膜修复材料进入临床试验准备阶段。参与了 1 项行业标准的起草工作。

在再生材料领域，经过十几年的发展，冠昊生物已经搭建的动物源性生物材料技术平台是具备国际竞争能力的医药技术平台。目前冠昊生物共申报或参与了两项“十三五”国家重点研究计划项目，均是围绕组织修复与可再生材料进行技术创新和新产品开发。

冠昊生物核心竞争力在于：

a. 国际先进的技术水平，依托独有的自有创新技术均为世界首创或世界领先，在再生材料领域包括组织固定技术、多方位去抗原技术、力学改性技术、组织诱导技术等；

b. 核心技术人才，目前北昊研究院以长江学者、北京大学生命科学院邓宏魁教授作为首席科学家，同时拥有留美博士后、擅长再生医学研究、产品开发和高级管理的首席技术官沈政博士；原解放军总医院分子生物研究室和生物治疗病区业务骨干，美国哥伦比亚大学医学中心访问学者（博士后）等；

c.“冠昊模式”，嫁接全球高端技术研发资源和成果，面向中国市场进行产业化运用及转化，实现生物医药类企业的快速孵化。

（6）中国再生医学国际有限公司企业基本信息

中国再生医学国际有限公司是专业从事组织工程与再生医学产品研发、生产和销售的高新技术企业，于 2001 年 7 月 18 日在香港联合交易所上市（股份代码：8158.HK）。业务涉及组织工程、化妆品、细胞储存、制备及治疗、集团医院管理及集团海外事业部五大业务板块。总部设在香港，在西安、深圳、苏州、天津、常州、香港拥有 7 个现代化的研发中心和生产基地，已发展成了我国组织工程和再生医学领域的领军企业。中国再生医学集团秉持着“为未来，创再生”的理念，不断探究人类生命科学新领域，多次承担国家“863”“973”计划项目等重大科研项目，先后获得“国家科技进步一等奖”等多个奖项。其是国内唯一具有活性细胞的组织工程皮肤“安体肤”，奠定了集团在我国组织工程和再生医学领域领导者地位。生物工程角膜“艾欣瞳”是全球首个上市的生物工程角膜，开创了角膜移植新纪元，使我国在角膜病的再生医学研究领域走在世界前列。

• 生物医用材料主要产品、市场份额

公司主要生物医用材料产品业务包括：组织工程板块，含生物工程角膜（艾欣瞳）、组织工程皮肤（艾尔肤）、组织工程骨修复产品（膜瑞）、组织工程修复基质（瑞栓宁）；生物资源储存板块，含围产期造血干细胞储存、脐带间充质干细胞储存、胎盘早幼期造血干细胞储存、胎盘亚全能干细胞储存、牙髓间充质干细胞储存、免疫细胞储存、皮肤银行、脂肪干细胞储存；基因检测板块；美容保健品板块，瑞士原装进口生物医学护肤品牌 ASCARA、美国医学美容药妆护肤品牌 OBAGI、细胞上清导入、干细胞导入、干细胞日化产品。中国再生医学国际有限公司主要生物医用材料产品销售收入情况见表 5-25。

表5-25　中国再生医学国际有限公司主要生物医用材料产品销售收入情况

产品类别	2017年三季度/万港元	2018年三季度/万港元	同比增长
皮肤、化妆品	22975	3065	-86.66%
眼科产品	92057	5739	-93.77%
口腔产品	37307	31828	-14.69%
细胞及大健康产品	2992	4802	60.49%

• 核心技术、创新能力

中国再生医学国际有限公司拥有再生医学领域的核心国家发明专利 140 余项，累计承担的国家、省、市各级科研项目达 25 项，其中“863 计划”重大专项 4 项、“973”重大专项 2 项，旗下拥有牛津大学技术研发中心、深圳市组织工程实验室、香港大学联合研发中心。

牛津大学技术研发中心：公司与牛津大学合作成立中国再生医学牛津大学技术研发中心，聚焦于干细胞疗法与组织工程领域进行大胆创新研究，集中研究各种重大疾病的细胞疗法，如帕金森症、阿兹海默症、脊椎损伤、糖尿病等，以及细胞疗法的产业化技术，如细胞质量快速检测技术、干细胞扩增技术、细胞冻存技术、细胞提存技术等。

深圳市组织工程实验室：在深圳市有关战略性新兴产业发展相关政策支持下，承担建设和运营深圳组织工程实验室项目。实验室将重点围绕组织工程研究领域的发展趋势，结合中国组织工程的研究水平及目前组织工程产品实现产业化面临的制约因素，重点开展组织工程领域的基础研究，解决组织工程领域科研成果转化过程中的共性问题、关键技术研究问题，继续开展组织工程角膜的研发，研制新型低廉的生物支架材料和试剂材料，促进深圳市组织工程科研成果产业化步伐。

香港大学联合研发中心：目前聚焦于干细胞相关科研项目，其中开展的干细胞转化研究项目获创新科技署管理的香港特区政府的创新及科技基金资助。

（7）山东隽秀生物科技股份有限公司企业基本信息

山东隽秀生物科技股份有限公司位于烟台市经济技术开发区，2016年11月在新三板挂牌，证券代码为839761。公司是一家专业从事组织工程再生修复类高端植入性医疗器械研发、生产、销售及相关技术服务的国家级高新技术企业。

公司自主创新产品覆盖神经修复、韧带修复、血管修复三类植入性医疗器械，多项技术达到国内领先或国际先进水平。公司高度重视质量管理体系建设，已取得ISO9001：2015和ISO13485：2016质量管理体系认证证书，并按照“研发一批、储备一批、临床一批、上市一批”的策略进行产品规划，创新研发层层推进，创新产品陆续上市。

• 生物医用材料主要产品、市场份额

公司主要从事组织工程再生修复领域的植入性高端医疗器械的研发、生产和销售及利用核心技术外围技术对外提供技术服务。其中神经修复膜可用于各类神经吻合术或人工神经移植后的辅助治疗，具有促进周围神经修复、提高神经再生质量、防止周围组织粘连的功能。该产品属于国内首创，国内尚无同类产品，国外同类产品使用胶原膜，无特异性修复作用。

公司的营业收入主要源自利用核心技术的外围技术对外提供技术服务，通过自身强有力的研发实力和储备的技术研发成果满足客户的技术需求，收取技术服务费从而实现营业收入。公司致力于成为组织工程再生修复类医疗器械研发生产销售综合运营商。山东隽秀生物科技股份有限公司产品营业收入情况见表5-26。

表5-26 山东隽秀生物科技股份有限公司产品营业收入情况

产品名称	2017年上半年/元	2018年上半年/元	毛利率
技术服务收入	466094.42	1320754.68	64.71%
急救包	2013.00	3065.52	34.33%

• 核心技术、创新能力

公司自2012年成立以来一直深耕于人体组织再生修复生物医用材料的自主创新，现已掌握“天然生物材料构建组织工程支架技术”“纳米生物医用材料构建组织工程支架技术”“生物医用材料的提纯技术”“生物医用材料的改性技术”“缓释技术”和“干细胞治疗技术”六大核心技术。截至2018年6月30日，公司已申请专利15项，其中申请国家发明专利9项，已授权发明专利和实用新型专利各3项。

公司是国务院侨办认定的全国重点华侨华人创业团队企业、科技部科技型中小企业，山东省科技型中小微企业、山东省第七批中小企业“一企一技术”创新企业、山东半岛蓝色经济区人才载体企业、烟台市科技型中小企业，并荣获烟台市第四批“引智高地”、烟台市第六批“专精特新”创新型企业等荣誉称号。

公司核心专家团队由全职的国家“千人计划”专家、山东省“泰山学者·特聘专家”领衔，多名专家入选国家科技创新创业人才、国家科技创新领军人才、烟台市“双百计划”、烟台市开发区领军人才，并获评烟台市开发区科技创新领军团队。

5.2.4.6 医用耗材类

（1）广州阳普医疗科技股份有限公司企业基本信息

广州阳普医疗科技股份有限公司（以下简称“阳普医疗”）成立于1996年，2009年在深圳创业板上市，股票代码300030。截至目前，公司业务领域已涵盖“临床实验室标本解决方案”“临床实验室诊断”“影像学诊断”“临床护理与麻醉”“健康管理”和“医院数字化整体解决方案”六大平台。公司在中国大陆、中国香港、美国与德国等地拥有近22家子公司及分支机构，产品和服务已覆盖全球九十多个国家和地区的近万家医疗机构。

• 生物医用材料主要产品、市场份额

阳普医疗以提供“精准治疗的智能化解决方案”为使命，目前开展的主要业务包括医学实验室诊断及医疗信息化建设。与生物医用材料相关的产品为医学实验室产品，其中真空采血系统2018年上半年实现营业收入1.5亿元，同比增长14.74%。公司主营产品真空采血管现有约3000多种品规，公司是全球真空采血系统品规最多、专项检查专用检测管、血清类采血管血清制备速度最快的供应商和国内真空采血系统高端市场的领军企业。公司研发的第三代真空采血系统在帮助医务人员迅速获得合格人体静脉血液标本的同时，可有效抑制血液标本离体后的变异，并可同时实现对人员、标本、设备以及环境安全的全过程保护。

• 核心技术、创新能力

阳普医疗是一家以自主研发创新为基础的国家级高新技术企业，建立了配有国际先进水平设备的研发实验室，广东省“医用材料血液相容性研究”企业重点实验室。阳普医疗拥有一支近200名研发技术工程师的专业研发团队，团队成员经验丰富，承担着国家部委、省、市、区级多项科技计划项目，研发方向包括与产品相关联学科的基础研究以及建立在此基础之上的技术和产品开发研究，并与境内外多家高校及医疗机构有保持紧密的合作公司及子公司，拥有国内有效专利103项（发明专利31项，实用新型专利66项，外观设计专利6项）；拥有软件著作权85项；拥有商标注册证112件。

阳普医疗从事标本分析前变异控制研究 20 余年，是国内真空采血系统唯一一家通过美国 FDA 注册的企业。阳普医疗拥有的“试管内壁仿生膜处理技术、细胞休眠技术、耐高温血清分离胶合成技术、等离子体试管内壁处理技术、致密性胶塞表面处理技术、纳米快速血液凝固促进技术、采血针针管仿生膜处理技术、改性医用高分子材料及注塑成型技术”8 项核心专有技术，90 多项科研专利，为公司主要产品真空采血系统提供了强大技术支持和竞争门槛。此外，阳普医疗作为国内采血管行业的标杆企业，公司产品专家还参与了《< 真空采血管的性能验证 > 推荐性卫生行业准则》的制定工作，对国内采血管行业有着重要影响。

（2）广州维力医疗器械股份有限公司企业基本信息

维力医疗成立于 2004 年，总部及生产研发基地位于广州市番禺区莲花山风景区北侧。公司主要从事麻醉、泌尿、呼吸、血液透析等领域医用导管的研发、生产和销售，产品在临床上广泛应用于手术、治疗、急救和护理等医疗领域。

公司是全球医用导管主要供应商之一，气管插管和留置导尿管的生产和销售在国际和国内名列前茅。公司与百余家国外医疗器械经销商、数十家境内医疗器械出口经销商建立了业务联系，产品销往 90 多个国家和地区。公司产品已经进入市场份额最大、监管最为严格的北美、欧洲、日本等主流市场。在国内，产品已覆盖全国，进入了近 700 家三甲医院。

• 生物医用材料主要产品、市场份额

公司医用导管产品分为麻醉领域、导尿领域、护理领域、呼吸领域、血透领域、泌尿外科领域六个方面。麻醉领域产品主要包括气管插管、气管切开插管、支气管插管、喉罩、麻醉面罩、人工鼻、麻醉呼吸管路等产品；导尿领域产品主要包括导尿管、导尿包、导尿套、导尿配件等产品；护理领域产品主要包括引流、吸痰、营养、口腔护理、排泄物管理等产品；呼吸领域产品主要包括吸氧产品、氧气面罩、药物吸入雾化器等产品；血透领域产品主要为血透管路产品；泌尿外科领域产品主要包括导引系列、扩张系列、介入通道、取石、输尿管支架、输尿管导管、造瘘管、尿动力导管等产品。此外还有一些鼻腔检查、微创、妇产、心外等产品。

2018 年上半年公司实现营业收入 31632.18 万元，同比增长 9.71%；实现利润总额 2，738.13 万元。

• 核心技术、创新能力

公司被广东省科学技术厅认定为广东省省级企业技术中心、广东省新型医用导管工程技术研究中心；公司的输尿管导引鞘、双腔支气管插管、微创扩张引流套件被广东省高新技术企业协会认定为广东省高新技术产品。公司共持有专利授权 56 项，其中发明专利 20 项，实用新型专利 36 项。

（3）蓝帆医疗股份有限公司企业基本信息

蓝帆医疗股份有限公司简称“蓝帆医疗”（股票代码 002382），成立于 2002 年。蓝帆医疗是中低值耗材和高值耗材完整布局的医疗器械龙头企业。中低值耗材板块的主要产品为医疗手套、健康防护手套、急救包、医用敷料等为主的医疗防护产品线，主打产品 PVC 手套的全球市场份额 22%。高值耗材板块的主要产品为心脏支架及介入性心脏手术相关器械产品，其业务通过新加坡柏盛国际集团来运营，在全球 90 多个国家拥有业务，心脏支架领域全球排名第四。

2013 年起，公司开始探索转型发展，并明确了新的发展规划和战略：立足自身基础，拓展产业的领域及成长模式，发展方向为“防护”+“医疗”双领域。其中健康防护领域的目标，是要由现在的全球 PVC 手套大王，发展成为中国健康防护领域龙头企业第一品牌；医疗健康领域的目标，是通过并购，进入医疗器械领域，实现公司由低值耗材向高值耗材的跨越，进而在该领域打造平台，构建出全新的产业链条和商业生态。

• 生物医用材料主要产品、市场份额

健康防护领域：公司原有业务是医疗手套和健康防护手套的生产和销售。主要产品包括一次性医用手套、家用手套、护肤手套等，主要用于医疗检查和防护、食品加工、电子行业等。

医疗健康领域：柏盛国际的产品以心脏介入器械产品为主，同时涵盖裸金属支架、药物洗脱支架、药物涂层支架、球囊导管及其他介入性心脏手术配套产品。从规模上看，最近十年，全球医疗器械行业和心血管医疗器械子行业一直保持了持续增长的趋势，柏盛国际是全球第四大心脏支架研发、生产和销售企业，排名仅次于雅培、波士顿科学和美敦力，在欧洲，中东、非洲地区市场份额达到 10% 以上；其下属全资子公司吉威医疗占据中国市场份额超过 20%，是国内心脏支架领域三大巨头之一。蓝帆医疗股份有限公司生物医用材料产品收入见表 5-27。

表5-27 蓝帆医疗股份有限公司生物医用材料产品收入

产品	金额/元	同比增长
医疗及健康防护手套	779310592.28	2.98%
心脏介入器械	159768561.45	—
其他	28880787.19	20.13%

• 核心技术、创新能力

以蓝帆医疗股份有限公司为申请人的授权专利 54 项，其中发明专利 19 项，实用新型专利 35 项。蓝帆医疗心脑血管事业部平台柏盛国际在美国、新加坡、瑞士等地均设有研发团队，拥有近百名研发人员的顶尖团队，近年来科研成果卓著，拥有涂层技术等超过 130 项专利，产品技术始终领跑于心脏支架行业。2018 年 11 月 20 日，在新加坡举办的“2018 亚洲出口奖”颁奖盛典上，蓝帆医疗心脑血管事业部平台柏盛国际分别以无聚合物载体的 BA9™药物涂层支架 BioFreedom 及可降解涂层药物洗脱支架 Excrossal（心跃），两款心脑血管产品荣膺“2018 亚洲出口奖”最佳新加坡制造奖和最佳新加坡设计奖。

（4）上海康德莱企业发展集团股份有限公司企业基本信息

上海康德莱企业发展集团股份有限公司，主要从事医用穿刺器械的研发、生产和销售，主要产品为医用穿刺针和医用穿刺器。该类产品的主要特点是可以进入人体，进行穿刺、诊断、治疗等活动，因而产品质量和使用状况直接关系到患者的身体健康和生命安全，该类产品大部分属于第三类监管医疗器械产品。公司连续多年被上海市评为“上海制造业企业百强”，产品先后荣获“上海名牌产品”“上海市著名商标”以及国家行业协会的优秀品牌产品等称号。

• 生物医用材料主要产品、市场份额

公司自设立以来，一直专注于医用穿刺器械领域，公司是国内医用穿刺针制造技术的领先企业，是国内少数拥有医用穿刺器械完整产业链的生产企业之一。具体产品包括：穿刺针类，焊管、针管、散装针、注射针、输液针、留置针、胰岛素笔针、花色针；穿刺器及管袋类，注射器（含二件式注射器）、输液器、高分子管袋包、采血管；介入类，介入类产品、配件。

2018 年上半年实现营业收入 6.82 亿元，同比增长 14.43%，在同类产品中居行业领先地位。

• 核心技术、创新能力

公司先后被认定为上海市“高新技术企业”“专利示范企业”“上海市科技小巨人企业”和上海市“市级技术研发中心”，并先后多次获得了上海市火炬计划项目、上海市高新成果转化项目等项目的支持。其获得了上海市创新型企业称号，并获上海市专利发明奖等荣誉。公司作为全国医用注射器（针）标准化技术委员会委员单位、全国医用输液器具标准化技术委员会委员单位、全国齿科设备标准化技术委员会委员单位，多次承担国家标准和行业标准的制订和修订任务，已牵头或参与制定、修订了 2 项国家标准和 9 项行业标准。

截至 2018 年 6 月 30 日，公司及子公司共拥有国内专利 208 项（其中发明专利

38 项、实用新型专利 170 项）和国际专利 4 项；拥有国内商标 32 项，国际商标 7 项；拥有软件著作权 4 项。

5.2.5　我国生物医用材料行业发展建议

生物医用材料及植入器械产业是学科交叉最多、知识密集的高技术产业，其发展需要上、下游知识、技术和相关环境的支撑，因此需根据其产品特性及趋势进行统筹规划，打通前沿领域中的热点材料从研发、应用到产业化的完整路线，更好地促进生物医用材料产业化持续稳定快速发展。

5.2.5.1　产业化建议

我国生物医用材料产业应充分利用现存优势与动力，积极推动该行业的技术创新与产品产业化。具体举措包括以下几点。

（1）大力加强研发力量，推进产学研结合

研究开发创新产品是产业持续发展的关键。通过设立政府引导资金支持生物医用材料技术研究，重点支持可发展和形成产业群的龙头产品实施产业化，作为优势突破点，带动整体行业发展，实现技术和产品互补及规模化生产。以高端研发为主要支撑，为国内外生物医用材料研发机构、科技型企业和海外归国留学人员提供发展空间，为企业提供专业而全面的孵化服务。

产学研结合是加速高科技成果产业化的有效途径。加强从研发成果到产品过程中的工艺研究，鼓励科研单位、高等院校与生产企业共建创新平台，建立以企业为主体、产学研结合的创新体系，加速生物医用材料研究开发与产业化步伐。建立不同学科领域交叉的研发团队（如涵盖材料学、生物学、医学、化学工程、自动化等研究工作者的研究团队），与企业紧密结合，打造真正能够实现产学研一条龙的研发队伍，促进新材料、新技术快速产业化。政府应对工艺及产业化项目应给予倾斜支持，促进新材料、新技术的加速产业化。

（2）重视人才培养，输送创新动力

医疗器械是一个学科交叉的行业，对产业化从业人员提出了较高的要求，因此应培养大量具有综合素养的人才来参与产业化进程，从事经营与推广、技术支持等，形成一个具有综合能力、创新能力、懂科技、善经营管理的人才团队。因此要把医用材料人才队伍建设放在突出位置，重视对研究型人才的培养，以适应国家对医用材料产业日益增长的需求。吸引生物医用材料领域顶尖人才，做好人才配套保障工作，争取生物医用材料项目落户当地。可鼓励高校、科研院所加强面向涉及医疗器械行业的相关专业的重点建设，通过政府引导以及部分高校与医疗器械企业的合作，设立为医疗器械行业培养专门人才的工程硕士专业，加强产学研合作，促进对专门人才的培养。同时，还要加强医疗器械行业研究人才的沟通和交流，通过行业联盟等组织，定期开展沙龙交流活动。

（3）积极建立生物医用材料相关标准

每一项新标准的产生都标志着一个领域或某项科技研发成果被规范化。新技术若要在实践中得到广泛应用，需要相应的技术规范和标准来推动。因此，在推动我国生物医用材料产业化的道路上应积极推动我国生物医用材料企业参与标准的制定与修订，提升我国该行业在国际标准化领域中的作用和地位。

加快国际标准跟踪和研究力度，积极推荐标准化人才参加国际标准化组织和工作组，提早介入以第一时间掌握国际标准化工作动态，主动参与并争取主导制定国际标准，从而进一步提高医疗器械国际标准的采标率，保持和国际标准水平的一致性程度。提高我国生物医用材料产品的安全、可靠性，提高企业的市场信誉度，逐步在国际市场中占有重要地位。

5.2.5.2 发展战略途径

从我国医疗器械产业处于的宏观环境以及产业的优势、不足、机遇和挑战并存来看，基于产业现状，可以实施以下产业发展战略。

（1）核心领域产品战略选择

想要实现生物医用材料产业转型升级、可持续健康快速发展，建议实施医疗器械产业核心领域产品战略。在保持现有医疗器械优势产品发展的同时，通过自主创新、产学研合作等方式提升现有产品的技术含量，对现有的医疗器械产品进行升级，提升产品附加值，比如传统的产品升级为高附加值产品。通过自主创新、招商引资、合资合作、科研成果转化等方式，重点发展及引进高端生物材料产品，如高值耗材（心血管介入类、消化道介入类、骨科植入、透析耗材、关节器械等）。通过这些核心领域产品发展，促进产业格局向中高端产品转型。

（2）创新驱动战略选择

实施创新驱动战略，引导产业向创新发展转型的步伐。积极引导企业围绕市场需求和长远发展，建立研发机构，健全组织技术研发、产品创新、科技成果转化的机制，大幅度提高大中型工业企业建立研发机构的比例。把企业研发机构建设作为工作重点，大力推进创新型企业建设。通过企业自主创新为引领，推进产学研用相结合，围绕生物医用材料优势领域，实施重点科技攻关，推动重大项目及产品的产业化，提升核心竞争力。大力开展合资合作、招才引智，进一步扩大交流与合作，加快引进消化吸收再创新，着力培育增长新动力。

聚焦产业链的创新建设，形成大小结合的产业配套体系，构建服务于产业各个环节创新的公共服务平台，扶持和拓展服务于产业技术创新的服务型企业。发挥科研、教学、临床和企业的资源优势、深化体制机制的创新，加速科技成果的转化和产业化，积极构建产业技术创新体系。发挥政府的引导和推动作用，加大财政科技投入，营造激励创新的政策环境。强化企业技术创新主体地位，积极引导医疗器械骨干企业整合科技资源，重点扶持掌握关键技术的研发型小企业加快发展。推动企业与高校、科研院所加强技术协作，建立符合医疗器械研发特点的投入、收益、风险分担机制，加速研发成果产业化。

（3）整合资源优化产业结构战略选择

目前我国生物医用材料产业整体规模不大，中等规模以上企业少，国际竞争力弱。应通过行业和财政政策的倾斜，培育主业突出、品牌效应好、核心竞争力强的大型企业。同时，通过专业孵化器、税收优惠等手段促进中小企业向专业化、精细化、特殊化和创新性方向发展，使之与大型企业形成良性互补和竞争关系，从而优化产业结构。通过整合政府、行业协会、科研、销售网络等资源，完善产业链，以突显产业的核心竞争力。

政府资源整合方面。整合政策资源，梳理已经出台的一系列的相关扶持医疗器械产业发展政策；整合政府内部的招商引资资源，制定明确的招商引资方案和工作专案；在财政方面，整合政府各类专项发展资金，重点支持重大项目建设。

行业协会资源整合方面。支持和充分发挥行业协会为科研部门、企业、创业者、投资者提供政策咨询、信息、协调、法律、培训、评估等服务；协调企业与政府部门的关系；通过行业协会的沟通协调，促进企业资源及时有效地进行优化重组。

科研资源整合方面。通过整合企业、高校和科研机构的资源，引导产学研合作，做好科技成果转化工作，鼓励企业与高校、科研机构组建联合研发中心、产业技术创新联盟。

（4）产业集群发展战略选择

产业集群模式是产业内相关企业、机构等聚集在一定区域内，彼此之间资源共享，在竞争与合作中共同获得竞争优势的生产组织模式。产业集群能充分发挥生物医用材料产业的协同效应，提升产业发展水平和速度。集群创新的实质是生产企业、研发基地、科研院所和投融资创新能力的继承，是推动企业技术和产业进步的重要支撑。

产业集群目前正从传统的技术集群、产业链集群、产业联盟向互联多元集群发展。互联多元集群发展模式是通过互联网实现不同地域、不同主体间的协同合作，具有网络化、多元化特性，开放包容程度高、组织形式灵活、效率显著。

实施生物医用材料产业集群发展战略，可构建从研发、孵化、生产、流通、展览展示为一体的完善的产业链，强化政策扶持，大力引进和培育龙头企业，健全“产学研”协作体系，完善投融资服务体系，搭建平台吸引资金，支持成立生物医用材料产业联盟，搭建产学研交流平台。支持组建生物医用材料发展基金，建设产业投融资平台，建立健全市场服务体系，将资金、人才、政策等资源集中到产业集群当中，更好地带动整个生物医用材料产业的发展。

通过强化技术合作，完善产业链条，增强配套能力，推进产业集群化、集约化、规模化发展，打造具有国际竞争力的产业集群。

5.2.5.3 医工研企合作新模式

由于生物医用材料产业具有高投入、高风险、技术领域广、研发周期长、流程环节多等特点，仅仅研发过程就可能会涉及材料制备、元件设计、表面处理、机械加工、质量管控、动物试验、型式检验、临床试验等一系列环节，一般机构很难同时具备研发、临床、注册、生产、营销和售后所需的全部技术和能力。为了降低成本和风险，位于产业链不同环节、具有不同专业能力的企业和机构常常会充分发挥自身专业特长，分工协作，各司其职，优势互补，合作完成整个产业过程。因此，通过医学与工程技术的结合以及研究机构与企业的结合是实现生物医用材料产业创新发展的新方向。

医工研企合作模式的实现有赖于建立一个加强企业、高校、科研院所与医院之间的高效协同合作的平台。由广州奥咨达医疗器械技术股份有限公司搭建的 3C 服务平台（CDMO 合同研发生产外包组织 + CRO 临床研究外包组织 + CSO 器械流通外包组织），能够提供从临床前研究到商业化生产的一体化服务，是该模式实现的良好途径。奥咨达 3C 服务平台一站式服务见图 5-7。

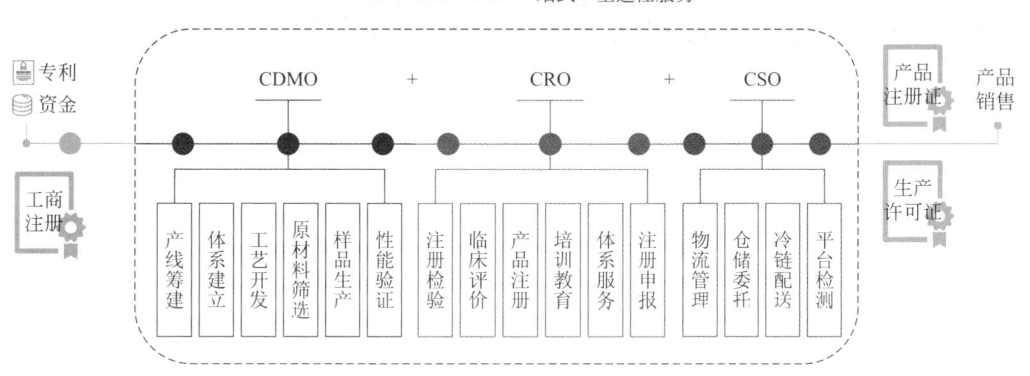

图5-7　奥咨达3C服务平台一站式服务

医疗器械合同研发生产组织（Contract Development Manufacture Organization，CDMO），即医疗器械 CDMO 平台，是一种新兴外包服务模式，主要接受医疗器械注册申请人的委托，为其提供生产工艺的开发和改进服务以及临床试验和商业化销售所用原辅料、管理、生产的供应服务。

临床研究组织（Clinical Research Organization，CRO），20 世纪 80 年代初起源于美国。它是通过合同形式为制药企业、医疗机构、中小医药医疗器械研发企业、甚至各种政府基金等机构在基础医学和临床医学研发过程中提供专业化服务的一种学术性或商业性的科学机构。CRO 主要服务于医疗器械研发阶段。

流通外包组织（Contract Sales Organization，CSO），主要是指为医疗器械生产和流通企业提供仓储、配送、物流管理等专业第三方物流服务，解决流通环节中存在的成本高、不专业、不合规。CSO 主要服务于医疗器械的上市销售阶段。

医疗器械产业 3C 创新服务平台，按照通行国际标准 ISO 13485 建立，是高标准的专业合规平台；其是将 CRO、高校、研究机构、投资机构、医院及服务机构和流通平台融为一体，形成医疗器械创新专利和项目的孵化平台，实现从概念创意到产品成型再到市场推广的转化；同时结合产业基金、人才培训、园区服务等构建创新孵化、产业集聚和资本助力的产业生态服务，形成医疗器械研发、注册、生产和销售的全产业服务链条，实现从“专利（技术）”到“产品注册”再到“上市推广”的有效转化。

参考文献

1. 赵成龙 . 中国心血管介入器械行业发展现状 [EB/OL].http：//med.sina.com/article_detail_103_2_36096.html

2. 李晶，潘薇等 . 奥咨达：2017 奥咨达医疗器械行业蓝皮书 .

3. 政府、行业有关文件：

文件名	文号	发布时间
关于修改〈医疗器械监督管理条例〉的决定	国务院令第 680 号	2017 年 5 月 19 日
医疗器械监督管理条例	国务院令第 650 号	2014 年 3 月 7 日
医疗器械注册管理办法	国家药监总局令第 4 号	2014 年 7 月 30 日
医疗器械说明书和标签管理规定	国家药监总局令第 6 号	2014 年 7 月 30 日
医疗器械生产监督管理办法	国家药监总局令第 7 号	2014 年 7 月 30 日
医疗器械临床试验质量管理规范	国家药监总局令第 25 号	2016 年 3 月 23 日

续表

文件名	文号	发布时间
关于公布医疗器械注册申报资料要求和批准文件格式的公告	药监总局 2014 年第 43 号	2014 年 9 月 5 日
关于医疗器械生产质量管理规范执行有关事宜的通告	药监总局 2014 年第 15 号	2014 年 9 月 5 日
关于印发境内第三类和进口医疗器械注册审批操作规范的通知	药监总局食药监械管 [2014]208 号	2014 年 9 月 11 日
关于发布禁止委托生产医疗器械目录的通告	药监总局 2014 年第 18 号	2014 年 9 月 26 日
关于印发创新医疗器械特别审批程序（试行）的通知	药监总局食药监械管 [2014]13 号	2014 年 2 月 7 日
关于发布药品、医疗器械产品注册收费标准的公告	药监总局 2015 年第 53 号	2015 年 5 月 27 日
关于发布《中华人民共和国药典》（2015年版）的公告	2015 年第 67 号	2015 年 6 月 5 日
关于发布医疗器械生产质量管理规范附录无菌医疗器械的公告	2015 年第 101 号	2015 年 7 月 10 日
关于发布医疗器械生产质量管理规范附录植入性医疗器械的公告	2015 年第 102 号	2015 年 7 月 10 日
关于第三类医疗器械生产企业实施医疗器械生产质量管理规范有关事宜的通告	2016 年第 19 号	2016 年 2 月 5 日
关于切实做好第三类医疗器械生产企业实施医疗器械生产质量管理规范有关工作的通知	食药监办械监［2016］12 号	2016 年 2 月 5 日
第三类高风险医疗器械临床试验审批服务指南	—	2017 年 3 月 27 日
关于实施《医疗器械分类目录》有关事项的通告	药监总局 2017 年第 143 号	2017 年 9 月 4 日
国家药监总局关于发布医疗器械分类目录的公告	药监总局 2017 年第 104 号	2017 年 9 月 4 日
国家重点监管医疗器械目录	食药监械监［2014］235 号	2014 年 9 月 30 日
关于药械组合产品注册有关事宜的通告	国食药监办 [2009]16 号	2009 年 11 月 12 日
关于药械组合产品属性界定结果的公告	系列文件、共 5 批	2017 年 2 月 13 日～2018 年 3 月 28 日
关于认可医疗器械委托检验报告的通知	—	2018 年 1 月 22 日

4. 产品可能适用的标准清单

序号	标准号	标准名称
1	YY/T 0663.1	心血管植入物血管内装置 第1部分：血管内假体
2	YY/T0663.2	心血管植入物血管内器械第2部分：血管支架
3	YY/T0858	球囊扩张血管支架和支架系统三点弯曲试验方法
4	YY/T0859	均匀径向载荷下金属血管支架有限元分析方法指南
5	YY/T0807	预装在输送系统上的球囊扩张血管支架稳固性能标准测试方法
6	YY/T0808	血管支架体外脉动耐久性标准测试方法
7	YY/T1564	心血管植入物肺动脉带瓣管道体外脉动流性能测试方法
8	YY/T1427	外科植入物可植入材料及医疗器械静态和动态腐蚀试验的测试溶液和条件
9	YY/T 0663	无源外科植入物 心脏和血管植入物的特殊要求 动脉支架的专用要求
10	YY/T 0693	血管支架尺寸特性的表征
11	YY/T 0640	无源外科植入物 通用要求
12	YY/T 0473	外科植入物 聚交酯共聚物和共混物体外降解试验
13	YY/T 0474	外科植入物用聚 L-丙交酯树脂及制品体外降解试验
14	GB/T 16886.1	医疗器械生物学评价 第1部分：风险管理过程中的评价与试验
15	GB/T 16886.2	医疗器械生物学评价 第2部分：动物保护要求
16	GB/T 16886.3	医疗器械生物学评价 第3部分：遗传毒性、致癌性和生殖毒性试验
17	GB/T 16886.4	医疗器械生物学评价 第4部分：与血液相互作用试验选择
18	GB/T 16886.5	医疗器械生物学评价 第5部分：体外细胞毒性试验
19	GB/T 16886.6	医疗器械生物学评价 第6部分：植入后局部反应试验
20	GB/T 16886.9	医疗器械生物学评价 第9部分：潜在降解产物的定性和定量框架
21	GB/T 16886.10	医疗器械生物学评价 第10部分：刺激与迟发型超敏反应试验
22	GB/T 16886.11	医疗器械生物学评价 第11部分：全身毒性试验
23	GB/T 16886.12	医疗器械生物学评价 第12部分：样品制备与参照样品
24	GB/T 16886.13	医疗器械生物学评价 第13部分：聚合物医疗器械的降解产物的定性与定量
25	GB/T 16886.16	医疗器械生物学评价 第16部分：降解产物和可溶出物的毒代动力学研究设计
26	GB/T 16886.17	医疗器械生物学评价 第17部分：可沥滤物允许限量的建立
27	—	中国药典（2015版）

5. 产品注册审评可能适用的技术指导原则或审评要点清单

序号	指导原则或审评要点	备注
1	无源植入性医疗器械产品注册申报资料指导原则	
2	无源植入性医疗器械货架有效期注册申报资料指导原则（2017 修订版）	
3	无源植入性医疗器械临床试验审批审查指导原则（征求意见稿）	
4	含药医疗器械产品注册申报资料撰写指导原则	
5	冠状动脉药物洗脱支架临床试验指导原则	
6	全降解冠状动脉药物洗脱支架动物实验审评要点	
7	全降解冠状动脉药物洗脱支架临床试验审评要点	
8	药物支架临床研究终点及其选择	

注：因产品的性能、结构、材料及药物的信息不全，因此只能根据产品名称提供通用的法规和指导原则清单以及可能适用的产品国行标清单。

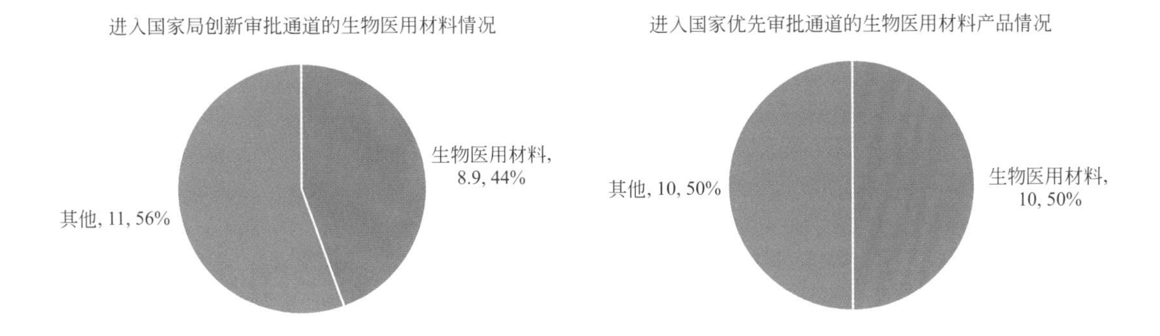

作者简介

任力，工学博士，教授，珠江学者特聘教授、教育部新世纪优秀人才，华南理工大学材料科学与工程学院副院长，国家人体组织功能重建工程技术研究中心副主任。主要从事生物医用高分子材料的合成、加工与改性。近 5 年发表论文 80 余篇。授权发明专利 30 余件。现任中国生物材料学会骨修复材料与器械分会副主任委员、广东省生物医学工程学会副理事长。

张峰，拥有超过 20 年医疗器械行业经验，国际医疗器械法规专家和战略专家，曾任上市医疗器械集团副总裁，欧盟公告机构审核员（TUV PS/ITS/BVQI），奥咨达医疗器械服务集团创始人。奥咨达医疗器械服务集团创建于

2004 年，是全球首家医疗器械第三方全产业服务提供商，为医疗器械产业提供医工转化及生产制造平台（CDMO）、全球注册和临床试验平台（CRO）、医械管理云软件平台（MDAC）、产业服务平台（产业规划、产业智库、园区管理）、产业投资平台。

第 6 章
石墨烯

中国石墨烯产业技术创新战略联盟产业研究中心
（CGIA Research）

6.1　发展石墨烯材料产业的背景需求和战略意义

6.1.1　石墨烯材料定义及性质

石墨烯是一个碳原子与周围三个近邻碳原子结合、以 sp2 杂化方式形成蜂窝状结构的碳原子单层。2017 年，在由中国石墨烯产业技术创新战略联盟（CGIA）发布的团体标准 T-CGIA001-2017“石墨烯材料的术语、定义和代号”中提到，石墨烯材料是由石墨烯单独或堆垛而成、层数不超过 10 层的碳纳米材料。包括单层石墨烯、双层石墨烯、多层石墨烯（3 层到 9 层石墨烯堆垛构成的二维材料）。层数超过 10 层的则为石墨。

石墨烯是人类已知强度最高、韧性最好、质量最轻、透光率最高、导电性最佳的材料。单层的石墨烯是由一层密集的碳六元环构成，它的厚度为 0.335nm 左右，是目前最薄的二维纳米碳材料。由于其结构的独特性，石墨烯的各类性质也非常优异。其见表 6-1、表 6-2。

表6-1　石墨烯的最强性能列表

性能	指标
最薄最轻	厚度最薄可达0.335nm，比表面积为$2630m^2/g$
载流子迁移率最高	室温下为$20\times10^4cm^2/(V\cdot s)$（硅的100倍），理论值为$100\times10^4cm^2/(V\cdot s)$以上
电流密度耐性最大	有望达到$2\times10^8A/cm^2$（铜的100万倍）
强度最大最坚硬	破坏强度：$42N/m^2$；杨氏模量与金刚石相当，可达1 T Pa
优良的透光性能	可达97.4%的透光率
热导率最高	3000～5000W/（m•K）（与碳纳米管相当）

数据来源：CGIA Research 整理

表6-2　石墨烯的独特性质列表

独特性质	功能
高性能传感器功能	可检测出单个有机分子
类似“催化剂”功能	在树脂等材料中添加少量，可强化电子输送功能
吸氢功能	已在低温下确认具有一定效果
双极半导体	无需添加剂即可实现CMOS构造的半导体元件
常温下可实现无散射传导	英特尔等公司正在积极研究
只需形变即可获得施加强磁场的电子能量效果	用于力学传感器

数据来源：CGIA Research 整理

6.1.2　发展石墨烯材料产业的背景需求

凭借自身的性能优势，石墨烯材料可以广泛应用于石油化工、复合材料、储能材料、电子信息、航空航天、健康医疗、武器装备等多个领域，关联传统产业、新兴产业、军事工业等产业基础和社会基本方面，于国家发展意义重大。

随着各国对石墨烯材料研发应用的不断深入和改进创新，石墨烯制备和应用技术取得突破，应用领域得以扩展。尤其是在传统产业的升级换代，高端制造业的提升方面都有巨大的发展空间，全球范围内对石墨烯材料的商业需求日益扩大，石墨烯市场正在逐步建立，发展前景令人期待。同时，作为石墨烯的重要原料来源，我国天然石墨资源储备丰富，约占世界总量的 2/3，且品质优良，先天优势明显，但是也面临着石墨产能剩余严重，效率低下，优质资源流失严重等问题，制约着经济高效益高质量可持续发展。发展石墨烯产业，不仅是提升石墨效能的有效路径，也能够使我国经济加快融入世界经济体系中，在新一轮产业革命中夺得先机。

6.1.3　发展石墨烯材料产业的战略意义

自 2004 年 Andre Geim 和 Konstantin Novoselov 首次分离石墨烯，并凭借“二维石墨烯材料的开创性实验”共同获得 2010 年诺贝尔物理学奖之后，石墨烯正式为大家所熟知，并获得国际社会热烈关注。各国政府都高度重视石墨烯作为一种新兴战略材料的先导作用，加快石墨烯发展布局建设，力争在新一轮产业竞争中占领制高点。我国政府积极推动石墨烯产业规划布局和体系建设，发布一系列政策措施进行系统部署，并将石墨烯列入我国“十三五”规划的 165 项重大工程。2015 年，工信部、科技部、发改委三部门联合发布了《关于加快石墨烯产业创新发展的若干意见》(以下简称《意见》)，为石墨烯产业健康稳定发展指明方向。相较于欧美发达国家，我国石墨烯发展起步较晚，但成长迅速，后劲十足，尤其在产业化应用方面优势明显。经过十几年探索耕耘，我国石墨烯产业呈现良好发展势头，技术水平不断提升，产业规模持续扩大，产业集聚逐渐强化，产业链条日益完善，在能源装备、交通运输、航空航天、医疗健康等领域发挥重要作用。

新时期新阶段，随着我国经济结构的不断调整和改革的持续深入，以新技术、新能源、新材料等为核心的创新要素将成为推动转变经济增长方式、促进经济发展、提升国际竞争力的重要驱动力量。石墨烯以自身优异的性能优势和“添加剂”作用，必将在未来产业转型升级、武器装备发展等方面发挥更大价值，为实现经济社会发展提供有力支持。

6.2　石墨烯材料研发态势

作为一种战略性新兴材料，石墨烯技术目前尚未完全成熟，许多产品仍处于研发和概念化阶段。石墨烯技术研发主要包括高质量大规模制备生产和高端市场应用两个方面。

(1) 石墨烯制备技术

上海新池能源科技有限公司与中科院上海微系统与信息技术研究所共建的石墨烯联合实验室经过数年的产学研联合攻关，从天然石墨中分离出石墨烯，实现批量化生产。

阿肯色大学的研究人员已经发现了一种将石墨烯氧化物转化为不可燃和纸状石墨烯膜的简单且可扩展的方法，可用于大规模生产。

北京化工大学教授、博士生导师毋伟教授带领研究团队成功研发出高效、低成本、高品质石墨烯规模化生产新技术，该技术在物理液相剥离法的基础上创新手段，经中试验证，可高效率、低成本、无污染地生产高纯度石墨烯。经检测，利用该技术生产的石墨烯产品质量优质，平均层数 7 层以下，片径大于 3μm。

北京大学刘开辉研究员、俞大鹏院士、王恩哥院士及其合作者，在米级单晶石墨烯的生长方面再次取得重要进展。研究团队将工业多晶铜箔转化成了单晶铜箔，得到了世界上目前最大尺寸的单晶 Cu（111）箔，利用外延生长技术和超快生长技术成功在 20min 内制备出世界最大尺寸（5cm×50cm）的外延单晶石墨烯材料。该研究结果为快速生长米级单晶石墨烯提供了必要的科学依据，为石墨烯单晶量子科技的产业化应用奠定了基础。

宁波柔碳电子科技有限公司突破了石墨烯薄膜连续卷对卷生长和转移技术，在国际上率先实现了 20cm 宽幅米级单层石墨烯薄膜的快速制备。2017 年 12 月，宁波墨西中标工信部“工业强基工程之石墨烯微片项目”，目标在 2018 年实现年产 300t 电子级石墨烯微片生产装置的稳定运行，并重点推动石墨烯微片在超级电容器、锂离子电池中的规模应用。

（2）石墨烯应用技术

三星电子开发出了石墨烯电池技术，采用 CVD 法在 SiO_2 表面生长石墨烯制备出“石墨烯球”，将“石墨烯球”同正极材料复合，在提高电池容量的同时能够把充电速度提升到现有标准的 5 倍，三星先进技术研究院（SAIT）称，这种基于石墨烯材料的电池容量比目前市面上的电池高出 45%，并且在 60℃环境中可以保持稳定。

北京大学信息科学技术学院、固态量子器件北京市重点实验室徐洪起教授课题组与北京大学化学与分子工程学院刘忠范教授课题组合作，通过优化掺杂石墨烯的生长方法，成功合成了高迁移率、氮原子替位式掺杂的石墨烯材料，并成功制备出氮掺杂石墨烯量子电子器件。测量表明，所获得的掺杂石墨烯材料在室温下的迁移率达到 $1.0\times10^4 cm^2/(V\cdot s)$。

加州大学洛杉矶分校的段镶锋教授等人设计了一种三维多孔石墨烯 / 氧化铌（Nb_2O_5）复合物结构，用在商用水平的载量（$>10mg/cm^2$）上，实现超高倍率能量储存。

上海大学吴明红团队，中国科学院上海应用物理研究所方海平、李景烨团队，南京工业大学金万勤团队，浙江农林大学陈亮团队，联合提出并实现了通过水合离子精确控制石墨烯膜层间距，展示出优异的离子筛分和海水淡化性能，相关论文刊登在

Nature 杂志上。该研究工作基于不同直径的水合离子和石墨烯片层结构内的芳香环结构的较强的 - π 相互作用，有效的支撑石墨烯片层并精准的控制石墨烯膜的层间距。从实验上实现了不同离子的筛分以及海水的淡化。英国曼彻斯特大学国家石墨烯研究所成功利用二维材料组装成了具有最小人造孔的海水脱盐装置，可允许直径大于其缝隙本身的离子通过，为制造高通量水脱盐膜铺垫了道路。

浙江大学高分子科学与工程学系高超教授团队研发出一种高导热超柔性石墨烯组装膜，其导热率最高达到 2053W/（m·K），接近理想单层石墨烯热导率的 40%，创造了宏观材料热导率的新纪录，这一最新成果解决了宏观材料高导热和高柔性不能兼顾的世界性难题，有望在高效热管理、新一代柔性电子器件及航空航天等领域获得重要应用。

中国科学技术大学陈乾旺教授课题组通过理论计算，提出了将少量的贵金属钌与过渡金属钴合金化来提升钴催化活性的思想，并设计出一种以金属有机框架化合物为前驱体来制备氮掺杂的类石墨烯层包裹合金内核复合结构的工艺。所制备的复合纳米结构作为碱性析氢电催化剂，表现出与贵金属可比的析氢性能。该研究成果已发表在 *Nature Communications* 杂志上。

（3）中国创新成果及团队分析

• 创新成果分析

2004 年，英国曼彻斯特大学科学家 Andre Geim 和 Konstantin Novoselov 在实验室中成功将石墨烯从石墨中分离出来，并因此共同获得 2010 年诺贝尔物理学奖。自此，石墨烯材料引发了全球范围内的研究热潮，石墨烯相关专利、论文数量迅速增加，至今热度不减。我国石墨烯创新成果不断涌现，专利、论文等成果数量位居全球首位。

截至 2018 年 5 月，共检索到石墨烯中国专利申请 43988 件，论文累计发表 6 万余篇。总体而言，我国石墨烯专利论文数量呈指数增长趋势。从专利论文趋势图可以看出，我国石墨烯专利的申请与受理始于 21 世纪初，从 2009 年开始，我国石墨烯专利申请数量一直处于快速增长态势。中国石墨烯专利申请及论文数量的年度分布见图 6-1。2016 年石墨烯专利申请数量已达到 12420 件，2017 年专利申请量略有减少为 11430 件。目前石墨烯专利申请技术方向主要集中在：

① 以石墨为原料制备石墨烯的技术及工艺；

② 石墨烯在储能、涂料、传感器等领域的应用；

③ CVD 制备石墨烯及其转移技术。

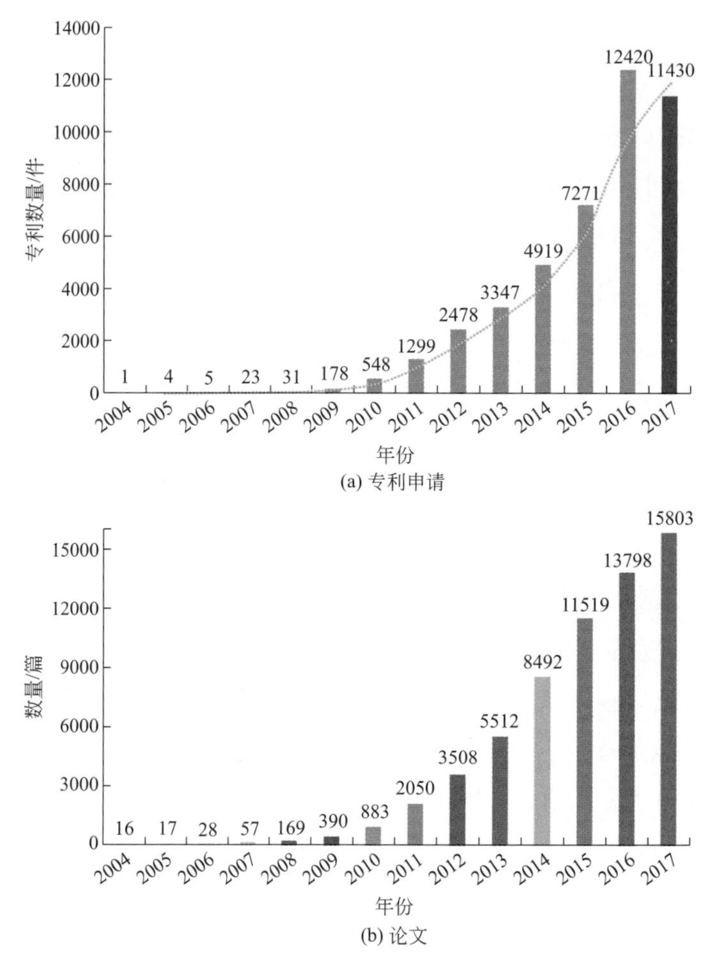

图6-1　中国石墨烯专利申请及论文数量的年度分布

数据来源：WIPS Global 专利数据库，Web of Science 数据库，CGIA Research 整理

• 团队分析

目前，我国石墨烯专利 TOP 20 的申请人中有 16 个来自高校和科研院所，4 个来自企业。申请量前五位的申请人为：浙江大学（434 件）、海洋王（424 件）、深圳海洋王（404 件）、清华大学（362 件）、哈尔滨工业大学（330 件）。海洋王、京东方、成都新柯化工是中国石墨烯专利 TOP 20 的申请人中的企业代表。海洋王照明从 2012 年开始在石墨烯制备、掺杂技术及在复合材料、超级电容器等应用领域展开布局；京东方在传感器、显示装置、有机电致发光器件、晶体管等石墨烯高端领域展开布局；成都新柯化工主要生产石墨烯微片，用于增强增韧材料、导电导热材料等。三家企业生产研发不同的石墨烯产品，在不同的石墨烯应用领域已展开布局。

（4）我国石墨烯标准认证体系进展

• 标准工作进展

石墨烯作为一种新型材料，行业标准是引领其创新发展的重要前提，《意见》实施以来，石墨烯产品标准和技术规范进展较快。目前正在制定的国家标准7项，地方标准5项，行业/企业标准近40项。

启动研制国家标准。由国标委会同工信部等成立了石墨烯标准化工作推进组，开展石墨烯标准体系建设，明确标准制定工作路线图，全面加强石墨烯标准化顶层设计。启动了石墨烯相关国家标准的预研工作，加紧研制《石墨烯材料的名词术语与定义》《光学法测定石墨烯层数》等7项国家标准，并启动《石墨烯锌粉涂料》标准的制定工作。正在开展的石墨烯国家标准见表6-3。

表6-3 正在开展的石墨烯国家标准

序号	标准名称	进展状态
1	纳米科技 术语 第13部分：石墨烯及相关二维材料（20140893-T-491）	待出版
2	光学法测定石墨烯层数（20140889-T-491）	标准起草
3	拉曼光谱法表征石墨烯层数（20140890-T-491）	标准起草
4	石墨烯层数测定 扫描探针显微镜法（20140894-T-491）	标准起草
5	石墨烯材料比表面积的测定 亚甲基蓝吸附法（20160757-T-491）	标准起草
6	石墨烯材料表面含氧官能团含量的测定 化学滴定法（20160467-T-491）	审查
7	石墨烯材料电导率测试方法（20160465-T-491）	标准起草

参与国际标准制定。在国际标准化组织纳米技术委员会（ISO/TC 229）和国际电工委员会纳米电子产品与系统技术委员会（IEC/TC 113）启动的8项石墨烯国际标准中，我国专家参与了其中2项标准的制定，此外，我国还同英国一起成立了中英石墨烯标准化合作工作组，和英国石墨烯标准化研究机构开始了实质性合作。

首个地方标准出台。广西发布了《石墨烯三维构造粉体材料的检测与表征方法》《石墨烯三维构造粉体材料名词术语和定义》《石墨烯三维构造粉体材料生产用聚合物》《石墨烯三维构造粉体材料生产技术》和《石墨烯三维构造粉体材料生产用高温反应炉的设计规范》五项石墨烯系列地方标准。其是中国首个石墨烯系列地方标准。

行业/企业标准进展加快。由中国涂料工业协会牵头制定、信和新材料股份有限公司主要负责起草的《环氧石墨烯锌粉底漆》《水性石墨烯电磁屏蔽建筑涂料》两项行业标准现在也正式发布；中国石墨烯产业技术创新联盟目前也已经启动30余项石墨烯联盟标准的制定工作；东旭光电编制完成了首个石墨烯材料企业标准《石墨烯材料》，并在上海技术质量监督局备案；北京航空材料研究院作为《铝及铝合金拉制圆线材》标准起草单位参加了石墨烯铝导线线材标准的编写，首次将石墨烯工业应用产品写入了国家标准。正在开展的石墨烯联盟标准见表6-4。

表6-4 正在开展的石墨烯联盟标准

序号	类型	标准名称
1	基础通用	石墨烯材料的包装、标志、运输和操作的一般要求
2		石墨烯材料相关特征的术语及定义
3		石墨烯材料功能指南编制纲要
4		含有石墨烯材料的产品命名指南
5		三维构造的石墨烯材料的名称术语
6	表征与测量	透射电子显微学方法判定石墨烯层数
7		石墨烯材料成分分析测试指南（第1部分）
8		石墨烯材料中碳、氢、氧、氮和硫含量的测定元素分析仪法
9		石墨烯材料分散程度测定　核磁共振法
10		石墨烯材料粉体聚集程度的测定　吸油值法
11		CVD石墨烯薄膜覆盖度测试 扫描电子显微镜法
12		石墨烯透明导电薄膜透光率测定方法
13		石墨烯材料中钾、钠、锰和铁含量的测定　原子吸收光谱法
14		石墨烯材料中总灰分含量的测定　燃烧法
15		石墨烯材料粉体电阻率的测定　粉末电导率法
16		石墨烯材料压实密度、松装密度和振实密度的测定
17		石墨烯粉末中阴离子含量的测定
18		石墨烯中硫元素总含量的测定
19		石墨烯粉体流动性的测定
20		石墨烯薄膜导热系数测定方法
21		热失重法测定浆料中石墨烯的含量
22		BET法测定石墨烯材料比表面积
23		石墨烯材料抗菌性能试验和评价标准
24		石墨烯材料碘吸附值的测定方法
25		涂料用石墨烯分散液稳定性测试方法
26		石墨烯材料中硅含量测定 硅钼蓝分光光度法
27		石墨烯材料中金属元素含量测定电感耦合等离子体光谱法
28	环境	石墨烯材料绿色生产设计导则

续表

序号	类型	标准名称
29	产品规范	石墨烯重防腐涂料
30		超级电容器用石墨烯电极材料
31		石墨烯复合导电浆料
32		触控屏用石墨烯透明导电薄膜
33		石墨烯基口罩的滤材标准
34	应用	石化领域用石墨烯防腐涂料
35		石墨烯增强极压锂基润滑脂

虽然目前石墨产品标准及技术规范不断完善，但在下游应用、产品认证、检测、使用标准等方面仍有待进一步完善。

• 认证工作进展

随着我国石墨烯产业的不断发展，技术条件的持续改善，对石墨烯材料及产品的检测认证需求也逐步提升，在此背景下，我国检测认证体系建设也进入了新时期，取得了阶段性成果。

第一，检测技术逐渐规范。

首先，检测方法基本取得共识。2017 年石墨烯材料的结构和基础性能检测取得了一定进展，业内在几个石墨烯结构检测项目（层数、片径、透光性等）已经取得初步共识。2017 年 11 月，英国国家物理实验室（National Physical Laboratory，NPL）联合曼彻斯特大学，共同发布了全球第一个石墨烯结构表征良好实践指南，指南中对 CVD 法石墨烯膜和石墨烯片的光学显微分析（Optical Microscopy）、拉曼光谱分析（Raman Spectrum）和透射电子显微镜分析（Transmission Electron Microscopy，TEM）等进行了规范。

其次，检测机构水平亟待提升。2017 年国内涌现出了多家石墨烯专业检测机构，其中有一批新成立的专业第三方检测机构，如 2017 年 4 月投入使用的国家石墨烯产品质量监督检验中心（江苏）和 2016 年 12 月获批的国家石墨烯产品质量监督检验中心（广东），两家单位开展了许多石墨烯地方标准和石墨烯企业标准的制定工作，对石墨烯检测方法特别是在石墨烯层数的测定方面具有积极引领作用；还有以北京理化分析测试中心、国家纳米科学中心纳米检测实验室、中科院山西煤炭化学研究所分析测试中心及部分高校分析测试平台为代表的检测机构，这类检测机构具备超一流的仪器设备和较高水平的仪器操作人员，日常分析业务不仅仅局限于石墨烯材料。

同时，2017 年也是石墨烯材料产品专项检测机构被激活的一年，随着石墨烯发热、防腐等类别产品的兴起，一大批企业开始与国家红外及工业电热产品质量监督检验中心、中纺标检验认证股份有限公司、国家材料土壤环境腐蚀测试平台等具备某一类特定产品性能检测能力的 CNAS 认可第三方检测机构打起交道。

值得关注的是，随着众多品类石墨烯产品的推出，石墨烯企业中也涌现出一批分析测试实验室，其中不乏设备精良、人员齐备且取得 CNAS 认可的高水平实验室，如山东欧铂新材料有限公司和多氟多化工股份有限公司。但是企业分析测试实验室也有一定的局限。首当其冲的是大型仪器设备的缺乏，一般企业不会在分析测试平台投入太多资金。其次，企业的分析测试平台往往只是针对企业自身的研发和产品方向，其他的性能方向无法检测，并且不对外提供测试服务。最后，很多企业没有专职的分析测试人员，企业员工由于自身工作内容的更换和交接会造成操作经验和操作技能的流失，测试人员操作水平参差不齐。

第二，认证体系初步形成。

近年来全球石墨烯行业持续快速发展，市场竞争也日趋激烈，石墨烯产品市场出现以假乱真、鱼目混珠的现象，严重阻碍了石墨烯行业的健康发展，市场急需加强对石墨烯产品的监管认证。2018 年 1 月 18 日，全球化的独立第三方认证机构——“国际石墨烯产品认证中心 IGCC”成立，这一机构是由中国石墨烯产业技术创新战略联盟、欧洲著名石墨烯平台机构 Phantoms Foundation 等相关组织共同支持成立的。IGCC 的成立，旨在通过与全球具备资质并获得认可的第三方检验测试机构合作，为全球不同行业不同区域的石墨烯原材料和应用产品提供测试、检验和认证等服务，进一步规范石墨烯材料上下游产品市场，打击石墨烯产品以假乱真、鱼目混珠等乱象，推动石墨烯行业的健康发展。通过认证的石墨烯原材料和应用产品，将获得国际石墨烯产品认证中心颁发的认证标识“IGCC”。

IGCC 推出的认证服务为第三方自愿性产品认证。认证的模式为：工厂质量保证能力审查 + 产品符合性验证 + 获证后监督。认证的基本环节包括：

a. 认证的申请；

b. 申请的受理；

c. 工厂质量保证能力审查；

d. 产品符合性验证；

e. 认证结果评价与批准；

f. 获准后的监督。

IGCC 石墨烯产品认证流程见图 6-2。

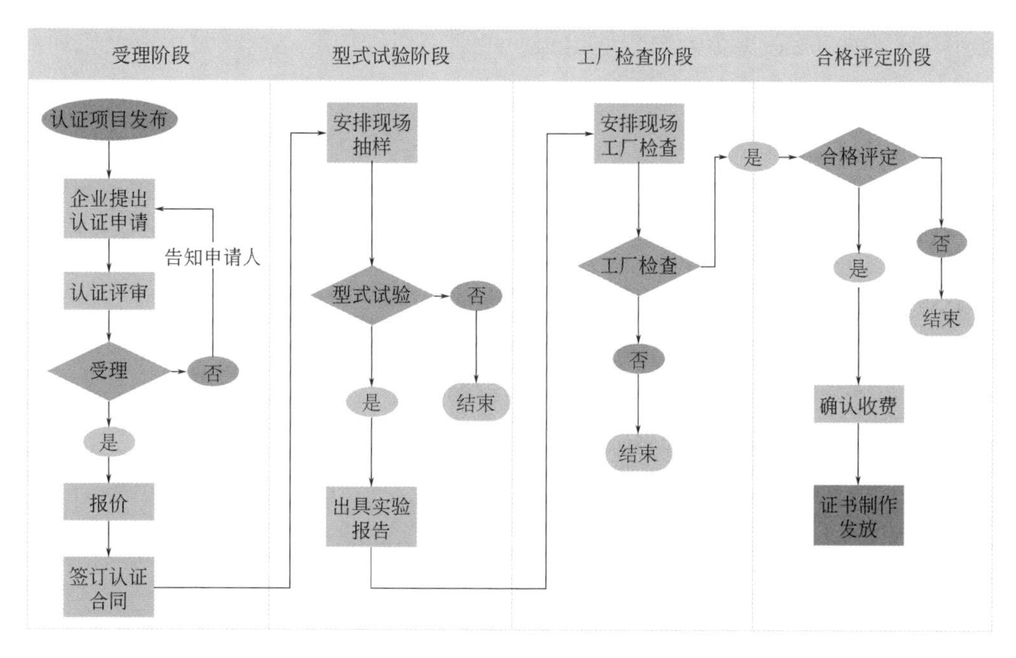

图6-2 IGCC石墨烯产品认证流程

目前，IGCC 已经授权中国计量科学研究院、中国科学院宁波材料技术与工程研究所、国家石墨烯产品质量监督检验中心（江苏）、国家石墨烯产品质量监督检验中心（广东）、国家红外及工业电热产品质量监督检验中心、北京市理化测试中心为 IGCC 指定检测机构。同时聘请欧盟石墨烯旗舰计划标准负责人，国际电工委员会 IEC/TC113 标委会秘书长 Norbert Fabricius、西班牙光子基金会主席 Antonio Correia、澳大利亚阿德莱德大学石墨烯中心主任Dusan Losic、国际电子产品认证专家（德国雅各布大学教授）Werner Bergholz、日本东京大学教授 Bunshi Fugetsu、国家质量基础设施专项石墨烯 NQI 技术研究集成及应用项目首席科学家任玲玲、浙江省石墨烯制造业创新中心主任刘兆平、中国石墨烯产业技术创新战略联盟标准委员会秘书长戴石锋为 IGCC 技术委员会专家。

目前，IGCC 已经与首批委托进行石墨烯产品自愿性认证的企业签署了意向委托认证协议，并在 2018 年 5 月起开始了首批石墨烯产品自愿性认证。

6.3 我国石墨烯材料产业发展态势分析

6.3.1 产业发展现状和特点

近年来，中国石墨烯产业保持良好势头，发展迅速，创新驱动作用增强，产业应用领跑国际。产业格局初具雏形，产业链条逐步贯通；应用市场遍地开花，石墨烯技术逐步“走近生活”；上市公司表现抢眼，企业创新动作连连；同时，国家层面的政策引导、系统规划明显加速，产学研合作体系日益完善，品牌竞争格局正在形成。石墨烯作为新材料产业的先导，在带动传统制造业转型升级，培育新兴产业发展，推动创新、创业的作用越来越显著。

（1）产业规模逐步扩大

据 CGIA Research 统计，2017 年，我国石墨烯材料粉体产能达到 3000t，已经有数家企业具备了年产百吨以上的生产能力，如常州第六元素、宁波墨西、鸿纳（东莞）、青岛昊鑫、青岛德通、宝泰隆等；石墨烯薄膜产能约 450 万平方米，主要集中在重庆墨希、宁波柔碳、常州二维碳素、无锡格菲等企业。石墨烯粉体和薄膜材料在汽车、纺织、军工等工业和民用消费品上已经实现产业化应用。

通过数据库查询、实地调研等方式对石墨烯相关企业进行统计分析发现，近年来石墨烯相关企业数量急剧增加。2010 年～ 2017 年石墨烯单位数量增长趋势见图 6-3。截止到 2017 年 12 月底，石墨烯企业数量呈现快速上涨趋势。研究发现，近两年企业数量增加速度明显加快，2016 年净增 948 家，同比增长 33.91%；2017 年净增 1041 家，同比增长 27.80%；2018 年石墨烯相关企业数量仍在迅速增长。目前涉及石墨烯相关业务的上市公司总数有 58 家，其中主营业务为石墨烯的上市公司共有 5 家。

截至 2017 年 12 月底，在我国工商、民政等部门注册的与石墨烯相关的单位数量已经达到 4800 多家，实际开展石墨烯业务的企业约 2600 多家。其中从事技术服务、销售、投资及检测的企业（机构）有 1477 家，占据近一半的比例，从事石墨烯相关研究的研发机构有 217 家，相关设备和制备的企业（机构）有 340 家，下游应用方向的企业数量为 623 家。

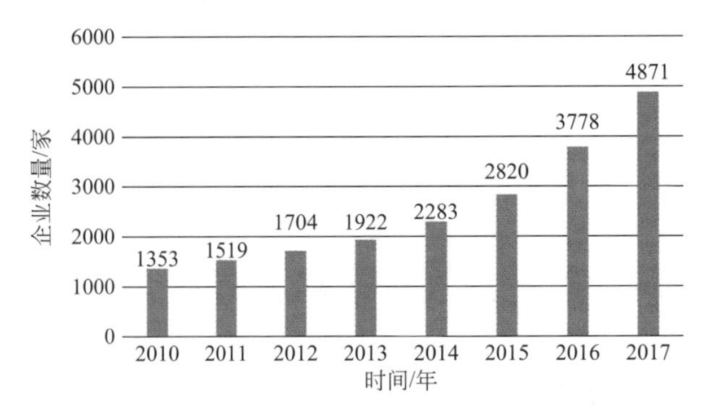

图6-3　2010年～2017年石墨烯单位数量增长趋势

数据来源：启信宝，CGIA Research 整理

（2）产业链布局日趋完善

随着石墨烯产业的快速发展，全产业链布局已经初见雏形，基本覆盖了从制备及应用研究到石墨烯产品生产，直至下游应用的全环节。石墨烯单位产业链环节数量分布见图6-4。但总体看来，石墨烯企业多数仍是处于成长期的中小企业，龙头企业数量不多、规模相对较小，整个产业链的发展壮大有待进一步完善。我国石墨烯产业链及相关企业见图6-5。

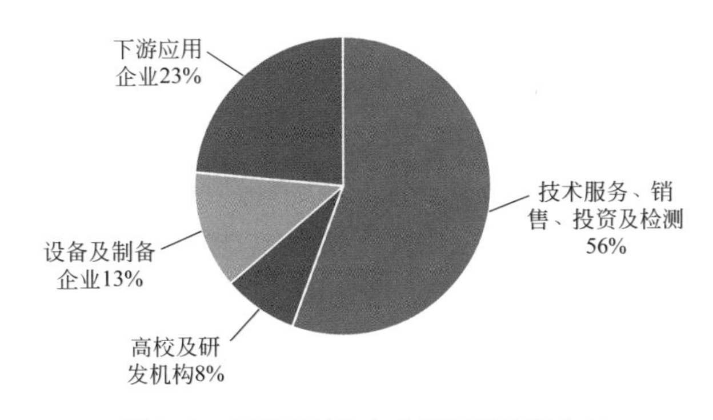

图6-4　石墨烯单位产业链环节数量分布

数据来源：启信宝，CGIA Research 整理

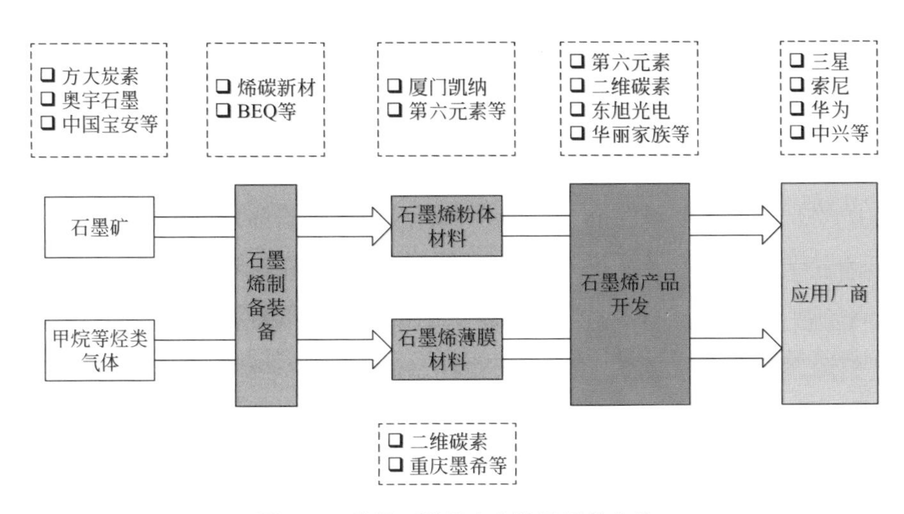

图6-5　我国石墨烯产业链及相关企业

数据来源：CGIA Research 整理

（3）应用市场不断拓展

近年来，中国石墨烯产业化应用取得了一定进展，上下游产业链已初步打通、下游应用领域不断拓展，产品标准和技术规范逐步完善，据 CGIA Research 统计，石墨烯市场规模从 2015 年的 6 亿元、2016 年的 40 亿元，直到 2017 年增长至 70 亿元。其中石墨烯在新能源领域的市场规模达到 50 亿元，石墨烯涂料市场规模达到 8

亿元，复合材料和大健康产业均达到 5 亿元，节能环保和电子信息领域均达到 1 亿元，石墨烯产业呈现出快速发展趋势。石墨烯六大产业化应用领域市场规模占比如图 6-6 所示。

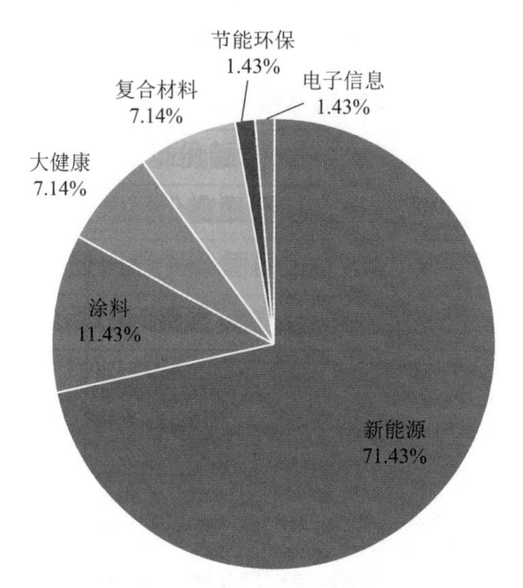

图6-6　石墨烯六大产业化应用领域市场规模占比

数据来源：CGIA Research 整理

当前石墨烯产业发展进入了以产业化应用推进为核心的新阶段，应用市场不断拓展，在新能源、大健康、石油化工、节能环保等领域实现产业化应用。在电供暖、大健康、涂料、润滑油、锂离子电池等石墨烯应用产品的市场化取得了一定突破，如工业应用领域的石墨烯导电添加剂、石墨烯防腐涂料、石墨烯导静电轮胎、石墨烯润滑油、石墨烯触点材料等产品；民用消费领域的石墨烯智能可穿戴产品、石墨烯理疗发热器件、石墨烯散热 LED 产品照明产品、石墨烯复合纤维纺织产品、石墨烯电采暖产品、石墨烯环保内墙涂料等产品。

（4）产业支撑作用日益显现

随着应用技术的不断突破，石墨烯在推动传统产业转型升级、支撑新兴产业发展、促进人民生活改善等方面的作用日益显现。

推动传统产业转型升级。石墨烯以“工业味精”的形式掺杂到各种传统材料以大幅度提升传统材料的性能。如青岛瑞利特新材料科技有限公司研制的抗甲醛和杀菌智能内墙涂料已经投入市场，该智能内墙涂料采用具有甲醛分解性能的石墨烯纳米复合材料，结合光催化的原理，通过吸收可见光光能达到分解空气中游离甲醛的目的，并且具有抗菌效果；东旭光电发布石墨烯散热大功率 LED 模组，较传统 LED 灯具，其节能效果提升 20%，散热器体积减少 3/4，重量减少 2/3。

支撑新兴产业发展。石墨烯在新兴产业的应用主要集中在新能源、电子信息、生物医药、环保等领域。如南京百杰腾物联科技有限公司利用石墨烯体系导电油墨的特性，做出防伪、防撕、无法重复使用的 RFID 标签，在文件安全、食品安全、各种防伪管理应用上开创了有别于金属刻蚀标签的新应用，为物联网等各种应用场景所需天线提供了整体系统方案。超威电源将石墨烯铅基合金首次应用于铅酸蓄电池的正极板栅，成功生产出新型耐高低温高能量黑金石墨烯电池，使用寿命提高了 90% 以上。比亚迪新能源汽车也已经实现了石墨烯导电剂的大规模配置。黑龙江省华升石墨股份有限公司将石墨烯材料加入海水淡化材料生产中，并在澳大利亚设立研发实验室，鹤岗设立生产基地，并成功试制出成套石墨烯海水淡化样机。常州碳星科技有限公司开发生产的石墨烯油水分离设备，能对污水油水分离，目前该设备已在常州、惠州等地进行产业化应用。

促进人民生活改善。石墨烯产业化应用主要集中在大健康、电采暖等领域。如深圳烯旺科技公司以石墨烯发热膜为核心，推出了包括护膝、护肩、护腰、U 型枕等在内的多款理疗产品及智能发热服，并成功进入市场；圣泉集团也发布了多款使用石墨烯复合纤维的纺织产品，包括抗菌袜、保暖内衣内裤等；厦门烯成利用石墨烯生产的石墨烯吸附包，相比传统竹炭包，吸附效果大大改观。常州二维、北京自然暖、杭州白熊等企业的石墨烯电采暖产品应用于多项煤改电供暖工程中。

（5）区域集聚初步成型

得益于积极的政策支持和广阔的应用前景，中国石墨烯产业呈现出多点开花，集聚初现的特点：

① 东北（黑龙江、吉林）：石墨资源丰富，产业转型升级需求迫切，具有良好基础；

② 环渤海（北京、天津、河北、山东）：创新资源丰富，产学研合作密切，产业发展初具雏形；

③ 长三角（上海、江苏、浙江）：人才、资金、技术优势，发展势头强劲，研发、产业化进程领先；

④ 海西（福建）：微晶石墨资源丰富，下游应用领域发展潜力强；

⑤ 珠三角（广东）：创新基础良好，应用市场广阔，产业链配套居于全国领先地位。

⑥ 西部（广西、陕西、四川）：工业基础雄厚，研发有一定实力，石墨烯产业处于大力推动发展阶段。

随着石墨烯上下游产业链的不断成型，产品标准和技术规范逐步完善，产业集聚逐步成型。目前我国石墨烯产业主要集中分布在东部沿海地区，形成长三角、珠三角和山东三个石墨烯产业集聚区，汇集了70%以上的石墨烯企业。

（6）创新服务平台不断涌现

在地方政府的支持下，石墨烯产业园区、创新中心及研究院等创新服务平台纷纷投入建设，据CGIA Research统计目前国内石墨烯产业园、创新中心及研究院共有50余个（如表6-5所示），其中，约60%的产业园区（研究院）真正开展了实质产业化及研发。

表6-5 全国石墨烯产业园区、创新中心及研究院等创新平台列表

序号	名称	地点
1	无锡石墨烯产业发展示范区	江苏无锡
2	青岛石墨烯产业园区	山东青岛
3	常州石墨烯科技产业园	江苏常州
4	宁波石墨烯产业园区	浙江宁波
5	上海石墨烯产业化技术功能平台	上海
6	永安市石墨和石墨烯产业园	福建永安
7	四川省石墨烯产业园	四川德阳
8	重庆石墨烯产业园	重庆
9	哈尔滨石墨烯产业基地	黑龙江哈尔滨
10	青岛利达国际石墨烯创新科技中心	山东青岛
11	南京石墨烯创新中心暨产业园	江苏南京
12	北京石墨烯研究院	北京
13	江南石墨烯研究院	江苏常州
14	深圳先进石墨烯应用技术研究院	广东深圳
15	广西石墨烯研究院	广西南宁
16	石墨烯工程与产业研究院	福建厦门
17	北京石墨烯技术研究院	北京
18	天津北方石墨烯产业研究院	天津
19	无锡惠山区川大石墨烯应用研究中心	江苏无锡
20	青岛大学石墨烯应用技术创新研究院	山东青岛
21	东莞市道睿石墨烯研究院	广东东莞
22	包头市石墨烯材料研究院	内蒙古包头
23	成都石墨烯应用产业技术研究院	四川成都
24	新泰市泰山石墨烯产业应用研究院	山东新泰
25	宁波石墨烯创新中心	浙江宁波

续表

序号	名称	地点
26	青岛国际石墨烯创新中心	山东青岛
27	北京石墨烯产业创新中心	北京
28	深圳石墨烯制造业创新中心	广东深圳
29	浙江省石墨烯制造业创新中心	浙江宁波
30	江苏省石墨烯高端装备制造协同创新中心	江苏常州
31	西安丝路石墨烯创新中心	陕西西安
32	江西共青城石墨烯产业园	江西共青城
33	厦门石墨烯工业化量产基地	福建厦门
34	西控同创石墨烯产业园	湖北黄冈
35	攀枝花石墨烯产业园区	四川攀枝花
36	大同石墨烯科技产业园	山西大同
37	长沙石墨烯产业集群基地	湖南长沙
38	宝鸡石墨烯产业基地	陕西宝鸡
39	河南石墨烯产业研究院	河南鹤壁
40	厦门市安固强石墨烯研究所	福建厦门
41	福建海峡石墨烯产业技术研究院	福建泉州
42	内蒙古石墨烯材料研究院	内蒙古呼和浩特
43	碳谷（青岛）石墨烯研究院	山东青岛
44	北京烯碳石墨烯科技研究院	北京
45	深圳市石墨烯应用研究院	广东深圳
46	福建永安市永清石墨烯研究院	福建三明
47	周口市石墨烯新材料研究院	河南周口
48	陕西未来三沃石墨烯技术研究院	陕西西安
49	乐山创新石墨烯产业技术研究院	四川乐山
50	青岛博士石墨烯研究院	山东青岛
51	江西赣江石墨烯应用工程研究院	江西吉安

数据来源：CGIA Research 整理

6.3.2 面临机遇及挑战

2015 年，工信部、发改委、科技部发布《关于加快石墨烯产业创新发展的若干意见》(以下简称《意见》)，从国家层面对石墨烯产业发展指明方向。《意见》实施三年以来，我国石墨烯材料产业发展取得一定成绩，呈现良好发展势头，但也存在一些普遍性问题瓶颈，制约着石墨烯产业向更深层次更高水平迈进。总体看来，未来石墨烯发展前景广阔，但机遇与挑战并存。

（1）面临机遇

一是政府和领导高度重视石墨烯产业发展。在国家层面上，发布了众多推动石墨烯产业发展的扶持政策，将石墨烯列入“十三五”规划的165项重大工程项目。习近平总书记更是多次考察石墨烯企业，听取汇报并做重要指示。此外，国家还通过设立专项资金、制定国家标准、发展示范园区、搭建服务平台、建设创新中心、开展首批次应用示范、首批次保险补偿等多种手段支持石墨烯产业发展，并出台多个有针对性的石墨烯产业推动政策，加快推进石墨烯产业化进程。同时，地方政府也积极推动石墨烯发展，截至目前，已有20多个省市出台了石墨烯政策，根据地方产业基础因地制宜，有的结合本地石墨矿产资源，比如黑龙江、青岛，对传统产业进行升级，拓宽石墨下游应用范围，提升产业价值；有的以高校、科研院所研究为基础，比如宁波、深圳，利用石墨烯前沿研究成果布局石墨烯产业，带动城市发展；有的以石墨烯产业为契机，提前战略布局，比如常州、无锡，发展石墨烯特色产业园，为我国石墨烯产业发展夯实基础。

二是石墨烯产业市场前景广阔。石墨烯在电子、航天、光学、能源、环境、新材料等众多领域展现了广阔的应用前景。预计到2020年，全球石墨烯市场规模将超1000亿元[❶]，应用领域主要集中在新能源、复合材料、电子信息、节能环保和生物医药等。从我国市场来看，随着技术不断突破、应用不断拓展，石墨烯市场规模将呈现高速发展态势。预计到2020年，我国石墨烯产业在全球的比重将达到50%～80%，市场规模有望突破800亿元，并成为全球石墨烯消费量最大的国家。随着我国经济发展步入新常态，发展动力发生转换，亟须通过发展石墨烯产业来促进传统产业转型升级和新兴产业培育，形成新的经济增长点。

三是标准认证体系建设与国际同步。标准是行业发展的通行证，对行业健康有序发展意义重大。我国在努力发展国家标准、团体标准的同时，也在积极参与国际标准制定工作，如在国际标准化组织纳米技术委员会（ISO/TC 229）和国际电工委员会纳米电子产品与系统技术委员会（IEC/TC 113）启动的8项石墨烯国际标准中，我国专家参与了其中2项标准的制定，推动全球石墨烯标准一体化进程不断向前。此外，我国认证体系建设也取得实质性突破，2018年1月18日，全球化的独立第三方

❶ 根据中国石墨烯产业技术创新战略联盟《2016全球石墨烯产业研究报告》预测。

认证机构“国际石墨烯产品认证中心 IGCC”成立。通过与全球具备资质并获得认可的第三方检验测试机构合作，IGCC 将跨越区域限制，为全球不同行业不同区域的石墨烯原材料和应用产品提供测试、检验和认证等服务，促进全球石墨烯交流合作，推动石墨烯行业健康发展。

四是石墨烯对产业的支撑作用日益显现。石墨烯自身性能优越，可广泛服务于经济社会多个领域。随着关于石墨烯研究的持续深入和石墨烯技术的不断提升，石墨烯对产业的支撑作用日益明显，尤其在推动传统产业转型升级、培育新兴产业、人民生活改善、武器装备发展等方面其价值更加凸显，应用规模和应用深度也发生重要转变。经过多年深耕细耘，在企业、政府、科研机构等多方努力推动下，当前我国石墨烯产业保持良好发展势头，产业化整体水平领跑全球，未来有望创造出新的经济增长点。

（2）主要挑战

第一，关键技术尚待突破。

经过多年自主研发，我国石墨烯的规模化生产技术、工艺装备和产品质量均取得重大突破，但仍有很多关键技术有待解决。石墨烯粉体制备方面，目前商业化的石墨烯产品普遍存在尺寸和层数不均匀、单层石墨烯产量低、比表面积远低于理论值、没有分级、成本高等问题，无法真正体现石墨烯的各种优异性能；结构完整的石墨烯表面不含有任何基团，与其他介质的相互作用较弱，很难分散于溶剂中，更难与其他有机或无机材料均匀的复合。石墨烯薄膜制备方面，现有产品存在无法避免的因生长过程导致的结构缺陷和因转移过程导致的表面污染，普遍电阻较高，无法应用在本应适合匹配其优异电学性能的领域；且目前的石墨烯薄膜产品多为多晶薄膜，单晶薄膜的制备方法仍有待突破。石墨烯应用领域方面，在电子信息、生物医药、节能环保等战略性新兴产业领域，专利基本已经被美、日、欧、韩等垄断，尤其我国石墨烯企业基本以小微企业和初创企业为主，资金投入匮乏、研发实力薄弱、市场开拓能力也不强，在破解石墨烯技术瓶颈、推进材料产业化应用等方面捉襟见肘。

第二，应用市场尚待开拓。

目前，我国石墨烯初步应用基本实现，并在部分领域产业化，但产业化整体水平不高，大规模应用市场尚未打开。大多数产品属于利用石墨烯与原有材料结合来提升产品性能，技术门槛相对较低，同质化现象严重；市场产品以实验室样品为主，未真正形成商品；下游应用企业在推广市场时需承担研发和推广双重成本，不确定风险较高。

第三，缺乏龙头企业带动。

目前国内从事石墨烯生产的企业 80% 以上为中小型企业和初创企业，年销售额大多不超过百万量级，虽有部分大型民营企业、国企和央企开始关注石墨烯，但有实质性投入的企业仍旧不多，资金投入有限，导致石墨烯龙头企业缺位，行业示范效应缺失，行业引领和带头作用缺乏。

第四，产业环境尚待完善。

积极的政策环境、公平的市场氛围、完善的公共服务体系是产业健康发展的基本保障。目前石墨烯产业发展环境缺口主要体现在三个方面：一是知识产权保护重视不足，石墨烯作为一种新材料，发展速度较快，但相关专利保护尚不完善，侵权事件多发；二是标准规范体系有待完善，目前我国石墨烯产业在下游应用、产品认证、检测、标准等方面趋于空白；三是行业公共服务不足，虽然国内石墨烯产业园、联盟等相继成立，但多数机构的服务能力有限，且服务范围多以区域或重点企业为主，难以实现全行业覆盖。

未来，随着石墨烯标准体系的不断完善，首批次保险补偿机制的不断成熟，核心关键技术的不断突破，公共服务能力的不断提升，石墨烯将在更多领域实现规模化应用，推动我国石墨烯产业快速发展。

6.4　发展我国石墨烯材料产业的主要任务

按照工信部、发改委、科技部《意见》的指导要求和当前我国石墨烯产业发展现状及特点，今后发展我国石墨烯材料产业的主要任务将重点围绕以下四个方面开展实施。

（1）推进产业发展关键技术创新

① 推进石墨烯材料规模化制备技术突破。石墨烯要真正实现产业化应用，大规模、高质量、低成本的制备技术突破是关键，当前我国石墨烯材料制备技术虽已取得一定进展，但还有很多技术瓶颈需要突破创新，进而为产业发展提供保障。

② 推进知识产权体系建设。加大知识产权保护力度，推动建立石墨烯知识产权运营平台，完善知识产权交易和保护机制，构建成员间已有知识产权共享、新知识产权分配体系；同时形成国家石墨烯专利池，构筑技术扩散壁垒。

③ 推进标准认证体系建设。针对石墨烯在不同行业的应用，制定和完善相应的产品标准，规范石墨烯市场环境。进一步完善检测认证体系，对石墨烯材料相关产品设计、研发、制备、包装、运输、应用等进行标准化研究，同时积极开展国际交流合作，逐步构建全产业链标准检测认证体系；开展第三方石墨烯原材料和应用产品

认证，为石墨烯工业品、消费品提供广泛的技术支持和服务，进一步规范石墨烯应用市场。

④ 推进产业发展创新服务平台体系建设。加快构建以企业为主体，联合高校、科研机构、社会组织和政府等多方参与的创新体系，激活创新要素；建立产业战略研究平台、公共创新服务平台、国际合作科技服务平台、标准检测认证平台、投融资合作平台等多种类型的服务平台，有效推动石墨烯产业发展。

（2）推进首批次产业化应用示范

① 推进石墨烯应用技术进展及突破。开发基于石墨烯材料的新技术、新工艺，形成一批核心应用技术；拓宽石墨烯应用渠道，贯通上下游产业链，坚持以市场需求为牵引，促进石墨烯成果的有效转化。

② 推动终端应用产品示范推广。以“政府引导、市场运作”为原则，推动建立石墨烯材料应用示范；在防腐涂料、复合材料、储能材料等领域以外，进一步拓展示范范围，激活和释放下游行业企业对石墨烯材料产品的有效需求，带动行业健康发展。

③ 促进军民融合发展。推动石墨烯材料与军工材料的创新融合，充分发挥和释放石墨烯在军工领域导热、复合材料、防腐涂料、电子信息、新能源、电磁屏蔽等方向的性能优势和应用潜力，助力锻造强军之基。

（3）推进产业绿色、循环、低碳发展

① 推进产业绿色发展。重点发展石墨烯材料清洁生产技术，实现石墨烯材料在生产过程中废物的综合利用和达标排放；优化石墨烯制备生产工艺，完善生产装备，强化石墨烯材料生产的污染排放和能耗、物耗管理，促进石墨烯产业绿色发展。

② 推进产业集聚发展。加快推进石墨烯材料生产的规模化、集聚化发展，提高石墨烯制备企业生产集中度；因地制宜建立石墨烯产业特色园区，打造差异化、特色化产业示范基地。

（4）推进拓展产业化应用领域

① 服务国家重点工程建设。立足石墨烯材料独特性能，针对航空航天、武器装备、重大基础设施等国家重点工程建设所需，研制并开发相关石墨烯产品，并初步实现产业化。

② 不断开拓工业应用领域。充分发挥石墨烯材料优势，一方面不断推进“石墨烯”工程建设，助力传统产业转型升级；另一方面继续深入“石墨烯”工程探索，培育壮大新兴产业。

③ 提升产业服务民生能力。着力关注石墨烯材料在大健康领域的创新应用，发

展基于石墨烯的可穿戴和医疗健康产品；同时继续推进石墨烯在供暖领域中的应用，建立生态良好、资源节约、可持续型经济发展模式。

6.5 推动我国石墨烯材料产业发展的对策建议

结合我国石墨烯产业发展现状、存在的现实问题以及发展趋势，建议围绕以下六个方面推进产业发展。

（1）统筹推进产业发展

产业发展若无科学规划指导，便会迷失方向，成长受限。因此，解决我国石墨烯产业发展困境的重要前提，是在产业客观发展状况基础上制定科学有效的战略规划，把阶段性目标与中长期战略结合起来，把单一产业发展与经济全局建设结合起来，以点带面，统筹推进，全面提升石墨烯产业发展质量水平。

宏观指导层面，聚焦石墨烯产业化应用推进，出台石墨烯应用推广专项政策或行动方案，引导产业合理有序发展。产业促进层面，立足石墨烯产业优势特点，推动与其他产业融合发展，创造新经济增长点。一是加强石墨烯与传统产业融合，利用我国制造业大国的传统产业优势，结合石墨烯优异特性，在诸多传统产业领域取代原有材料发挥高效性能，从产品升级、重塑核心竞争力等方面促进传统产业转型升级；聚集石墨烯在防腐涂料、润滑油、复合材料等传统产业升级方面的推动作用，选择基本实现量产、技术较为成熟、下游用户认可度高的石墨烯应用产品开展应用示范，培植一批先导用户，加快下游市场的培养，引导有实力的大型企业投入相关下游应用产品的研发；建立一批示范项目，选择若干应用领域，打造从材料制备到终端产品的全产业链示范。二是加强石墨烯与新兴产业创新融合，围绕新一代显示器件、大健康、环保、高端制造等战略性新兴产业发展需求，推动石墨烯对新兴产业的支撑作用；加快石墨烯在新兴产业领域的技术研发、突破以及相关专利的前瞻性布局，引导创新要素和创新资源向这些领域聚集。三是加强石墨烯在国防科技领域的应用，开展两用技术交流对接，提升石墨烯产业军民融合水平。

（2）突破关键技术瓶颈

建立完善产业发展机制体制，坚持企业为研发主体，联合高校和科研院所，形成产学研一体的发展模式；提升石墨烯研发技术能力，攻坚关键技术瓶颈，结合我国石墨烯产业发展实际，设立国家级石墨烯研发重大专项，就绿色低碳发展技术、石墨烯材料的规模化稳定化制备技术及重点领域应用技术等加强攻关，加快实现石墨烯材料及应用产品供应的稳定性和一致性及规模化应用。

（3）培育优势领跑企业

培育石墨烯领域领跑企业，选择一批优势明显、成长性好的重点企业，以项目承接、订单补贴、资本运作、战略合作等方式进行培育支持；鼓励国有大型企业参与石墨烯等相关技术研发及应用领域拓展；支持优势企业通过兼并重组、技术转让、协作配套等方式与上下游企业建立紧密合作关系，提高石墨烯产业发展的集中度；鼓励大中小企业协同发展，提高材料制备企业的集中度。

（4）规范产业园区建设

继续发挥园区示范效应，引导建立一批石墨烯新材料产业应用示范基地，集群建设石墨烯材料应用产业，形成聚集效益，促进区域新旧动能转换，推动区域创新发展；结合地方特色，强化统筹协调和督促落实，因地制宜研究制定相关政策措施，激发市场主体创新活力，积极引导、协助上下游企业打通产业链，指导开展知识产权建设、保护和运用工作，促进石墨烯产业持续健康发展。同时，为避免园区和基地建设过程中可能出现的盲目跟风现象，有关部门要对石墨烯产业园区、研究院及创新中心建设进行正确引导及规范；针对目前产业园区泡沫化现象，按照传统产业规模、协同创新能力及地方政府重视程度等标准评选出特色示范园区，树立行业标杆。

（5）完善标准认证体系

针对石墨烯在不同行业的应用，制定和完善相应的产品标准，规范石墨烯市场环境。进一步完善检测认证体系，对石墨烯材料相关产品设计、研发、制备、包装、运输、应用等进行标准化研究，同时积极开展国际交流合作，逐步构建全产业链标准检测认证体系；开展第三方石墨烯原材料和应用产品认证，为石墨烯工业品、消费品提供广泛的技术支持和服务，进一步规范石墨烯应用市场。加强知识产权保护力度，建议国家积极推动建立石墨烯知识产权运营平台，完善知识产权交易和保护机制，构建成员间已有知识产权共享、新知识产权分配体系，同时形成国家石墨烯专利池，推动知识产权运营平台建立，构筑技术扩散壁垒。

（6）加强全球互通合作

按照“技术全球并购，产业中国整合”的思路，通过与先进技术国家建立双边国际石墨烯创新合作中心的方式，打造高端新材料－石墨烯领域技术交流平台，引入国际高端项目、人才和团队，开展国际间创新合作，促进双边石墨烯相关技术转移和创新资源的对接；整合石墨烯产品资源，建立石墨烯销售平台，积极开拓石墨烯国际市场，鼓励支持中国企业走出去，实现石墨烯技术“引进来”与产品“走出去”并举；建立基于石墨烯知识产权运营的全球石墨烯研发合作平台，以创新、可持续、市场化的合作模式，整合全球石墨烯创新资源，充分发挥中国石墨烯材料制备及应用市场的优势；同时结合国外的研发优势，强强联合，推动石墨烯技术的创新、产权化、商业化发展进程，为各国企业机构参与全球石墨烯产业发展创造良好的环境。

作者简介

中国石墨烯产业技术创新战略联盟，是根据国家科技部等六部门《关于推动产业技术创新战略联盟构建的指导意见》(国科发政【2008】770号)精神，在中国产学研合作促进会的积极支持下，联合国内从事石墨烯技术研发的主流企业、大学、科研机构，以企业的发展需求和各方的共同利益为基础，以提升产业技术创新能力为目标，以具有法律约束力的契约为保障，形成联合开发、优势互补、利益共享、风险共担的技术创新合作组织。

联盟的组建宗旨是为了整合协调产业资源；以推进低成本石墨烯及装备的技术进步和产业化为目标，建立上下游、产学研信息、知识产权等资源共享机制；建立与政府沟通的渠道及人才培养、国际合作的平台；推动标准、评价、质量检测体系的建立，促进成员单位的自身发展，提升低成本石墨烯的整体竞争力，从而达到推动石墨烯产业发展的目的。

第7章
超硬材料

林 峰 吕 智 李志宏

7.1 发展超硬材料的产业背景与战略意义

超硬材料主要是指金刚石和立方氮化硼。目前工业应用领域已知的世界上最硬的物质是金刚石（Diamond，含天然金刚石和人造金刚石两种），硬度次之的是立方氮化硼（CBN）。超硬材料的硬度远高于其他材料（包括刚玉、碳化硅以及硬质合金、高速钢等）的硬度，享有“材料之王”赞誉，是用途广泛的极端材料，用于加工各种难加工材料具有独特的优势，被誉为“工业的牙齿”。超硬材料及制品属于高精、高效、节能、绿色环保型产品，该类产品的问世不仅解决了层出不穷的新材料用传统工具无法加工的难题，也催生了一些新兴工业领域，还成百倍地提高了传统加工的效率，更成百倍地降低了消耗及废物排放。超硬材料是发展低碳经济所必需的、不可替代的极端材料与工具，赢得了世界范围前所未有的高度重视，有着不可估量的发展前景。超硬材料还具有其他材料无可比拟的优异力学、热学、光学、声学、电学和生物等性能，是一种重要的功能材料，引起了人们的高度重视，这方面的性能和用途正在不断地得到研究开发。超硬材料及工具对高新技术材料及各类制成品的发展提供强力支撑，对国民经济的发展有数百倍的杠杆撬动作用，为整个国民经济发展做出了不可磨灭的巨大贡献。超硬材料及工具已成为国民经济、国防建设和人民生活不可缺少的重要组成部分，因为其具有极端性、不可替代性，应用于涉及国家安全的领域，西方发达国家甚至将超硬材料及工具作为一种战略性储备物资，各工业发达国家把它作为提高经济效益，达到节能、高效、精密、自动化等目的的重要材料加以发展，并将其发展水平视为衡量一个国家技术进步的重要标志。国家继“十二五”规划中把超硬材料及制品列入战略性新兴产业新材料产业项目后。“十三五”规划中把超硬材料及制品列入战略性新兴产业新材料产业项目重点产品加以发展，我国超硬材料及制品产业持续获得重要发展机遇，必将加速我国超硬材料制品产业全面向世界强国行列迈进。

我国是世界超硬材料及制品生产大国，人造金刚石年产量占世界总产量的 90% 以上，立方氮化硼的年产量也达到世界总产量的近 70%，超硬材料制品基本上占领了世界超硬材料制品低端市场，在很大程度上改变了世界超硬材料产业的格局，成为世界超硬材料产业的主导力量之一。近年来，我国在超硬材料高端制品的研究开发以及应用上与国外发达国家的差距正在逐步缩小。发展我国超硬材料不仅是国内超硬材料行业的需求，更是国内工业体系产业升级，结构调整的需要。培育我国具有自主知识产权的高端超硬材料制品，满足国内航空航天、电子、机械制造等高精尖产业的发展需要，对促进我国经济、国防发展具有重要意义。

7.2 超硬材料的发展现状

我国金刚石自 1963 年诞生，1966 年又诞生了立方氮化硼，经过 50 多年的发展，已形成相对完整而庞大的超硬材料新兴工业体系；超硬材料行业经历了从无到有、从小到大、由弱变强的过程，并且正朝着全面强盛的新高峰冲击。从 1960 年组建人造金刚石研究团队到现在得到了国家领导人的持续关怀，凝聚了几代志士的聪明才智，展现了数辈英雄的靓丽风采。

从 2000 年开始，我国一直是世界超硬材料单晶的生产与消费大国。目前，金刚石产量占世界总产量的 90% 以上，消费量约占 70%；立方氮化硼产量占世界总产量的 70% 以上，消费量约占 50%。我国超硬材料的生产技术与产品质量已达世界先进水平。我国的超硬材料行业为国家乃至世界诸多高新技术的创新发展提供了强力支撑，做出了无可替代的重大贡献。

7.2.1 经济运行

7.2.1.1 各类产品的国内应用市场发展状况

近年来制造业发展处于转型升级的阵痛期，超硬材料行业也不例外，遇到了前所未有的发展压力。

据行业协会统计分析，2017 年金刚石产量同比增长 10.9%，这是自 2015 年和 2016 年两年连续下降后的首次增长。金刚石单价增长值达到 16.6%，主要是由售价较高的宝石级单晶所致；立方氮化硼产量增长、单价下降，属于正常发展规律；锯切钻进工具产量增长率低于 3%、单价增长率低于 4%，此增长速度减缓现象主要是由房地产不景气所致；金刚石砂轮产量增长率高达 32%、单价增长率也达 15%，说明市场活跃的同时结构也发生改善；CBN 砂轮产量增长率为 9.2%、单价增长率为 8%，市场也较活跃，结构也在不断改善。

从各类产品的市场发展情况看，参差不齐。金属黏结剂金刚石工具是行业占比最高的产品，这类工具主要用于石材、地砖及建设工程，受房屋、高铁、高速公路等建设工程发展的影响较大。

图 7-1 为五年来国内房屋建设统计，五年来房屋竣工面积不仅没有增长，且有小幅下降，住宅面积亦如此。销售面积虽有 6.7% 的年均复合增长率（其中住宅面积为 5.8%），由于销售的是库存房屋，相对于前些年的高速增长整体显得非常疲软，因此与房屋建设有关的金刚石工具市场相对疲软，增长速度有所减缓。

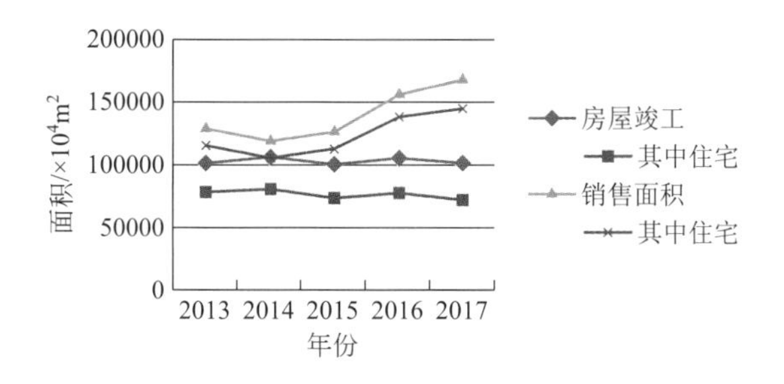

图7-1　五年来国内房屋建设统计

图 7-2 为五年来国内石材板材产量统计，石材板材产量前 4 年均有不同程度增长，但 2017 年下降幅度较大，大理石板材产量下降 23.1%，花岗石板材下降 34.8%。五年来，大理石板材年均复合增长率 7.9%，花岗石板材为 0.6%。总体增长非常乏力，导致板材生产用金刚石锯片、磨块等切磨工具发展速度减缓。

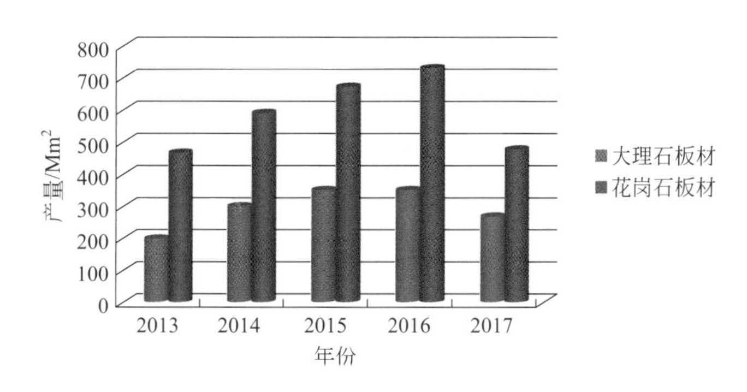

图7-2　五年来中国石材板材产量统计

图 7-3 为五年来国内陶瓷地砖产量统计，五年来中国陶瓷地砖产量增长十分乏力，从 2013 年的年产 96.9 亿平方米到 2017 年的 101.46 亿平方米，年均复合增长率仅为 1.16%。由此可见陶瓷地砖用金刚石工具市场疲软程度之大前所未有，这一现象的出现与房地产调控政策不无关系。

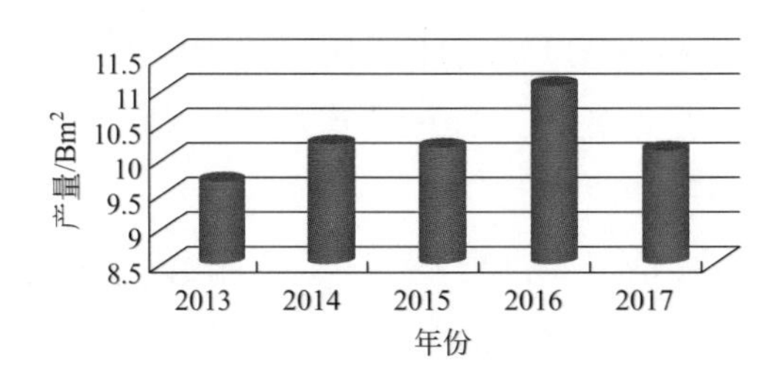

图7-3　五年来中国陶瓷地砖产量统计

图 7-4 为五年来国内铁路及高速公路建设里程统计，五年来铁路与公路建设整体呈现下滑趋势，高铁建设 2014 年达到巅峰之后持续下降，2017 年略有增长；新建铁路与高速公路都是在 2015 年达到高峰，之后开始持续下降。这些因素就直接导致与工程建设相关的金刚石工具需求不足，发展速度减缓。

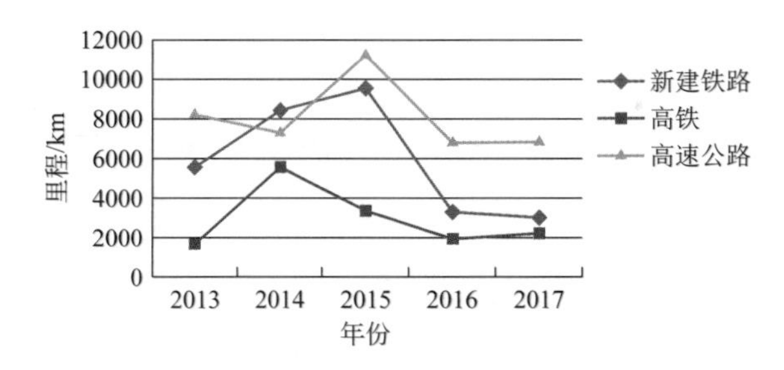

图7-4　五年来国内铁路及高速公路建设里程统计

汽车行业尤其是轿车生产，是超硬材料精密磨具与刀具的主要应用领域之一。图 7-5 为五年来国内汽车与轿车产量统计，五年来汽车总产量虽有增长，但轿车产量没有增长，后者是超硬材料精密磨具与刀具的主流应用市场。因此轿车生产所需超硬材料工具市场的增长只能依靠替代进口或传统工具实现，加之电动轿车近年来逐年增多，该行业所需工具的增长量应该不会太大。

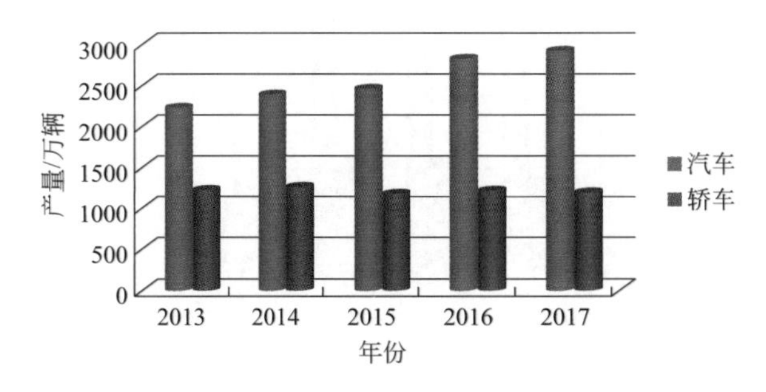

图7-5　五年来国内汽车与轿车产量统计

家电业尤其是制冷家电也是超硬材料磨具与刀具的主要应用领域之一。图 7-6 为五年来国内部分家电产量统计，五年来冰箱产量是负增长，年均复合增长率为 -2%；空调彩电在前四年增长率很低，2017 年出现明显增长。彩电年均复合增长率为 5.7%，低于 GDP 的增长率；空调年均复合增长率为 8.1%(由 2017 年大幅增长所致)，也低于 GDP 的增长率（以绝对数计算，GDP 的年均复合增长率为 9.8%）；所以该领域所需工具总体增长乏力。2017 年空调增长强劲，增长率高达 24.5%，是超硬材料行业走出低谷的动力之一。

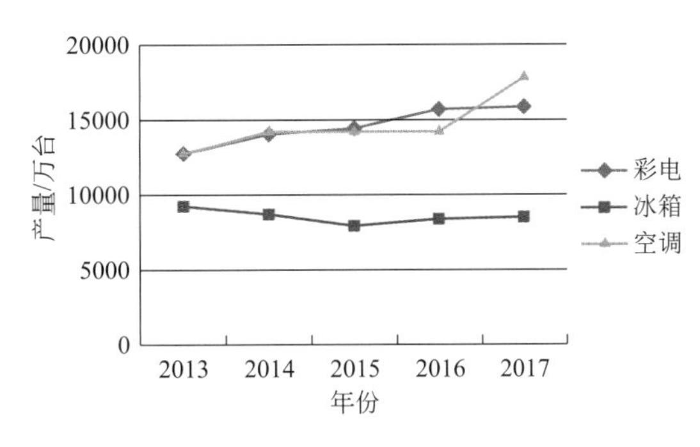

图7-6　五年来国内部分家电产量统计

IC 与 IT 业也是超硬材料精密及超精密工具的主要应用领域。图 7-7 为五年来国内部分电子信息产品产量统计，5 年来国内 IC 在高速增长，其年均复合增长率高达 15.9%；手机总体上呈中低速增长，2013 年至 2016 年增长较快，年均增长率 12.2%，2017 年同比下降较多，5 年来年均复合增长率 6.7%；微机则没有增长。由此可见，IC 业所用工具的市场发展相对较好；手机所用工具的市场 2013 年至 2016 年发展良好；微机所用工具的市场则年均下降 2.3%。

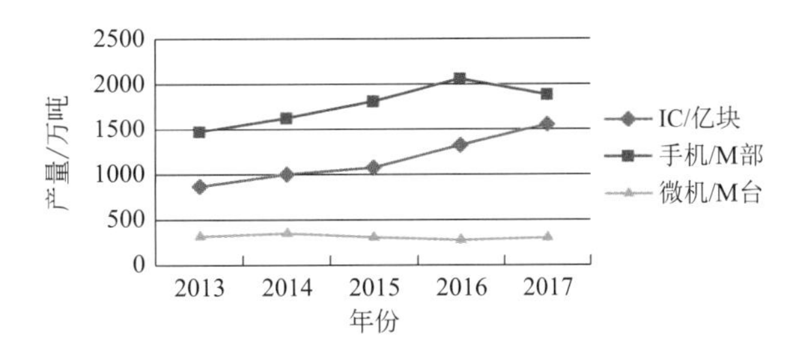

图7-7　五年来国内部分电子信息产品产量统计

清洁能源是近年来发展起来的新兴产业，是超硬材料工具的新兴应用领域，图 7-8 为国内核电、风电和光电行业五年来的装机容量，年均复合增长率分别为 21.3%、25.1% 和 72.3%，由此带动清洁能源产业应用超硬材料工具的市场发展迅猛，其中以光电领域的硅切割用金刚石线锯发展最快且规模最大，特别是随着技术突破、成本降低、产率提高，2017 年出现了爆发式增长，这也直接导致了线锯用金刚石微粉的爆发式增长，为行业转型升级以及高质量发展做出了较大贡献。

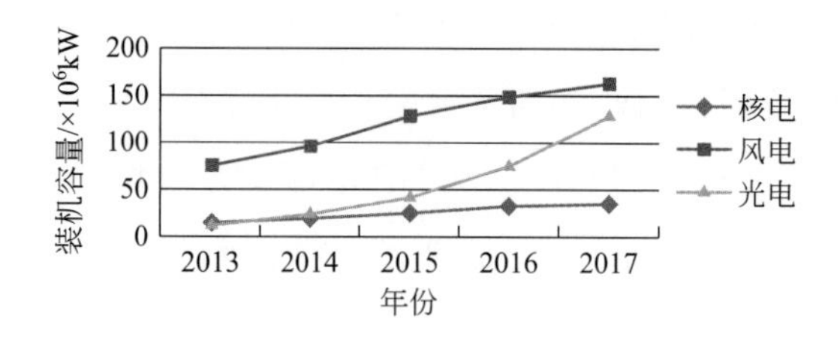

图7-8　五年来国内清洁能源装机容量统计

7.2.1.2　进出口市场发展状况

（1）中国海关统计行业产品进出口情况

图 7-9 为行业产品出口统计，2017 年出口总量首破 10 万吨大关，出口金额第三次突破 10 亿美元。2014 年至 2016 年连续三年出口量无增长，且出口金额下降，表现出十分罕见的疲软。2017 年金刚石数量同比增长 32.7%，金额同比增长 42.7%；锯片数量同比增长 14.2%，金额同比增长 7.2%。两类产品量大且增幅较大，推动了出口总量与金额的明显增长，初显回升迹象。砂轮出口数量增长 8.8%，金额增长 12%；刀具数量增长 2.8%，金额增长 4.4%。这两类产品量小但出口结构有所改善。

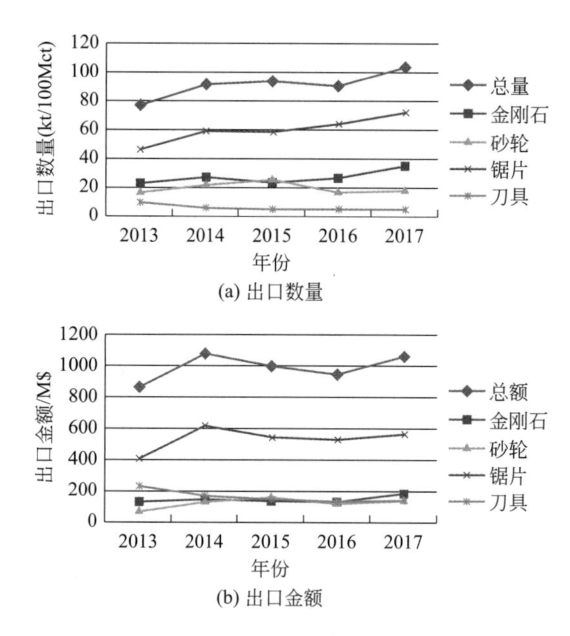

图7-9　五年来行业产品出口统计

图 7-10 为行业产品进口总量及总金额，近年来国内对高端进口产品需求波动较大，进口量 2013 年至 2015 年持续增长，2016 年大幅下降，2017 年又小幅上升

[图 7-10（a）]；进口额前 4 年基本持平，2017 年进口量与金额均大幅上升。进口砂轮数量增幅最大，金额增幅也更大，说明国内进口砂轮档次更高。2017 年金刚石进口量同比增长 39.2%，金额同比增长 49.7%；刀具进口量同比增长 53%，金额同比增长 45.7%；砂轮进口量与金额同比增长分别为 4.6% 和 34.5%；锯片类进口量下降 9%，金额同比上升 14.5%。以上数据也从侧面反映了 2017 年行业总体形势好转，高端产品进口增加。

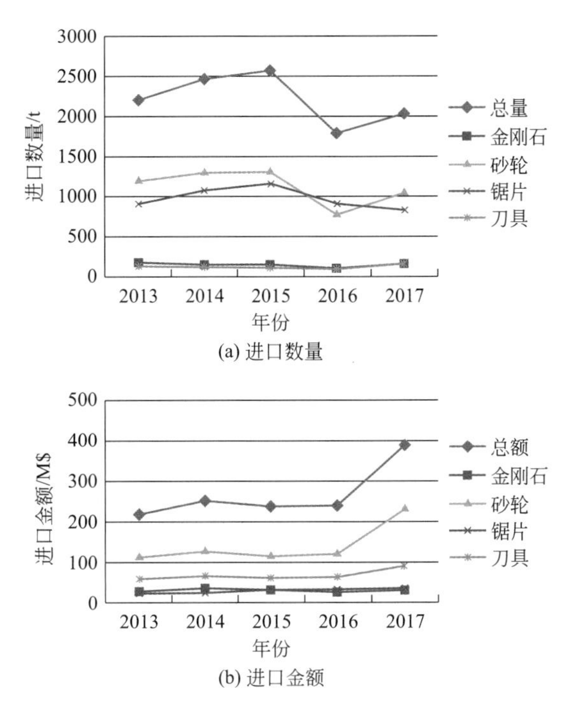

图7-10　五年来行业产品进口统计

（2）美国海关统计行业产品进口情况

以金额计，美国一直是中国金刚石的最大海外消费国（若以数量计 2015 年开始印度上升为第一），中国因而也成为美国进口金刚石市场的主导国。图 7-11 为五年来美国进口金刚石的主要来源地分布，五年来美国进口金刚石呈逐年下降状态，2017 年有所反弹，但与 2013 年进口量比，仍有很大差距。其原因除了美国经济发展乏力外，直接进口金刚石工具的增多也导致本土工具产量减少、金刚石需求减少。按数量计 [图 7-11（a）]，五年来中国占其市场的 69%（2015 年和 2016 年）～ 81%（2013 年和 2014 年），2017 年约占据 80%；按金额计 [图 7-11（b）]，为 49%（2015 年）～ 59%（2014 年），2017 年约为 57%，近 3 年呈逐年递增状态。其中，主要竞争对手为爱尔兰和韩国，爱尔兰的市场占比逐年下降，韩国则基本维持在一较低水平上。

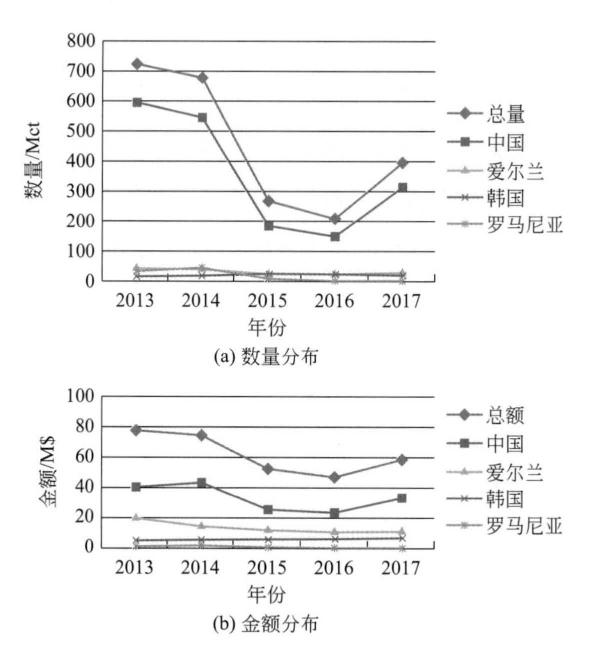

(a) 数量分布

(b) 金额分布

图7-11　五年来美国进口金刚石的主要来源地分布

图 7-12 为五年来美国进口金刚石（含其他）锯片的来源地分布。从数据来看，主要竞争国有四个：中国、泰国、韩国、印度尼西亚，而从本质上来分析，其实是中国和韩国的竞争。由于美国十多年来一直在反中韩两国的圆锯片倾销，为了规避反倾销的系列麻烦，中国企业在泰国建厂，韩国则在印度尼西亚建厂，然后分别从泰国和印度尼西亚出口锯片到美国。由图 7-12 可知，中国出口美国的锯片无论数量还是金额均在逐年降低，泰国出口美国的锯片无论数量还是金额均在逐年提高。韩国出口近三年基本不变，但印度尼西亚在逐年提高。如果将中国和泰国出口美国的锯片合并，

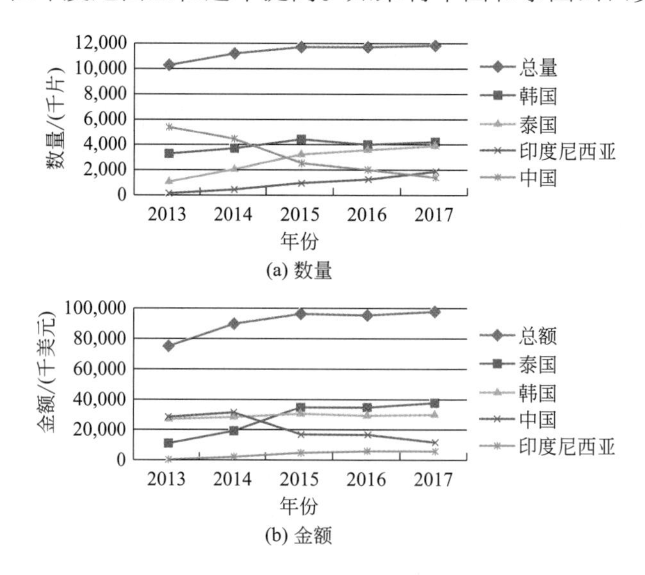

(a) 数量

(b) 金额

图7-12　五年来美国进口金刚石锯片来源地分布

同时将韩国与印度尼西亚的合并（如图 7-13 所示），便可清晰地看到，中泰企业与韩印企业总体占比为美国进口市场数量的 95% ～ 97%，金额占比为 89% ～ 91%，可以说这些企业统治了美国进口市场，且中泰领先。近三年中泰出口数量逐年减少，金额不变；韩印数量逐年增多，金额不变，这一点说明了中泰出口结构优化的同时韩印出口结构相对弱化。

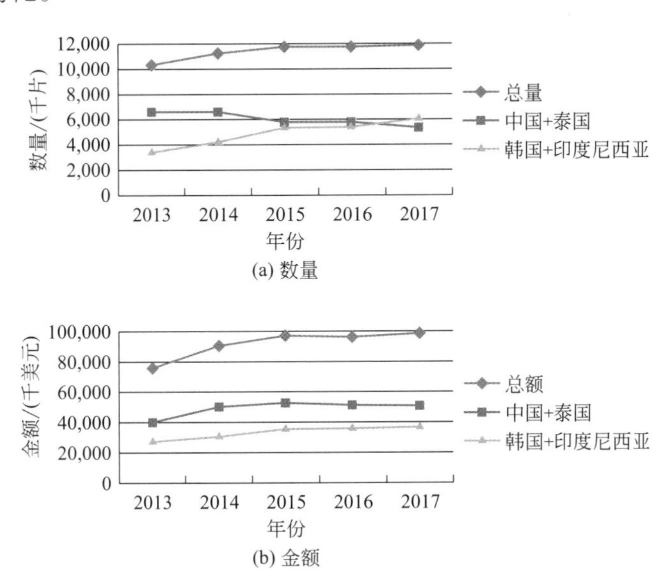

图7-13　五年来美国进口金刚石锯片来源地分布（关联国企业合并）

图 7-14 为五年来美国进口金刚石砂轮类制品的来源地分布。美国进口金刚石砂轮类制品的数量在逐年增多，年均复合增长率为 10.1%，金额年均复合增长率为 16.2%，不仅增长率较高且结构逐步向好。从数量上来看，中韩排在前列且基本等量（中国略多），且均以 5.9% 的年均复合增长率递增；从金额上来看，韩国高于中国，说明前者产品结构优于后者，前者的年均复合增长率为 11.9%，后者为 12.7%，说明后者产品结构在逐步改善。最值得注意的是南非近几年（尤其是 2017 年）出口该产品数量很少，但金额却在迅速提高，且在 2017 年冲高至第一位。

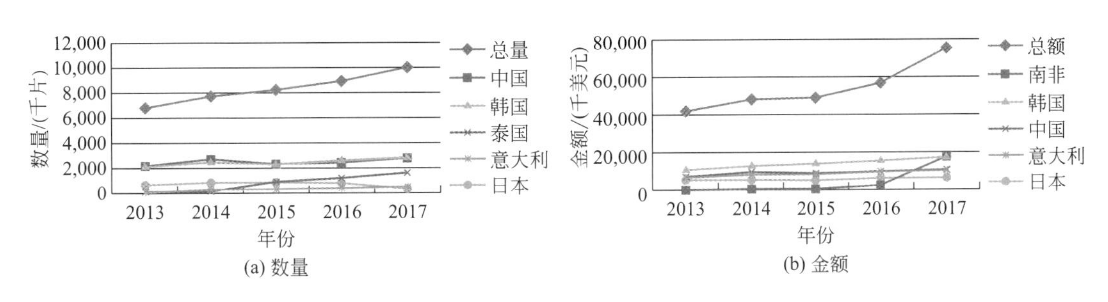

图7-14　五年来美国进口金刚石砂轮类制品的来源地分布

（3）欧盟统计行业产品进口情况

图 7-15 为欧盟进口金刚石来源地分布。欧盟前四年进口总额呈持续下降态势，2017 年同比增长 16%，其中自中国进口的金刚石金额占比一直远大于其他国家且仍在逐年增大，说明前四年欧盟金刚石工具生产量在逐年减少而进口成品工具量增多，2017 年则呈现回升趋势；中国金刚石得到越来越多欧盟客户的认可，进口占比自然增大，2017 年进口中国金刚石金额占比达 57%。进口瑞士金刚石占比持续下降，进口美国金刚石 2017 年占比增长较多，进口韩国金刚石的占比在一较低水平且持续下降。

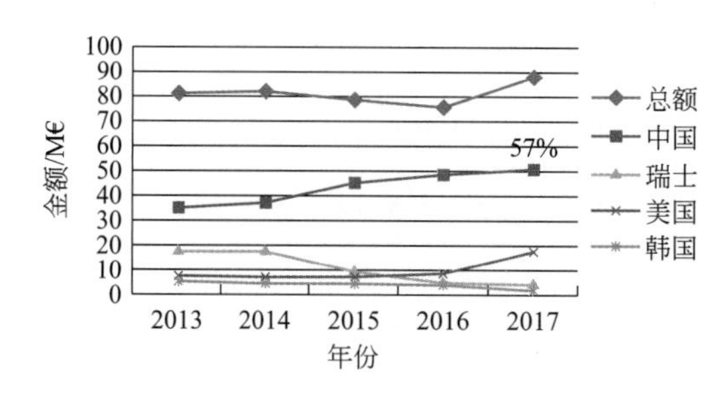

图7-15　近年来欧盟28国进口金刚石来源地分布

图 7-16 为欧盟进口锯片来源地分布。欧盟进口锯片金额呈逐年升高趋势，且增量主要源于中国锯片。2017 年该产品进口额下降 4.7%，其中中国锯片占比为 69%，显然中国是欧盟进口锯片的主要来源地。欧盟进口日本产品的占比处于较低水平且有小幅增长，进口其他国家占比很少且基本不变。

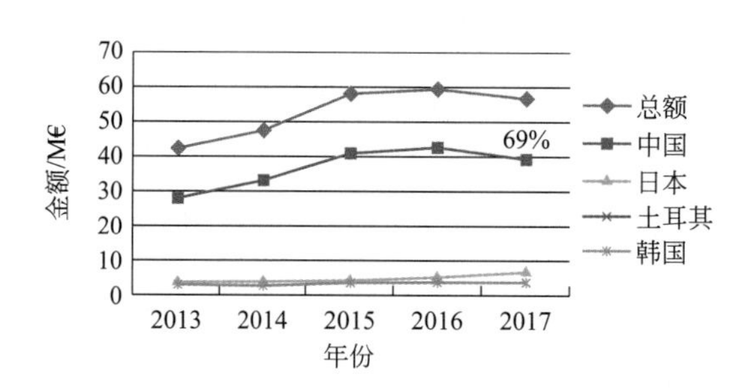

图7-16　近年来欧盟28国进口锯片来源地分布

图 7-17 为欧盟进口金刚石砂轮来源地分布。欧盟近年进口金刚石砂轮总额呈逐年增多趋势，中国产品不仅占比最大且呈逐年增多趋势，2017 年中国砂轮占比达到历史新高，为 41% 左右，其他国家基本不变，瑞士呈小幅增加趋势。与金刚石和锯片相比，中国砂轮在欧盟市场占比相对较低，发展空间较大。

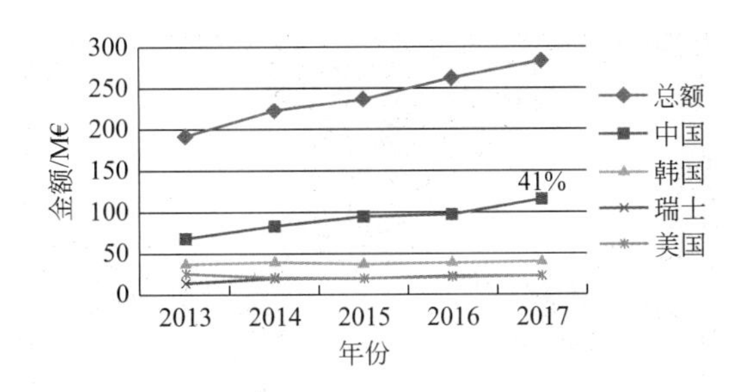

图7-17　近年来欧盟28国进口金刚石砂轮来源地分布

7.2.2　技术进展

7.2.2.1　超硬材料

为了摆脱近年来国际经济萎靡不振、国内经济处于转型升级带来的困境，提高经济发展质量，行业志士卧薪尝胆，奋发图强，创新开发出一批填补国内空白、赶超世界先进水平的新型超硬材料及制品，如金刚石纳米聚晶、人工合成宝石级钻石、精密刀具用单晶刀片等；与此同时也开发出一批高效节能的高端工艺技术和自动化智能化生产线，如高效高质金刚石线锯及其生产线，有序排列金刚石刀头自动化高效生产装备，车间自动化智能化生产线等。这些新产品和新技术的出现，改善了产品结构，提高了经济质量，有力地推动了行业的转型升级，取得了辉煌成就，为行业全面转型升级贡献了力量。我国由超硬材料生产大国逐步进入了强国阵容，主要特征是：六面顶压机全面取代两面顶压机成为世界主流合成设备，产品系列已基本满足使用要求，综合性能指标与国外已无实质性差异。虽然高端制品仍大量进口，价格居高，许多核心技术仍由国外掌控，国内原创技术不多，但国内近几年，也有许多技术进步可圈可点，与国外的差距有所缩小，部分产品已全面取代进口。

（1）金刚石大单晶和 CBN 取得突破性进展

近几年，金刚石大单晶合成技术已成熟，2 ～ 3mm 尺寸的无色透明大单晶（白钻）已大批量生产，4 ～ 5mm 的单晶也能量产，但限于市场因素和客户的心理接受程度，其市场规模较小。更大尺寸的单晶已开展实验工作，合成技术尚不成熟。目前行业约有 2500 ～ 3000 台压机用于金刚石大单晶的合成。行业内已有快捷鉴定天然与合成钻石设备，预计很快投向市场。国内的大单晶主要销往印度，目前，0.3 ～ 0.5cm 的单晶销量最好，大部分采用现金交易。大单晶主要用于钱包、手表、皮带等的装饰，价格近年下跌较快，目前已接近成本水平。宝石级大单晶见图 7-18。黄色及无色透明宝石级金刚石单晶的产业化以及成功进入首饰用钻石领域，使中国一举成为世界最大的合成钻石生产销售国，打破了个别国家的技术垄断，打开了国际市场。

图7-18　宝石级大单晶

现代通信等战略性新兴产业用片状金刚石单晶刀具材料，已经突破关键技术并实现产业化。刀具用片状金刚石单晶见图 7-19。该产品的成功投放市场打破了个别国家对包括中国在内的世界市场 20 多年的垄断，不仅有力支撑了国防军工、电子信息等高新技术领域的飞速发展，而且大幅度降低了相关产业的应用成本，拓展了行业应用领域。

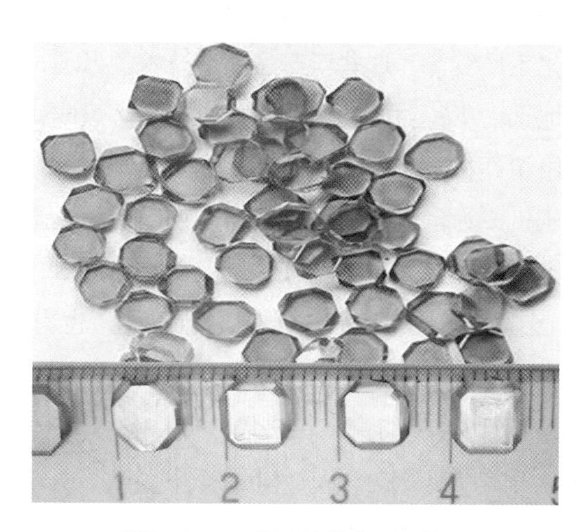

图7-19　刀具用片状金刚石单晶

我国的 CBN 单晶产品系列化取得重大进展，产品性能达到国际先进水平，大量出口，全球市场占有率已处绝对优势。大尺寸 CBN 单晶的研究也取得一定的进展，完整晶形达到 1mm 以上的大尺寸单晶已能合成，更大尺寸的 CBN 单晶也正在研发中。大尺寸 CBN 单晶见图 7-20。

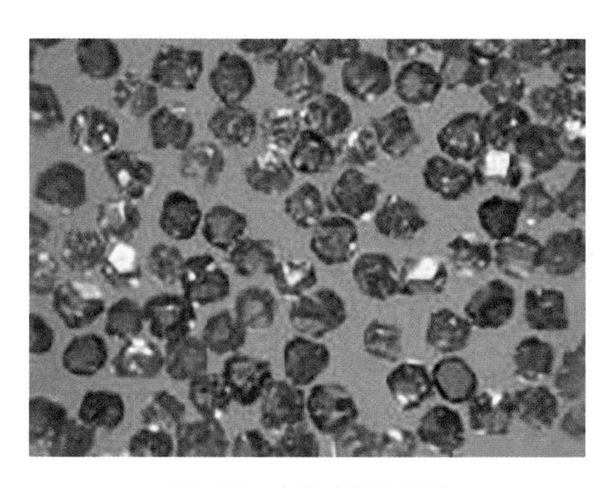

图7-20　大尺寸CBN单晶

（2）PDC 正缩小与国外产品差距

最近几年国内的 PDC 合成技术发展很快，正在缩小与国外产品的差距。刀具用 PDC 方面，10μm 以上中粗粒度产品与国外差距不大，基本处于同一水平。5μm 以下细粒度产品与国外产品差距较大，尤其是在质量稳定性方面。1 ～ 2μm 及以下的 PDC 国内也能生产，但成品率低、稳定性差。另外，国外 PDC 最大直径超过了 100mm，主流产品尺寸为 60 ～ 80mm，而国内最大尺寸只能做到 60mm 左右。PDC 产品见图 7-21。高端 PDC 目前市场上仍以元素六、DI 等公司为主。石油钻井用 PDC 的产品质量已达到国外同类产品水平，性能相差不大，差距主要体现在质量稳定性。价格约为国外产品的 80%，在国际市场也已获得初步认可，但在高端钻头和关键部位应用上，国内产品所占有的份额仍然较少。目前，国内与国外的差异性主要体现在产品稳定性与产品结构上。

图7-21　PDC产品

近几年国内球齿研发虽有一定的进展，但没有取得突破性应用。球齿的应用实验成本高，投入大，短期内还难以进入盾构机等主要工程应用领域。在应用方面，有资料表明：在国外，球齿在石油冲击钻头上有应用，占到油气井钻头产值的 10%。国内也有相应的报道，如某公司生产的球齿已经出口到欧美市场，年出口约为 2000 万元，主要应用在石油钻头的非主要部位。

（3）整体 PCBN 大量推向市场

整体式（无衬底）PCBN 见图 7-22。目前，添加一定比例黏结剂、去衬底的整体式 PCBN 已成功应用于金属的粗加工，其合成条件低，烧结温度约为 1300 ～ 1500℃，压力在 4 ～ 5GPa。去衬底化、无黏结剂化 PCBN /PCD 是今后的发展趋势。

图7-22　整体式（无衬底）PCBN

（4）NPD 国内研发成功，正在进行产业化测试

纳米聚晶金刚石（NPD）的合成技术作为世界前沿课题，得到各国科研人员的密切关注。纳米聚晶金刚石的硬度比单晶金刚石的硬度至少高出 30%，并且纳米聚晶金刚石本身具有各向同性的特点，因而其大面积的应用必将引起金刚石工具领域的革命性进步，也将大幅提高金刚石工具的加工精度、效率及使用寿命，进而也可解决航空航天、国防军工等领域层出不穷的高强、高韧、高温及复合材料的加工难题。NPD 产品见图 7-23。目前，国外的 NPD 产品已达到厘米级，正逐渐在向商业化迈进。国内 NPD 的研发较晚，目前仅有四川大学、燕山大学、河南工业大学等单位在开展相关的研究工作，有资料表明 Φ6mm × 6mmNPD 已研发成功，能小批量测试，厘米级的 NPD 研发已在进行。NPD 的合成条件要求较高，压力在 15GPa 左右，温度要达到 2000℃，合成时间在 8h 以上。受制于生产成本高等因素，尚未产业化应用。

图7-23　NPD产品

（5）CVD 金刚石

CVD 金刚石在工具及功能材料中的应用进展不大。工具应用方面其市场容量小，国内整个行业产值不超过 5000 万。在功能材料方面，CVD 金刚石只在一些特殊场合，如红外窗口、光刻机等方面有应用。CVD 金刚石见图 7-24。CVD 的真正的优势是应用在功能材料方向，超硬行业要加快 CVD 金刚石生长技术研究及其产业化进程，促进 CVD 金刚石在功能材料领域的快速发展。

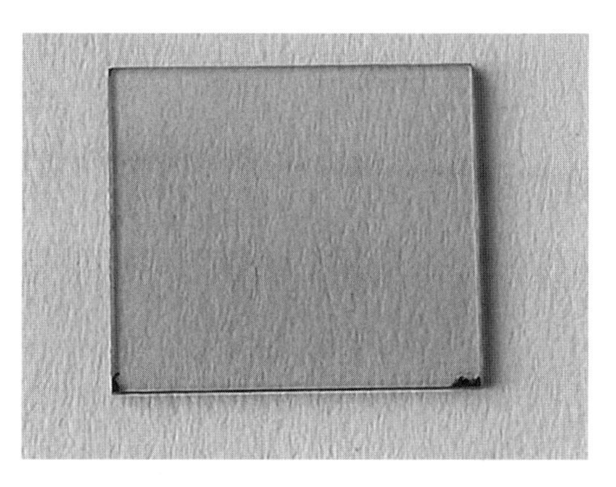

图7-24　CVD金刚石

7.2.2.2　超硬制品及技术

（1）隧道窖无压烧结技术有重要突破

近两三年，隧道窖无压烧结技术取得了重要突破，国内已有厂家利用该技术大规模生产金刚石锯片及薄壁钻刀头，该技术不仅摈弃了污染重、能耗大的石墨模具，实现了车间清洁无污染生产，并能以数量级幅度降低生产成本，提高生产效率，还使得刀头精度和质量稳定性显著提高，变更刀头形状更便捷，这些优点为未来自动化与智能化生产、满足个性化定制产品需求打下了坚实基础。目前该技术还有一定的局限性，但整体上看，隧道窖无压烧结技术在超硬材料工具制造方面将会进一步推广应用。隧道式无压烧结炉见图 7-25。

图7-25 隧道式无压烧结炉

（2）组锯机与组锯绳成功推向市场

目前组锯绳规格为 ϕ（6 ～ 7）mm，以切割大型花岗岩为主。组锯机以 28 条 / 组和 56 条 / 组为主，正在开发 72 条 / 组的组锯机。由于组锯对设备精度要求很高，特别是对各条绳的质量稳定性和工作一致性有苛刻的要求，导致组锯尚未大规模应用。金刚石组锯机与组锯绳见图 7-26。

组锯技术研发成功，是对大板切割工艺的一项重要创新，标志着我国金刚石组锯机与组锯绳全面进入世界先进水平。

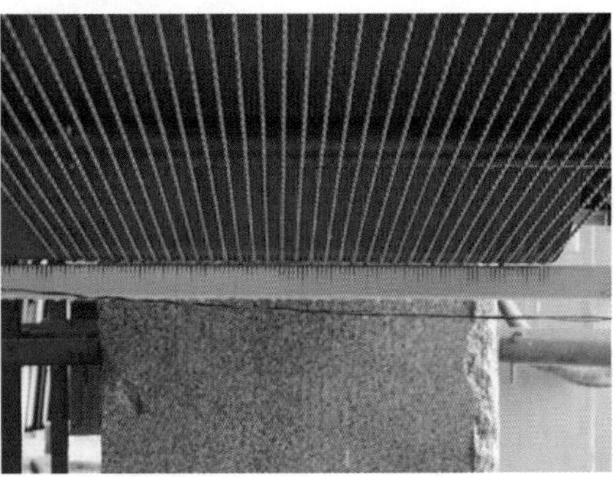

图7-26 金刚石组锯机与组锯绳

（3）金刚石玻璃磨边轮和打孔钻具有国际市场定价权

玻璃加工用青铜基磨边轮和打孔钻，国内产品性能达到国际领先水平，特别是在加工效率方面已远超国外同类产品。金刚石玻璃磨边轮及打孔钻见图 7-27。国内磨边轮的正常加工效率为 12 ～ 15m/min，是相同加工条件下国外产品的 3 ～ 4 倍。国内该产品具有国际市场定价权。

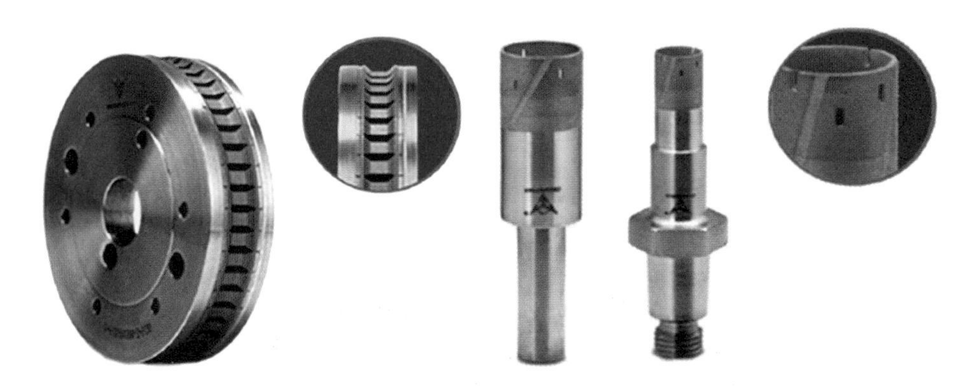

图7-27　金刚石玻璃磨边轮及打孔钻

树脂基磨边轮，国内产品与国外相比尚有一定的差距，主要体现在大面积接触加工时产品的质量稳定性尚待提高。整体而言，这种差距明显在缩小。

（4）电镀金刚石线锯成功应用于多晶硅切片

金刚石线锯是近来出现在国际上的高新技术产品，其应用范围不断扩大，包括单晶硅、多晶硅、蓝宝石及钕铁硼和铁氧体磁性材料的开方、截断和切片等。金刚石线锯见图 7-28。利用其切割硅片，具有硅耗低、出片率高、切割速度快、污染少、硅片表面质量好的优良特性，引起了国内外业内科学家的研究热潮。2016 年下半年，多晶硅切片的后续工艺——黑硅技术已成熟并实现了产业化，解决了金刚石线切割多晶硅片时降低光电转化率的瓶颈问题，为金刚石线锯在多晶硅切片领域的应用打开了市场。

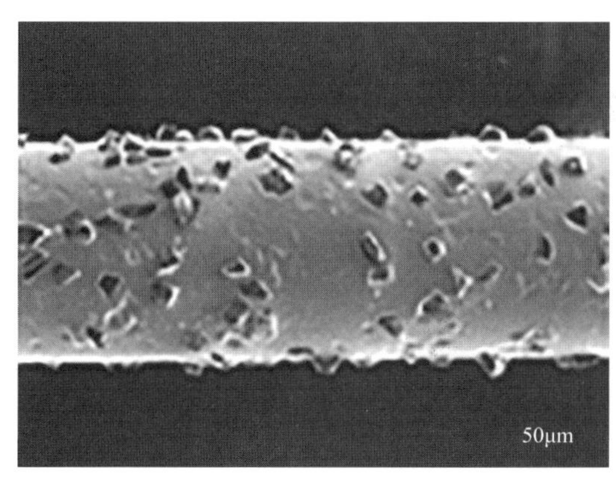

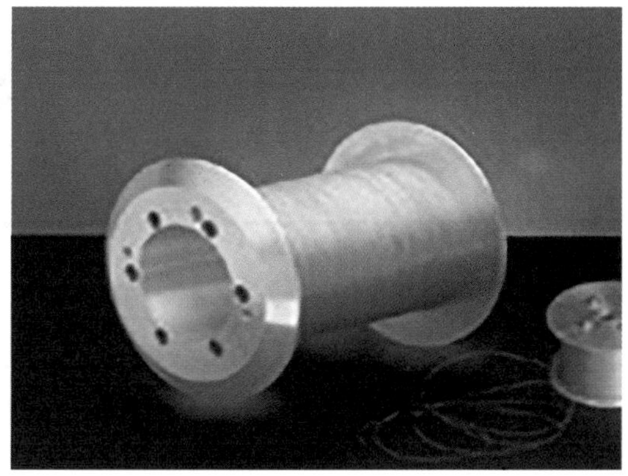

图7-28　金刚石线锯

目前，单晶硅和多晶硅的市场比大概为 3 : 7，随着黑硅技术的突破及线锯技术水平的提高，2017 年、2018 年金刚石线锯在多晶硅切片市场迎来爆发式增长。

（5）CBN 砂轮进入相对平衡发展阶段

国内 CBN 砂轮进入相对平衡发展阶段，技术稳定性有明显提高，许多产品与国外产品处于同一水平。CBN 砂轮见图 7-29。特别在高速磨削方面，150 ～ 200m/s 以上产品在质量上已接近进口产品水平。由于进口设备的原因，在发动机部件加工上，仍以进口产品为主，国内产品主要用于配件加工。在价格上，国内产品价格约为进口产品的 70% ～ 80%。最近几年国内市场竞争激烈，导致 CBN 砂轮价格下跌，产品利润下降。

图7-29　CBN砂轮

（6）金刚石锯片

近几年来专业锯片技术进步明显，寿命已经达到了（3 ～ 4.5）$\times 10^4 m^2$/ 片，与 5 年前的使用寿命相比翻倍提高，并且效率也在同步提高。金刚石锯片见图 7-30。我国的专业锯片主要出口北美市场，近年欧洲增加很快。部分厂家的技术与国外处于相同水平，并且领先于韩国等部分国家。通用锯片的价格已经接近成本水平，市场竞争激烈。部分厂家已将生产基地设在泰国、越南等地，以降低生产成本。

图7-30　金刚石锯片

金刚石锯片必须持续不断地进行技术创新，并且在产品细节、工艺等方面有持续的改进，才能在残酷的市场竞争中占据一席之地。

（7）钎焊金刚石工具

钎焊金刚石工具见图 7-31。当前，单层钎焊技术已基本成熟，并且有产业化应用和生产。单层钎焊金刚石工具加工条件要求高，使用范围窄，因此产量不高，只能作为特殊用途的一种补充。多层钎焊金刚石工具的制备技术已成形，但修整困难，严重制约了其产业化应用和推广。

图7-31　钎焊金刚石工具

（8）陶瓷加工金刚石工具

陶瓷加工用金刚石工具全球市场容量约 50 亿元人民币。目前中国占全球市场的 90% 以上，产品种类方面已全部覆盖。釉砖由于制作方式与普通陶瓷砖不同，花纹多样，抛光时光亮度高，多采用弹性磨块干式加工。树脂黏结剂金刚石磨块见图 7-32。近年来在干式加工和绿色加工方面取得进展。

图7-32　树脂黏结剂金刚石磨块

（9）精密加工工具取得重要进展

精密加工指加工精度在 0.1 ～ 1μm，加工表面粗糙度在 Ra0.02 ～ 0.1μm 之间的加工，是国家制造工业水平的重要标志之一。近几年我国超硬材料在中、粗加工领域（如石材、建材、木业等领域）发展迅速，产品具有明显的竞争优势，取代进口并大量出口，是名副其实的超硬材料大国。在空调压缩机、汽车零部件和3C材料中的精密加工方面也取得了长足进步，但是半导体精密加工工具和高端PCBN、PCD仍以进口为主，航空航天等行业的应用刚刚起步。总体上，中国超硬材料在精加工方面与国外先进水平仍存在较大的差距。

① 超硬砂轮和刀具在汽车行业的应用。超硬材料已大量应用在汽车行业的精密加工中，加工技术成熟。汽车发动机活塞、缸体、缸盖，汽车轮毂，变数箱齿轮，壳体，曲轴和凸轮轴等已广泛使用超硬材料进行加工。汽车领域的超高速磨削基本以CBN砂轮为主。近年来，国内的CBN砂轮取得了很大的进展，在技术水平上与国外先进产品相比差距不大。但在实际应用上，汽车整机厂大部由国外CBN砂轮垄断，国产CBN砂轮主要在汽车配件厂（曲轴、凸轮轴等）使用，占到了80%左右的比例。在转向器、变速箱、万向节等配件的加工上，国产砂轮正在逐步替代进口砂轮。

PCD超硬刀具高速铣削已逐渐应用于汽车发动机活塞、缸体、缸盖以及汽车轮毂等零件的精密加工中。PCBN刀具在气门阀座圈、刹车盘以及发动机缸体缸盖的精密加工也取得了很大的进展。国产PCD在性能、品种系列和质量的稳定性上，与国外相比存在差距，差距在5年左右。PCBN的差距比PCD差距更大，目前在铸铁类的粗加工方面国内高含量PCBN产品已占主流，但是在加工淬硬钢的低含量PCBN和精加工方面，仍以国外品牌为主。整车厂几乎由国外垄断，但近年来，国内有少量产品进入整车厂，比如已经在国外独资的某汽车大品牌刹车盘加工厂得到了成功应用，近期有望全面进入。

② CBN砂轮在空调压缩机行业的应用。近几年国内CBN砂轮发展迅速，对空调压缩机三大部件（活塞、气缸、上下轴承座）加工用的内圆磨砂轮大幅增加。2017年国内空调压缩机产量约为两亿台，全球70%以上压缩机厂在中国，90%的压缩机产自中国。几年前，空调压缩机行业用的CBN砂轮几乎全部使用国外产品，目前已全面替代，它是超硬材料精密加工中取代国外产品最成功的范例。

③ 金刚石工具在航空航天领域的应用。在航空航天领域大量使用高温合金、金属间化合物、先进陶瓷、碳纤维复合材料等难加工材料，目前主要采用硬质合金和普通磨料加工。在高温合金和碳纤维复合材料等方面部分采用了金刚石工具，但不是主流。金刚石工具在航空航天领域有很好的应用前景。据分析，在航空机载设备（导航系统、雷达系统、机械控制系统等）、发动机、机翼、骨架、机身、蒙皮等方面均有可能使用金刚石工具。国外已经研发出了钛合金、碳纤维复合材料等新型难加工材料加工用的金刚石刀具，并且已通过有关认证，在波音和空客公司成功使用。航空航天是超硬材料下一步应用拓展的十分有前景的领域，应该重点关注。但是相对汽车领域

来说，航空航天材料用超硬材料工具量不会很大。

④ 超硬材料在半导体行业的应用。半导体行业的硅晶片精密加工、晶圆精密切割等已广泛采用金刚石工具。在芯片背面采用精密金刚石砂轮，实现了硅材料的纳米级精度和表面粗糙度的高效超精密加工；采用超薄超精切割刀片切割晶圆，用减薄砂轮进行减薄处理；采用金刚石超薄砂轮进行切割封装。日本、美国占据着国内外半导体行业用的大部分金刚石砂轮份额，目前国内半导体行业用砂轮（切割、减薄、抛光）80% 以上是进口，这是国内超硬材料在精密加工领域与国外差距最大，也是产品进口比例最高的行业。

⑤ CBN 砂轮在轴承行业的应用。国外企业早在 20 世纪 80 年代就开始使用 CBN 砂轮内圆磨来加工轴承，并且目前国外企业在中国的轴承厂基本采用国内 CBN 砂轮进行加工。但是中国本土的轴承企业目前仍以普通磨料砂轮为主，主要原因是国内轴承行业整体装备水平落后，不能适应高速磨削，导致 CBN 砂轮在国内现有设备上无法使用。轴承行业产量大，是 CBN 砂轮应用拓展很重要的一个领域。

⑥ 超硬材料在 3C 材料的应用。3C 电子通信领域是超硬材料最近几年成功应用的一个范例。聚晶金刚石轮廓刀、聚晶金刚石倒角刀、聚晶金刚石铣刀等金刚石刀具在 3C 产品的外壳加工上均有很好的应用，产品可以一次成型，提高了效率，并且保证了产品的表面光洁度。虽然刀具用的 PCD 以进口为主，但是国产 PCD 近一年来取得实质进展，产品性能已达到或接近国外产品水平，部分取代进口。随着 5G 时代的到来，5G 手机背板的选材成为热点，目前判断会以氧化锆陶瓷为主。

⑦微粉的深度加工。金刚石微粉是精密加工必不可少的关键材料，但是国内企业对金刚石微粉的深度加工重视程度不够。在形状控制、表面分散性、表面纯净度、表面改性、粒度精细控制等方面还不能有效满足使用要求。国内外在微粉处理技术上差距不大，产品互为补充。

⑧ 金刚石材料在生物医疗领域的应用。随着医疗技术的发展，对医疗材料的品种和质量提出了更高的要求，为金刚石材料的应用开拓出一片新的市场。金刚石材料以其独特的优势应用在医用刀具、医用材料和医药领域中。由于金刚石手术刀具在手术过程中对手术部位的挤压、撕拉损伤小、伤口边缘整齐、易愈合，目前主要用于眼科、神经外科、骨科、口腔科以及生物组织切片等。人体植入物是近年来医用领域中的一个热门方向，在植入体表面镀金刚石膜，优化其体内的物理化学特性和生物相容性，并且在医用材料中加入金刚石成分优化其性能。还可利用纳米金刚石颗粒独特的惰性、生物相容性等性能应用于医药领域中，包括蛋白质分离、载药、标记、抗癌治疗、杀菌等方面。

（10）互联网 + 技术的应用

随着条件的日趋具备，一些企业开始着手实施生产工程的自动化与智能化改造。2016 年，某大型金刚石生产公司率先将互联网 + 技术应用于超硬材料的生产过程控制，在合成芯柱、密封传压介质制备及单晶选型自动化与智能化生产方面取得了前所未有的成就。密封传压介质自动化生产线上配合 20 多台成套设备，实现了叶蜡石、白云石、堵头等零部件的自动化与智能化生产，减少操作人员 70 多名，生产效率提高 20%，零部件质量大幅度提高。2017 年又建成金刚石合成芯柱自动化与智能化生产线，技术人员只要将配方、产品规格、密度、检验标准、产量等参数输入系统，系统将自动完成配料、混料、压制、分拣、检验、包装等所有工序，这一系统的投产使作业人员从 500 多人减少至 70 人，现场仅有监控、巡视、故障排除等人员，劳动强度大幅度降低，芯柱制备合格率与原材料利用率提高到 99% 以上，生产效率提高 30%。单晶选型生产线实现了加料车和成品收集车对选型机自动定位上料、自动定位收集成品的自动化过程，从而大幅减少操作人员数量，降低了劳动强度，提高了生产效率。

有序排列金刚石锯片出现已有 10 多年的历史，我国多家企业都已获得相关制造专利，其具有金刚石用量少、切割效率高、使用寿命长等突出优点，受到锯片制造商和用户的广泛青睐。但由于其制造效率低下、成本居高不下导致其产量很低，一直没有规模化的产品供应市场。2017 年某企业与高校合作开发的多层有序排列金刚石刀头高效智能制造设备解决了这个困扰行业多年的难题，使得有序排列锯片实现了规模化生产并批量供应市场。该套设备有 16 个工位，5 个工位自动投料（金属粉）并压成带有有序排列的微坑，5 个工位向每个微坑内填入一粒金刚石，5 个工位将金刚石与金属粉压实，前 15 个工位交替布置，最后 1 个工位压好有序排列金刚石刀头并自动推出，设备装有智能化视觉在线监控系统，可确保金刚石布料的完整性。工作台旋转一周可完成 5 层刀头的冷压成型，生产节拍为每分钟 5 个刀头，开创了高效、自动化、智能化生产有序排列金刚石刀头的新纪元。

7.3 我国发展超硬材料面临的主要任务

7.3.1 国内超硬材料在精加工中存在的问题

（1）高端产品创新力度不强，差距明显

近年来超硬材料行业得到了迅速发展，取得了一些重大成果，但是精密加工方面，差距依然明显。如半导体芯片制造中用的金刚石工具，低含量 PCBN 等，与国外同类产品相比仍有较大差距。半导体芯片制造对加工工件的平整度和精度等要求非常高，技术门槛明显，制造难度大，目前主要被国外企业所控制。低含量的高端 PCBN 的主要差距在黏结剂上，国内黏结剂的性能与国外差距明显，主要原因是高端技术研究不够，创新力度不强。

（2）上下游、产学研协同严重不足

超硬材料上下游企业之间的交流沟通不够密切通畅，就材料做材料的现象普遍存在，缺乏现场感觉，上下游企业没有找到一个合适结点有效对接。基础研究、工程化和产业化脱节现象严重，企业、学校、科研院所分工不明确，没有充分发挥各自优势。

（3）汽车整车厂进入门槛高，影响因素复杂

国内超硬制品没有实质进入汽车整机厂的原因，既有技术上的也有非技术上的。在技术方面，整车厂要求产品品质高，质量稳定性好，因此用的都是国外大品牌，不轻易更换砂轮。非技术方面，虽然国内某些品牌砂轮性能差距不大，但是仍难进入整车厂，其重要原因是砂轮在加工成本中所占比例小，企业改变的动力不强；另外，国内产品的品牌效应还不强，用户还在观望和迟疑。

（4）5G 手机背板材料加工存在重大技术瓶颈

用于 5G 手机背板的氧化锆材料属于难加工材料，在加工过程中砂轮易磨钝，粉末容易堵塞砂轮，加工效率低，成品率低而且加工成本高。现在加工成本 300 元人民币左右，而手机厂家期望值在 100 元左右，差距较大。目前国内外均在探讨和优化技术路线，是采用磨削还是切削，尚未有定论。磨削的主要问题是效率难以满足要求；切削的问题在于材料本身，既硬又韧，切削难度太大。总之，氧化锆背板的加工，还存在较大的技术瓶颈。

（5）航空航天领域进展缓慢，短期内难以突破

由于航空航天领域的特殊性，对安全性和稳定性的要求非常高，因此不会轻易地改变生产工艺，超硬材料短期内还难以全面进入航空航天领域。目前加工航空航天材料还是以硬质合金刀具为主，国外大型航天航空厂家也只是少量使用超硬材料进行加工，短期内很难全面取代。

7.3.2　超硬材料行业技术发展展望及任务

（1）行业发展将进入相对稳定格局

超硬行业将进入相对稳定的发展局面，各企业独特的产品优势将更加明显，行业

分工会进一步细化。每个企业要找准自己的定位，做出特色、做出优势，要避免盲目的恶性竞争，促进行业健康发展。

（2）发展高端制品，推动我国超硬制品产业向世界强国迈进

我国的高端超硬制品，如精密加工工具、专业锯片、高速砂轮、细粒度低含量PCBN等，与国外同类产品相比仍有较大差距，努力提高我国超硬材料及制品的技术水平，发展高端制品，已成为迫在眉睫的事，行业人士应重点选择一些更有发展前景或有望得到快速应用的新产品新技术进行开发。

① 金刚石线锯　2016年下半年，线锯切割多晶硅的核心技术实现突破，金刚石线锯于2017年呈“爆发式”增长，并全面应用于多晶硅切片领域。发展金刚石线锯等高端制品，会促进我国光伏及相关产业的快速发展，对于中国的经济发展具有重要意义。

另外，金刚石线锯也可应用于石墨、贵重金属、晶体、陶瓷、磁性材料等的切割。研发针对不同形状、不同材质的高端金刚石线锯，开发多线、网面切或曲面切等加工方式，是未来超硬制品发展的一个重要方向。

② 隧道窑无压烧结技术　利用隧道窑无压烧结技术制备的刀头在使用性能上已达到热压烧结同类产品的水平。展现出了极好的发展前景和市场价值。目前，国内只有部分较大规模厂家才具备相应的设备及配套技术，但随着技术的进步，隧道窑无压烧结技术必将更广泛的应用，在自动化、智能化方面将会有重大突破。

③ 人造金刚石大单晶刀具及功能材料　大单晶刀具适合用于对表面粗糙度、几何形状精度和尺寸精度有较高要求的精密加工领域，可作为特定加工场合的辅助和补充。随着国内大单晶的突破，取代天然单晶刀具是大概率事件。

另外，金刚石大单晶具有热学、光学、电学、声学等方面优异性能，越是在强酸、强碱、强辐射等极端恶劣条件下，金刚石大单晶的性能越发明显和重要。因此，要重点开发大尺度、纯度高、晶形完整的单晶，加强其在军工、航天及窗口材料的应用。

④ 整体PCBN和高端PCBN、PCD　国内的整体PCBN已有产业化应用，但质量稳定性方面还有待提高，必须通过合理选用原材料、优化组装结构、细化生产工艺、自动化设备投入等途径，来提高和保证其质量稳定性。高端PCBN和PCD要重视大直径、细粒度带来的均匀性问题及质量稳定性问题，推动PCBN、PCD刀具替代陶瓷、高速钢、硬质合金等刀具。

⑤ NPD　未来几年超硬行业应加大NPD的研发力度，重点关注NPD的理论研究和后期加工两个主要问题，在军工、航空航天等高端应用领域进行应用探索，进一

步培育市场，推动高端NPD的产业化。

⑥ 高端PDC和球齿PDC　PDC必须要走高端技术路线，加快研究，在产品生产阶段要严控次品率，确保质量稳定性。球齿类PDC在技术研发同时需考虑应用方向，在扩大应用范围的同时，要重点攻克其在工程机械领域的应用问题。

（3）开拓超硬制品应用新领域

① 超硬制品应进一步朝着精密加工领域发展　国务院曾下发了国发［2006］8号等文件，明确提出“发展精密及超精密技术，提高机床的可靠性及精度保持技术。”将精密加工上升到了国家战略高度。精密加工必须从超硬行业开始，而一些高精度高精密金刚石工具，例如超薄切割片、超细粒度金刚石砂轮、高精度钻头等，与国外产品相比仍有较大差距。国内的生产单位要瞄准精密加工超硬制品这个方向来发展，要在生产过程中制定严格的产品标准和工艺规程，来确保产品的质量稳定性。同时要加大对高端设备的投入力度，从硬件设施上推动精密加工技术的发展。

② 手机背板陶瓷材料加工领域　在5G通信、无线充电及OLED的快速发展趋势下，陶瓷等非金属材料将逐步替代金属材料，成为主流背板产品。有资料表明到2019年，全球电子陶瓷材料的市场空间会达到240亿美元左右，我国的电子陶瓷市场规模会达到640亿元。因此，针对陶瓷背板材料的钻、磨类金刚石工具将会有较大的市场前景，行业人士要认真审视陶瓷背板的发展趋势，提前做好新产品研发和战略布局。

③ 人造石加工领域　人造石主要用在家庭橱柜、窗台等地方。目前国内人造石使用量有所增加，但整体容量较小，每年约1亿平方米。在未来，出于环保等因素考虑，可能会限制天然石材开采，因此人造石的应用有加速发展的可能，针对人造石加工的金刚石工具也将随之增长。

④ 扩大超硬制品在工程领域应用　除了金刚石球齿类产品应用在盾构机、路面铣刨机等领域外，要拓展超硬制品在工程施工领域的新应用，如扩大专业锯片在桥梁拆迁、建筑工程等场合的应用规模；加快金刚石绳锯在无损伤施工、沉船打捞等特殊领域的应用等。

⑤ 寻找切入点，实现石墨烯产业与超硬行业相结合　石墨烯产业已被纳入国家战略布局，是一种前沿新材料。超硬行业要抓住石墨烯发展的良好机遇，将石墨烯的特殊性能与超硬材料、制品融合起来，既能最大程度发挥石墨烯的性能，又能让超硬材料或制品取得较高的性价比。同时，还要把石墨烯产业与超硬行业的上下游应用完全有机融合，以此来更快推动超硬行业的发展。

（4）加强超硬材料在功能应用方向上的开发

金刚石和 CBN 都具有卓越的特殊性能。如金刚石从深紫外到远红外全透明，可应用于巡航导弹红外探测器的窗口、激光窗口材料、透镜材料和光学保护涂层。而 CBN 晶体在高温高功率宽带器件、微电子领域有着广泛的应用前景。加强金刚石和 CBN 功能性研究与应用，是行业未来可持续发展的重要途径和方向。

（5）重视产品细节，提高精细化管理水平，加快自动化、智能化的推进速度

超硬行业已经普遍意识到了产品细节控制的重要性，并且部分厂家已经走在了产品细节控制的前列，特别是在自动化设备上以前所未有的力度进行投入。一些厂家的生产环境相当干净整洁，甚至达到了“医院式”的清洁水平，为产品的质量稳定打下了坚实的基础。

7.4 推动我国超硬材料发展的对策与建议

7.4.1 对策

近年来，超硬材料行业确实取得了一些重大而辉煌的成就，填补了一些国内空白，也迅速打入了国际市场。但就整体实力（特别是创新实力）而言，不可否认，与国际先进水平依旧存在较大差距。行业同仁需认清差距、精准发力，尽快补足短板，以期全面赶超世界先进水平。行业要抓住国家经济转型升级的良好机遇，携手共进，务实拼搏，实现我国由超硬材料及制品大国向强国的转变。

（1）加强基础性研究，主打创新战略，培养自己的民族品牌

重视超硬材料及制品的基础研究，提高其理论水平，是我国打破国外技术封锁、提高自主研发水平、由超硬材料大国迈向强国的核心内容和必由之路。行业人士要重视和解决这些问题，不断地开拓创新，提升产品质量和附加值，培育自己的民族品牌，在高端超硬制品领域抢占国际市场。

（2）加强对超硬材料及制品研究投入力度，实施合作攻关战略

超硬行业既要充分利用国家重点实验室、工程中心、技术创新平台等有利平台，实施产学研联合攻关，加大研发及产业化力度，也要加强超硬行业上下游产业链的合作，实施全方位、多层次的突破，来真正实现我国的超硬材料强国梦。

（3）加强宣传与资本运作，为行业发展创造有利氛围和筹集发展资金

超硬行业既要加强在资本市场的运作，通过资本投入来促进行业技术水平提高，又要利用各种渠道，加强对各级政府、协会和行业组织等的宣传，扩大超硬行业影响

力，为行业发展创造良好环境。

（4）普及高端制造，改善产品结构

近年来，在整个制造业转型升级的大背景下，我们创新开发出一批赶超世界先进水平的新品，为行业结构调整做出了贡献。但高端产品比例及市场占有率仍处于较低水平，且中低档产品多的矛盾依然突出，不仅影响行业转型升级的步伐，也容易加剧同质化竞争，扰乱市场秩序。如金刚石和锯片方面，国内高端用户仍依靠高价进口，结构性矛盾依然存在。需普及高端制造、改善产品结构，改变这一局面。

（5）提高制造过程的自动化智能化水平

我们要跟上现代制造步伐，必须大力向自动化与智能化制造方向挺进，不仅要做到节约劳动力成本、降低能源消耗、提高生产效率，还要提高并稳定产品质量，从而提高企业质量效益，加快转型升级。

（6）稳定产品质量，培育忠实客户

超硬材料类产品绝大多数是消耗性产品，高中低档产品均有其适应的用户群体，因此只要产品质量稳定且服务到位，就一定能培育出忠实的用户。有了忠实的用户，企业就能长盛不衰。

（7）提高专业化水平，走差异化发展道路，为用户提供解决方案

产品同质化势必导致以降价为手段的恶性竞争，而差异化发展恰恰能使得企业各得其所、共建市场、共享市场、互利共赢。因此企业必须找准适合自身发展的产品定位与市场缝隙，走差异化发展道路，为用户提供解决方案。

（8）加强前沿技术及非磨削用途的研究及市场开发

近年来中国宝石级金刚石大单晶实现了产业化生产，成功进入了人们日常生活的首饰装饰领域；精密刀具用金刚石片状单晶也实现了产业化，打破了国外产品多年垄断，进入了精密加工领域；CVD 金刚石在热沉、激光窗口等方面已开始应用，进一步保证了国家安全工程的顺利实施。我们需加强前沿技术及非磨削用途的研究及市场开发，继续加强产学研用合作，加强国内外合作，共同开创超硬材料装饰性、功能性应用的光辉未来。

（9）营建并完善国际网络，打造各类产品的国际大品牌

中国超硬材料行业有较强的国际化趋势，也有一些国际知名品牌，但仅限于超硬材料单晶与锯切钻进工具，并且该类产品的生产企业在世界主要经济体中持续发展的基础是或者有代理商，或者建有海外公司；超硬材料磨具与刀具国际化程度相对较差，个别企业在海外有兼职代理商，但是没有海外公司或营销服务网络，前者需继续完善与强化其国际化网络，后者需努力建设国际化网络，打造出国际大品牌。

7.4.2 发展建议

（1）加强基础研究，大力推进产学研结合，全面攻克5G背板加工难题和实质缩小半导体加工差距

目前，国内超硬材料在半导体行业的应用与国外差距明显，产品被国外垄断，主要原因是基础研究严重不够，缺乏有组织的攻关。由于芯片产品的特殊性，涉及国家的核心利益，加之具有较大的市场规模，必须高度关注。行业有关组织要加大宣传力度，及时向政府有关部门谏言，获取政策和经费上支持并牵头组织产学研攻关，力争短期内实质性缩小差距。

氧化锆材料属于难加工材料，并且手机行业的特点是批量大、加工效率和成本要求高，这些都是超硬材料加工的优势，因此对超硬材料行业应该是重大机遇。下一步要加强基础研究和应用研究，上下游、产学研紧密协同，尽快确定技术路线，争取在2～3年内全面攻克5G陶瓷背板加工难题。

（2）加大稳定性、针对性和扩大片径研究，明显提高高端PCD、PCBN的产品性能，加快替代步伐

预计国产PCD/PCBN五年内会有突破性进展，其中PCD进展会比PCBN快。要加大稳定性和针对性以及黏结剂研究，针对不同的加工对象，研发细分产品。目前国内主流复合片以ϕ(30～40)mm为主，要加大对扩大片径研究，争取在两年内开发出性能稳定ϕ60mm片径产品。同时，启动ϕ70mm产品的研发，争取3～5年内大幅度替代进口产品。

（3）加强与汽车整车企业的联系和沟通，做好示范工程，局部突破，以点带面

目前，国产超硬材料产品大规模进入汽车整车领域的条件逐步成熟，3～5年内有望取得重大突破。要加强与汽车整车企业的联系和沟通，了解企业需求，积极宣传国内产品，根据企业提出的要求，有针对性的改进工艺。同时，做好示范工程，先易后难，争取局部突破，以点带面，实现全面突破。

（4）深入调研，客观分析，制定超硬材料在航空航天领域的发展对策

深入调研航空航天领域中超硬材料的应用情况，分析所用材料的加工特性，确定取代技术路线，寻求突破口。在此基础上，制定超硬材料在航空航天领域的发展对策。总体判断是超硬材料在航空航天领域应用进程会比较曲折、缓慢，局部会有突破，全面替代短期内可能性不大。

（5）加大金刚石微粉深度加工的研发力度，争取短期内突破技术瓶颈

充分认识金刚石微粉对精密加工的重要性，加大金刚石微粉高效率、高质量选型

分级的研发力度，争取在短期内突破技术瓶颈，实现纳米级金刚石微粉的机械化高效生产。

（6）密切跟踪超硬材料在轴承、陶瓷、硬质合金以及生物医疗等行业的动态，扩大应用领域

超硬材料在轴承、新型陶瓷、硬质合金以及生物医疗等行业的应用潜力巨大。我国已做了大量的前期工作，应继续保持重点关注。

（7）加大 NPD 研发力度，推动高端 NPD 的产业化

NPD 具有未来工业性超硬材料的潜质，在精密加工中会有很好的应用。近几年实验室合成工艺已基本成熟，在应用中也取得良好进展，下一步要加大工程化力度，大幅度降低成本，争取早日进入商用。

（8）加速超硬材料功能特性的开发应用研究，尽快在产业领域实现应用

超硬材料功能特性在国防军事、半导体、生物医学、环境保护等新技术领域都具有广阔的应用潜力。目前在部分领域已经取得突破，得到应用。有研究表明，经过掺杂改性的超硬材料有可能成为第四代半导体材料，对我国发展高新技术具有战略意义。因此，需要国家层面从政策上给予更多的关注和支持，强化校企合作，突破技术瓶颈，实现产业化应用，为我国超硬材料功能特性开发应用创造良好环境，实现超硬材料强国的战略。

作者简介

林峰，博士，教授级高级工程师，国务院政府特殊津贴专家。长期从事超硬材料研究工作，主持或参加国家级、省部级项目 50 余项，获省部级科学技术特别贡献奖 1 项、科技进步一等奖 2 项、二等奖 7 项、三等奖 3 项，新产品开发成果二等奖 1 项。获授权专利 47 件（发明专利 24 件）。合作出版专著 5 部，在学术会议或学术期刊上发表论文 140 余篇。现任特种矿物材料工程技术研究中心常务副主任，兼任中国材料研究学会超硬材料及制品专业委员会秘书长，全国超硬材料专家技术委员会、中国机床工具工业协会超硬材料分会技术专家委员会委员，《金刚石与磨料磨具工程》《超硬材料工程》编委等。其是科技部科技型中小企业创新基金专家库、国家科技奖励专家库专家。2010 年获“全国劳动模范”称号。

吕智，博士，教授级高级工程师，国务院政府特殊津贴专家，全国优秀科技工作者。从事超硬材料研究工作，先后参加和主持完成部、省、厅级科

研项目30多项，获省部级科学技术特别贡献奖1项，科技进步一等奖2项、二等奖5项、三等奖4项，新产品成果二等奖1项。获授权专利16件（发明专利8件）。编写、出版学术专著1部，全国性学术会议和公开学术刊物上发表论文50余篇。任广西壮族自治区政府参事，原中国有色桂林矿产地质研究院有限公司党委书记、董事长、总经理。兼任中国材料研究学会超硬材料及制品专业委员会主任委员、全国超硬材料专家技术委员会副主任委员、中国机床工具工业协会超硬材料分会副理事长兼管理专家委员会副主任委员等。

李志宏，教授级高级工程师，中国机床工具工业协会超硬材料分会高级顾问，机械工业职业技能鉴定磨料磨具行业分中心主任，《金刚石与磨料磨具工程》杂志主编，中国机床工具工业协会超硬材料分会技术专家委员会副主任。从事磨料磨具行业科研开发工作12年，技术和行业管理工作22年，曾主持编制并向国家部委申报行业从“十五”至“十二五”发展规划，撰写政策研究报告、政策建议、专题报告等多篇。公开发表论文40余篇，主编出版著作4部、参编出版著作18部，主编并内部出版年鉴及论文集30余部。近年主要研究超硬材料行业现状及发展趋势。

第 8 章
高性能纤维及其复合材料

朱世鹏

8.1 产业背景及战略意义

高性能纤维及其复合材料，主要指具有高强、高模特性的聚丙烯腈（PAN）基碳纤维、芳纶纤维、超高分子量聚乙烯（UHMWPE）纤维及其作为增强体所制备的一类材料，是世界各国发展高新技术、国防尖端技术和改造传统产业的物质基础和技术先导，是中国战略性新兴产业中最主要的发展方向之一。同时具有极其明显的军民两用特征，对国民经济发展和国防现代化建设具有非常重要的基础性、关键性和决定性作用。而在未来，高性能纤维更是国家制造业和低碳经济的核心竞争力之一，是国民经济和国防建设的强大支撑力量，也是全球材料领域竞相发展的重点。

近年来，国务院、国家发展改革委、工业和信息化部、科学技术部等发布了《中国制造 2025》《“十三五”国家战略性新兴产业发展规划》《新材料产业发展指导》《工业强基工程实施指南（2016 年～ 2020 年）》《“十三五”材料领域科技创新专项规划》《增强制造业核心竞争力三年行动计划（2018 年～ 2020 年）》《重点新材料首批次应用示范指导目录（2017 年版）》《新材料标准领航行动计划（2018 年～ 2020 年）》等宏观产业发展政策，进一步明确了关键新材料产业发展的目标和任务，并细化到具体材料产品、技术指标等，为高性能纤维材料健康发展奠定了基础。

8.2 国外发展现状及趋势

在世界各国一系列重大科技工程和研究计划的有力推动下，高性能纤维复合材料技术与产业蓬勃发展，一系列关键技术的突破、应用规模的不断扩大和市场价值的不断提升预示着全球高性能纤维及其复合材料产业正逐渐跨入成熟期。

8.2.1 高性能纤维及其复合材料产业发展现状

8.2.1.1 碳纤维及其复合材料发展现状

（1）碳纤维技术和产业发展现状

碳纤维已经成为技术最成熟和应用最广泛的增强纤维材料，目前已形成聚丙烯腈基、沥青基和黏胶基三大体系，其中聚丙烯腈基碳纤维产量达到90%以上。日本和美国碳纤维技术领先，先后完成了碳纤维的标准化、系列化和通用化。面对潜力巨大的碳纤维技术与市场，各碳纤维优势企业开展了激烈的竞争。2010年，Hexcel公司推出IM10碳纤维，力学性能超过日本东丽T1000，并推出了高强高模HM63。2014年，东丽公司推出T1100碳纤维，重新夺回领先地位，而后三菱与东邦也相继推出了T1100级的超高强碳纤维。与此同时，日本东丽收购美国Zoltek大丝束碳纤维厂，德国SGL与日本三菱同时推进低成本大丝束碳纤维的生产。另外，国外根据应用需求不断开发差别化产品，如日本东丽的T720、T830和Z600等。2018年11月19日，日本东丽公司又推出新型高强高模碳纤维M40X，纤维强度和模量分别达到5.7Pa和377GPa，据称该复合材料具备较高的压缩性能。

目前全球碳纤维制造行业集中度极高，主要产能来源于日本东丽（Toray）、东邦（Toho）、三菱（MRC），美国Hexcel、Cytec、德国SGL公司、中国台湾台塑。2017年全球碳纤维理论产能14.7万吨，见图8-1。

（2）碳纤维复合材料产业发展现状

美国、欧洲、日本和俄罗斯建立并保持各具特色的复合材料技术体系，通过持续技术研发，满足了先进武器装备和高科技工业发展的需求。国外碳纤维应用主要以树脂基复合材料为主，应用部位由次承力构件扩大到主承力构件；产业也正由推广开拓期向快速扩张和快速成长期迈进，碳纤维复合材料应用领域已由航空航天器等国防领域扩展到了能源交通等民用领域。

① 航空航天等领域的碳纤维复合材料用量快速提升。从20世纪80年代开始，重大的武器型号计划、空间计划和干线飞机计划均把碳纤维复合材料用量列为工程的主要指标，在实现型号技术指标的同时，有力地牵引了碳纤维应用技术的突破和型号

碳纤维复合材料用量的提升。航空碳纤维复合材料已大规模应用于飞机主承力结构，高强度高模量碳纤维复合材料已应用于航天大尺寸主承力结构，高性能低成本碳纤维复合材料已应用于兵器中导弹火箭武器高温高动压等结构。

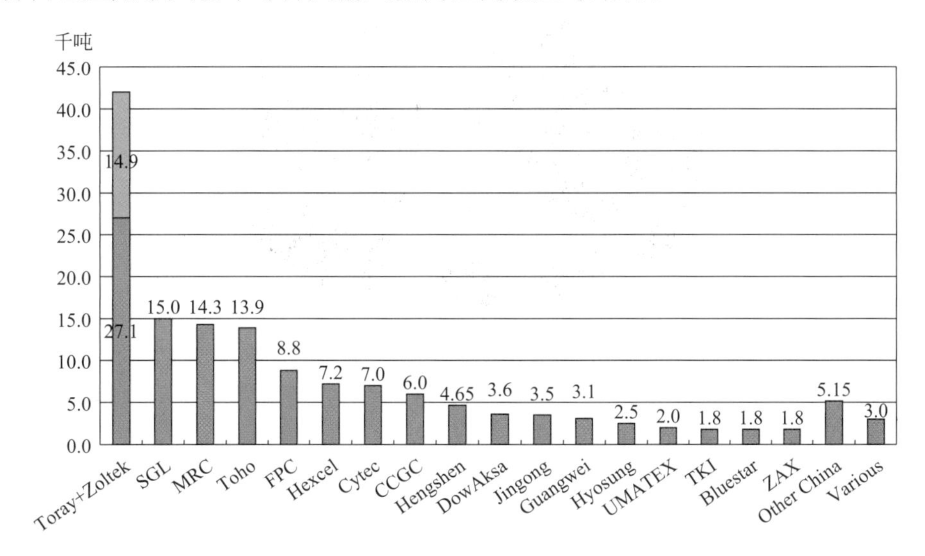

图8-1　2017年全球碳纤维理论产能

② 能源交通领域的应用有望爆发式增长，工业领域应用势头强劲。在大飞机碳纤维复合材料使用热之后，以输电与风电为主的能源领域和以汽车与轨道运输为主的交通领域为碳纤维产业的发展注入了新的活力，推动碳纤维产业发展跨入到以工业应用为主的新阶段。2017 年的全球树脂基碳纤维复合材料市场需求已超过 12 万吨（见图 8-2），达到 150 亿美元左右的市场规模。从全球市场需求来看，风电叶片、航空航天、体育休闲产业是碳纤维复合材料需求的支柱产业。尤其波音、空客商用客机的大规模成熟应用碳纤维复合材料，以及国际风电巨头的大规模投资，在这些领域树脂基碳纤维复合材料用量均达到 3 万吨左右（见图 8-3）。

图8-2　全球树脂基碳纤维复合材料需求用量

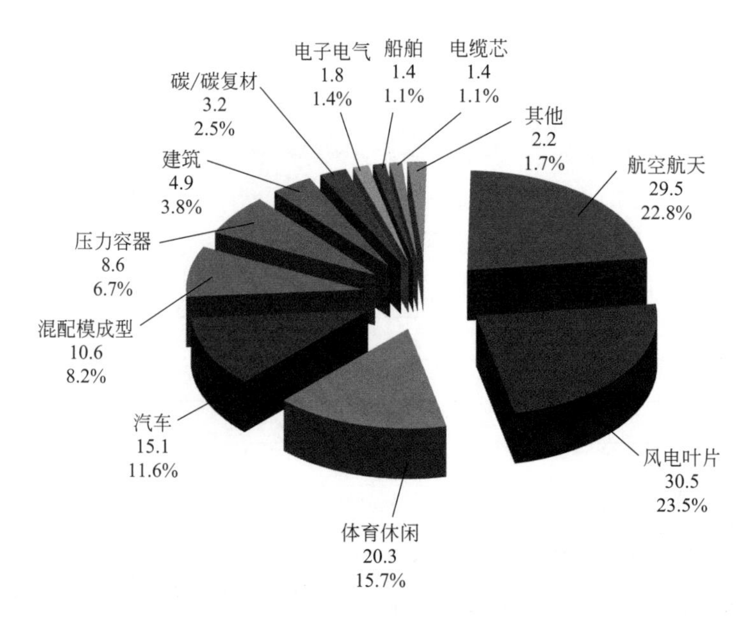

图8-3　2017年全球树脂基碳纤维复合材料需求分布（单位：千吨）

另外，国外在碳／碳复合材料方面也形成较完善的产业体系，在各领域应用较成熟。主要包括以下几点。

a. 作为目前唯一能够在 1600 ～ 3000℃高温下正常工作的结构材料，用于固体火箭发动机喉衬、扩散段，航天飞行器的机翼前缘、舱体等构件。

b. 作为摩擦材料，高性能碳／碳复合材料飞机刹车盘已形成了成熟的市场，并可用于高速列车、磁悬浮列车、汽车、赛车的制动系统。

c. 作为热场材料，用于光伏、化工、大型热加工的发热元件、炉内衬、紧固件、各种高温承重薄板材、隔热板／筒、热压模具、熔炉滑道等。

d. 作为特殊功能材料，因具有抗强辐射、耐高温等离子体、高导热等优异综合性能，是空间结构、超高功率微波系统、聚变实验装置等关键部件的优选材料。

8.2.1.2　陶瓷纤维及其复合材料发展现状

（1）陶瓷纤维发展现状

陶瓷纤维及其复合材料主要是指连续陶瓷纤维及其增强的陶瓷基复合材料，主要是以耐高温为基本功能，同时耦合承载、防热、透波或吸波等功能，从诞生之初就与航空航天和军事需求密切相关，其发展也始终围绕装备需求，表现出明显的装备与材料互促发展的基本规律，梳理国内外陶瓷纤维及其复合材料的历史可以发现其发展的特点。

一是从无到有从弱到强，逐步实现高性能化。比如典型的 SiC 陶瓷纤维由第一代发展到第二代、第三代，最高使用温度也从 1300℃提升到 1800℃以上；氧化铝纤维从 3M 公司发明 Nextel 312 莫来石纤维之后，陆续发展了 440、550、720 等更高性能的氧化铝纤维；陶瓷基体也由 SiC 单一基体发展到复合基体、超高温陶瓷基体。

二是由结构为主到结构功能一体化，应用领域不断拓展。比如 SiCf/SiC 复合材料由单纯的高温防热拓展为高温吸波，应用领域由火箭发动机到航空发动机、空间相机等；

三是成本因素越发凸显，可重复使用性能越发受到重视。随着陶瓷纤维及其复合材料应用规模的快速增长，成本因素已经占据了非常重要地位，包括原材料成本和制造工艺成本，低成本和可重复使用也成为这类材料的重要发展方向。

国内外陶瓷纤维基本呈现日美大幅领先、欧洲和我国自主发展的局面。日本、美国不仅掌握了氧化铝纤维、碳化硅纤维以及氮化硼纤维等方面的关键技术，而且已经完成了工业化开发，形成了多品种、系列化的产品，占据了全球 80% 以上的市场份额，并控制产品销售区域，对我国实施严格的禁运。欧洲掌握了氧化铝纤维个别产品的关键技术。

• 在碳化硅纤维方面，日本最早发明了 SiC 纤维，由日本的碳素公司和日本宇部兴产公司发展了 Nicalon 和 Tyranno 两个品牌系列化产品，完全覆盖了第一代、第二代、第三代 SiC 纤维，并且衍生出了不同电阻率的吸波 SiC 纤维。美国道康宁公司也研制出了 Sylramic 品牌的两种 SiC 纤维。近几年，美国又开始开发低成本的超高温 SiC 纤维技术。

• 在氧化铝纤维方面，日本和美国掌握了核心关键技术，其中美国 3M 公司 Nextel 系列化产品处于全球垄断地位，市场占有率高达 90% 以上。美国杜邦公司、日本的住友、电气化学、三菱等公司各自开发出一套成熟的氧化铝基陶瓷纤维生产技术。近年来，荷兰和德国也陆续推出氧化铝基陶瓷纤维。氧化铝纤维已经在航天航空、军工以及高温绝热材料等领域有重要应用。

• 在氮化物陶瓷纤维方面，包括氮化硼纤维、氮化硅纤维、硅硼氮纤维等，氮化物陶瓷纤维具有很高的电阻率、较低的介电常数和介电损耗，是高温透波 / 吸波复合材料的重要增强体。美国和俄罗斯已实现氮化硼纤维规模化生产，批量应用于新型武器、航天飞行器、高能电池等领域，并列为其重要战略禁运物资。在氮化硅纤维和硅硼氮纤维方面，国际上只有日本东亚燃料公司和日本原子能研究所进行了氮化硅和硅硼氮纤维的开发，日本和法国进行了氮化硅纤维和硅硼氮纤维的小批量研制，主要作为高温绝缘材料应用，国际上还没有氮化硅纤维和硅硼氮纤维商品。

• 在陶瓷先驱体领域，欧洲和美国处于全球领先水平。在耐 1300℃的陶瓷基体方面，美国 Starfire 和 EEMS 等公司发展了 RD-181、RD-684、RD-688 等系列低黏度、高陶瓷产率的 SiOC 陶瓷先驱体产品；SiCN 陶瓷主要有以全氢聚硅氮烷为产品的瑞士 Clariant，日本 Teon，英国 AZ Electronic materials 等公司；以聚硅氮烷为产品有美国 KiON 和 Dow Corning 公司，还有德国 Bayer 公司。由于产品涉军事属性，美国商务部明确规定禁止向中国出售该类陶瓷先驱体。

（2）陶瓷基复合材料发展现状

陶瓷基复合材料能够承受 1400 ～ 1650℃的高温且结构耐久性更好，其固有的断裂韧性和损伤容限高，适用于涡轮发动机热端部件，并能在较高的涡轮进口温度和较少的冷却空气下运行，发动机效率和耗油率明显改善，已经在航天航空等领域得到广泛应用。国外已基本解决了 SiCf/SiC 复合材料构件的可生产性、设计技术、质量控制以及采购成本等工程化、商业化难题，在航空发动机上的应用范围正在不断扩大，将成为下一代航空发动机的核心主干材料。美国和法国已经将 S200 和 A373、A410 等牌号材料制备的喷管结构应用于 F100 航空发动机上。法国 SNECMA、美国 GE 和 NASA 研制的陶瓷基复合材料密封片和涡轮罩环已实现商业化生产，并成功应用于 M88-2、F119 和 LEAP-X 等高推重比 / 大涵道比航空发动机。美国 GE 公司采用陶瓷基复合材料叶片的涡轮转子见图 8-4。法国研制的陶瓷基复合材料发动机喷管锥形中心体见图 8-5。2015 年，世界首个 CMC 非静子件 - 旋转低压涡轮叶片通过 F414 涡扇验证机验证，标志着陶瓷基复合材料作为航空发动机上动子部件应用的开始。SiCf/SiC 复合材料在航天飞行器、空间相机、核能等领域的工程应用研究正逐步深入，在飞行器热防护系统、相机支撑机构、事故容错反应堆包壳等关键部件方面展示了广阔的应用前景。

图8-4　美国GE公司采用陶瓷基复合材料叶片的涡轮转子

图8-5　法国研制的陶瓷基复合材料发动机喷管锥形中心体

8.2.1.3　高性能有机纤维及其复合材料发展现状

高性能有机纤维主要包括对位芳纶、超高分子量聚乙烯纤维、PBO 纤维等。

（1）芳纶

芳纶及其复合材料作为高性能有机材料的典型代表，其主要包括对位芳纶、对位杂环芳纶以及间位芳纶。

① 对位芳纶（芳纶 1414）　其以美国杜邦公司凯芙拉（Kevlar）和日本帝人公司的图阿隆（Twaron）为代表，拥有规格完整的纤维产品系列。2017 年全球对位芳纶需求量约 9 万吨，主要包括国防军工、个体防护、增强材料、摩擦密封材料和体育休闲等方面。近年来，对位芳纶的发展重点是拓展应用领域和提升消费量。

② 间位芳纶（芳纶 1313）　间位芳纶广泛应用于安全防护、环保过滤、结构增强和电气绝缘领域。2017 年全球间位芳纶需求约为 5.9 万吨，需求量保持 5% ～ 6% 的年增长率。全球间位芳纶主要供应商依次为美国杜邦、烟台泰和新材、日本帝人公司。其中美国杜邦 Nomex 仍然全球处于垄断地位，其产能约 2.5 万吨 / 年。

③ 杂环芳纶（芳纶Ⅲ）　芳纶Ⅲ已用于固体火箭发动机壳体、高端防弹衣、高端缆绳等国防领域。在 20 世纪 60 年代苏联开始开发第一代杂环芳纶 SVM，并相继开发了更高性能的第二代杂环芳纶 Armos 和新一代杂环芳纶 Rusar，据报道 Rusar 的强度高达 6.0GPa，相比于 Armos 纤维则提高了 20% 以上。俄罗斯在杂环芳纶领域起步最早，其基础研究和工业化最为成熟。

（2）超高分子量聚乙烯纤维（UHMWPE 纤维）

UHMWPE 纤维是密度最小的高性能纤维（约为 $0.97g/cm^3$），其复合材料具有优异的防护装甲性能、耐冲击性能、耐磨性及电性能。欧美主要用于防弹衣和武器装备，占比可达 70%。国际上主要形成两大品牌：Dyneema®（荷兰帝斯曼公司、日本东洋纺公司）和 Spectra®（美国霍尼韦尔公司）。荷兰帝斯曼、美国霍尼韦尔以及日本东洋纺、三井化学等传统优势企业，共同垄断了高性能 UHMWPE 纤维市场。其中帝斯曼和三井化学还拥有 UHMWPE 树脂原料的供应能力，在整个产业链中占据重要地位。2017 年国外需求总量约为 1.55 万吨，其中欧美市场约 4530 吨，南美市场在 4400 吨左右，日本市场为 3150 吨，韩国、澳大利亚市场分别约 1000 吨。

（3）其他高性能有机纤维

① 聚对亚苯基苯并二噁唑纤维（PBO 纤维）　PBO 纤维是有机高性能纤维中力学性能和耐热性最高的品种，拉伸强度为 5.8GPa、初始模量为 280GPa、分解温度达 650℃。PBO 纤维在航空航天、国防军工、个人防护、建筑增强等方面具有广阔的应用前景。PBO 的工业化生产始于 20 世纪末的 1998 年，由日本东洋纺公司以“Zylon”商标发布，一出现就因其优异的性能引起极大关注，被称为“21 世纪超级纤维”，是目前唯一工业化的 PBO 纤维产品。

② 聚酰亚胺纤维（PI 纤维） PI 纤维不仅具有较高的强度和模量，而且耐化学腐蚀性、热氧化稳定性和耐辐照性能十分优异，在航空航天、国防建设、新型建筑、高速交通工具、海洋开发、体育器械、新能源、环境产业及防护用具等许多方面得到广泛应用，此外还可以用于性能更加优越的防弹服织物、高比强度系列绳索、宇航服、高温防护服等。

③ 聚苯硫醚纤维（PPS 纤维） PPS 纤维具有耐高温、耐化学腐蚀、耐水解、阻燃等优良性能。美国 Phillips 石油公司于 1983 年实现 PPS 短纤维的工业化生产。1987 年后，日本东丽、东洋纺、帝人等公司也相继推出了聚苯硫醚纤维。2000 年日本东丽并购了美国 Phillips 公司的 PPS 纤维事业部，成为全球最大的 PPS 纤维生产商。经过多年发展，东丽和东洋纺公司已形成了规模化生产和销售能力。PPS 纤维主要应用于燃煤电厂烟道气过滤材料、阻燃织物和化工过滤等领域，其中全球近 90% 的聚苯硫醚纤维用于燃煤电厂烟道气过滤材料。

④ M5 纤维 M5 纤维是 Akzo Nobel 公司于 1998 年成功开发的一种刚性聚合物纤维，缩写为 PIPD。与其他高性能纤维相比，M5 的抗断裂强度稍低于 PBO，远远高于芳纶，其断裂延伸率为 1.4%；M5 的模量达到 350GPa；M5 的压缩强度低于碳纤维，但远高于 PPTA 纤维和 PBO 纤维。此外，M5 还具有优异的阻燃性能，其耐氧化降解与 PBO 纤维相当，但极限氧指数相对较低。目前 M5 纤维还未真正应用。

总体来说，美国、日本和欧洲的高性能纤维及其复合材料发展各具优势。美国在复合材料应用方面遥遥领先，在黏胶基碳纤维、沥青基碳纤维、碳化硅纤维、芳纶纤维和复合材料基体树脂等原材料方面具有雄厚的基础，其武器装备使用的高性能聚丙烯腈基碳纤维已实现自主保障；日本在聚丙烯腈基碳纤维、沥青基碳纤维、陶瓷纤维、陶瓷基复合材料及复合材料体育用品制造等方面具有明显优势，但先进复合材料的发展缺乏本土需求牵引；欧洲在复合材料制造装备方面基础好、水平高，本土复合材料发展有一定规模的宇航工业牵引。美国、日本和欧洲在复合材料原材料、工艺装备技术方面具有很高的依存度，既有实物采购，也有技术交换、转让，还有合资合作的研究机构和企业。苏联在冷战时代自主发展了武器装备需要的复合材料技术，其有机纤维及复合材料、黏胶基碳纤维及复合材料具有很高的水平，制造先进复合材料的各种热加工设备实用可靠，聚丙烯腈基碳纤维及复合材料也能基本满足装备需求。复合材料的自主研制和自主保障对俄罗斯的军事实力起到了不容忽视的强化作用。

8.2.2 国外高性能纤维及其复合材料发展趋势

（1）低成本高性能纤维生产技术逐渐成为主流技术方向

基于成本最优化的碳纤维差别化制备技术越来越受到重视，扩大单线产能和发展大丝束制备技术是碳纤维低成本化主要方向；对已具备产业化能力的芳纶纤维、超高分子量聚乙烯纤维，提高市场竞争力的低成本化稳定化生产技术同样是其发展的重点方向；对于陶瓷纤维、PBO 纤维等小品种纤维应进一步突破产业化技术，降低成本并扩大应用范围；而对于碳纤维复合材料，不仅树脂基复合材料的应用对低成本化提出要求，而对于成型工艺更为复杂的碳基和陶瓷基复合材料，其高昂的成本也严重限制其产业发展。着力发展低成本的复合材料成型技术，真正实现碳纤维复合材料在工业领域“用得起”，是产业发展的重要方向。

（2）持续高性能化正成为主要发展战略

日本和美国已形成了完整的碳纤维牌号体系。近年来为了提高市场竞争力，国外各公司相继推出更高性能的碳纤维，美国赫氏的 IM10、东丽的 T1100、三菱的 MR70、东邦的 XMS32，都是强度在 7GPa 左右、模量 320GPa 左右的超高强度碳纤维。2018 年 11 月，日本东丽推出新一代高强高模碳纤维 M40X。相应地，欧美国家不断提高高性能纤维增强复合材料在国防武器装备上的规模应用，极大提高了其武器装备性能。

（3）战略新兴产业的爆发式扩大应用已成为重要推动力

近年来，随着低成本工业级碳纤维、10min 以内快速固化树脂、罐外固化预浸料、高压液体成型、快速热压成型和快速真空灌注等系列低成本关键技术的逐步突破，将推动碳纤维在风电和汽车领域应用呈现爆发式增长。碳纤维在这些领域的应用还处于大规模爆发初期，而国内风电企业的碳纤维复合材料风机叶片的应用尚在论证阶段，汽车用碳纤维复合材料还在试水阶段，与国际上初具规模的应用尚存在较大差距。可以预见，碳纤维复合材料产业在风电和汽车领域的发展潜力是巨大的，正成为全行业高度关注的焦点。

（4）高性能纤维产业与市场垄断进一步加剧

高性能纤维产业规模不断扩大，产业发展地区差距明显。2017 年全球碳纤维产能已达 14.7 万吨 / 年，美国、日本和欧洲等发达国家和地区在市场和技术方面均处于领先地位。近年来，日本、美国和德国七家碳纤维企业垄断了全球 80% 以上的产量和 90% 以上的市场。2014 年以后，日本东丽收购了美国卓尔泰克，行业集中度进一步提升，总产能占比超过 30%，形成了一家独大的垄断局面。在陶瓷基纤维和高性能有机纤维方面，日本和美国也占据了全球 80% 以上的市场份额。

（5）部分尖端材料逐步向“实用化”新阶段迈进

国外陶瓷基复合材料已在航空发动机上取得成功应用，如 CFM 公司的民用涡扇发动机 LEAP-1A 高压涡轮罩环等部件就使用了陶瓷基复合材料，此外 GE 公司在军用涡扇发动机、GENX 民用涡扇发动机等型号上对陶瓷基复合材料进行了进一步验证。未来陶瓷基复合材料在航空发动机的应用具有广阔前景，航空发动机领域必将成为国内外陶瓷基复合材料拓展产业规模的必争之地。

8.3 面临的主要任务及挑战

在国家持续支持和以国防应用的需求牵引下，我国高性能纤维及其复合材料取得了实质性进展。但总体而言，产业化建设进展相对缓慢，部分领域严重滞后于世界材料强国的发展速度。

8.3.1 我国高性能纤维及其复合材料产业发展现状

8.3.1.1 我国碳纤维及其复合材料产业发展现状

（1）碳纤维产业发展现状

在军工需求牵引下，国产碳纤维的高性能化技术不断突破。经过 10 余年的艰辛探索，以满足工业应用为核心的千吨级产业化建设正在快速推进。目前初步形成产能规模化、产品系列化、应用高端化、产业生态化的态势。国产 T300 级碳纤维基本实现产业化，军工应用领域较为成熟，民用市场逐渐开拓；干喷湿纺 T700 级碳纤维产业化生产应用逐步加快；T800 级碳纤维已经批量试产，但还尚未实现市场应用，T1000、M40、M40J 以及 M55J 级碳纤维具备了小批量生产能力；在实验室条件下，T1100 级、M60J 级碳纤维已经突破关键制备技术，但尚未突破稳定化制备技术。

中国现有 24 家碳纤维企业，以威海拓展、江苏恒神、中复神鹰、中安信、精功为代表的 6 家企业建设起 10 条单线产能达千吨级的生产线，另有 18 家企业建设几十吨至几百吨产能的生产线。基于腈纶工业基础的高强型大丝束碳纤维原丝技术取得突破，吉林碳谷建成了 1.5 万吨 / 年的原丝生产线，国产碳纤维产业格局基本形成。2017 年国内碳纤维理论产能达 2.6 万吨。但只有 16 家企业开工生产（图 8-6）。

虽然国内碳纤维产能不断增长，但开工率严重不足，国内重点企业的产量情况如图 8-7 所示。2017 年国内碳纤维需求量约为 2.3 万吨，而国产碳纤维供货量约 7000 吨，其余全部依靠进口（图 8-8）。

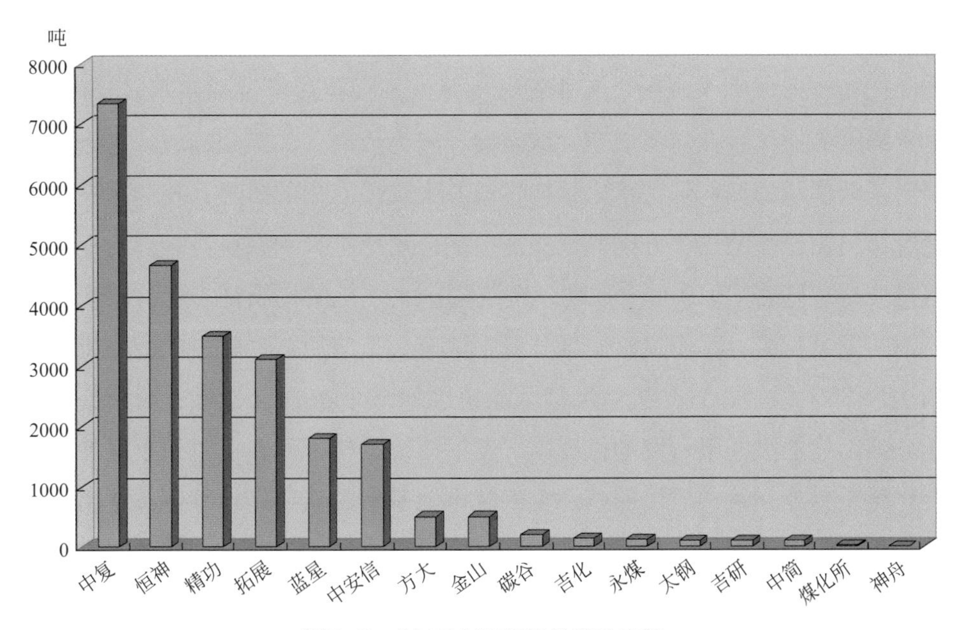

图8-6　2017中国碳纤维理论产能

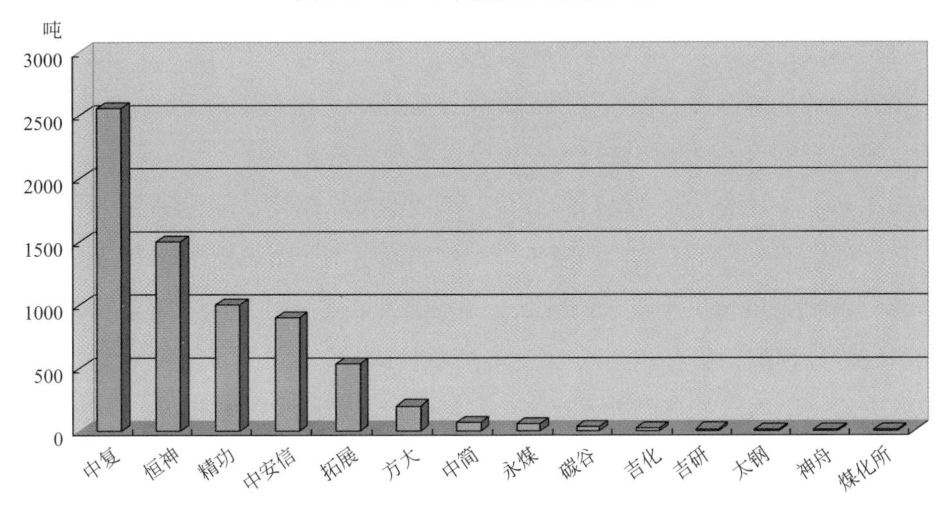

图8-7　2017中国碳纤维实际产量

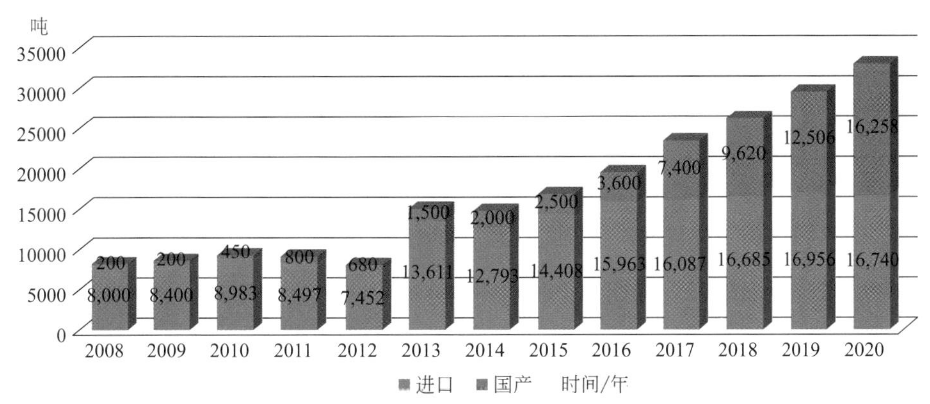

图8-8　中国碳纤维需求量（吨）

（2）碳纤维复合材料产业发展现状

我国已初步形成军工牵引，工业领域支撑的规模化碳纤维树脂基复合材料产业。树脂基碳纤维产业体系在航天航空领域发展已较为成熟。如航空领域，树脂基复合材料已经历了从次承力结构到主承力结构过渡并大规模应用的阶段；在商用飞机上，树脂基复合材料由整流蒙皮、方向舵、扰流板的应用已推广到在机身、翼肋、中央翼盒上大规模应用，随着C919首飞成功，围绕国产大飞机的树脂基复合材料产业也将赢来更广阔的发展契机；军用飞机、直升机上也有大量应用，最先进的战斗机中复合材料用量达到35%以上，直升机用量甚至能超过90%；在航天领域，树脂基复合材料可用于导弹结构的级间段、发动机壳体、发射筒等结构部件，也可用于烧蚀防热等功能复合材料。另外，各种卫星遥感件支架、电池基板、天线面板等也都选用树脂基复合材料。我国体育休闲领域是国内树脂基复合材料应用主力，与此同时在汽车领域的应用技术正在逐渐突破。

碳/碳复合材料产业体系初步形成，在各领域应用不断扩大。高性能碳/碳复合材料关键技术取得突破，产业规模不断壮大，涌现出一批自主创新能力强，初具规模的龙头生产企业。国内多个民航飞机都采用了国产碳/碳刹车盘PMA件，替代了部分进口；多型军机碳/碳刹车材料装备服役，实现量产。

我国在高性能纤维及复合材料领域有着可期的市场规模，并还保留着巨大的市场潜力。然而国内部分产品不具市场竞争力，性能满足不了市场需求，市场被进口产品挤占；部分产品则出现供不应求的现状。从2017年到2020年，中国的整体市场的需求将比较难以预测，很可能会以20%的高增长运行。

总体来看，国内碳纤维已进入有序化发展阶段，产业化初具规模，但高端产品缺乏，中低端产品成本居高不下，针对应用需求的特种产品缺少设计能力。

8.3.1.2 我国陶瓷纤维及其复合材料产业发展现状

（1）陶瓷基纤维产业发展现状

陶瓷纤维主要有碳化硅（SiC）纤维和氮化物纤维，国内开展SiC纤维研究的单位主要包括国防科技大学、厦门大学和苏州赛菲集团。国防科技大学是国内最早开展先驱体转化制备连续SiC纤维的单位，建成了国内第一条吨级第一代、吨级第二代、百公斤级第三代连续SiC纤维中试试验线。苏州赛菲集团在国防科技大学技术基础上建成了第一代SiC纤维生产线。近年，国防科技大学与宁波众兴、厦门大学和火炬电子分别合作开展第二代连续SiC纤维十吨级工程化技术研究。

氮化物纤维制备难度较大，国内外氮化物纤维一直停留于实验室研究阶段。国防科技大学和厦门大学均进行了氮化硅纤维的工程化开发，目前该两家单位仅有年产百公斤产量，有望在十三五末达到吨级年产能。山东工陶院和国防科技大学分别建设产能百公斤级的氮化硼纤维试验线。中科院过程工程研究所和东华大学分别在氮化硼和硅硼氮纤维方面开展了基础研究。总的来说，国内氮化物陶瓷纤维已经形成良好的发展势头，但与需求仍有显著差距。

（2）陶瓷基复合材料产业发展现状

陶瓷基复合材料工程化关键技术取得突破，技术突破带动产业化的格局初步形成。陶瓷基复合材料经过近四十余年的发展，材料技术日趋成熟，初步在航天、航空等领域取得应用。近年来我国在陶瓷基复合材料方面也取得了长足进展，学术界和工业界掌握了化学气相渗透技术、有机前驱体浸渍 - 热解技术、反应熔渗技术等材料制备技术。但我国陶瓷基复合材料除应用于刹车领域外，尚未形成规模化应用。由于我国 SiC 纤维发展水平的局限性，相对于 C/SiC 陶瓷基复合材料，SiC/SiC 陶瓷基复合材料在我国尚处于起步阶段，目前还没有公开报道的工程应用。从远期看，陶瓷基复合材料将主要应用于航空发动机热结构和新型核能结构材料中。

8.3.1.3　我国高性能有机纤维及其复合材料产业发展现状

（1）芳纶纤维

芳纶Ⅱ纤维包括芳纶 1313 和芳纶 1414 两大类。国内芳纶纤维 1313 总产能已达到 10500 吨 / 年，其中烟台泰和（7500 吨）居世界第二，尽管总体来说在规模、技术、质量等方面与世界先进水平还存差距，但已改变了全球竞争格局。2017 年国内需求约为 11500 吨，产需基本平衡。其中防护领域用量约 4000 吨，工业过滤领域约 5000 吨，芳纶纸约 2500 吨。国内芳纶纤维 1414 年产能已超 7000 吨，但实际年产量约 1800 吨，开工率不足 30%，产业化水平还和国外差距较大。

芳纶纤维Ⅲ生产主要是俄罗斯和中国，俄罗斯总产能在 2000 吨 / 年左右。中国主要有中蓝晨光（产能 50 吨）、航天拓力（产能 50 吨）、自贡辉腾（产能 300 吨）三家企业。其中中蓝晨光的实际产量最大，2017 年约 15 吨左右，其他不足 10 吨。芳纶纤维Ⅲ主要用于高端领域，国内市场总需求量有限，呈现出供大于求的现象，其主要应用范围局限于航天发动机壳体、航空机身、防弹方面。

（2）超高分子量聚乙烯纤维产业发展现状

近十年来，我国 UHMWPE 纤维发展较快，技术路线分为湿法路线和干法路线。2017 年国内超高分子量聚乙烯纤维生产厂家 30 余家，年产能超过 2 万吨，实际产量已超过 9000 吨，国内需求大约在 6000 吨左右，其余 3000 多吨出口。国内应用市场已从最初的缆绳领域逐步向高端防护领域渗透，在安全、防护、航空、航天、国防装备、车辆制造、造船业、文艺体育等方面发挥着举足轻重的作用。

（3）其他高性能纤维产业发展现状

① PBO 纤维　国内对 PBO 的研究始于 20 世纪 80 年代末，中蓝晨光化工有限公司建立了一条年产 10 吨 PBO 纤维能力的中试实验线，年产纤维近 5 吨，制备纤维性能接近东洋纺 Zylon 的性能。随着工程化研制推进，中蓝晨光产能预计达 50 吨 / 年，成都新晨新材料科技有限公司预计达到 300 吨 / 年。估计未来五年 PBO 纤维的年产能将达到 500 吨左右，而国内的 PBO 纤维应用市场亟待开发。2017 年国内 PBO 纤维产量近 5 吨，主要供给航天及兵器方面进行复合材料研究，另外有少量供给国内制作耐热复合材料。

② PPS 纤维　国内现在 PPS 长短纤维的生产能力约 40000 吨 / 年左右。国产纤维级 PPS 树脂的成本高、质量不稳定，国内纤维生产企业除利用国产纤维级 PPS 树脂生产纤维外，仍需大量采购国外纤维级 PPS 树脂，以满足生产需求，而且生产 PPS 织物和非织造布所需的高品质 PPS 纤维主要靠国外进口生产。2017 年全国 PPS 纤维使用量约在 12000 吨左右，尚处于供不应求的状况，全部用于高温烟道过滤，其中国内生产约 7000 吨，进口约 5000 吨。

8.3.2　我国高性能纤维复合材料产业存在的主要问题

我国高性能纤维及其复合材料与国外研制上基本同步开始，但是由于复杂的原因进展一直较缓慢，近十年来虽取得了很大的进步，但产品在性能稳定性、成本、规模及应用方面未达到日美等发达国家的水平。

（1）具有市场竞争力的国产高性能纤维及复合材料产业化工艺与装备的核心技术没有完全掌握，产品价格居高不下、技术成熟度不够，在市场竞争中处于不利地位

以碳纤维为例，2017 年我国碳纤维市场规模约 23000 吨左右，其中国产碳纤维约 7000 吨，占实际消费量不到 30%。国产碳纤维有市场但没占领，主要因素是产业化技术成熟度不高，产品性价比低、应用服务能力缺失。现阶段国产碳纤维仍以生产 12K 及以下小丝束产品为主，高质量、大丝束、低成本大规模碳纤维工业化生产技术尚未突破。同时，芳纶、PBO、PPS 纤维等都存在技术成熟度不高，产品质量不稳定，缺乏高端牌号，缺少市场竞争力的问题。同时，高性能纤维产业用装备国产化能力不足、对引进装备的二次改造能力弱，导致产业化工艺去迎合装备条件，失去了以工艺为核心的产业化准则，产品质量稳定性不高、产能释放率低等问题突出。此外，复合材料成型工艺占据产品成本的较大比重，工业生产技术落后，制造装备跟不上，

尤其碳基和陶瓷基复合材料，生产规模化程度低，导致市场对生产周期与价格的接受度较低，限制了产业规模的发展壮大。

（2）高性能纤维关键科学问题尚未探明，基础研究投入不足，高端高性能纤维及其复合材料仍存在代差，自主创新能力亟待加强

高性能纤维制备科学技术基础仍需不断夯实，国产高性能纤维普遍存在性能调控能力弱，反映出工艺 - 成分 - 结构 - 性能之间深层次的关联关系没有研究透，必要的科学机理没有揭示清楚。近几年，随着企业产业化水平的提高，对基础研究的支持力度逐渐减弱，且受人才、专业基础以及生产任务的限制，无法真正展开基础研究；而高校与研究机构的研发，往往以型号产品为依托，以跟踪仿制国外指标为目标，基础研究投入不足。

目前国外航空航天等军工领域已经大规模应用以 T800 级碳纤维为主要增强体的第二代先进复合材料，而我国总体上仍处在第一代先进复合材料扩大应用阶段。我国军用高性能纤维及其复合材料与国外先进水平存在代差。同时，国产纤维系列化发展以跟踪仿制模式为主，自主创新能力不足，不适应武器装备比肩和引领发展的需求。另外，如碳基、陶瓷基等高性能纤维复合材料的极端性能与国外产品存在一定差距，尚不能满足国家重大项目对高性能材料的需求。

（3）工业领域设计 - 制造 - 应用复合材料集成能力没有形成，产业发展缺乏出口

一方面高性能纤维生产企业基于技术积累现状和传统的习惯思维，对高性能纤维应用服务能力的培养不重视，只注重产品的推销，而忽视了应用服务，导致国产高性能纤维的市场受欢迎程度低。另一方面我国的高性能纤维应用企业 - 复合材料企业，更多习惯于跟踪国外的应用技术与应用领域，以“成型加工”方式开展高性能纤维复合材料的制备，工业领域缺乏对高性能纤维复合材料设计 - 制造 - 应用的集成能力，缺乏持续应用的能力，导致工业需求未能形成对碳纤维复合材料产业的持续拉动作用。比如，大量碳纤维企业涌向国防军用领域，不仅对有限规模的军用市场造成严重冲击，而且装备与产品技术水平参差不齐，检测与标准体系难以统一，企业生存面临严重困难，严重影响国产碳纤维技术水平提升，对军用碳纤维复合材料创新发展产生了拖后腿效应。

（4）低水平无序扩张愈演愈烈，不仅造成大量国家和社会资源占用与浪费，也有可能使产业陷入投入“输血”和“扶持”依赖陷阱

在军用高性能纤维禁运、国家高度关注以及投资冲动等多重因素刺激下，涉足高性能纤维研制生产的单位数量多，水平参差不齐，多、杂、散、乱问题突出。低水平

无序扩张愈演愈烈，不仅造成大量国家和社会资源占用与浪费，也有可能使产业陷入投入“输血”和“扶持”依赖陷阱，成为“畸形儿”，难以形成具有竞争力和可持续健康发展的产业。

（5）人才规模与分布问题没有得到明显改观

经过40多年艰苦努力，国产高性能纤维及复合材料研制取得长足进步，培养了一批专业技术人才。但由于国产高性能纤维及其复合材料行业整体规模和技术水平均大大落后于世界先进国家，高性能纤维及其复合材料领域人才队伍规模有限，且掌握关键技术的人才严重匮乏。同时人才分布不均，大量复合材料设计和工艺技术人才主要集中在国防军工领域，而方兴未艾的工业应用领域设计和工艺技术人员严重匮乏，直接影响了高性能纤维复合材料在工业领域的推广应用，难以支撑我国高性能纤维及其复合材料行业的整体发展。

8.3.3 我国高性能纤维复合材料产业面临的主要任务和挑战

当前，国外高性能纤维及其复合材料产业已进入技术成熟期，装备技术不断升级，效率大幅提高，成本持续降低，产业继续保持高增长，广泛应用于国防军工和工业民用领域。高性能纤维及其复合材料生产技术仍处于日美欧垄断局面，对中国采取高端禁运、低端挤压的遏制政策；与此同时，韩俄印等后发国家加速追赶，对中国构成赶超威胁。我国高性能纤维及其复合材料发展目前仍面临一系列重大挑战，主要表现在以下几方面。

一是高端军用高性能纤维及其复合材料仍存在代差，自主保障与创新能力亟待加强。国外航天航空军工领域已经大规模应用以T800级碳纤维为主要增强体的第二代先进复合材料，而我国总体上仍处在第一代先进复合材料扩大应用阶段，落后一代以上。卫星用高强高模碳纤维和大型客机用高强中模碳纤维仍然依赖进口。军用碳纤维系列化技术尚未完全突破，受纤维保障和复合材料成本等因素的制约，军用复合材料扩大应用步履艰难，军机平均应用比例偏低，船舶与兵器应用尚处于起步阶段。总体上看，国产碳纤维及复合材料技术发展以跟踪仿制模式为主，自主创新能力不足，难以适应武器装备比肩和引领发展的需求。

二是高性能纤维产业化成套工艺与装备核心技术仍未完全突破，质量和成本受到严重制约。2017年我国碳纤维实际产量只有约7000吨，仅占国产碳纤维名义产能的30%，国产碳纤维有产能无产量，有效供给严重不足。究其根本原因是碳纤维产业化成套工艺与装备核心技术仍未完全突破。目前我国碳纤维产业化装备的主要特征是：流程借鉴军用碳纤维小批量研制线，关键装备依赖进口，普遍存在流程不畅、关键工序故障频发，生产线投入畸高的问题，设计产能迟迟无法兑现，产业发展严重依赖“输血扶持”。产品规格一直以 3K、6K、小丝束为主，高质量大丝束低成本碳纤维工业化生产技术尚不掌握，国产碳纤维价格居高不下。从技术和装备的硬实力来看，我国碳纤维工业化生产技术与装备至少落后国外两代。与此同时，简单扩大军用碳纤维小批量制备技术形成了难以消化的名义和实际产能，无序发展愈演愈烈，对碳纤维产业的健康发展和武器装备复合材料应用造成严重冲击。

三是大多数应用行业“不会用、用不好”，高性能纤维复合材料规模应用出口不畅。当前，我国仅航空航天领域具有较为完整的复合材料设计 - 评价 - 验证能力，兵器、舰船、汽车、风电、轨道交通、基础设施建设、体育器材等行业设计 - 评价 - 验证能力缺失，大量应用仍为替代式，未与行业流程和工艺实现有机融合，普遍存在“不会用、用不好”的问题，如体育、汽车和风电等行业目前主要从事来图加工和来料加工等低端代工产业，导致国产碳纤维及其复合材料大规模应用出口不畅。碳纤维工业应用的技术和市场培育迟缓，产业发展缺乏必要的需求拉动。同时碳纤维及其复合材料领域人才队伍规模有限且分布不均，大量复合材料设计和工艺技术人才主要集中在国防军工领域，而方兴未艾的工业应用领域设计和工艺技术人员严重匮乏，直接影响了碳纤维复合材料在工业领域的推广应用，难以支撑我国碳纤维及其复合材料行业的整体发展。

8.4　发展对策和建议

为实现“材料强国”的目标，培育壮大完整产业链，需重点加强低成本工业化高性能纤维研发，在工业领域建立具有高性能纤维及复合材料设计应用的产业技术发展机制，培育具有竞争力、先进完整的产业体系，以人才为依托，支撑我国高性能纤维及其复合材料技术产业持续健康发展。

（1）加强高端碳纤维及其复合材料系列化和自主创新，加快工业级碳纤维发展

军用高性能纤维发展立足于满足国家重大安全需求，重点发展高性能低成本纤维系列化技术及其复合材料应用技术，实现国防装备完全自主保障；与此同时还应以复合材料使用性能和装备应用为牵引，下决心自主研制，发展大直径、拉压性能平衡的自主牌号碳纤维，并以此为基础研制和发展高强高模高韧和拉压平衡的第三代先进复合材料。民用碳纤维发展则应抓住国际汽车和风电用工业级碳纤维仍处爆发初期的有利时机，重点发展大丝束、高质量和低成本工业级碳纤维，加快推进高性能纤维复合材料在风电和汽车领域的应用，解决高性能纤维应用出口问题。

（2）重视高性能纤维技术与产业发展过程中的“高性能纤维及其复合材料”体系建设，建立具有竞争力、先进完整的产业体系

尽早启动“重点新材料研发与应用”重大项目，从“高性能纤维－复合材料－市场应用”系统布局技术攻关，夯实发展基础。国产高性能纤维从“军用高性能纤维技术研发及军工应用为主”发展到“军民两用技术同步发展”的新阶段，还需要向更高的“寓军于民、以民养军”阶段提升，需要高性能纤维行业的技术提升、更需要复合材料行业学会做自己的“蛋糕”。加强能源、交通运输、建筑工程等重点民用产业发展，形成高性能纤维研发、生产和应用的完备产业链。只有到了我们会自己“画蛋糕”“做蛋糕”，国外企业来抢中国的“蛋糕”时，国产高性能纤维及其复合材料的国际竞争力才真正建立起来了。

（3）重点培育技术与装备硬实力，建立集复合材料设计－制造－应用为一体的完整产业技术体系

在国家重大工程和“十三五”相关计划的支持下，重点突破高性能纤维大规模工业化生产成套工艺与装备技术、军用高性能低成本碳纤维成套技术、工业及武器装备复合材料应用成套装备与技术，着力提升我国高性能纤维及复合材料领域硬实力。在军工领域之外，尤其汽车、风电、压力容器等颇具潜力的工业领域，建立先进完整的集高性能纤维复合材料设计－制造－应用为一体的产业技术体系，提升工业领域应用复合材料的技术水平，“学会用”且“用好”高性能纤维复合材料，逐步推动我国高性能纤维及其复合材料硬实力大幅提升。

（4）加强人才培养，尊重知识产权及标准建设，支撑我国高性能纤维及其复合材料技术产业持续健康发展

加强高性能纤维及其复合材料学科建设与人才培养，依托相关高校完善学科设置，加强机械、纺织、高分子、材料和工业与装备设计等专业融合，扩大人才培养规模并加强跨专业复合型人才培养；在重点企业建立企业技术中心和企业重点实验室等高水平开放研究平台，并依托研究中心和平台建立碳纤维试验线，切实加强和提升高性能纤维生产企业的工艺技术水平；对于尚处规模化产业初期的行业，要重视检测标准、工艺标准及产品质量标准规范的建立；尊重知识产权，建立合理有序的人才流动机制，为我国高性能纤维及其复合材料技术产业持续健康发展提供自主创新源动力。

作者简介

朱世鹏，工学博士，高级工程师。国家碳纤维产业计量测试联盟专家咨询委员会委员，主要从事国产碳纤维评价表征及复合材料应用研究，主持或参与完成国产碳纤维及其复合材料相关军品配套项目、国家“863”计划项目、国家产业化示范项目和总装实验室基金课题等 10 余项。先后参与编写国家重点新材料研发及应用重大项目实施方案和相关部委高性能纤维及其复合材料咨询报告。发表论文 30 余篇，申请或授权国家发明专利 10 余项。

第 9 章

稀土新材料

赵　娜　徐会兵

稀土（Rare Earth，简称 RE）是化学元素周期表第三副族中原子序数从 57 至 71 的 15 个镧系元素，即镧（La）、铈（Ce）、镨（Pr）、钕（Nd）、钷（Pm）、钐（Sm）、铕（Eu）、钆（Gd）、铽（Tb）、镝（Dy）、钬（Ho）、铒（Er）、铥（Tm）、镱（Yb）、镥（Lu），再加上与其电子结构和化学性质相近的钪（Sc）和钇（Y），共 17 种元素的总称。稀土元素并不稀少，也不像“土”，而是典型的金属元素。稀土元素以其丰富的磁学、光学、电学等特性，在国民经济、国防工业中得到广泛的应用，涉及航天、航空、信息、电子、能源、交通、医疗卫生等 10 多个领域的 40 多个行业，被誉为“工业维生素”，是发展高新技术和国防军工不可或缺的关键战略材料，被列为实施制造强国战略的九种关键材料之一，地位十分重要。

我国是世界上稀土资源最丰富的国家，已建立了较完整的产业链和工业体系，并发展成为世界稀土生产、出口和消费的第一大国，在世界上具有举足轻重的地位。我国稀土永磁材料、储氢材料、发光材料已实现大规模生产，其供应量已占全世界的 90% 以上，为国民经济发展做出了重要贡献。近年来，随着新一代信息技术、高档数控机床和机器人、节能与新能源汽车等十大领域的发展，对包括稀土在内的基础材料提出了更高的要求，稀土新材料的发展迎来了新的机遇。

9.1　产业发展现状

9.1.1　稀土磁性材料

（1）技术及产业发展现状

稀土磁性材料介绍如下。实用化的稀土磁性材料主要有稀土永磁材料、磁致伸缩材料和磁制冷材料等，而应用量最大、形成产业的只有钕铁硼永磁、钐钴永磁、铈永磁、钐铁氮永磁等稀土永磁材料。

① 稀土永磁材料　近年来，我国稀土永磁产业整体水平不断提升。2018 年，我国稀土永磁材料产业取得了飞速发展，其中，在高性能烧结钕铁硼稀土永磁材料方面，高端牌号磁体的产业化方面达到了国际同等水平，包括 52H、50SH 等牌号烧结磁体产品均已进入批量生产阶段；在高性能、高矫顽力及低重稀土高矫顽力方面均获得重大进展，多家企业在双高磁体及低重稀土高矫顽力磁体方面显示出较强的技术水平。我国自主开发的高丰度 Ce 等稀土资源平衡利用和双 / 多主相合金已进入产业化阶段，并实现了规模化的应用。但我国在设备先进程度方面相对发达国家还有一定的差距，如国产连续烧结炉在稳定性和自动化方面和日本制备的产品存在一定差距。此外，批量化生产的钐钴永磁材料的磁能积性能已达到 28 ～ 32 MGOe，也已接近国际先进水平，但批量成品率仍较低。

2018 年，各向同性钕铁硼黏结永磁材料继续主导着黏结永磁材料的市场，并得到了平稳的发展。但是，由于技术发展的失衡和产业化装备限制，目前国内只有部分企业可批量稳定生产高性能牌号的相关产品。在新型的黏结稀土永磁材料的产业化研发方面，各向同性快淬钐铁氮磁粉的工程化研究取得突破，目前国内已形成了小批量供货能力，各向异性黏结磁粉产业化制备关键技术也获得突破。

② 磁致伸缩材料　作为一种重要的稀土磁性材料，发展也非常迅速，已相继开发出使用温度 -80℃到 -100℃的 TbDyFeCo、高耐腐蚀性的 TbDyFeSi 等四元磁致伸缩合金以及具有良好低场磁致伸缩性能的 $Tb_xD_yPr_{1-x-y}(Fe_{1-w}T_w)_2$（T=Co，Al，Be，B 等）五元磁致伸缩合金等。

③ 磁制冷材料　因磁制冷技术具有绿色环保、高效节能以及稳定可靠等优点，广泛受到关注。目前，该材料还是主要处在研发阶段。其中，$La(Fe,Si)_{13}$ 基磁热效应材料具有价格低廉、易制备、巨磁热效应等优势，已被广泛认可为一种实用性室温磁制冷材料，并且已经被多个国家成功应用于室温磁制冷样机，并取得良好效果。

（2）核心优势、面临形势及产业布局

我国在高性能烧结钕铁硼稀土永磁材料方面与国外基本处于同一水平，产量占世界80%，高丰度低成本磁体的制备技术处于国际先进水平，在高端牌号磁体的产业化方面达到国际同等水平。但是，我国烧结稀土永磁产业在自动化水平、研发能力、装备控制水平与精度方面与国外还存在一定差距，因此大部分应用还是集中在中低端应用领域。

我国的黏结磁体在全球市场上占据了主导地位，年产量达到全球一半以上，在汽车和节能家电等新兴产业的应用甚至领先发达国家，但制备设备的自动化水平还和发达国家有一定的距离，亟须提升。未来5～10年，新能源汽车电机、节能家电等领域的高速发展将对稀土黏结磁性材料产生大量需求，将带动我国在稀土黏结磁性材料领域飞速发展。

稀土超磁致伸缩材料在大功率低频声纳系统、高精度快速微位移制动器以及振动主动控制系统方面也具有重要的应用前景，其快速发展将带动电子信息系统、传感系统、振动控制系统等领域的重大变革，但我国在器件的产业化开发和应用方面与美国、日本、德国等发达国家还存在明显差距。

磁制冷材料的基础研究和应用研究近些年取得很大进展。基于此材料的磁制冷样机发展很快，但是尚没有普及，尚没有进入成熟的商业化生产阶段。实现产业化生产仍需要解决如下的主要技术问题。主要问题是集中在成型、抗氧化和耐蚀性、热稳定性、热交换效率等方面的问题。

（3）重点集聚区、重点企业及重点产品

我国已经成为全球最大的钕铁硼永磁材料生产国，形成了以京津、宁波、山东、赣州、包头和山西为代表的烧结稀土产业基地，其产业规模占全国70%以上。具有代表性的烧结稀土钕铁硼永磁材料企业主要有中科三环、宁波韵升、安泰科技、烟台正海、烟台首钢、山东上达、安徽大地熊、北京京磁、浙江英洛华、江西金力、包头天和、四川银河、包头金山、山西运城恒磁、中磁科技、宁波金鸡、宁波复能等稀土永磁优势企业。各个企业在汽车EPS电机、风力发电、声学、VCM、特种电机等领域形成了特色永磁产品，包括低重稀土永磁材料、高综合性能永磁材料、高磁能积永磁材料、耐高温钐钴永磁材料、高剩磁钐钴永磁材料、铈永磁体、烧结永磁环、热压永磁环等系列永磁新材料。

目前国内快淬钕铁硼磁粉生产能力已超过3500吨，从事各向同性黏结磁粉生产企业超过15家，代表性企业主要包括有研稀土、江西稀有稀土、包头市科锐微磁等公司。黏结钕铁硼磁体的生产能力国内相关的企业有30余家，代表性企业有成都银河、上海三环（原上海爱普生）、日本大同电子公司、日本美培亚、中国台湾天越、海美格（安泰科技）、宁波韵升、英洛华、乔智、广东江粉等，相关产品主要应用在汽车电机、硬盘和光盘驱动器主轴电机及相关家用领域。

磁致伸缩材料方面，由于其应用的特殊性，其研究单位主要还是集中在少数的研究机构和高校，包括有研科技集团、钢铁研究总院、北京科技大学、北京航空航天大学、包头稀土研究院等多家单位。

目前磁制冷材料还处于研发和样机制备阶段，未实现产业化，主要研究单位有中国科学院物理所、中科院宁波材料研究所、沈阳金属研究所、南京大学、北京科技大学、四川大学。磁制冷机研究的主要单位有包头稀土研究院、中国科学院理化所、南京大学、四川大学等单位。

9.1.2　稀土发光材料

（1）技术及产业发展现状

稀土发光材料的种类繁多，目前主要分为照明、显示以及信息探测三大应用领域。照明领域，铕激活氧化钇红粉、铈 / 铽激活铝酸镁绿粉及铕激活铝酸镁钡蓝粉等三基色荧光粉作为节能灯关键材料。受半导体照明影响，市场萎缩较快，2018 年中国产量约 1500 吨。白光 LED 问世以来发展迅速，但与其配套核心材料 LED 荧光粉专利和产品基本掌握在日本企业手中。近年来我国政府、研究机构及相关企业加大了荧光粉产品开发力度，包括铝酸盐系列、氮化物系列在内的多种荧光粉及其核心制备技术获得突破，产量占全球总产量的 80% 以上，部分产品甚至开始销售到日本、韩国等地。显示领域，广色域液晶显示已成为市场主流显示技术。我国已掌握 LED 背光源用氟化物红粉核心技术和市场，β-Sialon 绿粉因其生产工艺苛刻，其技术和市场仍被日本企业垄断。近年来涌现的有机发光二极管显示（OLED）、量子点显示（QLED）等新型显示方式，因其所用发光材料存在量子效率低、稳定性差以及环境污染等问题，仍未被广泛应用。

长余辉荧光粉多用于延时照明和指示等方面，2018 年我国产量约 600 吨。近年来长余辉荧光粉在“免激发”条件下实现生物传感和成像，可有效避免了原位激发产生的背景干扰，有望应用于生物成像方面。据 OFweek 半导体照明网统计，2018 年全球 LED 植物照明市场规模为 1.9 亿美元。LEDinside 预估 2018 年全球近红外市场 36 亿元，年增长 17%，至 2021 年将会成长至 50 亿元。上述两个领域在国内外均处于研发和示范应用阶段，需解决与其配套发光材料发光效率低以及稳定性差的问题，尚未有成熟的产品出现。

（2）核心优势、面临形势及产业布局

在稀土发光材料方面，我国拥有得天独厚的成本优势和市场优势。我国是世界上稀土资源最丰富的国家，这种资源优势为我国稀土发光材料在生产和发展中提供了成本优势。同时，我国拥有世界上最大的照明和显示市场，市场需求优势明显。此外植物照明、近红外探测器件等新兴下游应用市场处于快速增长阶段，对我国产业发展提供了持续而强大的推动力。

面对新一轮科技革命与产业变革，我国稀土发光材料产业面临着极大的风险和挑战。我国已经具备较强的新产品研发能力和生产能力，现有 LED 荧光粉 80% 已经基本实现国产化。然而目前高端发光材料的专利几乎被国外企业垄断，如氮化物红粉体系，日本 NIMS 已经收回 LED 器件专利许可，仅授权三菱化学、电气化学等日本企业进行荧光粉生产，导致我国半导体照明行业面临较大的专利诉讼风险。

从产业布局上看，照明领域产业较为均衡，从材料制造到应用，产业链完整且布局合理，三基色及白光 LED 用发光材料等主流产品技术成熟，可以满足照明市场需求。显示领域产业结构仍有待完善，从产业链上看多集中于下游器件封装环节，配套材料的开发较为欠缺。

（3）重点集聚区、重点企业及重点产品

我国三基色发光材料产业聚居区为福建、广东的南方沿海区域，重点企业为厦钨、江门科恒实业股份有限公司等，2018 年产销量约 1500 吨，重点产品为氧化钇铕、氯酸镁铈铽、BAM 蓝粉等。白光 LED 用发光材料生产企业主要分布于三大聚居区，一是北京周边地区，重点企业为有研稀土新材料股份有限公司；二是江苏省，江苏博睿光电有限公司、英特华光电（苏州）有限公司等；三是山东省，烟台希尔德新材料有限公司。2018 年白光 LED 发光材料市场产销量约 400 吨，未来几年仍将保持较快的增长速度。重点产品包括铝酸盐黄粉和绿粉、氮氧化物绿粉、氮化物红粉、氟化物红粉、氮化物黄粉等。

长余辉发光材料产业聚居区为广东省和辽宁省，重点企业为广州有色金属研究院、大连路明发光科技股份有限公司、深圳市明珠光电科技有限公司等。2018 年我国长余辉发光材料产销量约 600 吨，重点产品为铝酸盐蓝绿色、硅酸盐红色、硫氧化物橙色荧光粉等。

9.1.3 催化材料

（1）技术及产业发展现状

稀土催化材料主要消费高丰度轻稀土 La、Ce、Pr、Nd 等，是促进高丰度轻稀土元素镧、铈等大量应用，有效缓解并解决我国稀土消费失衡，并提升能源与环境技术，促进民生，改善人类生存环境的高科技材料，已形成石油裂化催化剂、移动源（机动车、船舶、农用机械等）尾气净化催化剂、固定源（工业废气脱硝、天然气燃烧、有机废气处理等）尾气净化催化剂等。石油裂化催化剂和机动车尾气净化催化剂是稀土用量最大的两个应用领域。稀土催化材料广泛应用于环境和能源，在国民经济中占据重要地位。

稀土催化材料产品发展与世界水平相比，从总体上看，国产裂化催化剂在使用性能上已达到国外同类催化剂水平。由于国产催化剂大多是根据各炼油厂原料和装置的实际情况“量体裁衣”设计制造的，因此在实际使用过程中某些性能指标优于国外催化剂。但在机动车尾气净化催化剂、火电厂用高温工业废气脱硝催化剂方面，与国外先进水平仍有一定差距，如铈锆稀土储氧材料、改性氧化铝涂层等关键材料；大尺寸、超薄壁载体（>600 目）规模化生产；以及系统集成关键技术与装备等。我国汽车尾气催化剂及相关关键材料等生产企业规模、产业化装备水平等方面需进一步提升。

目前我国催化裂化技术整体达到了国际先进水平。与国外技术相比，国产 FCC 催化剂在劣质重油转化、抗金属污染能力、降低汽油烯烃、多产低碳烯烃等方面具有一定优势。国内石油石化行业在该技术领域进行了重点研究开发，经过几代科技工作者的努力，开发了具有中国特色的 FCC 催化剂体系和工艺技术，催化剂国内自给率多年维持在 90% 以上，部分产品已打入欧美炼油市场。中国石化和中国石油约占全球 FCC 催化剂市场份额的 16 %。中国自主汽车催化剂产业经过 10 余年的努力，取得了长足进步，大大缩短了与国际的差距，具备了一定的竞争实力，基本建成了配套齐全的全产业链，为中国汽车产业的健康可持续发展及排放法规的实施提供了技术保障。但由于自主汽车催化剂起步晚、技术积累薄弱、发展时间短，市场主要以价格十分敏感的低端车型为主，行业规模小，抗风险能力差，在技术积淀、品牌知名度及前瞻性技术开发等方面与国际水平还有较大差距。工业废气脱硝催化剂在火力发电厂目前成熟的国内外商用产品是钒钨钛 SCR 催化剂，国内不少电厂采用了 SCR 脱硝技术，但是目前所有的工程均采用国外 SCR 技术或 SCR 催化剂，国内的工程公司大多仅限于工程总承包，关键设备和材料大都反包到国外公司。另外该商用钒钨钛催化剂技术国外垄断，且钒对环境有毒、有害，有固废产生。针对钒钛基 SCR 催化剂的缺点，国内开展了非钒基 SCR 催化剂的研究及应用，稀土基材料成为其中的研究热点，但非钒基催化剂容易发生硫中毒，其耐硫性问题受到了业内人士的高度关注。

（2）核心优势、面临形势及产业布局

我国稀土催化材料经过近 50 年的发展，目前取得了长足进步，已形成自己独特的催化剂关键技术。如我国催化裂化技术整体达到了国际先进水平，国产 FCC 催化剂在劣质重油转化、抗金属污染能力、降低汽油烯烃、多产低碳烯烃等方面具有一定优势。FCC 催化剂国内自给率达 90% 以上，部分产品已打入欧美炼油市场。我国汽车催化剂产业从诞生之日起就表现出高度国际化、市场化的特点，经过近 20 年的发展，建成了配套齐全的上下游全产业链。国内培育和发展了以无锡威孚、昆明贵研、四川中自、浙江达峰、安徽艾可蓝、宁波科森等为代表的汽车催化剂生产企业。2016 年以无锡威孚、昆明贵研及四川中自等为代表的自主汽车催化剂企业年销售额累计达到 25 亿元，自主汽车催化剂累计约占中国汽车催化剂市场份额的 25%。具有里程碑意义的是无锡威孚于 2013 年 12 月通过通用汽车认证，获得通用汽车催化剂配套供应商资格，并于 2014 年开始批量匹配，完成了自主汽车催化剂走向国际市场参与国际竞争的破冰之举。国内也培育发展了山东国瓷、江苏国盛等为代表的铈锆储氧材料生产企业。在工业脱硝方面，基于我国丰富的稀土资源，我国创新开发稀土基的中、低温工业脱硝催化剂，培育出以北京工业大学、长春应化所等为代表的研发团队，并形成北京方信立华、山东天璨等脱硝催化剂企业。另外在火力发电脱硝方面形成中国国电等生产企业。

当前稀土催化材料方面仍面临较大挑战，一方面，我国原油重油较多，需要更加清洁高效的催化裂化及催化剂技术。另一方面，我国汽车尾气排放标准越来越严格，国六标准将于 2020 年开始全国范围内实施。国外汽车催化剂公司如巴斯夫、庄信万丰、优美科仍占据全球催化剂市场份额的 90%。国外汽车催化剂关键材料铈锆、氧化铝等市场仍被索尔维、Sasol、百德信等国外公司所把持。工业脱硝催化剂仍面临钒钨钛催化剂国外技术垄断，我国稀土基中低温催化剂产业化应用市场仍较小的问题。

产业布局方面，石油裂化催化剂以国内中国石化、中国石油为代表，发展我国裂化催化剂及石油炼制产业。工业脱硝以我国国电公司为代表发展火力发电脱硝产业，充分发挥我国稀土基催化剂的特色，拓展在中、低温工业脱硝领域应用。汽车尾气催化剂方面，以江苏地区无锡威孚催化剂企业为国内龙头企业，发展长三角地区的产业聚集区。以云南地区昆明贵研催化剂公司为中心，并与四川中自、贵州煌缔等公司一起，发展西南地区产业群。浙江达峰、宁波科森、安徽艾可蓝等催化剂企业发展我国东部和中部产业群。充分发挥我国稀土资源优势，建立铈锆储氧材料、氧化铝材料、蜂窝陶瓷、汽车催化剂、尾气系统集成等的上下游产业群，保证稀土催化材料的良性、可持续、快速发展。

（3）重点集聚区、重点企业及重点产品

稀土催化材料目前已形成以中国石化、中国石油两大集团公司为主的重点产业集聚区，催化剂产业重点分布于山东、甘肃、湖南等地。汽车催化剂产业主要集中于以无锡威孚公司为国内龙头企业的江苏、浙江一带，还包括浙江达峰、宁波科森、台州欧信等知名企业。另外在我国西南有昆明贵研、四川中自等为代表的催化剂产业聚集区。工业脱硝催化剂目前大量应用于火力发电废气处理，主要以中国国电、中国华电、中国大唐、江苏龙源等公司为代表，中低温工业脱硝催化剂主要集聚在山东、内蒙古、安徽等地，如山东天璨、包头希捷、方信立华（安徽）等。

稀土催化材料目前重点产品包括石油裂化催化剂、汽油车尾气净化三效催化剂 TWC、汽油车颗粒物捕集器 GPF、柴油车尾气净化催化剂如 DOC、SCR、氨催化剂等以及柴油车颗粒物捕集器 DPF 等。重点产品还包括用于汽车尾气催化剂的铈锆储氧材料、氧化铝材料、蜂窝陶瓷载体、分子筛材料等。另外还包括相关配套的催化集成系统等。

9.1.4　储氢材料

（1）技术及产业发展现状

我国储氢材料产业化始于 1994 年，目前产能约 2 万吨，年产销量约 9000 吨。稀土储氢材料在作为镍氢电池负极方面主要研究热点是用于具有宽温区特性和高倍率性能的 $LaNi_5$ 型合金，长寿命、低自放电型的稀土镁基储氢合金和用于车载、气态储氢罐的高容量型稀土储氢合金。研究主要集中在优化合金成分、改进熔炼和热处理工艺、进行表面处理和提高应用技术等方面。

对于 AB_5 型合金在尽可能不降低合金储氢容量及寿命的前提下，发展低 Co 或无 Co 合金，再通过配方调整，去除 PrNd 元素，实现稀土资源的平衡利用。合金已开发出多种配方，逐渐成为生产、销售的主力，在总销量中所占比重逐年增加，成本方面可降低 10% ～ 15%，性能方面与含镨钕的产品一致。在 -40 ～ 60℃温区内放电性能优异的宽温镍氢电池有特定的市场需求，可应用于电动汽车、军事、通讯、离网电源等领域。近年研制出了新型非化学计量比的可在 -35 ～ 60℃温区有效充放电的超熵化储氢合金，以及高平台压的储氢合金，以提高合金在低温下的循环性能。

对 La-Mg-Ni 系储氢合金通过控制其结构组成改善电化学性能，在 B 侧少添加或者不添加易溶出的钴锰元素保证自放电性能，A 侧通过 La/Ce/Sm/Y 等元素对 Nd 进行取代来降低合金成本。制备工艺方面，退火工序通过优化升降温机制、调整保温温度和时间进一步细化晶粒、稳定镁元素分布提升产品性能。

新体系的研发方面，RE-Mg 系储氢合金、AB_2 型 $LaMgNi_4$ 系和 AB_4 型 RE-Mg-Ni 系储氢合金，具有较高的理论储氢容量，对其氢化/脱氢过程、改性以及应用特性的研究是热点。Y 元素替代 La-Mg-Ni 基储氢合金中的 Mg 元素，获得了高容量的 La-Y-Ni 储氢合金，具有良好的循环寿命，具备了产业化技术开发的基础。此外，对镍基和非镍基稀土系储氢合金如 Y-Fe 系列、Y-Ni 系列、钙钛矿型（ABO_3）储氢氧化物等的研究，为开发出具有我国自主知识产权的、以高丰度稀土为主要原料的稀土系储氢合金探索出一条新路径。

（2）核心优势、面临形势及产业布局

20 世纪 90 年代以来，我国在稀土储氢合金的原料供给、生产工艺技术和装置、检测手段等方面获得了较快的发展。关键设备在引进国外技术的基础上进行了有针对性地改进。目前，我国的储氢合金生产工艺技术及装置已达到世界先进水平，品质控制过程逐步吸收了日本松下（丰田）的管理办法。我国的储氢合金产业依靠资源、技术、市场的带动，形成了较好的工业规模发展基础，研发能力和品质管控能力接近国际先进水平，可以为民用和工业配套镍氢电池提供支持。

AB_5 型储氢材料在我国仍是主流，约占 90% 以上。无镨钕型占绝大多数，6% 钴以下低钴型在增加，品种较多。A_2B_7 型储氢材料仅部分厂家具备生产能力，因生产技术、产能和专利限制，未在我国实现大规模生产和应用。日本储氢生产工艺与我国基本相同或类似，但自动化程度较高，产出效率高；品质管理水平较高。其产品主要供给日本国内高端应用市场，主要是丰田汽车、本田汽车以及民用等大客户，客户少，需求量大。日本 AB_5 型储氢材料虽超过一半，但 A_2B_7 型储氢材料有较大比例。

目前稀土储氢合金正在向高容量、低自放电、低成本、长寿命、快速吸放氢的方向发展。我国正在大力发展以稀土储氢材料及各种动力电池、电动车等应用为核心的产业集群。开发高容量稀土储能材料及装置、太阳能集热发电用稀土金属氢化物高温储热材料及装置，研制储氢能量包；推广宽温区、高比容量、低自放电的高性能稀土镍氢动力电池，满足风电、太阳能发电、新能源汽车等需求。

（3）重点集聚区、重点企业及重点产品

稀土储氢材料的生产企业 13 家，包括鞍山鑫普、微山钢研、宁波申江、厦门钨业、中山天骄、达博文、稀奥科、三德、甘肃稀土、金川科力远、四川和盛源、北京浩运、江钨浩运。主要分布于福建、内蒙古、辽宁、广东、山西、甘肃等地。产能在 1000 吨以上的有 7 家，3000 吨以上的有 1 家，产能以及产能利用率差异很大。为了适应多种镍氢电池的要求，储氢合金的品种已细分为常规型、高容量型、功率（动力）型、低温型、高温型、低自放电型、低成本型等，每种类型的产品又细分为多种型号，满足不同镍氢电池产品的需求。

9.1.5 稀土晶体材料

（1）技术及产业发展现状

稀土功能晶体种类繁多，具有较大市场价值的主要是稀土激光晶体和闪烁晶体。

我国稀土激光晶体产业整体水平较高，市场规模和技术水平都仅次于美国。稀土激光晶体中最重要的是 Nd：YAG 晶体，其在军事、科研、工业、医疗等领域都有广泛应用。美国 Synoptics 公司商业化生产的 Nd：YAG 晶坯直径达 120mm、等径长 200mm 左右，代表了当前激光晶体的国际先进水平。我国北京雷生强式科技有限责任公司于 2017 年成功生长出了世界上最大的直径超过 150mm、等径长度超过 200mm 的超大尺寸 Nd：YAG 晶体，使我国在该领域跨入了国际领先水平。

闪烁晶体作为重要的辐射探测材料，在核医学、高能物理、安全检查、环境监测等领域具有广泛应用。稀土闪烁晶体是目前闪烁晶体材料领域的研究热点和主要发展方向。近年来，我国稀土闪烁晶体产业取得了突出进展，大尺寸 LYSO 晶体生长技术取得了全面突破，多家企业实现了其产业化，晶体尺寸和性能达到商用水平。商品化的 $LaBr_3$: Ce 晶体尺寸已经达到 3 英寸，$CeBr_3$、CLYC 等晶体尺寸达到 2 英寸，国产高纯无水卤化物原料也于 2017 年实现产业化，产业链得到了进一步的完善。但我国稀土闪烁晶体的市场规模和整体技术水平与欧美发达国家仍有较大差距，产业发展总体上处于起步阶段，国际竞争力较弱，LYSO、$LaBr_3$: Ce 等重点产品市场仍主要被欧美公司所垄断。

（2）核心优势、面临形势及产业布局

我国稀土晶体产业拥有两大核心优势，一是稀土资源优势，二是市场需求优势。欧美日国家所需稀土原料，几乎全部从我国进口，对我国稀土资源的依赖性很高。这一资源优势，使我国稀土晶体产业在对外竞争中具有显著的成本优势。同时，我国激光产业、核医学装备产业等稀土晶体的下游应用市场近年来蓬勃发展，对稀土激光晶体、闪烁晶体需求强劲，为我国稀土晶体材料产业的发展提供了良好机遇。

尽管近年来取得了长足进步，但我国稀土晶体材料产业所面临的形势仍不容乐观。在稀土激光晶体领域，得益于完整的产业结构和长期的技术积累，我国基本做到了与美国并跑的水平，拥有若干较具影响的龙头企业，具有较强的国际竞争力，但在闪烁晶体领域，我国与欧美先进水平存在代差，技术水平低，产业规模小，核心知识产权受制于人，国际竞争力弱。

产业布局上，稀土激光晶体产业较为均衡，从单晶生长、器件加工到激光元器件制造，产业链完整，布局合理，可以充分满足下游应用市场需求。稀土闪烁晶体产业结构则有待完善，企业主要集中于晶体生长环节，上游高纯原料生产、下游闪烁探测器开发能力都较为欠缺，产品种类以国外成熟产品为主，缺少对新材料的布局。

（3）重点集聚区、重点企业及重点产品

我国稀土晶体产业有四大产业聚集区，一是北京周边地区，重点企业包括北京雷生强式、北京玻璃研究院、北京华凯龙、北京滨松、北京中材人工晶体研究院等；二是上海周边地区，重点企业包括上海硅酸盐研究所、上海新漫晶体、上海翌波、苏州晶特等；三是重庆、四川等西南地区，重点企业包括成都东骏、四川天乐信达、重庆声光电等；四是福建地区，重点企业包括福建福晶科技、福建华科光电、厦门中烁光电等。

稀土晶体重点产品包括 YAG 系列（Nd：YAG、Yb：YAG、Er：YAG 等）、Nd：YVO_4、Nd：YLF 等激光晶体，以及 LYSO、$LaBr_3$：Ce、$CeBr_3$、CLYC 等闪烁晶体。其中，激光晶体中最具市场价值的是 Nd：YAG 晶体，闪烁晶体中目前最具市场价值的是 LYSO 晶体，$LaBr_3$：Ce 晶体也较受关注。

9.1.6　稀土基础材料

（1）技术及产业发展现状

① 稀土化合物材料产业发展现状

a. 基于绿色高效清洁生产的稀土化合物材料产业发展现状。自 20 世纪 50 年代起，我国开始对稀土资源的开发利用展开研究，经过几十年的努力，针对我国包头混合型稀土矿、四川氟碳铈矿、南方离子型稀土矿等主要稀土资源特点，形成了一套完整的稀土采、选、冶工艺体系，并广泛应用于工业生产，我国稀土冶炼分离产量占据世界供应量的 90% 以上，成为全球稀土新材料产业的重要需求保障。伴随着稀土产业规模的快速发展，也带来了十分严重的环境问题，放射性废渣、氨氮和高盐废水等“三废”排放问题一直困扰着行业可持续发展，特别是随着稀土功能材料在新能源、新能源汽车、机器人、航空航天、高端装备等各新兴产业领域的应用越来越广泛，对稀土行业自身提高绿色清洁化生产水平的要求也越来越迫切。

2018 年，有研总院、有研稀土开发的自主研发成功的“离子型稀土原矿绿色高效浸萃一体化（浸萃封闭循环）新技术”和“碳酸氢镁法萃取分离稀土（低碳低盐无氨氮）原创技术”，继在稀土六大集团之一的中国铝业 3 家企业实现规模生产应用后，又于 2018 年在厦门钨业下属的龙岩市稀土开发有限公司和福建省长汀金龙稀土有限公司分别实施。在厦钨龙岩稀土矿山建成 $1200m^3/d$ 浸出液浸萃一体化示范线，并实现连续化生产；在厦门钨业福建长汀金龙完成 5000 吨 / 年生产线工艺调试，实现连续化运行，镁盐、CO_2 及废水实现循环利用。此外，与广东稀土集团签订合作协议，正在编制可行性研究报告，拟开展瓷土矿伴生稀土提取及综合利用的工业试验。在中铝广西国盛完成萃取二期 2500 吨 / 年绿色低碳冶炼分离生产线工艺设计及平面布局等，正开展土建施工和设备安装。有研稀土开发的“碳酸氢镁法冶炼分离包头稀土矿新工艺”被用在甘肃稀土公司改建年处理 30000 吨包头稀土矿冶炼分离生产线上，稀土分离提纯过程中镁和 CO_2 回收利用率均大于 90%，硫酸镁废水回用率由 10% 提高到 90% 以上，稀土萃取回收率大于 99%，氯化镨钕溶液中的杂质 Al 含量降低 70% 以上，化工材料成本降低 30% 以上，解决了长期困扰包头稀土矿冶炼企业的硫酸镁废水处理和硫酸钙结垢难题，实现绿色环保、高效清洁生产。2018 年 9 月 5 日，中国稀土学会组织由 9 位有色金属冶金、稀土冶金、稀土材料等专业领域的院士和同行专家组成评价专家组，在北京召开科技成果评价会，专家组一致认为：“项目整体技术达到国际领先水平”。获得 2018 年度中国稀土科学技术一等奖。与此同时，开发针对含氟碳铈矿的稀土精矿绿色高效冶炼分离联合法新工艺，被用在甘肃稀土公司设计新建年处理 1 万吨稀土精矿联合法冶炼分离新工艺生产线上，已开展基建及设备选型安装工作，新工艺提高了稀土浸出率，大幅降低废渣量和硫酸焙烧废气排放，显著降低成本。目前，相关工艺正在 6 大稀土集团进行推广应用，可为各类稀土功能材料提供充足的绿色基础材料，促进行业绿色发展。

此外，包头稀土研究院以北方稀土精矿焙烧过程为对象，通过自动化改造，稳定控制各个工艺参数，减少工人数量、降低天然气单耗。现已完成全部实验工作，取得了减少人工成本 50%，降低天然气单耗 30% 的成果；目前北方稀土正在筹划以该项目研究成果为基础，实施全部生产线改造。南昌大学继续推广碳酸稀土连续结晶沉淀方法和物性调控技术，减少水用量，提高沉淀废水中的氯化铵含量，促进铵的回收利用与减排。根据不同企业的具体情况，分别采用多效蒸发回收氯化铵，石灰蒸氨回收氨水和氯化钙，转化制高纯盐酸和硫酸铵复合浸矿剂等技术来解决高盐废水的处理和物质回收利用问题。

b. 超高纯及特殊物性稀土化合物产业发展现状。超高纯稀土化合物是晶体、光纤、光学玻璃、荧光粉等材料的关键基础材料，通常要求纯度在 5N 甚至以上，但目前普遍使用的溶剂萃取法仅能规模生产钇、铕、镧等少数超高纯产品，多数产品的纯度在 5N 以下，难以满足高端应用产品的需求，一些特殊要求的稀土化合物材料还得从国外进口。

由五矿（北京）稀土研究院有限公司设计的非还原氧化铕萃取分离生产线在赣县

红金稀土有限公司投产运行。该生产线仅在 P507 萃取体系下分离得到 99.999% 纯度的荧光级氧化铕产品，实现了荧光级氧化铕萃取分离生产技术的重大革新。本项技术不经铕的还原 - 氧化过程，利用轻稀土分离过程中富余的稀土负载有机相即可完成铕的富集与提纯，无任何新增酸碱消耗和废水排放，且可实现铕的高收率提取。

② 稀土高纯金属及靶材产业发展现状　稀土火法冶炼的产品主要包括熔盐电解生产的轻稀土金属、稀土合金以及金属热还原、还原蒸馏生产的中重稀土金属。大宗稀土金属及合金我国每年的产量约 4 万吨，规模和技术位于世界前列。日本出于资源回收利用的需要，引进我国稀土电解槽型及技术，发展出自动加料、机械更换阳极、旋转炉体、机械出炉等自动化智能化技术，我国在自动化智能化方面，个别企业开展了一些工作，总体上处于落后局面。金属热还原、还原蒸馏等生产的稀土金属及合金占总量的一小部分，我国在该领域代表了先进技术，日本及欧美国家主要以进口为主。稀土金属提纯技术近年来在国家的大力支持下得到迅速发展，接近于国际先进水平，纯度达到 4N 级别，但在装备及批量稳定性方面落后于国外。高纯稀土金属进一步加工成靶材方面，日本欧美等国家拥有霍尼韦尔、日矿金属、东曹等众多专业生产靶材的知名企业，产业基础良好，已经规模化生产用于存储和计算芯片、高功率器件、传感器件、新型显示等用的大尺寸高纯稀土靶材，我国在该领域处于起步阶段，技术及装备远落后于国外，目前以提供小尺寸研发用靶材为主，12 英寸以上微纳电子用高端稀土靶材基本没有涉足。

（2）核心优势、面临形势及产业布局

我国稀土资源优势明显，稀土火法冶炼原料供应稳定充足，经过几十年的发展，我国产业链完整，技术掌握全面，工人队伍稳定壮大。但稀土火法冶炼长期以手工作业为主的局面难以满足发展的需要，自动化智能化成为迫切发展的需求。此外，资源高效、高值及平衡利用是重要发展趋势，薄膜技术已经被引入到稀土永磁材料行业中，稀土金属提纯及靶材生产变得至关重要。同时，新一代电子信息技术的发展，也使得高纯稀土金属及靶材成为核心配套材料，为保障我国自主芯片产业的发展提供重要支撑；此外，5G 通讯和 OLED 是世界未来经济重要引擎，业界都想抢占的高地，部分核心材料涉及高纯稀土金属 / 合金靶材和蒸发料。

在稀土基础材料领域，经过六十多年发展和结构调整，我国稀土产业根据资源和市场走向，基本形成了三大稀土生产基地和两大生产体系。三大稀土生产基地主要位于内蒙古包头市、四川凉山州、江西赣州市。两大生产体系是北方轻稀土生产体系和南方中重稀土生产体系。

目前，我国高纯和特殊物性稀土化合物在技术方面与高端器件所需材料的要求仍有差距，目前主要满足一些中低端市场。高纯和特殊物性稀土化合物产业细分领域窄，客户需求对接针对性强，产品附加值高，产量偏小。我国相关产业并不集中，主要分布在一些稀土分离企业及科研院所中。

（3）重点集聚区、重点企业及重点产品

我国稀土金属的生产主要聚集在稀土资源地。北方以包头地区为主，以瑞鑫稀土金属材料股份有限公司为代表，主要生产镧、铈、钕、镨钕等轻稀土金属及合金。北京地区有研稀土新材料股份有限公司具有较强的综合实力，重点生产中重稀土金属、高纯稀土金属、镝 / 铽金属靶材等产品。四川湖南等地区的冶炼产品与包头地区类似，重点企业乐山有研稀土新材料有限公司、四川江铜稀土有限责任公司等以生产轻稀土金属及合金为主，湖南稀土金属材料研究院以还原法生产稀土金属、靶材加工及生产稀土化合物材料为主。江西、福建、广东等地区主要以离子型稀土为优势，生产中重稀土金属，企业包括江西南方稀土高技术股份有限公司、赣州虔东稀土集团股份有限公司、赣州晨光稀土新材料股份有限公司、福建省长汀金龙稀土有限公司等。

高纯稀土金属及靶材方面，主要以具有较强科技实力的企业为主。其中有研稀土新材料股份有限公司可生产 16 种 4N 级高纯稀土金属，可批量生产用于磁性材料的 Dy、Tb 靶材，生产用于电子信息材料的 Y、Er、Gd、La、Yb、Sc 合金等靶材，可批量生产用于磁制冷的 HoCu、ErNi、DyNi 等高纯稀土合金，生产 OELD 用蒸发料；湖南稀土金属材料研究院可生产 5 种以上 4N 级高纯稀土金属以及 Yb 靶材、Sc 合金靶材等；睿宁高新技术材料（赣州）有限公司是以靶材生产为主的新建立企业，已开发出 Tb、Er 等 4N 级靶材。

在稀土基础材料方面，北方形成了以包头稀土资源为主、四川资源为辅的轻稀土生产体系，重点企业有包钢稀土集团、甘肃稀土公司、四川盛和资源、四川江铜稀土、乐山有研稀土等，主要产品有镧、铈、镨、钕等氧化物、混合稀土化合物或富集物、混合稀土金属及合金，以及抛光粉、永磁体、贮氢合金等外延产品；北京、包头、天津和山西等地还建成了较大规模生产稀土永磁材料的专业化工厂。南方构成了以江西、广东、广西、福建等省（区）离子型稀土矿为主要资源地，以江苏、江西、广东、广西、福建等地稀土冶炼加工企业为主体的中重稀土生产体系，主要产品是以中重稀土为主的各种单一或高纯稀土化合物和金属、富集物、混合金属和合金。

目前，我国超高纯稀土产量占稀土总消费量的 5% ～ 10%，产值比例高达 20% 以上，并以每年 10% 以上的速度增长，市场基本被法国索尔维、日本信越化学等垄断；国内仅有少数企业具备部分超高纯稀土产品的生产能力，如五矿大华、江苏卓群纳米、长春应化所等，但无论在合成手段，还是在产品质量方面均存在较大差距。

9.2 市场需求及下游应用情况

9.2.1 稀土磁性材料

（1）市场需求

烧结稀土磁性材料是目前产量最高、应用最广泛的稀土永磁材料。2018 年我国烧结磁体毛坯的产量约 15 万吨，占全球比例的 88% 左右。目前，我国的烧结钕铁硼材料用于许多高端领域，如风电、机器人、新能源汽车等。近几年，烧结磁体继续呈现增长趋势，具体如图 9-1 所示。

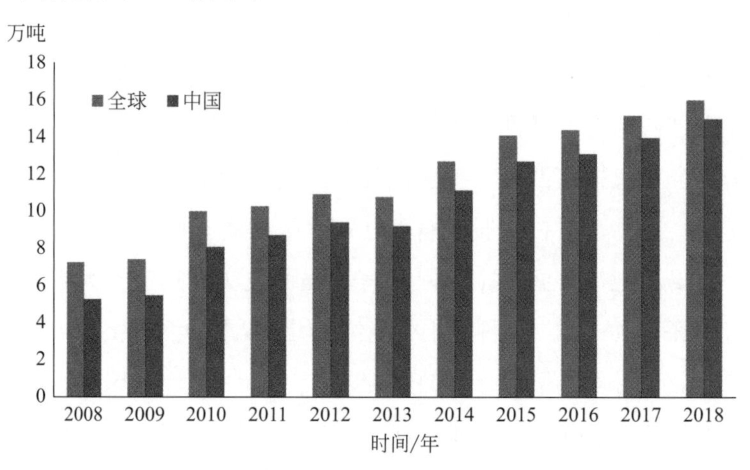

图9-1 2008年～2018年中国和世界烧结钕铁硼磁体的产量情况

近年来，全球黏结稀土永磁行业得到了迅速发展，我国黏结永磁产业发展也极为迅速，产量超过世界的 70%。目前，我国已成为黏结磁体的生产大国，产业的发展带动了全球黏结永磁产业的发展。2018 年的黏结磁性材料的发展规模较为平稳，基本上与 2017 年持平，具体见图 9-2。

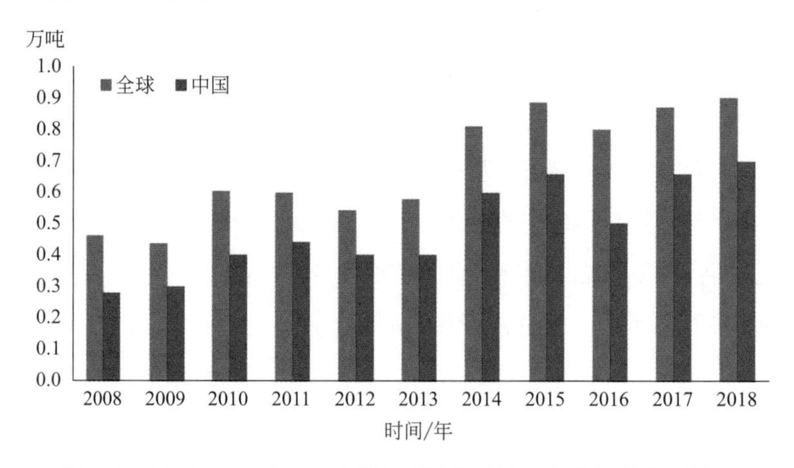

图9-2 2008年～2018年中国和世界黏结钕铁硼磁体的产量情况

磁致伸缩方面，其国内民品材料市场规模并不大，但其在国防军工方面的价值则不可估量。美国等西方国家已将其应用于高速开关阀及换能器，并将其作为国防尖端材料而限制出口。我国未来国防工业的发展离不开磁致伸缩精密控制阀等关键零部件，而水声换能器则完全依赖于磁致伸缩材料性能的提高。

（2）重点应用领域

稀土永磁材料由于其具有极优异的磁性能，在新一代信息技术、航空航天、先进轨道交通、节能与新能源汽车、高档数控机床和机器人、风力发电、高性能医疗器械等领域都有着十分广泛的应用。2018 年钕铁硼永磁材料的市场分布情况如图 9-3 所示。

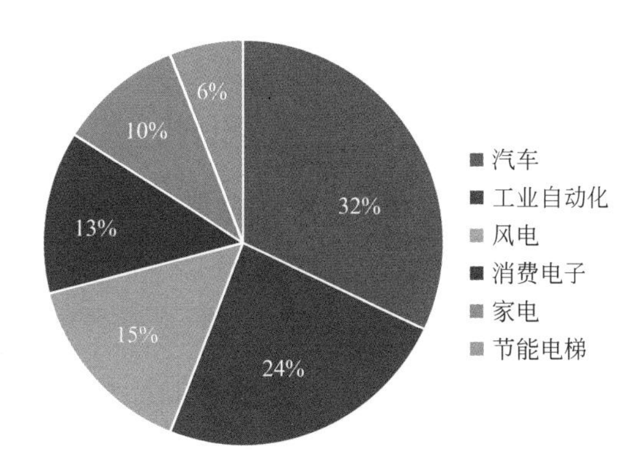

图9-3　2018年中国钕铁硼永磁材料的市场分布情况

目前，电机类应用的比例已超过 60%。从电动自行车到新能源汽车、从油田电机到矿山机械、从纺织机器到精密机床、从电动工具到电梯曳引机，从工业和医用机器人到无人飞机、从空调压缩机到水泵风机、从大型天文望远镜到核聚变反应装置、从风力发电到水力发电、从计算机到手机等都有稀土永磁材料。

汽车工业是钕铁硼永磁材料应用增长最快的领域之一。出于成本和功效考虑，目前绝大多数乘用电动车基本都采用永磁同步电机，需要高磁能积和高工作温度电动汽车永磁体。在每辆汽车中，一般可以有几十个部位如引擎、制动器、传感器、仪表、音箱等会用到 40 ～ 100 个稀土永磁体。每辆混合动力车（HEV）要比传统汽车多消耗约 5kg 钕铁硼，纯电动车（EV）采用稀土永磁电机替代传统发电机，多使用 5 ～ 10kg 钕铁硼。以平均每辆新能源汽车消耗钕铁硼永磁体 8.5kg 计算，预计到 2020 年，需求量将高达 1 万吨。

工业自动化、智能机器人的快速发展以及磁动力系统的广泛应用为各种类型的永磁材料提供了广泛的应用空间，有望迎来爆发式增长。根据《中国制造 2025 重点领域技术路线图》，预计到2020年我国工业机器人销量将达到15万台。有机构测算，目前一台重量为165kg的工业机器人需要消耗25kg高性能钕铁硼。按此估算，2020年我国工业机器人钕铁硼磁体需求量将达到约3750吨。

在磁电－机械换能领域，磁致伸缩材料与永磁材料常常相伴应用于大功率水声换能器、高精度线性马达、各类检测设备、降噪减震系统和各种阀门、燃油喷射系统和微型泵。

9.2.2 稀土发光材料

（1）市场需求

2018年我国发光材料总量约2500吨，其中，三基色荧光粉年产销量从2011年8000吨降为2018年约1500吨，预计未来几年仍将呈现下降趋势。据CSA Research调查显示，2018年半导体照明行业总产值达到7374亿人民币，其中通用照明占我国整个半导体照明的44.2%，如图9-4和图9-5所示。白光LED荧光粉2018年产量约400吨，预计到2020年，我国半导体照明产值将超过万亿，因此白光LED荧光粉仍将保持较高增长态势。

长余辉发光材料2018年我国产量约600吨，预计未来仍将保持稳健的产销量。除此之外，2018年全球LED植物照明市场规模为1.9亿美元，2018年全球近红外市场规模36亿元，以上情况将引导植物照明和近红外发光材料在未来形成一定的市场规模。

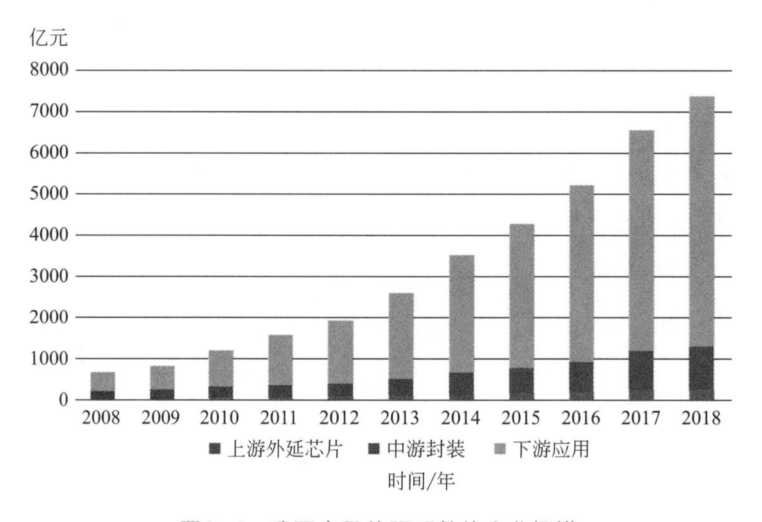

图9-4 我国半导体照明整体产业规模

数据来源：CSA 2018年年度半导体照明产业发展白皮书。

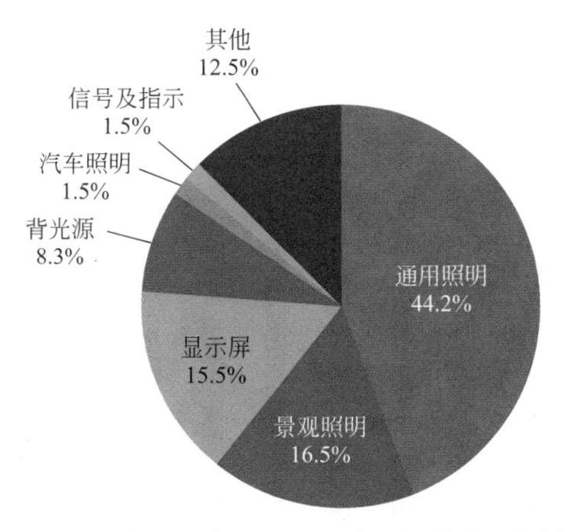

图9-5 2018年我国半导体照明应用领域产业规模分布

（2）重点应用领域

稀土发光材料目前主要应用在照明、显示及信息探测三大领域，照明和显示仍是稀土发光材料最大的应用领域。近年来，人们对照明和显示效果的不断追求，刺激着照明和显示领域在常规照明和显示的基础上不断拓展，其应用的复杂性和特殊性不断要求稀土发光材料产品提升发光效率、稳定性、冷热冲击等性能，并不断开发新一代稀土发光材料，以满足汽车照明、全光谱照明、激光照明和显示、柔性显示、超宽色域显示、植物照明及长余辉照明及显示等新兴应用领域的需求。

在信息探测领域，我国已对安防监控、生物识别、食品医疗检测等领域用稀土近红外发光材料进行了广泛的专利布局，但其仍存在发光效率低，部分体系稳定性差等问题，未来5～10年，其需求量将随着技术发展和物联网等的应用而出现显著增长。

9.2.3 稀土催化材料

（1）市场需求

① 汽车催化剂　从2009年开始，我国已连续9年成为汽车最大的产销国（图9-6）。2018年1月～10月，我国汽车产销分别完成2282.6万辆和2287.1万辆。截至2017年，全国汽车保有量达到2.17亿辆。预计到2020年，全国的汽车保有量将达到2.8亿辆，未来的保有量峰值将达到6亿辆。另外，2017年我国的内燃机产量达到8000万台，其中近5000万台用于非道路机械。据测算，未来五年我国还将新增机动车1亿多辆，工程机械160多万台，农业机械柴油总动力1.5亿多千瓦。2017年全球汽车产量为9730万辆，汽车尾气催化剂年需求量约1.55亿升。另外全球铈锆储氧材料市场用量约16000吨。2018年全球汽车产量下降，加拿大皇家银行资本市场近期报告显示2018年全球汽车产量可能在9460万辆左右，则全球汽车催化剂需求量约1.5亿升。2018年我国汽车产量下降4.2%至2780万辆，则汽车尾气

催化剂需求量约 4500 万升。

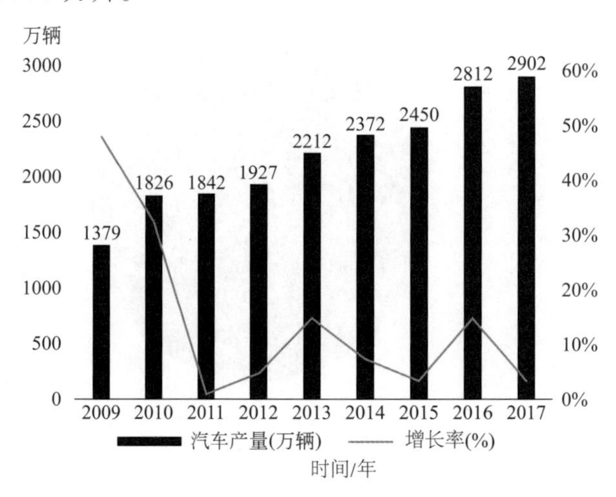

图9-6　2009年～2017年我国汽车产量和增长率

② 脱硝催化剂 《中华人民共和国环境保护税法》于 2018 年 1 月 1 日起实施，按照“税负平移”原则，实现排污费制度向环保税制度的平稳转移。2017 年 2 月，环保部发布《京津冀及周边地区 2017 年大气污染防治工作方案》，明确从 2017 年 10 月 1 日起，“2+26”城市行政区域内所有钢铁、燃煤锅炉排放的二氧化硫、氮氧化物和颗粒物大气污染物执行特别排放限值，具体包括火电、钢铁、炼焦、化工、有色、水泥、锅炉等 25 个行业或子行业。在火电行业污染治理已取得显著成果的情况下，非电行业环保设施新建及提标改造已经拉开序幕。

③ 催化裂化催化剂　随着经济社会的快速发展，我国原油消费量呈长期快速增长趋势，年消费量从 1965 年的 0.11 亿吨增至 2017 年的 6.06 亿吨，年均复合增长率达到 7.95%（图 9-7）；国内炼油催化剂主要由中石油和中石化附属企业生产。2018 年 1 ～ 5 月成品油表观消费量 13236 万吨。催化剂技术是实现原油高效转化和清洁利用的关键核心技术。

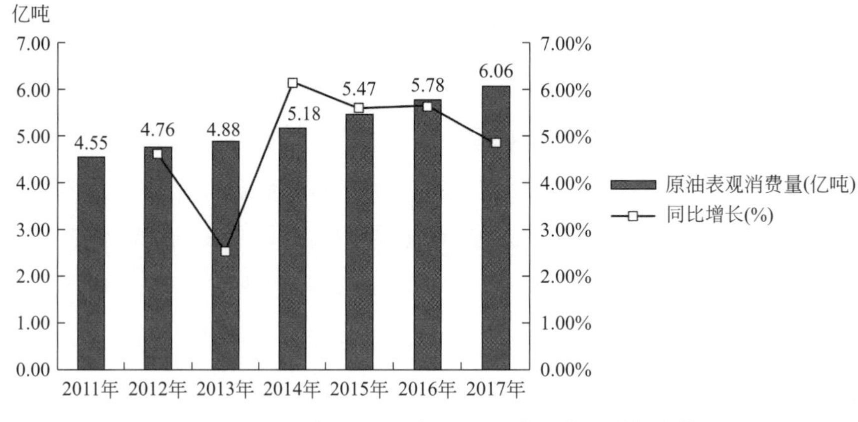

图9-7　2011年～2017年我国原油消费量增长趋势

目前全球石油裂化催化剂年产量约100万吨，我国石油炼制FCC装置处理能力达到1.6亿吨。FCC催化剂市场需求量每年约为17万吨，年产量约30万吨/年，国产催化剂占国内市场份额的90%以上。

（2）重点应用领域

稀土催化材料重点应用于环境和能源领域。石油裂化催化剂稀土应用量最大，主要应用轻稀土镧和少量的铈。目前全球石油裂化催化剂年产量约100万吨，裂化催化剂稀土含量约3%，则全球石油裂化方面稀土需求量高达3万吨。我国石油炼制FCC装置处理能力达到1.6亿吨，FCC催化剂市场需求量每年约为17万吨，年产量约30万吨/年，国产催化剂占国内市场份额的90%以上，按FCC催化剂稀土含量为3%计算，我国在石油炼制方面每年稀土用量约9000吨REO。另外汽车尾气净化催化剂是稀土用量第二大领域，主要应用轻稀土铈、镧、镨、钇等。具体应用到的稀土材料包括铈锆储氧材料、稀土改性氧化铝材料等。2017年全球汽车产量为9730万辆，汽车尾气催化剂年需求量约1.55亿升，则稀土用量接近10000吨。2017年我国汽车产量为2901万辆，则用于汽车尾气催化剂方面的国内稀土用量约2800吨。另外，全球铈锆储氧材料市场用量约16000吨。2018年全球汽车产量下降，加拿大皇家银行资本市场近期报告显示2018年全球汽车产量可能在9460万辆左右，则全球稀土用量约9100吨。2018年我国汽车产量下降4.2%至2780万辆，则汽车尾气催化剂方面稀土用量约2670吨。

稀土催化材料在工业脱硝方面应用主要是中低温非火电脱硝，其稀土用量目前较小，但呈逐渐增加趋势。另外在工业有机废气处理方面也有一定工业应用，是稀土新兴应用领域。

9.2.4 稀土储氢材料

（1）市场需求

稀土储氢材料产业在我国迅猛发展，2003年到2011年，我国稀土储氢材料产销量逐年增长，近年我国的稀土储氢材料生产能力变化不大，产量在锂电池的冲击有所下降，年产销量已降至9千吨以下，趋于稳定。近年我国稀土储氢材料产销量情况见图9-8。我国储氢合金产业处于供大于销的局面，价格激烈竞争状况仍长期持续。近年我国混合动力汽车市场正迎来规模式增长，预计到2020年储氢合金需求将达到1.5万吨，2025年达到2万吨。

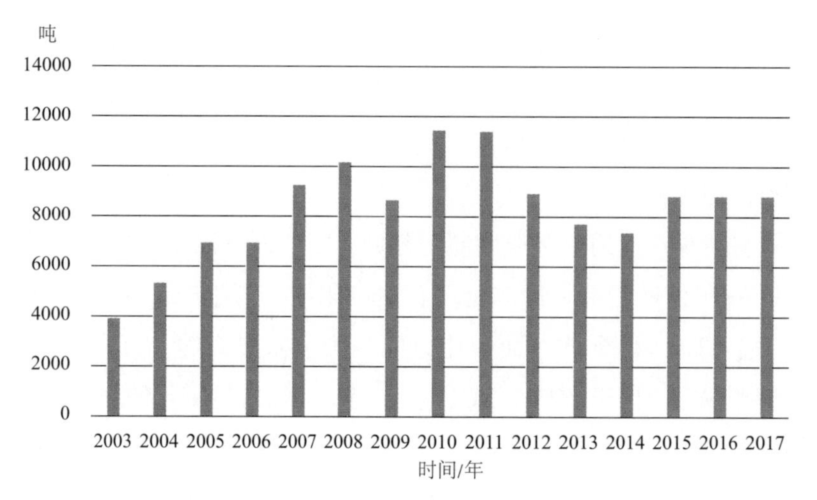

图9-8 近年我国稀土储氢材料产销量情况

世界稀土储氢合金主要由中国和日本供应。日本储氢合金企业目前只剩 3 家，产能均在 3000 吨以上，总量约 1.5 万吨，产能利用率较高。近五年，日本储氢材料的年产销量在 1.2 万吨左右，比较稳定。稀土金属需求数量在 3500 吨。

（2）重点应用领域

稀土储氢合金最大应用领域在镍氢电池，镍氢电池分为小型镍氢电池和镍氢动力电池。

小型镍氢电池应用领域主要包括：无绳电话、电动工具、个人护理、玩具、灯具、医疗设备、吸尘器、扫地机、医疗设备等。镍氢电池替代镍镉电池使用逐年增加。应用方面，要求镍氢电池自放电小，降低镍氢电池的自放电有利于市场开拓。除了民用零售市场及无绳电话市场趋于饱和，其他终端应用领域均呈现增长趋势。我国镍氢电池销售和出口数量逐年降低，但降幅趋缓。

镍氢动力电池主要应用在混合动力汽车和燃料电池汽车上。在国内还将电容型镍氢动力电池应用在纯电动公交大巴上。目前混合动力汽车最大的市场依旧在日本，丰田占有全球 69% 的市场份额，技术装置主要为镍氢电池。未来 15 年混合动力汽车占比将达到 25%，需求空间较大。2017 年车载镍氢电池市场占整个镍氢市场的 49%，后续仍有增长趋势。电容型镍氢动力电池具有宽温性、快速充放电、长寿命、安全环保等优点，每辆 12 米的纯电动公交车用电池重量 2 ～ 3 吨，负极重量占比 35%，每辆车消化镧铈稀土合金粉 600 ～ 1000 千克，全国公交车数量超过 50 万辆，每 8 年有一个寿命周期，市场前景十分广阔。

9.2.5 稀土晶体材料

（1）市场需求

我国稀土激光晶体材料 2018 年的市场规模在 12 亿元左右。由于激光加工、激光医疗、激光武器等激光应用领域的大幅拓展，我国激光晶体材料总体处于供不应求状态。尽管光纤激光器和半导体激光器的快速崛起给以激光晶体为增益介质的固体激光器形成了较为明显的冲击，但固体激光应用市场对于激光晶体的需求仍保持稳定增长态势。

我国稀土闪烁晶体材料 2018 年的市场规模在 1.5 亿元左右，以 LYSO 晶体为主。根据国家卫健委于 2018 年 10 月发布的大型医用设备配置规划，到 2020 年底，全国规划新增正电子发射设备（PET-CT、PET-MR）共计 405 台。据此推算，对闪烁晶体的需求近 10 亿元，其中绝大部分为 LYSO 晶体，但目前国内产能只能满足不到一半的需求。因此，未来两年国内 LYSO 晶体供应存在巨大缺口，对国内 LYSO 晶体生产企业而言是一个很好的发展机会。

（2）重点应用领域

稀土激光晶体材料的重点应用领域包括激光加工、激光显示、激光医疗和军事应用等。激光加工领域是激光晶体最大的应用领域。近年来，超快激光加工和紫外激光加工蓬勃发展，对激光晶体产生了重大需求，且对晶体的性能要求越来越高，特别是对晶体的抗激光损伤能力、质量一致性等具有严格要求。随着近年来国内生活水平的提高，面向娱乐消费的激光显示市场增长迅速，而激光美容市场的大幅扩张，则带动了激光医疗领域的强劲需求。这两个领域对激光晶体的技术指标要求不高，但对成本的要求较为苛刻，因此需要激光晶体厂商不断改进和创新技术以降低成本。军事应用领域一直是激光晶体技术水平发展的关键驱动力，其应用的复杂性和特殊性不断要求激光晶体材料增大晶体尺寸、提高晶体品质、改善抗激光损伤能力，并要求激光晶体材料不断推陈出新，以满足多样化的军事应用需要。

稀土闪烁晶体的重点应用领域主要包括核医学设备、高能物理、核辐射探测、石油测井等。以正电子发射断层扫描（PET）为代表的核医学影像诊断设备，是当前高端医疗设备市场的典型代表，对稀土闪烁晶体具有重大需求。LYSO 晶体是目前最能满足 PET 应用需求的闪烁晶体，全球需求量超过 50 吨，总的市场价值在 10 亿元左右。预计未来 5 ～ 10 年时间，LYSO 晶体仍将是 PET 用闪烁晶体的主流产品，且其需求量将随着中国 PET 市场的快速发展而出现显著增长。高能物理领域对闪烁晶体的要求因情况而异，其市场特点是需求量大但不稳定，对价格敏感。核辐射探测领域要求晶体具有高光输出、高能量分辨率。石油测井应用则不仅要求晶体具有优异的闪烁性能，还要求晶体具有良好的高温性能和机械抗震性能。$LaBr_3$：Ce 晶体在上述领域都具有很好的应用前景，但由于价格原因，目前市场份额较小。

9.2.6 稀土基础材料

（1）市场需求

我国稀土基础材料产业可以生产 400 多个品种、1000 多个规格的稀土产品，成为世界上唯一能够大量提供各种品级稀土产品的国家。中国目前冶炼分离企业由原来的 99 家压缩至 59 家，6 家稀土集团（中国铝业、北方稀土、厦门钨业、中国五矿、广东稀土、南方稀土）主导市场的格局初步形成，整合了全国 23 家稀土矿山中的 22 家、59 家冶炼分离企业中的 54 家，扭转了“多、小、散”的局面，冶炼分离能力从 40 万吨压缩到 30 万吨。近十几年来中国稀土冶炼产品的产量如图 9-9 所示。

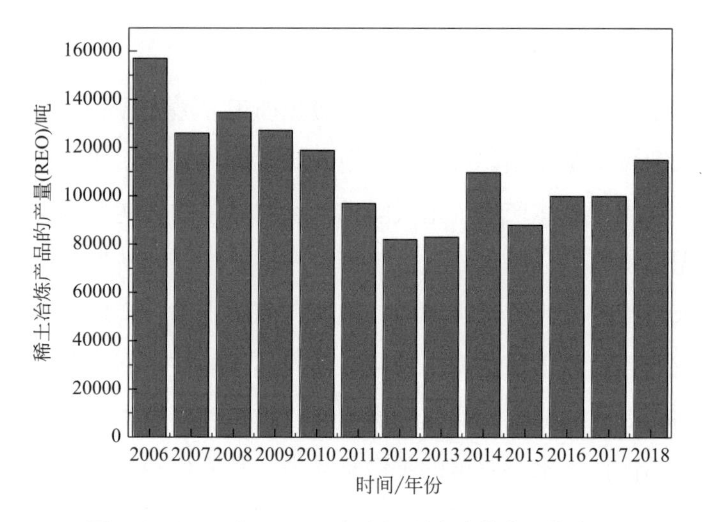

图9-9 2006年～2018年中国稀土冶炼产品的产量

我国高纯稀土金属市场供应能力约 60 吨 / 年，随着高技术的发展，高纯稀土金属在磁性材料用溅射靶材、磁制冷、储氢材料、荧光粉、电子信息等领域均有应用，且市场需求逐年增长，形成了供不应求的局面。具体来说，磁性材料用 Tb/Dy 溅射靶材基本在 2016 年开始起步，市场规模不到 10 吨，随渗透技术进步和推广，2017 年市场规模达到 25 吨左右，2018 年进一步放量，全球市场规模在 40 吨左右，市场供不应求；高纯稀土金属 Gd、Tb、Ho、Er、La 等在磁制冷领域主要用于基础研究或者小规模生产，预计 2018 年用量不足 5 吨；高纯稀土金属 La 在储氢材料主要用于基础研究和部分高端领域应用，Eu、La 在荧光粉领域实现商用，2018 年市场规模预计超过 10 吨；高纯稀土金属 Yb 在 OLED 中的应用在韩国已规模化应用，我国只有 1 家企业实现规模应用，其他厂家处于研发和小试阶段，预计 2018 年用量不超过 20 吨；高纯稀土金属在电子信息领域的应用在美国及日本已经实现应用，我国处于研发和小试阶段，预计 2018 年用量在 10 吨左右。

（2）重点应用领域

高纯稀土金属的主要应用方面是磁性材料、超导材料、储氢材料、新型荧光粉、OLED 用蒸发料、电子信息用溅射靶材、闪烁晶体、大功率激光晶体和光纤材料等，以及新型稀土功能材料的研发。

高性能 NdFeB 永磁材料主要用于新能源汽车、风力发电、智能手机等领域，其往往需添加 Tb/Dy 以提高其性能，主流趋势趋向于渗透技术，其通过溅射后进行热处理，Tb/Dy 渗透到晶界以提高矫顽力，同时可保证剩磁基本不变和提高产品稳定性，另外还能大大降低生产成本。Tb/Dy 溅射靶材 2018 年市场规模达到 40 吨以上，2019 年预计市场规模达 80 吨以上；OLED 具有轻薄、柔性、显示效果好、响应速度快等特点，被认为是下一代显示技术最有力的竞争者，如用于手机显示屏、穿戴设备、曲面屏等。Yb 因其功函数较低，能提高电子注入能力、降低驱动电压、提高发光效率的优势，在 OLED 技术领域获得应用，2018 年预计用量在 1 吨左右，随技术进步，用量将进一步放大；高纯金属 La 是优异的储氢材料，随技术突破，其在航空航天、核能、新能源汽车等领域将得到大力推广，用量也会由 1 吨左右增加到 10 吨以上；压电材料 AlN 中通过溅射加入高纯稀土金属 Sc（钪），因其有助于提高机电耦合参数、减少插入损耗、提高相对带宽等优势，广泛应用于高性能无线电领域中的射频滤波器，随着 5G 通信的发展，高纯 Sc-Al 靶用量将激增，由目前需求量 300 ～ 500kg 左右增加到 1 吨以上；高纯金属 La 和 Eu 已经在荧光粉领域实现商用，市场需求量在 2 吨以上，针对具体用途对某些特殊杂质种类及含量有严苛要求；随着电子技术向高性能、多功能、大容量、微型化方向发展，半导体芯片集成度越来越高，晶体管尺寸越来越小。集成电路线宽小于 28nm，传统的 SiO_2 栅介质薄膜就会存在漏电甚至绝缘失效的问题，目前采用铪、锆及稀土改性的稀有金属氧化物薄膜解决核心漏电问题。进一步降低线宽，需采用更高介电常数、导带偏移大和良好的高温热稳定性的稀土高 K 栅介质材料。2015 年全球集成电路晶圆产量为 18900 万片，市值 3280 亿美元，靶材市场规模 160 亿美元，高 K 栅介质材料用靶材市场规模超过 32 亿美元；预计到 2020 年，集成电路晶圆产量达到 23000 万片，高 K 栅介质材料用靶材市场规模将达到 40 亿美元，若 20% 采用稀土靶材替代，稀土金属靶材市场规模将达到 8 亿美元。随着高纯稀土金属往下游应用的不断延伸和新技术的发展，其用量将持续增长，带动更大社会和经济效益。

高纯稀土氧化物广泛应用于各类电子、光学晶体、磁性材料。例如纯度大于

99.999% 高纯氧化钕制备的激光钕玻璃应用于“神光”系列装置和上海超强超短激光实验装置，纯度大于 99.999% 的氧化铒用于制作长距传输光纤放大器，纯度大于 99.99% 的氧化铈应用于医学成像、高能物理等领域的高性能稀土闪烁晶体，高纯度的 Tb、Dy 等稀土化合物应用于超声换能器等领域的高性能超磁致伸缩材料（GMM）等。超细稀土化合物主要应用于功能陶瓷、半导体、晶体、医疗等众多领域。例如，超细氧化钇、氧化镥、氧化钆、氧化铈等稀土氧化物大量应用于闪烁光功能材料。MLCC 主要材料为粒度 100 纳米的钛酸钡粉体，要求所采用的纳米氧化钇改性材料不仅纯度高，而且必须粒度小于 100nm，同时具有均匀的分散特性和较高的比表面积。纳米 La_2O_3 掺杂进入氧化铝中，所制陶瓷的高温力学性能大大改善，加入 0.1% 时就可使陶瓷蠕变速度降低 100 余倍，且最高使用温度提高 200 ～ 300℃，其效果远远好于普通的微米级 La_2O_3 掺杂作用。纳米级 CeO_2 具有宽带强吸收能力，而对可见光却几乎不吸收，可用于防晒纤维、塑料和汽车玻璃等紫外屏蔽领域。

9.3 发展趋势

9.3.1 稀土磁性材料

（1）发展趋势

在绿色经济、循环经济、低碳经济的推动下，风力发电、节能家居、新能源汽车将取得新一轮的发展高潮。这些现状为将来稀土永磁材料的发展预留了广阔的发展空间，对具有高温度稳定性、高耐蚀性以及节能环保特性的高性能稀土永磁体的需求越来越大。未来通过对稀土资源的平衡利用和高质化应用，研究开发高性能稀土永磁材料、高性能、高服役特性的低 Nd、低重稀土、混合稀土、高耐热、高性能的各向同性黏结钕铁硼、高性能各向异性黏结钕铁硼等稀土永磁材料，技术上要集中突破稀土永磁材料高性能技术、永磁材料先进表面处理技术、新型绿色黏结剂体系、磁体自动化成型技术等，实现高端产品的技术研发，并从工程化角度推进大型核心装备的国产化与智能化升级，逐步提升产品稳定性、一致性、可靠性，以满足不同应用领域及服役环境的需求。

（2）发展方向及发展重点

稀土永磁材料未来发展将继续围绕战略性新兴产业和新一代信息技术、高档数控机床和机器人、先进轨道交通与新能源汽车、节能环保等重点发展领域，突破高性能稀土永磁材料关键制备技术，促进新材料的高值利用，加快成果转化。其中主要包括以下几点。

① 高丰度稀土永磁材料制备技术　聚焦稀土资源高效平衡利用，开展资源节约型高性能稀土永磁和紧缺稀土元素在永磁材料中的替代技术研究。

② 烧结磁体的无重稀土和低重稀土化　开发高稳定性、高效率、低成本的烧结磁体晶界扩散技术，实现烧结磁体的无重稀土和低重稀土化，提高材料的综合性能。

③ 烧结磁体的自动化　开发高性能烧结磁体连续化生产智能装备，实现工序自动化；突破烧结磁体一次成型关键技术，提高材料综合利用率。

④ 高性能热变形磁体　实现热变形磁体高效、自动化、连续化生产，突破高性能热变形磁片、磁环、异性磁体制备关键技术，突破热变形磁体用磁粉连续化生产关键技术。

⑤ 高性能黏结永磁材料　黏结磁体主要发展方向包括突破高耐热性各向同性稀土黏结钕铁硼永磁材料、高性能各向异性稀土黏结钕铁硼磁粉及磁体关键制备技术；开发高耐蚀性的钐铁氮稀土黏结永磁材料产业化关键技术等。

9.3.2　稀土发光材料

（1）发展趋势

随着半导体光源在照明、显示和信息探测领域的加速渗透，市场对光源的品质化需求也越来越高。未来的发展趋势为：高显色、高舒适性，甚至类似太阳光的全光谱照明成为业界追求的目标；大功率 LED、激光照明等高密度能量激发器件用稀土光功能材料的应用需求趋于增长；广色域、高清、大尺寸已成为新型显示技术的主要发展趋势；植物照明已成为全球关注重点；近红外发光材料在安防监控、生物识别领域等具有很好的应用前景。

（2）发展方向及发展重点

基于高效低廉的蓝光 LED 芯片的照明与显示技术已经成熟应用，其中适合蓝光激发的照明用铝酸盐及氮化物体系荧光粉的性能也日益完善，但是伴随全光谱照明及大功率照明技术和应用需求，亟待开发新型荧光粉以及陶瓷化或单晶化的高性能荧光材料。在显示领域，虽然 QLED、OLED 和激发显示技术发展迅速，但是开发新型荧光粉，可对液晶显示色域不高的不足起到很好的弥补作用。基于蓝光 LED 芯片的液晶显示背光源技术仍具有强大的生命力。此外，通过材料体系创新，基于蓝光 LED 可以获得高效近红外乃至紫外等非可见光光源。在上述领域用荧光粉的材料和技术创新，是实现我国材料乃至光电器件核心专利突破和产业发展的重要途径。

9.3.3 稀土催化材料

（1）发展趋势

① 汽车催化剂　2020年我国即将全面施行全球最严的国六标准，其中7省47市将提前实施国六标准；国六标准对中国汽车催化产业提供了蜕变的契机，也带来了严峻的挑战。汽车催化产业发展趋势为上下游产业链相互关联、产业分工明确、高度专业化、垄断化，形成一个长期稳固的产业体系。

汽车尾气催化剂未来发展是满足国六及以上严格标准的催化剂、催化材料及催化系统。另外针对国六排放法规，采用更加先进、合理的排放解决技术方案，从底盘空间考虑，未来发展也将是发展多功能一体的催化系统，如CDPF、TWC+SCR及TWC+GPF；发展低贵金属涂覆减量技术等。重点发展新型结构、非钒分子筛催化剂技术、DOC及氨泄漏催化技术以及多种后处理集成技术，如DOC+SCR、DOC+EGR+DPF、DOC+DPF+LNT、DOC+DPF+SCR等。

② 脱硝催化剂　由于目前火电厂商用的工业脱硝催化剂是钒钨钛体系，技术被国外公司所垄断，而且钒有毒，容易形成固废污染。因此未来工业脱硝需要开发钒替代或钒减量化的无毒、高效环保催化剂材料。我国具有丰富的稀土资源，而且稀土具有独特的助催化性质，在我国应当发展稀土基的高效工业脱硝催化剂。我国在此方面具有一定的知识产权基础和研发基础，研究单位如北京工业大学、长春应用化学研究所等。另外，我国工业脱硝未来发展不仅进一步拓展稀土脱硝催化剂在钢铁、水泥、玻璃、焦炭等非火电领域的应用，还需创新开拓其在火电厂工业脱硝的应用。

③ 催化裂化催化剂　目前，我国炼油行业迎来了重要的战略发展机遇期，面临着资源供应日趋紧张、原油品质的劣化、环保要求趋严等严峻挑战，必须借鉴国际先进经验，积极扩大原油来源，实现渠道和资源多样化，提高重油深加工能力，加快清洁燃料质量升级换代等。未来重点发展高耐劣、长寿命、清洁高效的石油裂化催化剂及相关裂化催化炼油技术。

（2）发展方向及发展重点

稀土催化材料未来发展方向应进一步体现创新、绿色、高效的特点，稀土催化研发应倾向于研发相关清洁制备和应用技术，如石油裂化催化剂倾向于重油催化裂化，并需要裂化过程的清洁、高效，油品的低硫、低氮清洁。机动车尾气催化剂未来发展应倾向于满足国六及以上排放标准，开发铈锆、氧化铝等关键材料，开发多种后处理技术的集成和优化等。工业废气脱硝发展应开发无毒、环保、高效的稀土基脱硝催化剂。

稀土催化材料未来发展重点包括以下几点。

① 针对未来我国原油较重的特点，石油裂化催化剂未来应开发高耐劣、长寿命、更加清洁高效的催化剂、催化裂化及装备技术。

② 针对未来国六及以上汽车尾气排放标准，研发新型结构、高温稳定的铈锆、氧化铝涂层技术；发展 CO、HC、NO_x、PM 四效汽油车尾气净化催化剂技术，发展汽油车颗粒物过滤器 GPF 技术，发展三效催化剂与其他后处理技术的集成技术等。

③ 基于我国丰富的稀土资源优势，发展耐高温、非钒、无毒、高效的稀土基脱硝 SCR 催化剂，进一步在水泥、钢铁、玻璃、垃圾焚烧等非火电行业使用推广；同时改进稀土非钒催化剂，提升其高温使用性能，以进一步满足火电行业工业脱硝要求，替代目前国外进口技术的有毒钒基工业脱硝催化剂。

9.3.4 稀土储氢材料

（1）发展趋势

稀土储氢合金主要向高性能化和低成本化方向发展。寻找各个指标影响实用性的平衡点、以满足 MH-Ni 电池和储氢 - 输氢装置快速发展的需求。此外，稀土储氢合金仍有许多潜在应用的研究还刚开始，如能量存储利用等。广为关注的能量转换、大规模贮运等尚未展开。$LaNi_5$ 型和 RE-Mg-Ni 系稀土储氢合金的储氢容量与应用需求相比仍然很低，而一些具有高储氢量的稀土储氢材料还有许多问题和难点需要解决。研究开发新组分、新结构稀土储氢材料是扩大材料应用范围的重要途径，也是拥有该领域原创知识产权的必由之路。

（2）发展方向及发展重点

未来需要将稀土资源平衡利用与新能源和新能源汽车的应用需求有机结合，重点研发以 La、Ce、Y 等高丰度稀土金属为原料的低成本、高性能新型稀土储氢材料，实现低成本规模化气固相储氢，开发新能源汽车电池和低自放电电池用高性能镍基稀土储氢材料，开展应用牵动的材料 - 器件 - 装备的成套工程化技术攻关，提高高端稀土储氢材料和应用器件的国际竞争力。鼓励原始创新，开发高容量稀土储氢材料和具有新结构的稀土储氢合金，为稀土资源平衡利用开辟新途径。

9.3.5 稀土晶体材料

（1）发展趋势

稀土晶体材料的主要发展趋势包括以下几点：

① 新材料持续开发，材料性能不断改进，以满足下游应用领域日新月异的发展

要求；

② 晶体材料的应用导向性越来越强，与应用器件的研发结合得越来越紧密；

③ 晶体材料的应用形式越来越多样化，从传统的单晶块体材料逐步向多晶、薄膜、阵列、纤维乃至纳米材料等方向发展，相应的材料制备技术和应用技术也越来越丰富；

④ 晶体材料制备技术获得长足进步，晶体生长装备的自动化水平也越来越高。

（2）发展方向及发展重点

基于我国稀土晶体材料的科研和产业现状，稀土激光晶体领域应继续加强在前沿领域的科技攻关，保持自身的国际先进水平。主要的发展方向包括：

① 拍瓦（10^{15} 瓦）级超高峰值功率激光晶体的研究；

② 超高平均功率（>100kW）级激光晶体的研究及其高质量、大尺寸生长技术开发；

③ 激光加工用 LD 泵浦高功率飞秒激光晶体研究及其产业化；

④ 高功率中红外低维激光晶体开发。

稀土闪烁晶体领域则应当加大基础研究力度，提升重点产品的产业化水平，缩小与国外先进水平的差距。发展重点包括：

① 探索高性能稀土闪烁晶体新材料，特别是稀土卤化物、铝酸盐体系新材料的探索，开发具有自主知识产权的新材料；

② 提升大尺寸、高质量 LYSO、$LaBr_3$: Ce 晶体产业化技术水平，提高产品性能和成品率，降低产品成本，提高市场竞争力；

③ 健全和完善闪烁晶体产业链，完善上游高纯稀土原料制备技术和下游晶体封装、应用技术。

9.3.6　稀土基础材料

（1）发展趋势

稀土化合物材料绿色高效清洁提取技术经过近年来的发展，形成了一批低碳、循环、清洁、高效的新技术。未来将针对包头混合型稀土矿、氟碳铈矿、离子型稀土矿以及二次资源提取分离全流程绿色化、智能化存在的问题，进行技术攻关，为行业尽快实现资源高效开发利用、物料循环利用、污染近零排放的全面绿色转型提供充足的技术支撑。高纯和特殊物性稀土化合物立足于高附加值材料需求，围绕着新材料技术指标开展研发及产业化应用，研发的针对性和方向性进一步增强，上下游关联性密切，以材料技术水平进步推动器件产品更新换代的趋势明显。

高纯稀土金属是研究开发高新技术材料的核心原料、磁性材料、光功能材料、催化材料、储氢材料、功能陶瓷材料、电子信息材料性能的进一步提升以及新型功能材料的开发，需要追求纯度更高、规格更特殊的原材料。尤其以新一代电子信息技术的发展为重点，在 7nm 以后高阶制程集成电路、5G 通信器件、大功率器件及智能传感器件、固态存储器、新型显示器中，超高纯稀土金属制备的高端溅射靶材成为先进电子信息产品关键核心配套材料，直接影响下游产业的发展。高纯稀土金属及靶材的需求呈快速增长趋势。

（2）发展方向及发展重点

发展稀土化合物材料绿色高效清洁提取技术。重点方向：

① 开发稀土分离提纯过程中酸、碱及氯根综合利用技术，以实现含盐废水近零排放。主要包括：

a. 开发稀土萃取废水 - 钙镁盐废水综合回收利用技术，针对氯化镁废水开发低耗喷雾热分解技术制备高纯氧化镁和盐酸产品，针对氯化钙废水开发低耗喷雾干燥 / 喷雾热分解技术制备高端氯化钙、高纯（氢）氧化钙和盐酸产品；

b. 开发氯化稀土热解或者电解制备氧化物技术，以解决稀土沉淀过程的氯化物废水排放问题。

② 开发美国、南非等混合型复杂稀土矿物的低成本、低排放新工艺，进一步提高稀土资源利用率，从源头解决环境污染问题。

③ 开发稀土二次资源及伴生资源综合回收利用技术，针对稀土生产过程废物开发高效绿色回收利用技术和装备，实现废渣、废物的综合利用。

研究超纯及特殊物性稀土化合物。重点方向：

① 开发超纯 / 特殊物性稀土化合物的关键共性制备技术；

② 开发针对下游产业需求的超纯 / 特殊物性稀土化合物的制备技术，满足高端电子器件和芯片、功能晶体、集成电路、红外探测、燃料电池、特种合金、陶瓷电容器等的应用需求。

新一代信息电子及能源材料是高纯稀土金属及靶材产品的主要应用方向。相较国际水平稀土金属纯度达到 4N5 级，我国应用技术仍有提升空间。同时不同应用需求所关注关键敏感杂质存在显著差异，针对性的研发迫切需要开展。为解决上述应用需求，未来对高纯稀土金属材料的研究热点主要集中在以下几方面：

① 进一步提高稀土金属的纯度，达到 4N5 级以上水平，发展低成本、规模化制备超高纯稀土金属技术，为研制高纯稀土靶材提供关键的原材料；

② 研究“稀土金属纯度”与“材料性能”的紧密关联性，为前沿性领域用稀土

功能材料提供理论依据，拓展超高纯稀土金属应用领域；

③ 发展大型稀土金属及合金铸锭超洁净熔炼成型、成分均匀性与微观组织控制技术，以及稀土金属及合金靶材形变加工及热处理等关键技术，获得大尺寸高纯稀土金属及合金溅射靶材成套制备技术；

④ 发展超高纯稀土金属及靶材中痕量杂质元素分析检测技术。

9.4 我国稀土材料发展存在的问题

（1）高端产品自给率不高

目前，我国稀土磁性、发光、储氢材料产量占全球总产量的 70% 以上，产品性能大幅提升。但大部分产品位于中低端，高端关键材料占少部分，且一致性和稳定性与国外有一定差距，如我国稀土永磁材料产量占世界总产量的 90% 以上，但产值仅占世界产值的 60% 左右；宽色域液晶显示用稀土发光材料、高端稀土电子陶瓷材料、高纯稀土靶材等 60% ～ 80% 依赖进口；汽车、电子、IT、新能源等战略性新兴领域所需的高端稀土功能材料被国外垄断，已成为相关产业发展的瓶颈。

（2）关键装备和技术对外依存度高

现阶段我国稀土新材料在产品一致性、稳定性以及高端产品占比等方面与国外存在明显差距。一个重要的原因是我国缺乏材料制备所需的核心部件和装备，关键核心技术与高端装备对外依存度高。据统计，近五年稀土磁、光等功能材料行业技术及装备引进费用达 2 亿美元，稀土功能材料生产装备的核心部件进口总值达 1 亿美元，国产化率约 70%；其中，高端材料制备的核心部件国产化率不足 50%，晶体等高端光功能材料核心关键部件国产化率不足 30%，尤其检测及应用评价设备对外依存度较高。

（3）上下游协调机制不健全，生产与应用脱节

材料的价值在于应用，但目前国内在稀土新材料的生产和应用方面存在明显脱节。主要归因于上下游企业尚未建立畅通的合作机制，开放程度不够，协同作用不明显，互相之间的信息不共享、不同步，互相掌握、了解的技术信息和参数指标不对称，再加上从业人员专业及综合能力不强，上游生产企业不知道下游企业对材料性能、质量有什么样的需求，而下游应用企业由于对材料不熟悉也无法提出更有针对性地指标参数。如稀土永磁材料在工业电机节能领域具有十分广阔的应用和市场，但正是由于磁体生产企业和电机企业之间缺乏有效的沟通协作，使得磁性材料性能难以有效满足电机不同工况的设计需求，阻碍了稀土永磁节能电机的推广应用，行业急需建

立完善上下游协作机制。

（4）材料评价体系不完善，难以有效支持技术发展的需求

完善的材料综合性能测试和应用技术评价体系是稀土功能材料技术开发和产业发展的重要保障。但由于我国稀土行业产、学、研、用结合不够紧密，尚未真正建立起以企业为主体、市场为导向、产学研相结合的材料评价体系。再加上我国在稀土新材料测试领域的技术和装备严重缺乏，特别是稀土新材料的使用性能测试装备严重依赖国外进口。许多新型材料的评价手段也比较欠缺，国内开发的稀土新材料基本通过下游用户“试制器件”的使用效果来评价，在高端应用领域大部分依靠国外用户。再加上高端及专业人才不足，不仅导致研究开发进程缓慢，而且使得产品交易受制于人，无法掌握市场主动权，限制了先进稀土新材料及高端应用技术的发展。

9.5　我国稀土材料的发展建议

（1）健全创新体系，增强自主创新能力，加强技术储备

以企业为主体，联合科研院所、高校等创新主体建立稀土功能新材料技术创新中心或战略联盟，以重大需求为目标，组成联合攻关组，开展协同创新，形成基础材料 - 应用器件 - 关键零部件 - 核心装备一条龙开发模式，着力提升原始创新、工程化和技术成果转化扩散能力，全面提升自主创新能力。

（2）制定和完善行业规划，拓展稀土功能材料的应用领域

加强国家相关政策对行业的统筹协调与管理。在技术创新及应用领域方面，加强顶层设计，有计划的部署一系列重点科技项目，瞄准战略重点及方向，通过科研院所与研究机构、企业的合作攻关以及上下游的联动开发，建立长久有效的创新协同合作机制，着力推动稀土功能材料的高端应用，拓展新兴应用市场，实现稀土功能材料的极致应用。

（3）建立和完善知识产权保障体系，推动成果转化

引导稀土企事业单位重视和加强知识产权开发、运用和保护，加强专利转化战略。鼓励行业内有影响力的企业去建立与国际接轨又有我国特色的稀土功能材料标准体系及标准信息服务平台，培育和提升行业、企业、科研院所的技术创新及运用知识产权保护的能力和水平。制订和完善强制有效的知识产权保护法律法规，出台政策“组合拳”，通过奖罚分明的制度，保护知识产权，严厉打击技术流失和侵权行为，为鼓励技术创新成果推广实施提供法律依据和保障。

（4）加强人才培养和创新基地建设，提高科技创新能力

建立人才培养和创新基地的长效发展机制，突出“高精尖缺”导向，着力培养前沿、基础科学、工程化研究、科技领军型人才，加大力度培养工程应用类“工匠”型人才；加强对相关国家重点实验室、工程研究中心、公共技术服务平台等的持续支持，加快提升我国稀土科研和产业的创新能力和应用水平。

作者简介

赵娜，东北大学冶金科学与工程专业毕业后一直在有研科技集团有限公司（原北京有色金属研究总院）有研稀土新材料股份有限公司工作。从事稀土科研管理工作 15 年，主要负责科研项目管理和科技规划制定。曾参与科技部、工程院等部委的各类发展规划及我国重要稀土产业基地的发展规划可研报告及项目 10 余次。

徐会兵，男，工学硕士，高级工程师，自 2010 年以来一直在有研科技集团有限公司（原北京有色金属研究总院）有研稀土新材料股份有限公司工作，主要从事高性能稀土发光材料设计及产业化技术开发。先后主持或作为骨干承担科研项目 10 余项，申请发明专利 40 余项，发表论文 10 余篇，相关成果获中国有色金属工业科学技术奖一等奖 1 项。

第10章
环境工程材料

崔素萍　梁金生　郭红霞　马晓宇

10.1　发展环境工程材料产业的背景需求及战略意义

环境问题是当今社会发展所面临的三大类主要问题之一，人们在创造空前巨大的物质财富和前所未有的社会文明的同时，也在不断破坏其赖以生存的环境。随着社会生产及经济的快速发展、人类消费的不断增长，除了引起资源、能源短缺问题外，还使得全球普遍面临各种环境问题，包括全球气候变暖、臭氧层的耗损与破坏、酸雨蔓延、大气污染、水污染、海洋污染等。

在我国，生态文明建设和生态环境保护进入新时代，人民日益增长的优美生态环境需要与更多优质生态产品的供给不足之间的矛盾突出，生态环境保护仍滞后于经济社会发展。经过长达几十年的高速经济发展，成绩为世界瞩目，但与此同时，我国的环境问题也越来越受到国人和世界的关注。其中，与公众生产生活最相关的大气、水、土壤环境面临的形势尤为严峻。

大气污染是中国第一大环境污染问题。2017 年全国 338 个地级及以上城市中只有 99 个城市达标，仅占 29.3%。多数城市环境空气质量超标，重污染过程仍然多发，2013 年以来京津冀及周边地区已发生多次重污染情况，重度以上污染天数比例为 13.8%。二氧化硫（SO_2）、氮氧化物（NO_x）、烟粉尘、易挥发性有机物（VOCs）

等大气污染物排放量仍远超环境容量（表10-1），其中VOCs排放仍然呈现增长态势，减排任务仍很艰巨。

表10-1　2015年中国废气排放情况

项目	工业源	流动源	生活源	其他	合计
二氧化硫	1556.7	296.9	—	5.52	1859.12
氮氧化物	1180.9	65.1	585.9	20.0	1851.9
烟（粉）尘	1232.6	249.7	55.5	0.2	1538

资料来源：中国环境统计年鉴数据

其次，我国水环境问题严峻。我国水资源短缺，2016 年世界银行的统计数据显示，中国淡水资源总量为 2.8 万亿立方米，淡水资源占世界总量的 6%。从人均水资源量来看，世界平均为 8043 立方米 / 人，而中国的人均水资源量为 2062 立方米 / 人，仅为世界平均的 1/4 左右。与此同时，水污染情况堪忧，据《2016 年环境状况公报》，地表水方面，1940 个国考断面中，劣 V 类水占比 8.6 %，IV、V 类水合计占比 23.7%。长江、黄河、珠江、松花江、淮河、海河、辽河等七大流域和浙闽区河流、西北诸河、西南诸河 1617 个国考断面中，劣 V 类水有 147 个，占 9.1 %，IV、V 类水合计占比 19.7 %。112 个重要湖泊（水库）中，劣 V 类水有 9 个，占 8.1%，IV、V 类水合计占比 25.9 %。而且，我国废水排放总量呈持续上升趋势，2005 年～ 2015 年间我国废水排放量由 524.50 亿吨 / 年增至 735.30 亿吨 / 年，复合增长率达 3.44%。据有关专家推算，我国每年因水污染所造成的经济损失为 2400 亿元人民币。

我国土壤环境状况也不容乐观，部分地区土壤污染十分严重。农业土壤污染主要表现在肥料元素积累、多种重金属污染严重、农药和有机污染物残留量高等方面。据 2014 年发布的《全国土壤污染状况调查公报》显示，在调查的 630 万平方公里土壤中，超标率达 16.1%，约有 101 万平方公里土壤受到污染。如图 10-1 所示，土壤的轻微、轻度、中度和重度污染率分别占 11.2%、2.3%、1.5% 和 1.1%。根据中国产业信息网的统计，全国受有机污染物污染的农田已达 3600 万公顷，其中有 1300 ～ 1600 万公顷耕地受到农药污染，污水灌溉污染耕地 216.7 万公顷，固体废弃物占地和毁田 13.3 万公顷，每年因重金属污染的粮食达 1200 万吨，造成的直接经济损失超过 200 亿元人民币。全国土壤污染总体呈现出“老债新账、无机有机、场地耕地、土壤水体”等并存复合污染的严峻局面。

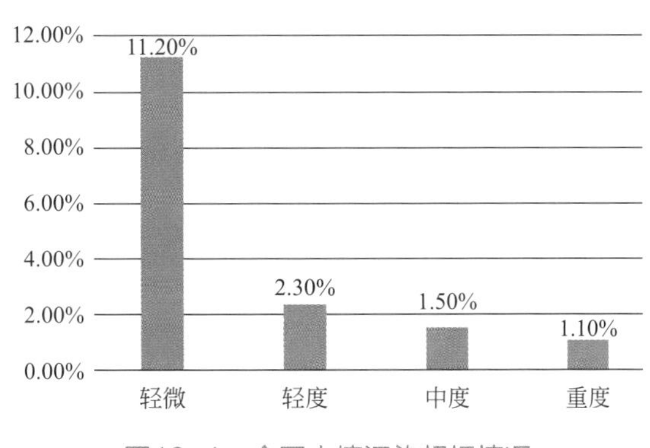

图10-1 全国土壤污染超标情况

近年来，国家陆续出台了多项环保政策以推进环境质量的改善，并不断加大污染防治方面的投入。2017 年，生态环境保护领域的新政策、思路密集出台，为生态环境质量提升保驾护航，推动生态文明建设不断向前。其中最受瞩目的是表 10-2 所示的“水十条”“气十条”和“土十条”，为加强环境保护工作建立了全方位的环境保护大战略。“十三五”期间的环境保护工作以“改善环境质量”为核心，通过提升环境治理能力，构建政府、企业、社会共治的环境治理体系，重点在于打好“大气、水、土壤污染防治三大战役”。

表10-2 “水十条”“气十条”和“土十条”主要内容

政策领域	重要政策	政策内容	发布时间
水环境	《水污染防治行动计划》	推动水资源承载能力监测预警，完善水环境监测网络、污染物统计监测体系建设	2015-4-16
	修订版《中华人民共和国水污染防治法》		2017-6-28
大气环境	《大气污染防治行动计划》	要求建设城市站、背景站、区域站统一布局的国家空气质量监测网络，加强监测数据质量管理；建立监测预警体系	2013-9-10
	修订版《中华人民共和国大气污染防治法》		2015-8-29
土壤环境	《土壤污染防治行动计划》	建立土壤污染责任人制度，土壤污染防治政府责任制度，土壤污染状况调查、监测制度，土壤污染风险管控和修复制度；2020年受污染耕地安全利用率达到90%左右，污染地块安全利用率达到90%以上；2030年受污染耕地安全利用率达到95%以上，污染地块安全利用率达到95%以上	2016-05-28
	《中华人民共和国土壤污染防治法》		2018-08-31（2019-01-01起实施）

10.2 环境工程材料及技术概况

环境的净化与修复在很大程度上都依赖于更高性能材料的开发，环境工程材料是在人类认识到生态环境保护的重要战略意义和世界各国纷纷走可持续发展道路的背景下提出来的。环境工程材料属于生态环境材料的一大类，其主要目的是将材料科学与技术用于防止、治理或修复环境污染。在生态环境材料概念指导之下的环境工程材料不仅要具有环境治理功能，更强调其本身与环境的协调性。环境工程材料的开发与研究是解决环境问题的关键，本章将重点阐述用于大气、水、土壤污染防治的环境工程材料。

10.2.1 大气污染控制技术

大气污染治理过程中所涉及的几类关键材料主要包括工业脱硝用催化材料、工业脱硫用吸附材料、VOCs 治理用吸附材料和催化材料等。

（1）工业脱硫用关键材料

目前火电厂烟气脱硫技术主要是石灰石 - 石膏法烟气脱硫、氨法烟气脱硫、海水法烟气脱硫和烟气循环流化床法脱硫。其中，主要用的石灰法可以除去烟气中 85% ～ 90% 的二氧化硫气体。但是这种技术投资费用较高，在火力发电厂安装烟气脱硫装置的费用达电厂总投资的 25% 之多。非电行业如水泥企业 SO_2 脱除技术主要方法包括热生料喷注法、底部旋风筒物料的水化作用法、干反应剂喷注法、喷雾干燥脱硫法等。

热生料喷注法是指将已发生分解的热生料重新引回预热器内。Fuller 公司的 De-SO_x 旋风系统使用的便是此法，该方法是在上面两级旋风预热器管道中间安装一个除尘器，而从分解炉内引出的热生料将会经过除尘器除尘后进入旋风筒，由于热生料中含有大量活性的 CaO，可与 SO_2 反应生成稳定性相对较好的硫酸盐，因此此法具有较好的固硫效率，现阶段的实践表明在钙硫比为 5 ～ 6 的情况下，钙法的固硫率可达 25% 以上。如果现行企业的 SO_2 排放浓度较高，采用此法可以达到很好地固硫效果。

湿式脱硫法现阶段的技术已较为成熟，并被广泛地应用于电力、冶金、水泥等行业。Monsanto Enviro-Chem 公司的 Dyna Wave 动力波逆向喷射洗涤器即采用的是湿法脱硫。该装置的原理是在洗涤筒内烟气与洗涤液逆向流动并发生碰撞，从而使液体呈辐射状从内向外射向洗涤筒壁，在气液界面的湍流区域内由于二者的紧密接触从而产生了大量的泡沫，继而产生颗粒收集以及气体吸收等作用，处理后的气体经过自动水喷淋系统除沫后从顶部离开洗涤器，而后通过烟囱排放。脱硫产物 $CaSO_3$ 后续会被氧化生成 $CaSO_4$（石膏），当石膏含量达到一定浓度时会通过泵系统被抽出，实践证明该洗涤器的固硫效率可以达到 90% 左右，效果相对较好。

喷雾干燥脱硫法是将干法脱硫与湿法脱硫相结合的方法，其原理是向吸收塔内喷射石灰浆液，而后浆液会与 SO_2 发生接触并反应以达到脱硫的目的，实践证明这种方法的脱硫率可达 50% ～ 90%。RMC 公司曾采用此法进行脱硫，在增湿塔内通过石灰浆液与烟气中的 SO_2 发生化学反应，从而达到脱除烟气中 SO_2 的目的。该套装置中未参与反应的石灰颗粒会经过后续的除尘器除尘后重新收集起来，以达到循环利用的目的。

现行的脱硫方法有很多种，但是实践证明几乎每一种脱硫方法均涉及成本和效率的问题。例如加熟石灰法的脱硫效率最高，但是脱硫成本相对较高；而喷雾干燥固硫法的投资相对低些，但是后续设备的维护仍旧需要大量的资金投入。

（2）工业脱硝用关键材料

目前烟气脱硝技术主要有低氮燃烧技术、选择性非催化还原（SNCR）技术和选择性催化还原（SCR）技术。低氮燃烧技术会降低燃烧效率，并且减排效率低，无法满足严格的排放标准，只能作为一种辅助措施。SNCR 技术应用比较广泛，不需要使用催化材料，设备占地面积小，并且工艺简单、技术成熟。但脱硝率只有 50% ～ 60%，无法满足环保对 NO_X 排放的严格要求，还需消耗大量还原剂，且氨泄漏容易造成二次污染。

SCR 是当前最为有效的一种烟气脱硝技术。通常以氨水、尿素作还原剂，在催化材料的作用下，脱硝率可达 80% 以上。脱硝催化材料是 SCR 技术的核心，其费用占到整个 SCR 技术投资的 40% 左右。目前 SCR 催化材料主要有贵金属、金属氧化物、分子筛负载型和碳基催化材料四类。

① 贵金属催化材料　其是指 Pd、Pt、Rh 和 Ag 等贵金属材料作为活性成分的催化材料，通常以颗粒状 $A1_2O_3$ 等整体陶瓷作为载体。早在 20 世纪 70 年代，贵金属催化材料就已经成功的应用在汽车尾气的净化器当中，并成为最早使用的 SCR 催化材料。将该催化材料应用在 NH_3 作为还原剂的 SCR 反应中也有研究，贵金属催化材料不仅具有较高的活性，还有良好的热稳定性能。但是，贵金属催化材料不但制造价格昂贵，同时还会对还原剂 NH_3 造成氧化作用，在 SCR 反应中会导致还原剂的大量消耗，而造成 SCR 系统的运行成本增加。贵金属催化材料很快就被金属氧化物催化材料替代。

② 金属氧化物催化材料　其是近几年最被广泛研究的 SCR 催化材料。金属氧

化物作为活性组分负载在载体上，该活性组分主要包括 V_2O_5、WO_3、MnO_x、Fe_2O_3、NiO、CuO、MgO、MoO_3 和 CrO_x 等金属氧化物或复合氧化物。通常以 TiO_2、Al_2O_3、SiO_2、ZrO_2 等具有较大的比表面积和微孔结构的材料作为载体，能够为金属氧化物提供巨大的负载表面，并且其本身也具有一定的活性。其中因为 MnO_x/TiO_2 催化材料具有优越的低温活性，非常适用于余热发电后的低温烟气脱硝而得到广泛的研究。

③ 分子筛催化材料　主要是通过离子交换法使金属离子交换沸石，所采用的沸石类型主要包括 Y- 沸石、MFI、ZSM 系列、MOR 等，可用于离子交换的金属元素有 Mn、Co、Cu、Pd、Ce、V、Fe、Ir 等。该催化材料主要应用在化工生产或是燃气电厂尾气净化等较高温度场合，在 SCR 系统中的应用研究也很多，其中 ZSM-5 沸石具有稳定的晶体结构，所以是最常用的载体，并具有良好的耐热性及耐酸性。分子筛催化材料在高温条件下具有较高的催化活性，且活性温度范围也较宽。但国外研究发现 SO_2 和 H_2O 对这类催化材料影响很大，对含水、SO_2 的烟气脱硝工艺不适用。

④ 碳基催化材料　主要成分是活性炭，由于活性炭特有的孔结构及相对大的比表面积，所以既可以用作吸附剂，也可用作催化材料使用。该催化材料可以在较低的温度配合还原剂使用，也可以在 400℃以上作为还原剂还原 NO_x，并且价格低廉、易于再生。

SCR 法的优点是：反应温度较低；净化率高，可达 85% 以上；工艺设备紧凑，运行可靠；还原后的氮气放空；无二次污染。但也存在一些明显的缺点：烟气成分复杂，某些污染物可使催化剂中毒；高分散的粉尘微粒可覆盖催化剂的表面，使其活性下降；投资与运行费用较高。

（3）挥发性有机污染物（VOCs）治理用关键材料

目前 VOCs 治理的措施基本分为两大类：一类是以改进工艺技术、更换设备、防止泄漏乃至杜绝 VOCs 排放为主的预防性措施；另一类是以末端治理为主的控制性技术，也成为 VOCs 治理的主要方式和途径。在对末端处理技术研究的时候，VOCs 处理方法有非破坏性方法、破坏性方法和两者的联合方法。非破坏性方法即回收法，主要有炭吸附、变压吸附、吸收法、冷凝法及膜分离技术。其一般是通过物理方法，改变温度、压力或采用选择性吸附剂和选择性渗透膜等方法来富集分离 VOCs。破坏性方法有直接燃烧、热氧化、催化燃烧、生物氧化、等离子体法、紫外光催化氧化法及其集成技术。其主要是通过化学和生化反应，用热、光、催化剂和微生物将 VOCs 转化为 CO_2 和水等无毒害的无机小分子化合物。

10.2.2 水污染控制技术

污水处理主要是采用物理、化学和生物处理方法对生活污水以及工业废水进行处理，并将污水中所含的污染物进行分离，或将其转化为无害物质，从而使污水达到净化的过程。因污水中污染物的种类繁多，用一个处理单元不可能将所有污染物除去，往往需要几种方法和几个处理单元组成的系统进行处理。按照处理的程度，污水处理一般可分为三级。一级处理主要是通过机械处理，如格栅、沉淀或气浮，去除污水中所含的石块、砂石和脂肪、油脂等。城市污水一级处理后，其生化需氧量（BOD）去除率一般为25%，不宜排放。二级处理主要是采用生化处理法处理污水中不可沉淀悬浮物和溶解性可生物降解有机物，主要包括活性污泥法、AB法、A/O法、A2/ O法、SBR法、氧化沟法、稳定塘法、土地处理法等多种处理方法。二级处理后，水中BOD去除率约为80%～90%，可达到排放标准。三级处理是对水的深度处理，将经过二级处理的水进行脱氮、脱磷处理，用活性炭吸附法或反渗透法等去除二级处理水中未能去除的污染物，如有机物或磷、氮等可溶性污染物。

城市生活污水的二级生物处理多采用活性污泥法，这种方法是当前世界各国应用最广的一种二级生物处理工艺。但是，传统的活性污泥法基建费、运行费用高，能耗大，而且产生的大量污泥，需要进一步进行污泥无害化处理。随着污水成分的日益复杂、污水排放标准的不断严格，对污水中氮、磷等营养物质的排放要求较高，传统的具有脱氮除磷功能的活性污泥法已不能满足当前污水的深度处理，因此，新材料技术与工程技术方法在废水处理中受到广泛关注。

（1）吸附法

吸附法是利用多孔性固体物质吸收分离水中污染物的水处理过程。用于吸收污染物的固体吸附剂有活性炭、活化煤、焦炭、木屑、高分子树脂、各种矿物材料和新型吸附材料等。其中，活性炭吸附技术操作简单、使用方便、成本低，是目前常用的工艺之一。活性炭吸附是利用特定的活性炭制成活性炭滤床，当废水流通过活性炭滤床时，其中的杂质被吸附截留在活性炭滤层中。活性炭吸附技术对于降低水体浊度、色度，净化水质，减少对后续系统的污染等具有很好的效果。

（2）Fenton氧化法

Fenton氧化法是利用Fenton试剂对水中的还原性污染物进行氧化的方法。Fenton试剂是1894年由Fenton首次开发并应用于苹果酸的氧化体系，典型的Fenton试剂是由Fe^{2+}和H_2O_2组成。其作用机理是Fe^{2+}催化H_2O_2分解产生•OH，•OH与有机物进行一系列的中间反应，并最终氧化为CO_2和H_2O。Fenton法反应条件温和，设备较为简单，适用范围广；既可作为单独处理技术应用，也可与其他方法联用，如与混凝沉淀法、活性碳法、生物处理法等联用，作为难降解有机废水的预处理或深度处理方法。在国外，尤其是欧洲，Fenton 氧化法处理废水早已在一些对经济成本不敏感的工业过程中得到广泛的应用。

但由于 Fenton 法处理废水所需时间长，使用的试剂量多，且过量的 Fe^{2+} 将增大处理后废水中的 COD，并产生二次污染。近年来，人们将 Fenton 光化学，电化学，和其他方法联用，并采用其他过渡金属替代 Fe^{2+}，以增强 Fenton 试剂对有机物的氧化降解能力，减少 Fenton 试剂的用量，降低处理成本。

（3）臭氧氧化法

臭氧是一种强氧化剂，与还原态污染物反应时速度快，使用方便，不产生二次污染，可用于污水的消毒、除色、除臭、去除有机物和降低化学需氧量（COD）等。单独使用臭氧氧化法造价高、处理成本昂贵，且其氧化反应具有选择性，对某些卤代烃及农药等氧化效果较差。为此，近年来发展了旨在提高臭氧氧化效率的相关组合技术，其中 UV/O_3、H_2O_2/O_3、$UV/H_2O_2/O_3$、催化剂 $/O_3$ 等组合方式，不仅可提高氧化速率和效率，而且能够氧化臭氧单独作用时难以氧化降解的有机物。由于臭氧在水中的溶解度较低，且臭氧产生效率低、耗能大，因此增大臭氧在水中的溶解度、提高臭氧的利用率、研制高效低能耗的臭氧发生装置是今后的主要方向。

（4）光化学催化氧化技术

光化学催化氧化技术是在光化学氧化的基础上发展起来的，与光化学法相比，有更强的氧化能力，可使有机污染物更彻底地降解。光化学催化氧化是在有催化剂的条件下的光化学降解，氧化剂在光的辐射下产生氧化能力较强的自由基。光化学催化氧化技术使用的催化剂主要有 TiO_2、ZnO、WO_3、CdS、ZnS、SnO_2 和 Fe_3O_4 等。分为均相和非均相两种类型，均相光催化降解是以 Fe^{2+} 或 Fe^{3+} 及 H_2O_2 为介质，通过光助 -Fenton 反应产生羟基自由基使污染物得到降解；非均相催化降解是在污染体系中投入一定量的光敏半导体材料，如 TiO_2、ZnO 等，同时结合光辐射，使光敏半导体在光的照射下激发产生电子 - 空穴对，吸附在半导体上的溶解氧、水分子等与电子 - 空穴作用，产生 •OH 等氧化能力极强的自由基。TiO_2 光催化氧化技术在氧化降解水中有机污染物，特别是难降解有机污染物时有明显优势。

（5）电化学（催化）氧化技术

电化学（催化）氧化技术是通过阳极反应直接降解有机物，或通过阳极反应产生羟基自由基（•OH）、臭氧等氧化剂降解有机物的技术。电化学（催化）氧化包括一维、二维和三维电极体系。由于三维电极体系的微电场电解作用，目前备受推崇。

三维电极是在传统的二维电解槽的电极间装填粒状或其他碎屑状工作电极材料，并使装填的材料表面带电，成为第三极，且在工作电极材料表面能发生电化学反应。与二维平板电极相比，三维电极具有很大的比表面，能够增加电解槽的面体比，能以较低电流密度提供较大的电流强度，粒子间距小而物质传质速度高，时空转换效率高。因此电流效率高，处理效果好。三维电极可用于处理生活污水，农药、染料、制药、含酚废水等难降解有机废水，金属离子，垃圾渗滤液等。

（6）铁炭微电解处理技术

铁炭微电解法是利用 Fe/C 原电池反应原理对废水进行处理的良好工艺。该技术利用填充在废水中的铁炭微电解材料产生的电位差对废水进行电解处理，以达到降解有机污染物的目的。当系统通水后，设备内会形成无数的微“原电池”系统，在其作用空间构成一个电场。处理过程中产生的新生态 [·OH]、[H]、[O]、Fe^{2+}、Fe^{3+} 等，能与废水中的许多组分发生氧化还原反应，比如 [·OH]、[H]、[O] 能破坏有色废水中的有色物质的发色基团或助色基团，甚至断链，达到降解脱色的作用；生成的 Fe^{2+} 进一步氧化成 Fe^{3+}，其水合物具有较强的吸附－絮凝活性，特别是在加碱调 pH 值后生成氢氧化亚铁和氢氧化铁胶体絮凝剂，其絮凝能力远远高于一般药剂水解得到的氢氧化铁胶体，能大量絮凝水体中分散的微小颗粒、金属粒子及有机大分子。

采用上述方法可实现成分复杂废水的有效处理，但这些方法普遍存在耗资大、成本高的问题，难以规模化应用。早期人们探索用膜分离技术以取代活性炭吸附、杀菌消毒等三级/深度处理过程，以简化工艺流程。

（7）膜生物反应器技术

膜生物反应器（MBR）技术是一种将膜分离技术与传统活性污泥相结合的新型高效污水处理系统工艺。由于膜生物反应器使用膜组件代替了二沉池和过滤等工艺，使整个污水处理厂节约占地面积大概 30% 左右；在生物反应器中保持高活性污泥浓度，提高生物处理有机负荷，从而减少污水处理设施占地面积，并通过保持低污泥负荷减少剩余污泥量。一般来说，经过 MBR 工艺处理过的废水几乎检测不到悬浮物，浊度小于 1，再结合膜分离技术的生化处理工艺，MBR 产水几乎可以覆盖所有非饮用型回用领域。

高性能的分离膜是 MBR 技术的关键材料。MBR 对膜材料性能的要求是：

① 高强度，保障产水水质和膜寿命；

② 高通量，保证产水水量和减少占地；

③ 亲水性好，提高膜抗污染能力和运行稳定性；

④ 易保存，便于运输。

膜制备方法包括湿法带衬（FS-NIPS）、湿法（NIPS）和热法（TIPS）等。全球主要膜材料生产厂家及其性能如表10-3所示。可以看出，目前膜使用寿命可以达到5～8年。其中，北京碧水源研发的具有完全自主知识产权的MBR膜材料，强度高、通量大、寿命长，性能达到国际一流水平。目前该公司MBR膜材料生产能力超过600万平方米/年，位居世界前列。

表10-3　全球主要膜材料生产厂家及其性能

全球主要厂家	制膜方法	保存方法	平均运行通量/[m^3/(m^2·d)]	清水通量/(LMH/kPa)	强度/N	寿命/年
北京碧水源	湿法带衬	干法易保存	0.45	23.2	>200	5～8
日本三菱丽阳	湿法带衬	干法易保存	0.45	27.6	>200	5～8
美国GE	湿法带衬	干法易保存	0.45	10.8	>200	5～8
日本旭化成	热法	需甘油保存	0.3	3.4	5～10	1～3
中信（美能）	热法	需甘油保存	0.24	2.3	4～5	1～3
天津膜天	湿法	需甘油保存	0.24	2.2	4～5	1～3
开创环保（求是）	湿法加筋	需甘油保存	0.21	3.5	15～20	1～3

10.2.3　污染土壤修复技术

土壤修复则是指利用物理、化学或生物的方法转移、吸收、降解和转化土壤中的污染物，使其浓度降低到可接受水平，或将有毒有害的污染物转化为无害的物质。按照修复原理来分，污染土壤修复技术可分为“物理修复”“化学修复”“生物修复”。

（1）污染场地（土壤）物理修复技术

物理修复是指通过各种物理过程将污染物（特别是有机污染物）从土壤中去除或分离的技术。热处理技术是应用于工业企业场地严重土壤有机污染的主要物理修复技术，包括热吸附、蒸汽浸提、微波加热等热物理修复技术，还包括多相抽提等技术，已经应用于苯系物、多环芳烃、多氯联苯、二噁英等污染土壤的修复。

（2）污染场地（土壤）化学修复技术

相对于物理修复，污染土壤的化学修复技术发展较早，主要有土壤固化-稳定化技术、淋洗技术、氧化-还原技术、光催化降解技术、电动力学修复技术等。

（3）污染场地（土壤）生物修复技术

土壤生物修复技术包括植物修复、微生物修复、生物联合修复等技术，进入21世纪后得到了迅速发展，成为“绿色环境修复”技术之一。植物吸收修复技术在国内外都得到了广泛研究，已经应用于砷、镉、铜、锌、镍、铅等重金属以及与多环芳烃复合污染土壤的修复，并发展出包括络合诱导强化修复、不同植物套作联合修复、修复后植物处理处置的成套集成技术。

10.3　环境工程材料产业的国内外发展现状及趋势

10.3.1　大气污染治理材料的国内外发展现状及趋势

在国外，火电脱硝市场基本已经饱和，环境治理相关公司的主要业务集中在催化剂更换、催化剂再生和向发展中国家转让技术。火电行业使用的催化剂是商用 V_2O_5/WO_3（MoO_3）-TiO_2 体系。目前主要有以触媒化成（CCIC）为代表的蜂窝式和以巴布科克 - 日立（BHK）为代表的板式两种主流结构与技术。对于非火电行业，由于垃圾焚烧、玻璃、钢铁等行业烟气温度较低及粉尘富含大量中毒元素的特性，相应也需要低温脱硝催化剂才能满足需求。现在，国外低温催化剂主要以 V_2O_3/TiO_2 系列为主添加其他活性助剂，在低硫或者无硫工况下 150℃脱硝效率可达 80% 以上。

欧美日对 VOCs 关注得较早，二十年前即有相关的法规颁布，得益于相对完善的法规标准体系其 VOCs 治理产业的发展也较迅速。催化燃烧法是借助催化剂的催化氧化作用，促使 VOCs 在较低反应温度（<500℃）下进行完全燃烧，其去除率可达 90%。催化剂主要活性成分采用的是贵金属铂、钯等，其特点是：高温稳定化处理的氧化铝载体和耐高温、耐腐蚀合金钢骨架，确保催化剂不被烧结，保持催化剂稳定的比表面积；高温不锈钢包边，方便清理的催化剂，确保催化剂非常长的使用寿命。该方法具有运行稳定、能耗低、无二次污染等特点，已在欧美日等发达国家得到广泛应用。德国南方化学集团是世界最大的废气处理催化剂制造商，其生产的尾气处理催化剂多达几百个品种，在石油化工尾气处理领域有丰富的工作经验和几十套运行业绩。

目前国外处理 VOCs 采用的治理手段所占的比例，可以看出催化燃烧和生物处理等破坏性方法成为主流的治理手段，占到近 70%，而传统的吸收技术由于存在一次污染和安全性差等缺点，现在已经较少使用。在实际应用中，吸收技术只是作为其他治理技术的辅助手段用于废气的前处理工艺和后处理工艺中。在前处理工艺中用于去除一些酸性和碱性无机化合物和漆雾或粉尘；在后处理工艺中用于吸收等离子体破坏后产生的二次污染物等。但是在室内空气净化材料中吸附法仍然是使用最普遍的一种方法，具有简单、高效、无副产物等特点。常见的吸附材料有活性炭、活性氧化铝、沸石、硅胶等。由于孔隙结构、表面基团以及亲疏水性的不同，不同种类的吸附材料对不同污染物的吸附性能差异很大，可以对不同的室内污染有针对性地选用吸附材料。

10.3.2 水污染治理材料的国内外发展现状及趋势

1967 年，美国 Dorr-Oliver 公司首次建成采用膜生物反应器工艺的废水处理厂，日处理量 $14m^3/d$。由于当时的膜价格昂贵，而且所用的外置式工艺需要较高的能耗（2 ～ $10kW \cdot h/m^3$），以及较高的操作压力等缺点，严重限制了膜生物反应器工艺的商业化应用。20 世纪 70 年代后，日本开始对 MBR 在废水处理中的应用进行了大力开发，使 MBR 开始走向应用。MBR 工艺初期仅应用于小型工业或家庭污水处理（$<500m^3/d$）。20 世纪 90 年代中期，日本有 39 座 MBR 污水处理厂在运行，最大处理能力可达 $500m^3/d$，并且有 100 多处高楼采用 MBR 将污水处理后回用于中水道。随着低能耗内置的浸没式 MBR 工艺出现，MBR 运行能耗降低，致其处理规模逐渐增大。1995 年～ 2000 年间，已有超过 $1000m^3/d$ 的工程应用。1997 年，英国 Wessex 公司在英国 Porlock 建立了当时世界上最大的 MBR 系统，日处理量达 $2000m^3/d$，1999 年又在 Dorset 的 Swanage 建成了 $13000m^3/d$ 的 MBR 污水处理厂。日本于 2005 年建成第一个大型 MBR 市政污水处理工程，处理规模达 $4200m^3/d$；2008 年西班牙建成当时欧洲规模最大的 MBR 工程（San Pedro del Pinatar）污水处理厂，规模为 $4.8 \times 10^4m^3/d$；美国弗吉尼亚州 Broad Run 污水处理厂为北美最大 MBR 工程应用，规模达 $7.3 \times 10^4m^3/d$；北京温榆河污水处理厂规模更高达 $10 \times 10^4m^3/d$；2016 年，建成已运行的北京槐房污水再生处理厂，处理规模达 $60 \times 10^4m^3/d$，是当今世界 MBR 实际应用的“大哥大”。

目前，膜生物反应器知名的国际公司主要包括日本 Mitsubishi-Rayon、日本 Kubota、日本 AsahiKasei、新加坡 Memstar（被 UE 收购，现被中信环境控股）、加拿大 Zenon（被 GE 收购，现转卖 Suez）、Memcor（被西门子收购，现转卖 Evoqua）、荷兰 Norit（被 Pentair 收购），加拿大 Canpure 等。知名的国内公司包括碧水源、膜天、赛诺、求是、立升、斯纳普、蓝天沛尔、久吾高科等。其中，十万吨级大型 MBR 项目膜生产商，碧水源、Memstar（含北排 - 美能合资公司项目）、Zenon 前三家合计占据 90% 市场，其中碧水源居首，Memstar 紧随其后。近年来大型工业污水 MBR 应用发展更迅速，2017 年 Memstar 膜工业污水处理量超过 100 万吨 / 日，增长超过 300%，膜天膜工业污水应用达到 30 万吨 / 日，比 2014 年增长了 50%。10 万吨级以上规模工业污水 MBR 应用中信环境控股 Memstar 膜处于垄断地位，部分全球最大的 MBR 项目如表 10-4 所示（部分数据引用自《亚洲环保》杂志）。

表10-4　部分全球最大的MBR项目

项目	地址	技术提供者	投产时间/年	日流量/（kt/d）
瑞典 Henriksdal 污水处理厂	瑞典	GE	2016 年～ 2019 年	864
Seine Aval 污水处理厂	法国	GE	2016	357
Canton 污水处理厂	美国	Ovivo USA	2015 年～ 2017 年	333
Euclid 污水处理厂	美国	GE	2018	250
顺义污水处理厂	中国	GE	2016	234
澳门污水处理厂	中国	GE	2017	210
武汉三金潭污水处理厂	中国	碧水源	2015	200
吉林污水处理厂一期升级改造	中国	碧水源	2015	200
Brussels Sud 污水处理厂	比利时	GE	2017	190
澳门污水处理厂	中国	GE	2014	189
Riverside 污水处理厂	美国	GE	2014	186
维萨利亚污水处理厂	美国	GE	2014	171
昆明第十污水处理厂	中国	碧水源	2013	150
南京城东污水处理厂（3 期）	中国	碧水源	2014	150

我国城市污水处理始于 1921 年，上海首先建立了北区污水处理厂。1926 年又建了西区和东区污水厂，总处理能力为 4 万吨 / 日。“十二五”以来，国家明确将节能环保产业作为战略新兴产业，政府密集出台各项环保政策（如“水十条”等），水处理技术已形成一定规模，水污染治理效果显著，污水处理能力不断增强。我国城镇污水处理厂数量实现快速增长，2005 年～ 2015 年，我国城镇污水处理厂由 764 座增至 6，910 座，增长了近 8 倍。据中华人民共和国住房和城乡建设部发布的《关于 2017 年上半年全国城镇污水处理设施建设和运行情况的通报》，“截至 2017 年 6 月底，全国城镇累计建成运营的污水处理厂共 4，063 座，污水处理能力达 1.78 亿立方米 / 日。其中，全国设市城市建成运营的污水处理厂共计 2，327 座，形成污水处理能力 1.48 亿立方米 / 日；全国已有 1，470 个县城（占县城总数的 94.2%）建有污水处理厂，累计建成污水处理厂 1，736 座，形成污水处理能力达 0.31 亿立方米 / 日。36 个重点城市建成运行污水处理厂共计 570 座，形成污水处理能力 0.65 亿立方米 / 日。”

国内外污水处理领域历史最悠久、应用最广泛的技术为活性污泥技术，包括传统活性污泥技术以及氧化沟法、SBR 法、AAO 法等衍生技术，国内新建厂也多以此为二级生物处理核心单元。我国 20 世纪 80 年代及以前建设的污水处理厂，由于当时没有对出水氮磷含量的要求，处理工艺主要采用传统的活性污泥工艺及其改进工艺，主要的目的是有效去除污水中呈胶体态和溶解态的有机污染物，虽然经处理的污水BOD、COD达到当时的排放标准，但对污水中氮磷的去除率非常低，导致水体富营养化问题在我国已日益严重。截至2014年，我国86%的污水处理厂采用活性污泥法技术，生物膜法占13%，MBR膜法仅占1%。

然而，2015年，国务院发布的《水污染防治行动计划》提到“要加快城镇污水处理设施建设与改造。现有城镇污水处理设施，要因地制宜进行改造，2020底前达到相应排放标准或再生利用要求。敏感区域（重点湖泊、重点水库、近岸海域汇水区域）城镇污水处理设施应于2017年底前全面达到一级A排放标准。”目前我国大部分城镇已有的污水处理厂的污水处理能力只能达到一级B标准，无法满足现有要求。因此，为适应国家对氮磷的排放要求，保护水环境，我国大多数城市污水处理厂都有必要进行改造。针对提标改造，国内目前使用较为广泛的为MBR膜工艺技术，在该领域的技术创新也显示一定的优势，碧水源与清华大学合作项目“膜集成城镇污水深度净化技术与工程应用”获2017年度国家科技进步二等奖。据统计，2017年我国MBR总规模已超过1000万吨/日，单座MBR污水厂最大处理规模已达到60万吨/日。此外，村镇污水作为新增领域，2017年迎来爆发式增长，国家“十三五”规划建制镇污水处理率达到70%，完成建制村环境综合整治13万个，据测算市场空间超1400亿元。

10.3.3 污染土壤修复材料的国内外发展现状及趋势

国际上土壤修复技术已经历四个阶段的发展：20世纪70年代，化学控制、客土改良；20世纪80年代，稳定与固定、微生物修复；20世纪90年代，植物修复；21世纪初，生物/物化/联合修复，并逐渐将污染治理的重点集中到污染场地修复。

据美国相关统计，美国2002年至2005年的污染场地土壤修复中，使用原位修复技术的占所有污染源修复项目的60%，且这一比重呈现快速上升的趋势，这主要是因为原位修复技术不需要挖运土壤，修复成本相对较低。而在原位修复项目中，30%以上采用土壤气相抽提技术，多相萃取也逐渐获得更多的使用。据欧洲环境署统计，欧洲原位和异位处理的比重大致相当。然而在实际施工中，欧洲的场地土壤污染是以原位生物处理技术应用最多。而由于欧洲各国具体土壤污染以及土壤质地不同等因素，各国所采用的具体土壤修复技术有所不同。

我国在土壤污染防治方面做了大量工作，进行过有益的探索和实践。大致可以分为两个阶段。第一个阶段是1980年～1990年，在国家科技攻关项目支持下，开展了农业土壤背景值、全国土壤环境背景值和土壤环境容量等调查研究，积累了我国土壤环境背景含量的宝贵数据。在此基础上。我国制订了第一个《土壤环境质量标准》并于 1996 年开始实施。第二个阶段是从 2000 年至今，随着我国土壤污染问题日益凸显，土壤环境安全问题引起社会广泛关注，国家高度重视土壤环境保护工作，将土壤污染防治工作提上议事日程，放在与大气、水污染防治同等重要的位置，全面推进土壤污染预防和治理工作。

2007 年～ 2015 年，国家总投入约 90 亿元，确定了 316 个土壤修复项目。2016 年 5 月 28 日，国务院颁布了《土壤污染防治行动计划》，至此拉开了我国土壤修复的大幕。2015 年～ 2017 年，确定了部分省份的 6 个土壤污染综合防治先行区，启动了 9 个污染区的污染修复示范项目。从 2018 年开始，在全国试行生态环境损害赔偿制度。在“十二五”期间，国家对土壤修复治理和环境保护做出一系列重大部署，为我国生态环境的保护和土壤治理修复工作，提供了前所未有的方向指引、理论支持和制度基础。特别是中共中央、国务院在 2015 年 6 月发布的《关于加快推进生态文明建设的意见》中提出，加大自然生态系统和环境保护力度，标志着我国土壤修复工作迎来了春天。截至 2015 年，全国土壤修复合同签约额达到 21.28 亿元，比 2014 年增长 67%。仅 2015 年全国土壤修复工程项目就超过 100 个。目前，全国从事土壤修复业务的企业数量增至 900 家以上，在 2014 年约 500 家企业的基础上翻了将近一番。

我国土壤污染修复技术产业虽然起步较晚，与国际水平仍有较大差距，但通过对国外技术的借鉴、消化、吸收、改良，目前我国土壤污染治理技术已经有了一定的进步。2016 年 5 月“土十条”发布后，我国的土壤修复技术也将随之发生变化。对比美国土壤修复发展历程，可以看到，我国土壤修复的顶层路线与美国有很多共同点。由于修复资金紧缺，“土十条”强调了土地利用方式，尤其对农田修复，提出对于轻度及中度污染耕地，采用农艺调控、替代种植等措施，降低农产品超标风险；对于重度污染耕地，采用退耕还林还草或种植结构调整。同时，土十条“预防为主、保护优先、风险管控，分类管控”思路，将更加强调风险防控技术。

结合“土十条”，土壤修复技术的未来发展方向及需求将主要呈现以下发展趋势。

（1）向绿色的土壤生物修复技术发展

利用太阳能和自然植物资源的植物修复、土壤中高效专属性微生物资源的微生物修复、土壤中不同营养层食物网的动物修复、基于监测的综合土壤生态功能的自然修复，将是 21 世纪土壤环境修复科学技术研发的主要方向。农田耕地土壤污染的修复技术要求能原位地有效消除影响到粮食生产和农产品质量的微量有毒有害污染物，同时既不能破坏土壤肥力和生态环境功能，又不能导致二次污染的发生。发展绿色、安全、环境友好的土壤生物修复技术能满足这些需求，并能适用于大面积污染农地土壤的治理，具有技术和经济上的双重优势。从常规作物中筛选合适的修复品种，发展适用于不同土壤类型和条件的根际生态修复技术已成为一种趋势。应用生物工程技术如基因工程、酶工程、细胞工程等发展土壤生物修复技术，有利于提高治理速率与效率，具有应用前景。

（2）从单项向联合、杂交的土壤综合修复技术发展

土壤中污染物种类多，复合污染普遍，污染组合类型复杂，污染程度与厚度差异大。地球表层的土壤类型多，其组成、性质、条件的空间分异明显。一些场地不仅污染范围大、不同性质的污染物复合、土壤与地下水同时受污染，而且修复后土壤再利用方式的空间规划要求不同。这样，单项修复技术往往很难达到修复目标，而发展协同联合的土壤综合修复模式就成为场地和农田土壤污染修复的研究方向。

（3）从异位向原位的土壤修复技术发展

将污染土壤挖掘、转运、堆放、净化、再利用是一种经常采用的离场异位修复过程。这种异位修复不仅处理成本高，而且很难治理深层土壤及地下水均受污染的场地，不能修复建筑物下面的污染土壤或紧靠重要建筑物的污染场地。因而，发展多种原位修复技术，以满足不同污染场地修复的需求已成为近年来的一种趋势。例如，原位蒸气浸提技术、原位固定 - 稳定化技术、原位生物修复技术、原位纳米零价铁还原技术等。另一趋势是发展基于监测的发挥土壤综合生态功能的原位自然修复技术。

（4）向基于环境功能修复材料的土壤修复技术发展

黏土矿物改性技术、催化剂催化技术、纳米材料（零价金属材料、碳质纳米修复剂、金属氧化物、半导体材料）与技术已经渗透到土壤环境和农业生产领域，并应用于污染土壤环境修复。例如天然黏土矿物能够通过表面吸附、离子交换、化学钝化和物理包裹等方式影响重金属污染物在环境中迁移、转化行为，从而降低其环境危害和风险。故可将天然或改性的黏土矿物根据土壤重金属污染的种类和程度，通过采用不同种类和不同数量的改性黏土矿物来进行修复，还可以通过对黏土矿物物理性状的改变以及与其他修复方法联合使用等途径提高黏土矿物固化稳定化修复土壤重金属的效果。又例如目前我国储量巨大的尾矿（金属及非金属尾矿），其中含有一定数量的有用金属和矿物，可视为一种复合的硅酸盐 \ 碳酸盐等矿物材料，通过适当的处理，可以根据不同尾矿的有效成分设计土壤改良剂、修复剂等材料。目标土壤修复的环境功能材料的研制及其应用技术刚刚起步，具有发展前景。但是，对这些物质在土壤中的分配、反应、行为、迁移及生态毒理等尚缺乏了解，对其环境安全性和生态健康风

险还难以进行科学评估。基于环境功能修复材料的土壤修复技术的应用条件、长期效果、生态影响和环境风险有待了解解决。

（5）向基于设备化的快速场地污染土壤修复技术发展

土壤修复技术的应用在很大程度上依赖于修复设备和监测设备的支撑，设备化的修复技术是土壤修复走向市场化和产业化的基础。植物修复后的植物资源化利用、微生物修复的菌剂制备、有机污染土壤的热脱附或蒸气浸提、重金属污染土壤的淋洗或固化、稳定化、修复过程及修复后环境监测等都需要设备。尤其是对城市工业遗留的污染场地，因其特殊位置和土地再开发利用的要求，需要快速、高效的物化修复技术与设备。开发与应用基于设备化的场地污染土壤的快速修复技术是一种发展趋势。一些新的物理和化学方法与技术在土壤环境修复领域的渗透与应用将会加快修复设备化的发展，例如，冷等离子体氧化技术可能是一种有前景的有机污染土壤修复技术（未发表资料），将带动新的修复设备研制。

10.4 发展我国环境工程材料技术产业的主要任务及存在的问题

10.4.1 我国大气污染治理的主要任务及存在的问题

（1）环境工程材料产业企业科技含量普遍偏低

环境工程材料产业包括环保设备生产、环保技术服务、三废综合利用、低公害产品生产等方面。以全国整个环保产业的发展情况为例来看，各方面的发展状况很不平衡，各自所占比例悬殊，缺乏高科技含量的产业份额。据统计，目前我国环保产业中，三废综合利用产值占55%，环保设备产值占30%，环保技术服务占10%，低公害产品开发产值占4%。可以看出环保技术服务的份额过小也说明环境工程材料科研技术未能和工矿企业的清洁生产、污染治理有机地结合到一起。

（2）环境工程材料产业集约化程度低

当前，我国大部分的环保相关企业投资少，规模小，较分散，多为自发转型而来。大部分企业产品简单，难以形成大规模、高科技的产业体系，真正具备成套设备制造和工程总承包能力的企业也是屈指可数。从产品发展的种类上看，我国的环境工程材料产业大部分集中在粉尘、污水两大领域的技术开发、设备生产上，而两者的应用条件受到企业所处地区的经济能力约束。

（3）地方保护影响产业的提升进步

地方保护主义是地方经济发展过程中普遍存在的现象，在多个领域都有存在。部分环保企业公司不是凭借市场规律，利用自己的科研技术和企业实力，而是利用非市场因素占领一个势力范围。而地方行政主管部门因为利益等多种因素的影响，着力在本地工业企业治理过程中，协助推广、推销本地环保企业的产品和服务，使外地先进的环保产品无法进入该地。地方保护主义的危害是：严重影响了科技新产品的推广应用，使环境工程质量和环境保护的水平有所降低；辖区内环保企业领导产生依赖思想，对辖区内环境工程材料产业的长远发展不利。

（4）环境工程材料产业的宣传上存在明显的欠缺

我国的环境保护工作是靠宣传起家，而宣传的重要性也逐渐被许多环保产业人士所认同。在日常工作中，环保宣传虽然力度不断加大，但在宣传的形式、声势和持续性上手段少、效果差。公众对企业的认知程度差，这就更增加了环境工程材料产业市场发展培育和完善的难度，在很大程度上也阻碍了环境工程材料事业的良性发展。

总之，通过以上分析可以看出，这些问题严重制约着我国环保产业的发展。目前大气污染防治的环境工程材料产业市场处于刚起步阶段，产业还处于无序竞争状态，这十分不利于中国环境工程材料产业整体水平的提高，更不利于应对国外企业的强有力竞争，开拓国际市场更是难上加难。只有仔细分析，认清形势，理顺机制，通力合作，共同探讨解决办法，增强自身的综合实力，才能保证自身的大发展、快发展。

10.4.2 我国水污染治理的主要任务及存在的问题

根据 GEP Research 发布的《全球及中国工业废水处理行业发展报告》，中国规模以上污水处理企业 300 余家，但大部分企业的规模偏小。目前中国工业废水处理行业 CR10 低于 10%，行业集中度较低，行业竞争分散。随着排污标准的提高，水务企业提标增效技术转型升级压力加大，部分缺乏专业技术和运营效率低的地方水务企业面临技术升级与运营管控能力的考验。

我国水污染控制技术仍存在以下问题。

（1）知识创新和技术创新有待提升

我国在吸收、学习发达国家的污水技术的同时也形成了自己研发污水处理的技术，使我国城市污水处理技术有了很大的发展。但是我国现阶段采用的污水处理技术与同期国外的技术相比水平依然还很落后，始终存在效率低、能耗高、维修率高、自动化程度低等不足，从而影响我国污水处理事业发展。水处理环境工程材料方面，我国目前在无机絮凝剂方面已形成不少专利，具有一定的优势；在有机高分子絮凝剂、缓蚀阻垢剂、杀菌剂、阻垢分散剂等方面专利产品少，缺乏针对性强的独具特色的水处理药剂，没有强有力的参与国际竞争的拳头专利产品、名牌产品和明星企业。

（2）生产规模小且分散

现阶段，我国大多数膜企业具有规模较小、研发实力较弱、资金实力较差的特点。年产值 500 万左右的小规模企业占膜企业总数的约 85%；年产值 1000 万以上一亿以下的中等规模企业约占 10%；年产值亿元以上企业仅占企业总数的 5%，但这一类企业集中了行业约 90% 的营业收入。而且，我国现有的水处理剂生产厂规模小，单剂的生产量为 2 ～ 3 吨，只能基本满足国内市场需求，缺乏国际竞争力，难以适应产品质量的均匀稳定、降低生产成本、出口等要求，尤其在膜原料的高分子聚合物生产上与国外仍存在很大差距。

（3）再生水的利用率低，城市、城镇污水处理厂负荷高

由于缺乏水资源化处理的高效、低耗工艺及相应设施，导致废水回用率低。目前，多数工业污水经处理后未经深度处理进行二次利用，有的直接排放至市政管线进入城市污水处理厂，造成我国城市、城镇污水处理厂处理负荷增加；有的直接排放到附近湖泊或河流，然后通过河流或湖泊氧化塘净化作用，使水体得到净化。这种再生水利用率低的现象也是造成我国水质污染的原因之一。

（4）剩余污泥处理不当，造成环境二次污染

现阶段，我国城市或工业污水处理工艺主要为微生物处理方法，该污水处理工艺通过微生物自身代谢，降解污水中有机物的含量，但是在污水处理过程中产生的剩余污泥，如果未能得到妥善的处置，还会给环境造成二次污染。因此，剩余污泥的无污染处理也是今后环境工程材料研究的方向。

（5）已运行污水处理厂的臭味气体污染环境

污水处理厂的污泥处理系统的储泥池、污泥脱水机房、厌氧池、好氧池等生化池都会产生严重的甲烷、硫化氢等有毒有害的臭气，这不仅影响污水处理厂操作运行人员的身体健康，也给周围居民生活环境带来污染。所以收集和处理这些臭气气体也是环境治理的关键问题，每个污水厂都应该配套多台除臭装置，以消除这些臭气避免给环境带来的二次污染。

10.4.3 我国土壤污染修复治理的主要任务及存在的问题

（1）土壤污染详细情况有待进一步摸清

目前，虽然《全国土壤污染状况调查公报》已经发布，明确全国土壤总的点位超标率为 16.1%、耕地土壤的点位超标率为 19.4%、林地和草地土壤的点位超标率分别为 10.0% 和 10.4% 等土壤的基本污染情况，但由于全国普查点位密度小，无法进行

污染详查。因此，土壤污染详细情况仍需进一步摸清，包括典型地块及其周边土壤污染情况，建立全国土壤样品库和调查数据库。为了落实国家“土十条”要求，全国各地正在深入开展土壤环境质量调查工作。

（2）土壤污染防治与修复技术研发基础薄弱

土壤污染修复技术涉及多个学科领域，技术复杂，门类众多。相较国外发达国家，我国土壤修复起步较晚，研究基础薄弱，真正经济可行的技术路线较少。同时，我国污染土壤修复技术种类较少，修复技术缺乏针对性、适用性和整体性，且大多停留在实验研究阶段，工程应用较少。

（3）土壤污染修复设备化、规模化、产业化研究滞后

我国在污染土壤及场地修复技术研发方面比发达国家落后近 20 年，修复技术、装备及规模化应用上还存在较大差距，关键修复装备严重不足，很多关键设备和修复药剂依赖进口，从而制约了技术的规模化应用和产业化发展。具体来讲，在快速检测方面，污染现场的便携式快速检测仪器主要依赖进口，国产仪器的精度、适用性及可靠性有待提高；关键装备方面，支持快速修复的自主研发设备刚刚启动；工程应用方面，缺乏规模化应用及产业化运作的技术支撑。

（4）土壤污染防治与修复资金筹集困难

由于土壤污染防治法律法规体系尚不健全，因此土壤污染的法律责任主体、污染者应承担的法律责任和义务等问题缺乏明确的界定，导致土壤修复的商业模式难以建立。而土壤修复资金需求量大，防治资金短缺是土壤污染防治中的一大难点。

（5）土壤环境监管有待进一步加强

相对水处理和大气污染治理，土壤修复工作在我国起步较晚却发展迅速。相比前两者，土壤修复不论是技术成熟度还是市场的监督管理都还略显不足，需要主管部门尽快出台相应的技术规范和管理法规，出台针对土壤修复的专项资质，提高行业准入门槛，尽快规范混乱的市场局面。

10.5 推动我国环境工程材料与技术发展的对策和建议

10.5.1 推动我国空气环境净化工程材料发展的对策和建议

党中央将生态文明提升到前所未有的高度，对环境保护工作给予了高度重视，环保治理力度不断加大，为环保产业发展提供了良好的历史机遇。要正确把握机遇，采取有效措施，多方面、全方位的推动环保产业的发展。

（1）强化政策引导、支持

一个行业、一个产业能否取得良性发展，关键是政府及其主管部门在政策、方向上能否给予正确的引导和有力的支持。为此，各级政府和主管部门、产业协会要在制定环境工程材料产业发展规划、政策支持、信息提供、资源共享等各个方面给予有效支持。同时，要坚决打破地方保护主义对环保产业交流、发展的不利影响，从优化、学习、合作等多个角度和方面，实现高科技环境工程材料的推广应用，以此促进环保产业的良性发展。

（2）建立完善的环境工程材料产业行业体系

实行行业管理首先必须建立环境工程材料产业的行业体系，不成体系，行业管理也无从谈起。要尽快完善基层产业协会，建立从上至下、步调统一的跨区域、跨部门的行业管理体系。产业协会要正确发挥其服务、沟通、公证、监督的作用，实现有效的行业管理。

（3）加大宣传力度，实施培育环境工程材料产业市场的长远战略

创新和丰富宣传方式，努力运用展览、展示、展销、售后服务、技术讲座、设备租赁等现代化市场动作模式和方法推广环境工程材料产业技术和产品、设备。同时，在传播方式上，环境工程材料企业要充分利用报刊、电视、广播、网络等现代化传播方式，塑造环保形象、推广产品成果。要通过组织有声势的轰轰烈烈的社会宣传活动，使环保知识得到普及，环保意识深入人心，环保市场才能真正得到培育。

（4）增强环境工程材料制造企业的创新能力，提升产业的发展潜力

党中央提出要增强企业的自主创新能力，这是环境工程材料产业企业发展的大好时机。鼓励和推动环境工程材料产业关键核心技术自主研发和创新，完善科技创新和成果转化的激励政策。搭建产业技术创新平台，支持产业共性和关键性技术的研发。推动以企业为主体、产学研相结合的技术创新体系，完善技术服务推广的市场机制、社会化的技术成果转移机制。企业开发产品要从科研上主动出击到市场第一线去寻找课题，解答难题，从设计上善于总结，不断优化工程设计，为市场提供科技精品，使自己的技术全面化、产品多元化。此外企业还应努力去开发如环保技术服务等相关环保产业市场，使整体产业结构更加合理。

10.5.2 推动我国水处理环境工程材料发展的对策和建议

（1）研制和开发污水处理新技术

现阶段我国采用的污水处理技术与同期国外的技术水平相比依然很落后，始终存在效率低、能耗高、维修率高、自动化程度低等缺点，从而影响污水处理的竞争力。因此，应在借鉴外国好的技术与工艺的基础上，结合我国的国情，开发、研制出适合

我国的污水处理新工艺。

（2）提升和优化污水处理能力

随着我国经济的发展，城镇人口急剧增长，城市污水排放量逐年增加，一些原有的污水处理厂在超设计负荷条件下运行，往往会导致出水水质恶化。建议超设计负荷运行的城市污水处理厂提升和优化原有污水处理构筑物和运行方式，通过强化一级处理，去除难生化降解的悬浮物、有机物、重金属和无机盐，减轻二级处理的负荷，降低能耗。

（3）将中水作为商品，市场运作

目前，我国的污水处理厂的建设、运行、管理是一种典型的计划经济模式，已不符合现代的市场经济。应打破常规，把污水处理作为一种市场行为。将中水作为一种商品，通过销售中水来取得维系运行的经费，为经营者创造利润和再发展的资本。同时，污水的再生回收利用应作为节能减排的组成部分纳入总体规划，通过改进或增加一些技术，使城市污水就近处理就近回收利用，不仅可回收水资源，而且还可节省管道投资和运输消耗。

（4）关注水质安全与革新水质提标技术

水质提标带来的市政污水提标改造要求，将对技术和资本提出双重挑战，同时也会一定程度上引发对水质考核指标的思考和讨论。目前提标改造的高成本和高水质达标仍为不可调和的矛盾，亟待相关技术进行革新。同时，政府及民众整体上对水质安全关注度的提升可能会导致提标过程中遇到新型监测指标的考核。

（5）加大科技、人才和资金投入

目前，影响我国城市污水回用的一个重要因素是资金投入短缺、技术落后。为了有效发展城市污水回用，在借鉴、汲取和总结国内外城市污水经验和成果的基础上，因地制宜，加大科技投入、人才投入和资金投入的力度，紧紧围绕提高城市污水处理率和利用率，建立专门的研究和开发机构，提高技术水平，加快城市污水回用技术和设备的改造，积极开发、研制和应用城市污水回用新技术和新设备，提高城市污水处理和回用的能力。

10.5.3　推动我国土壤污染修复材料技术产业的对策和建议

（1）建立土地污染修复标准体系

我国土地污染形势严峻，污损类型复杂、污染源多样，可以采用的修复技术也多种多样，对于修复技术的选择到修复结果的评判，目前尚未建立规范的土地污染评价和修复效果评价标准，导致有大量低技术、不达标、修复后无人管护等问题频繁发生。因此，针对我国目前的土地污染现状，根据污染区域土地的特性及相关指标，构建反映土地污染程度的环境质量评价标准体系和反映各种修复技术实施效果的评价体系，对修复技术的选择、修复技术的进一步推广都具有十分重要的现实意义，同时也可以为土地污染的环境监管与综合防治提供依据。

（2）促进多项修复技术联合发展

目前，生物联合修复技术在土地污染修复中应用最为广泛，由于其低成本、环境友好，得到学者们的一致推崇。联合修复效果往往优于单个修复技术的简单叠加，但是由于单项修复技术存在局限性，导致联合修复仍存在许多问题待解决，推广应用受限。在已有的研究中，多项修复技术的联合仍然存在一些问题，解决这些问题是未来多项修复技术研究的重点，也是多项修复技术实现突破性发展的关键。具体例如，强化生物修复技术，重点在于筛选能超量累积污染物的植物、微生物，特别是发掘能高效修复污染土壤的菌株，提高修复效率；开展联合修复技术和复合材料修复技术研究，探索土壤修复新工艺，降低修复成本；开展新兴修复材料行为机理及土壤修复技术风险防范研究，对修复效果长期监测及动态管理。

（3）构建经济适用易推广的绿色修复模式

未来土地污染修复研究应该着眼于开发“经济实用、绿色健康”的修复技术，避免二次污染、旧账未还、又欠新账等现象。从生态学的角度出发，研究生物体中所固定污染物的处置和管理技术，在维护生态安全的前提下达到最大的修复效益。在固化稳定化修复过程中，开发廉价易得且无二次污染的稳定剂，确定稳定剂的施用量，评价添加稳定剂对土地利用带来的环境风险。在土地淋洗方面，淋洗液的选用至关重要，大部分淋洗液价格较高且易造成二次污染，在修复过程中营养物质可能被洗出植物根际，造成植物营养缺失。因此，今后须要选择价格低廉、方便易得、绿色环保的淋洗液，并对修复后淋洗液中的污染物的后处理或回收利用技术进行研究。

（4）搭建大数据背景下的土地修复决策支持系统

决策支持系统是通过数据、知识和模型，以人机交互的方式辅助决策者并为决策者提供科学的决策依据和辅助信息的计算机应用系统。污染土修复是一项复杂、耗时、耗资的巨大工程，我国在污染土地修复过程中越来越重视风险评估，在大数据时代，搭建基于大数据背景下的土地修复决策支持系统势在必行，可以集基础资料收集、污染土地调查、人体健康风险评价、生态风险评估、污染土地修复技术可行性分析与决策等一体化，提出高效可行的污染土地修复方案，并且对修复后土地的再利用进行分析，进而筛选出适宜区域可持续发展的土地污染控制与修复技术，使大数据概念在土地污染修复中得以体现。

（5）完善土地污染修复的制度保障及立法体系

目前我国仍未形成土地污染防治和修复的专门立法，土地污染防治立法尚不完善。我国最早提及土地污染防治的是“宪法”，但是并没有关于土地污染防治的直接规定，随后颁布的“环境保护法”“固体废物污染环境防治法”“大气污染防治法”“土地管理法”等法律、法规相关政策中也只是对土地污染防治作出了基础的规定。由于立法体系的不完善，使土地污染现象没有从根本上遏制。完善土地污染防治立法体系势在必行，树立整体立法观念，从根源上防止土地污染面积增加。

10.6 环境工程材料发展展望

中国经济发展必须在保持中高速增长的同时，实现资源的节约利用和生态环境的改善，环境工程材料仍是未来环境材料领域研究的主要内容。经过二十多年发展，我国环境工程材料产业已经在污水、大气、固废处理处置以及环境服务等重点领域，形成了涵盖环境咨询、环保设备、工程设计、设施运营维护的多元化产业格局，环境工程材料产业年均增长速度接近18%以上，还有60%的环境治理需求没有被市场挖掘。预计，到2020年，环境工程材料产业产值将达到3.7万亿元，环境服务业的营业收入将达到1.3万亿元。因此，从市场空间而言，随着治理需求的不断释放，中国的环境工程材料产业市场很快会成为全球较大的产业市场。

作者简介

崔素萍，北京工业大学材料学院，教授，博士生导师，生态建筑材料学科带头人。中国水泥协会新型干法水泥分会秘书长，中国建筑材料联合会科技教育委员会常委，中国硅酸盐学会房建材料分会副理事长。主要从事水泥工艺及水泥基材料方面的研究。主持完成国家科技支撑计划项目“水泥窑炉粉尘及氮氧化物减排关键材料及应用技术开发”和课题“建筑材料绿色制造共性技术研究”“高性能水泥绿色制造工艺和装备”等，并完成多项“973”计划课题、北京市科委重大项目、北京市重点基金以及企业委托技术服务项目等。获得国家科技进步二、三等奖三项，建材行业科技进步一等奖四项、二等奖一项，北京市科学技术进步二等奖一项，北京市教学成果特等奖一项，出版专著5部，发表学术论文60余篇；分别获新世纪百千万人才工程国家级和北京市级人选。

梁金生，河北工业大学材料科学与工程学院，研究员、博士生导师，兼任生态环境与信息特种功能材料教育部重点实验室主任。组织创建“固废资源利用与生态发展创新中心”（工信部与河北省共建）和河北省固废资源利用与生态发展制造业创新中心。中国仪表功能材料学会生态环境功能材料专业委员会主任委员、中国硅酸盐学会矿物材料分会副理事长。河北省省管优秀专家。主要研究方向：生态环境功能材料、节能与环保材料技术、无机非金属功能材料。曾主持完成国家“863”计划项目和国家科技支撑重点课题 3 项，现为“十三五”国家重点研发计划项目“环保非金属矿物功能材料制备技术及应用研究”项目负责人。

郭红霞，北京工业大学材料学院，研究员，博士生导师。主要从事纳米无机 / 高分子复合功能膜的仿生制备及其性能等研究。作为负责人，主持国家自然科学基金上面的项目，北京市留学人员科技择优项目，北京市教委科技计划项目和北京市委组织部优秀人才培养计划等，作为主要骨干参与完成“十二五”国家科技支撑项目、国家“973”项目、国家“863”项目、北京市科委奥运项目、北京市自然科学基金、北京市教委项目等；在国际、国内刊物上发表学术论文 70 余篇，其中 SCI、EI 收录 30 余篇，获授权中国发明专利 40 多项，专利 30 余项。曾获中国石油和化学工业联合会科学技术二等奖 1 项，获北京工业大学教学成果奖特等奖 1 项，一等奖 1 项。

马晓宇，理学博士，讲师 / 硕士生导师，中国材料研究学会青年委员会理事；首都资源循环材料技术协同创新中心研究骨干。主要研究方向为生态环境材料和纳米催化材料。作为负责人承担国家自然科学基金项目“综合利用农业废弃物制备复合载体 SCR 脱硝催化材料的工艺及性能研究”，参与多项国家“863”“973”与国家自然科学基金和北京市科委项目，主要从事生物质基纳米催化材料的制备及其在工业脱硝领域的应用研究，发表 SCI/EI 学术论文 10 余篇，申请发明专利 16 项。

第 11 章
新型绿色建筑材料

姚　燕　张忠伦

11.1　发展绿色建材的产业背景及战略意义

绿色建材是绿色材料和生态环境材料在建筑材料领域的延伸，从广义上讲，绿色建材不是一种单独的建材产品，而是对建材“健康、环保、安全”等属性的一种要求。传统建材的生产、使用和废弃的过程是一种提取资源、消耗能量，再将大量的废弃物排回环境之中的恶性循环过程。而绿色建材对资源和能源消耗少，对生态环境破坏性影响小，且再生循环利用率高，有利于环境资源和能源的循环再生。因此加快绿色建筑材料新材料的研发和应用，提升绿色建筑服役期限与安全，对推动全社会能源资源节约具有重要意义。

（1）政策导向，产业布局，大力推动行业发展

近年来，绿色建材得到政府的大力支持，推动行业快速发展。工信部发布《建材工业发展规划（2016 年～ 2020 年）》明确提出：生态文明建设不断推进，倒逼建材工业转变发展方式、转换发展动能。推进绿色发展，提高资源综合利用效益，实现工业污染源全面达标排放，倒逼高能耗、高排放和资源高消耗的建材工业加快实施重点行业清洁生产改造，提高行业节能减排、资源综合利用和低碳发展水平，注重质量、效益和全要素生产率全面提升。随着经济发展方式不断转变，需求结构不断升级，传

统建材产品需求量保持基本平稳或略有下降的态势，绿色建材的需求量将继续增长。到 2020 年末，建材新兴产业发展壮大，绿色建材发展水平更高，国际竞争力进一步增强。

2017 年，住房城乡建设部发布《建筑节能与绿色建筑发展“十三五”规划》。规划明确提出，到 2020 年，城镇新建建筑能效水平比 2015 年提升 20%，部分地区及建筑门窗等关键部位建筑节能标准达到或接近国际现阶段先进水平。城镇新建建筑中绿色建筑面积比重超过 50%，绿色建材应用比重超过 40%。完成既有居住建筑节能改造面积 5 亿平方米以上，公共建筑节能改造 1 亿平方米，全国城镇既有居住建筑中节能建筑所占比例超过 60%。完成规划目标，大力发展绿色建材是重要手段之一。

（2）完善评价标识体系，助力产业技术提升

住建部和工信部相继出台了《关于成立绿色建材推广和应用协调组的通知》（建办科［2013］30 号）、《绿色建材评价标识管理办法》（建科［2014］75 号）、《促进绿色建材生产和应用行动方案》（工信部联原［2015］309 号）、《绿色建材评价标识管理办法实施细则》和《绿色建材评价技术导则（试行）》（建科［2015］162 号）、《关于加快开展绿色建材评价有关工作的通知》（建科墙函［2016］23 号）等一系列促进绿色建材评价和应用的文件，对引导绿色建筑选材、建材行业转型升级具有积极的促进作用。目前已经有 300 余家企业获得三星级评价标识，涵盖保温材料、砌体材料、建筑节能玻璃、陶瓷砖、卫生陶瓷、预拌混凝土、预拌砂浆七类绿色建材产品。

国务院办公厅于 2016 年 11 月发布了《关于建立统一的绿色产品标准、认证、标识体系的意见》，明确提出要在我国建立统一的绿色产品信息平台，公开发布绿色产品相关政策法规、标准清单、规则程序、产品目录、实施机构、认证结果及采信状况等信息。

2017 年 12 月，质检总局、住房城乡建设部、工业和信息化部、国家认监委、国家标准委联合发布了《关于推动绿色建材产品标准、认证、标识工作的指导意见》。意见提出，到 2020 年，初步建立系统科学、开放融合、指标先进、权威统一的绿色产品标准、认证、标识体系，实现“五个一”目标，即一类产品、一个标准、一个清单、一次认证、一个标识的体系整合目标。在意见中还规定了对于纳入统一的标准清单和认证目录的建材产品，符合相关要求的，按照统一的绿色产品认证体系进行绿色产品认证，已获得三星级绿色建材评价标识的建材产品在证书有效期内可换发绿色产品认证证书。

2018 年 4 月，《中共中央国务院关于对 < 河北雄安新区规划纲要 > 的批复》中提到，“引导选用绿色建材，开发选用更高环保认证水准的建材”。国家市场监督管理

总局发布了《市场监管总局关于发布绿色产品评价标准清单及认证目录（第一批）的公告》，公布了陶瓷砖等12类产品的绿色产品评价标准清单及认证目录。清单中的标准将于2018年7月1日起实施。可以预见，国家很快会推出中国绿色产品认证制度。

（3）发展绿色建材产业，推动生态文明建设

中国地域辽阔，人口众多，能源和耕地等资源人均占有量只有世界平均水平的1/4，国民经济和社会与资源、生态环境协调发展显得尤为重要和迫切。建材工业面临着产能严重过剩、技术支撑能力不足，产品同质化、低值化，环境负荷重、能源效率低、资源瓶颈制约等重大问题，行业内大多领域仍处在价值链低端和被动从属地位，建材供给侧的结构与质量亟待改善。

“一带一路”战略建设、生态文明建设、“中国制造2025”和“城镇化战略”，将极大地推动建材工业结构调整和转型升级的步伐，资源节约型和环境友好型社会形态逐渐形成，能源资源的加速消耗，自然环境的不断变化，向建材工业提出了更高的要求。研究发展新兴建筑产业，提高绿色建筑的技术，将高能耗、高资源需求、高污染的建材行业改为低能耗、低污染、低排放的绿色建材行业成为大势所趋。发展绿色建材新材料关系到我国可持续发展战略的实施，同时也关系到建材工业的健康发展，战略意义重大。

11.2 绿色建材产业的发展现状及趋势

11.2.1 生态水泥

水泥因产量巨大成为消耗资源最多，对环境污染最严重的建材产品之一。目前国内外主要通过工艺技术改进减少生产过程中的资源与能源消耗，在产品方面，加大开发应用原料废弃物利用的特种及新品种水泥等实现产业的绿色化。

（1）废弃物利用生态水泥

① 利用工业废渣制备生态水泥　20世纪70年代，国外先进的水泥企业已开始利用废弃物循环使用代替自然资源。日本、美国、法国、奥地利、德国等国家先后开展了矿渣、粉煤灰、偏高岭土、脱硫渣、铝矾土、磷渣、铁矿泥等工业废渣替代部分水泥熟料的研究，成果显著。我国近年来在废弃物利用制备生态水泥方面也做了大量的工作。煤矸石、粉煤灰、磷石膏、赤泥、硫铁矿渣、锂渣、铝矾土、电石渣、钡渣、飞灰等工业废渣大量被应用到生态水泥的开发应用中，一定程度上提升了废弃物

的利用程度、减轻了水泥的使用程度，改善了水泥制品的性能。

② 利用城市污泥制备生态水泥　在一些发达国家，如日本、美国、德国等，已经能够对污泥进行资源化处理，同时应用在水泥生产中。这不仅实现了对资源的充分利用，还能消除城市污泥对环境带来的污染，在处理过程中，将污泥中的病原体、重金属等有害物质消除。国内利用城市污泥进行水泥的生产，技术还处于刚刚起步的阶段，主要是围绕将污泥中的某一成分作为调整化学成分的原料来制备生料的研究，今后的研究开发工作任重道远。

（2）特种水泥

特种水泥的特殊性能是普通硅酸盐水泥无法替代的，我国在特种水泥的理论研究、品种数量及应用等方面跨入了世界先进行列。目前国内众多的重点工程中均采用了特种水泥。《建材工业“十三五”规划》明确提出水泥特种化是未来水泥发展的重要方向。

① 水工用特种水泥　20 世纪 30 年代，美国建设胡佛大坝时便大量使用低热硅酸盐水泥，20 世纪 90 年代日本建造北海道明石大桥时也使用了低热硅酸盐水泥。国内“九五”期间中国建筑材料科学研究总院等单位开展产学研联合攻关，进行了低热硅酸盐水泥制备及其应用技术的系统研发，较好解决了现有低热硅酸盐水泥早期强度低、应用受限的技术难题。该技术已在国内多家大型水泥企业规模化稳定生产中得到推广，并成功应用于 10 余个重点水电工程。

同样由中国建筑材料科学研究总院持有的微膨胀中热硅酸盐水泥技术，已在国内数十家大型水泥企业集团规模化稳定生产中得到推广，并成功应用于国内 10 多个大型水电工程，提升了我国水电工程建设水平。

② 油气固井用特种水泥　针对工程中高温高压、酸性气体侵蚀和热力破坏等侵蚀介质对固井工程造成的质量影响，近年来世界各国相继研发了高温油井水泥、柔性油井水泥和超细油井水泥等特种油井水泥，以满足复杂固井环境的施工需求。目前油气固井用特种水泥已广泛在全球生产并得到应用，包括美国、俄罗斯、英国、法国、中国、意大利、日本、德国、罗马尼亚、加拿大、沙特阿拉伯、阿曼、阿联酋、澳大利亚、印度、阿根廷、新加坡、印度尼西亚、马来西亚等国，几乎涵盖了当今世界所有石油工业国。

③ 核电工程用特种水泥　美国、日本、欧洲等国先后具有了生产该系列特种水泥的技术及能力。我国在“十二五”期间，由中国建筑材料科学研究总院联合国内核电工程设计、施工单位和水泥生产企业历经数年科技攻关，成功开发出具有较高早期强度、中等水化热及较低的干缩性能的核电工程用硅酸盐水泥，满足核电工程快速施

工要求，并提高了混凝土体积稳定性，为核电工程长期安全稳定运行提供了保障。

④ 海工用特种水泥　硅酸盐水泥是海洋工程中使用最广泛的特种水泥，国际上法国、荷兰和日本等国对水泥基材料在海水中的抗腐蚀性及机理开展了大量研究，形成了以高辅助胶凝材料掺量为特征、抗化学腐蚀的海洋工程专用复合水泥。我国最早由中国建筑材料科学研究总院等单位于2003年在浙江宁波联合研制成功海工用硅酸盐水泥，其后在沿海地区得到逐步推广与使用，产品成功应用于舟山港宝钢矿石码头二期工程、宁波大榭关外万吨液体化工码头等多项重大工程等。

11.2.2 绿色混凝土

绿色混凝土绿色化有如下几点。

① 在生产工艺方面主要通过采用预拌混凝土技术，提高产品质量，减少生产过程粉尘等环境污染；提高混凝土的工作特性，减少生产过程中采用震动带来的噪声污染等。

② 材料组成方面通过减少水泥用量、大量利用优质工业废渣和代用集料，减少对自然资源的消耗；制备高性能混凝土，提高混凝土的耐久性，增加产品使用寿命；大量利用废弃混凝土和建筑垃圾，减少对环境的污染等。

（1）高性能混凝土

美国、日本、法国、加拿大、挪威、英国、德国等国家把高性能混凝土作为跨世纪的新材料，已投入了大量人力、物力进行研究和开发。高性能混凝土已在众多重要工程中被采用，并在高层建筑、大跨度桥梁、海上平台、漂浮结构等工程中显现出独特的优越性，在工程安全使用期、经济合理性、环境条件的适应性等方面产生了明显的效益，被各国学者所接受，被称为是今后混凝土技术的发展方向。

（2）再生骨料混凝土

早在第二次世界大战之后，废旧混凝土的处理和再生利用的研究已在苏联、美国、德国、日本、荷兰、丹麦等国家率先展开。美国、日本、德国等国家先后在建筑垃圾管理方面形成了一套体系完整、管理行之有效的措施法规，在实践方面，通过综合利用和分级处理的方式，建筑垃圾得到了几乎100%回收利用。荷兰建筑废弃物利用率位居欧洲第一，法国、挪威、奥地利等欧洲国家都对再生混凝土技术及法规政策进行了深入的研究。我国对再生混凝土的开发研究晚于工业发达国家，近年来已引起科研工作者的关注，国家支持科研课题纷纷立项，研究成果显著。目前我国大部分再生混凝土只能用于路基、回填等非结构混凝土。受到应用领域的限制，再生混凝土的利用率非常低。再生混凝土的品质低下成为制约再生混凝土应用的瓶颈。

（3）环保型混凝土

作为人类最大量使用的建设材料，混凝土的发展方向必然是既要满足现代人的需求，又要考虑环境因素，有利于资源、能源的节省和生态平衡。因而环保型的混凝土成了混凝土的主要发展方向。

① 透水混凝土　国外对透水混凝土研究最深入、应用最广泛的国家以美国和日本为代表，在该领域具有科学的理论基础和技术。德国在研究透水混凝土方面不如其他欧美国家那么早，但是透水混凝土在德国发展迅速，得到较大范围的推广。法国、英国等欧洲国家在透水混凝土的研究与应用上也做了大量的工作。我国在透水混凝土方面的研究起步较晚，但是发展速度较快，并且将研究成果应用到了我国的一些重要场所当中，比如北京奥运村广场和上海世博园等重点项目。随着海绵城市建设的大力开展，透水混凝土将成为今后研究应用的主要方向之一。

② 植生型生态多孔混凝土　日本是较早将多孔混凝土作为生态材料进行深入研究的国家，不仅植生型混凝土的研究方面走在世界前列，应用技术开发和成套化方面也达到目前世界领先水平，在堤岸护坡方面已经实现工业化生产和全机械化高效施工。韩国在该领域也开展了大量研究，研发的多孔绿化混凝土块不仅能种植植物，还能为鱼类提供生存场所，在河道护岸建设中取得良好的应用效果。美国及欧洲国家在植生型多孔混凝土领域也做了相关研究，但在生态护坡的应用方面主要引进了日本的生产技术。我国对植生型多孔混凝土的研究起步较晚，但近十几年来，国内高校及相关研究机构对植生型多孔混凝土的研究做了大量的工作，并且取得了一定的研究成果。护坡技术在国内已逐渐得到应用，河道进行生态防护，不仅保证了护坡工程的安全性，而且改善了周边生态环境与生态系统，产生的生态效益和社会效益十分显著，对人类的可持续发展具有重要意义。

③ 光催化混凝土　日本是世界上最早开展光催化研究的国家，相关学者对光催化氧化脱除大气环境中的 NO_x 展开了大量的研究，在很多实际工程中也应用了光催化混凝土的情况，都取得了一定的预期效果。国内在 21 世纪先后在光催化净化汽车尾气 NO_x 的应用方面取得了研究成果。结合到工程应用上，都取得了良好的效果。

（4）机敏型混凝土

机敏型混凝土自身具有感知、调节及修复等功能，可以在传统的混凝土组分中复合特殊的功能组分，制备出的混凝土就具有本征机敏特性。其是智能混凝土的初级阶段，是混凝土材料发展的高级阶段，成为未来混凝土技术发展的主要方向之一。

① 自诊断混凝土　普通的混凝土材料本身并不具有自感应功能，但在混凝土基材中掺入部分导电组分制成的复合混凝土可具备自感应性能。目前常用的导电组分可

分为 3 类：聚合物类、碳类和金属类，而最常用的是碳类和金属类。碳类导电组分包括石墨、碳纤维及炭黑；金属类材料则有金属微粉末、金属纤维、金属片及金属网等。

② 自调节混凝土　自调节机敏混凝土具有电力效应和电热效应等性能。基于电化学理论的可逆效应，将电力效应应用于混凝土结构的传感和驱动时，可以在一定范围内对它们实施变形调节。例如，对于平整度要求极高的特殊钢筋混凝土桥梁，可通过机敏混凝土的电热和电力自调节功能对由于温度自重所引起的蠕变进行调节；机敏混凝土的热电效应使其可以方便地实时检测建筑物内部和周围环境温度变化，并利用电热效应在冬季控制建筑物内部环境的温度，可极大的促进智能化建筑的发展。

③ 自修复混凝土　国外研究混凝土裂缝自愈合的方法是在水泥基材料中掺入特殊的修复材料，使混凝土结构在使用过程中发生损伤时，自动利用修复材料（黏结剂）进行恢复甚至提高混凝土材料的性能。国内研究表明，掺有活性掺和料和微细有机纤维的混凝土破坏后其抗拉强度存在自愈合现象。

11.2.3　绿色建筑玻璃

绿色建筑玻璃应包含两个概念，即生产的绿色化和使用的绿色化。生产绿色化主要通过降低生产过程中能源消耗、减少污染物排放、实现废玻璃资源化利用等技术实现；使用绿色化主要通过开发提升产品节能性、安全性的新产品、防治使用中的化学污染和物理污染等措施实现。

（1）低辐射镀膜玻璃

目前建筑镀膜玻璃行业中所指的在线镀膜玻璃采用的是化学气相沉积法（CVD）工艺，离线镀膜玻璃采用的是磁控溅射法。20 世纪 70 年代，人们开始尝试 CVD 与平板玻璃生产线结合在一起的在线工艺，试图用它在大面积平板玻璃上进行镀膜。目前国外使用 CVD 技术的公司主要是英国的皮尔金顿集团。我国在国家“863”计划和国家科技支撑计划的资助下，建立了拥有完全自主知识产权的浮法在线镀膜玻璃工艺技术体系，形成了以旗滨集团、秦皇岛耀华集团、威海蓝星集团为代表的生产企业。初步实现了在线节能镀膜玻璃的产业化，开发出了阳光控制节能镀膜玻璃、低辐射节能镀膜玻璃，形成了初步的从膜系材料设计、工艺制度建立到生产过程控制的浮法在线镀膜玻璃生产技术体系，实现了规模化生产。但是，现有的节能镀膜玻璃产品品种单一、适用范围窄，未来十年亟须开发适合我国气候特点的新型全光谱多功能节能镀膜玻璃。集阳光控制、低辐射和易洁等功能的复合型节能镀膜玻璃及其制备技术与装备将成为未来的发展方向。

（2）电致变色智能玻璃

目前掌握制备电致变色薄膜技术的公司有美国的 Sage Glass，View Glass，产品在美国的多个示范工程中得到实地验证，是当前最为成熟的技术之一。国内在大面积镀膜实现产业化生产及性能方面比较落后。依托“十三五”重点研发项目，中国建筑材料科学研究总院开发了具有自主知识产权的固态全无机电致变色镀膜玻璃制造技术，以无机过渡金属氧化物为电致变色材料，金属氧化物为离子传导层，通过磁控溅射镀膜技术引入锂离子，生产建筑用大面积固态全无机电致变色玻璃与飞机或轨道交通舷窗用电致变色玻璃，目前正在选择产业化投资地点。

（3）防火玻璃

1994 年德国肖特（Schott）公司将先进的高硼硅玻璃全电熔熔化技术和先进的微型浮法工艺技术有机地结合起来，创造性地生产出世界上第一块浮法高硼硅玻璃；肖特公司生产的单片硼硅防火玻璃既具有优良的抗热冲击性能，又具有浮法玻璃极好的光学性能和近乎完美的视觉效果，同时它又是钢化的安全玻璃，具有很高的机械强度和安全性。复合式防火玻璃的研究最早起源美国，其技术是在位于马里兰州哥伦比亚的世界建材巨头格雷斯公司中形成。比利时格拉威宝公司将膨胀型防火胶层应用于玻璃产品。Pilkington（皮尔金顿）、Schott（肖特）、SGG Vetrotech（圣戈班）等玻璃公司纷纷投入研究，形成比较成熟的工艺技术。国内“十三五”期间，中国建筑材料科学研究总院及其合作团队开发出模数 5 以上的 $K_2O \cdot nSiO_2$ 基防火中间层材料，填补了国内高端复合防火玻璃生产技术的空白。

（4）真空玻璃

真空玻璃的发展可以概括为源于国外，长在亚洲，发达在中国。国内真空玻璃技术处于国际领先地位。目前国内外主流的真空玻璃制作方法主要是低温玻璃焊料封接法，如何保证边部封接气密性和寿命成为关注的技术难点。受到真空玻璃自身结构和制造工艺的制约，真空玻璃的抗冲击强度和安全性较差，这已成为真空玻璃应用中的巨大障碍。

（5）太阳能利用玻璃（发电玻璃）

目前全球能稳定量产 CIGS 发电玻璃的只有日本 Solar Frontier 和德国 Avancis 公司，美国 First Solar 是目前世界上唯一能够大规模量产 CdTe 发电玻璃的生产商。中国建材集团于 2012 年收购德国 CTF Solar 公司，建设了世界上首条商业化生产的 CdTe 发电玻璃生产线。凯盛集团、信义集团、福莱特等公司的超白光伏玻璃生产规模较大。蚌埠院研发出拥有自主知识产权的高应变点玻璃核心技术，已在华光集团全氧燃烧生产线上稳定量产，并向德国薄膜电池企业批量供货，全新自主创新高应变点玻璃产业化生产线正在建设中。

11.2.4 绿色墙体材料

在国家建筑节能政策的引导下，墙体材料产品向多功能、保温隔热、无害无污染的方向发展，在技术上主要从节约土地、降低能源消耗、减少污染物排放、废弃物综合利用、产品多功能化、可再生利用等方面考虑。

（1）绿色墙体砖

① 绿色烧结多孔砖、空心砖　国外烧结砖主要以欧洲和美国为代表，原料多以黏土和页岩为主，部分使用煤矸石、粉煤灰等原料。欧洲每一个国家都有数量不等的烧结砖厂，近 20 年由于建筑保温节能标准的不断提高，高孔洞率空心砖，特别是薄壁多孔砌块的比重不断增加，成为欧洲烧结砖市场的主体。美国烧结砖的主要原料为页岩，对其保温性能并不苛求，而是注重于砖的质量和表面装饰效果。我国烧制和使用烧结砖已有两千余年的历史，原料由单一的黏土扩大到泥岩、页岩以及工业废渣如煤矸石、粉煤灰、煤渣等。20 世纪 80 年代末，随着国家对建筑节能的重视，多孔砖和空心砖的生产技术得到进一步提升。

② 灰砂砖　灰砂砖强度高，耐久性好，外形整齐，隔音和蓄热能力强，具有很好的结构稳定性。德国、俄罗斯、波兰等国家的灰砂砖生产和使用量较大。我国研究学者针对灰砂砖存在的抗剪强度低、密度大等问题做了大量提质改善的研究。

③ 粉煤灰砖　我国的蒸压粉煤灰砖虽然起步较早，但是一直发展缓慢。随着建筑节能问题被大家的广泛关注，而墙体材料是解决建筑节能最重要的途径。近十年来粉煤灰砖作为一种新型节能减排的循环经济墙体材料，开始在目前的建筑业中发挥重要作用，产品技术及产量的提升空间将会更大。

（2）绿色混凝土砌块

绿色混凝土建筑砌块种类繁多，常用的有轻集料混凝土砌块、蒸压加气混凝土砌块、发泡混凝土砌块等。建筑砌块总体的发展趋势是向空气化、功能复合化、装饰化、系列化方向发展，节能利废、保温隔热、轻质、绿色环保、多功能复合、高强是未来发展的主基调。

① 轻集料混凝土砌块　轻集料混凝土砌块按其用途可以分为承重砌块和非承重砌块。目前应用的轻集料混凝土砌块主要是非承重砌块，用于砌筑填充墙、隔墙等只承受自重的墙体。由于轻集料混凝土砌块具有重量轻、保温性能好、装饰贴面粘贴强度高、设计灵活、施工方便、砌筑速度快等优点，近年来得到快速发展。目前应用较多的轻集料混凝土砌块是水泥煤渣砌块、火山渣混凝土砌块、浮石混凝土砌块和陶粒

混凝土砌块。

② 蒸压加气混凝土砌块 在国外，加气混凝土已有一百多年的发展历史。加气混凝土产业在二战以后快速发展起来，主要集中于墙材和屋面材料。近年来，欧美学者主要在力学性能、结构与性能关系、功能性、废弃物利用、图像模拟领域对加气混凝土进行了深入的研究，生产技术已成熟。在生产和使用量方面，俄罗斯用量较大，德国、日本、法国、瑞典、芬兰等国家也是用量较多的国家。我国在 20 世纪 30 年代便有加气混凝土的生产记录。1965 年成立了首个蒸压加气混凝土工厂，目前全国生产厂家超过 800 余家。

（3）绿色石膏基墙体材料

建筑石膏在改进建筑生产工艺、提升施工技术、扩大砌块应用范围、发展轻质墙体材料和减少环境污染等方面发挥了重要的作用。因此，石膏类墙体材料是一种应大力发展的绿色建筑材料。石膏墙体材料在新型墙体材料领域中的定位主要为内墙、内饰、非承重墙。国外石膏墙体材料以纸面石膏板、石膏砌块为主。我国的石膏墙体材料的产品的种类较为多样化，主要有纸面石膏板、石膏砌块等。

① 石膏砌块 国外，石膏砌块在工业领域有着十分广泛的应用。欧洲是世界上石膏砌块产量最高、应用最广的地区。法国、德国、西班牙、荷兰、比利时等国的石膏砌块产量占墙体材料的比重逐年上升。近年来我国石膏砌块行业得到快速发展，但与发达国家相比，无论是品种还是数量均有很大差距，而积极来看还有相当大的发展空间。

② 纸面石膏板 美国是世界上纸面石膏板最大的生产国，日本年产量仅次于美国，加拿大、法国、德国、俄罗斯等国的生产量也较大。我国自 1978 年起生产纸面石膏板，近年发展尤为迅速，年产能达到世界总产能的十分之一。

（4）复合轻质墙板

复合轻质墙板是一种工业化生产的新一代高性能建筑轻质隔板，具有环保、节能、无污染、轻质抗震、防火、保温、隔音、施工快捷的明显优点。目前发展的绿色复合墙板主要包括玻璃纤维增强水泥（GRC）板、石棉水泥板、硅酸钙板与各种保温材料（岩棉、矿棉、聚苯乙烯泡沫、硬质聚氨酯等）复合而成的复合板、金属面夹芯板等。

① 玻璃纤维增强水泥（GRC）板 近代 GRC 墙板发展开始于英国，经过四十多年的发展，在 GRC 材料技术及施工工艺方面都有了质的突破。日本的旭硝子公司通过引进研究和改进 GRC 材料技术，产品性能得到大幅提高。美国、德国、荷兰、西班牙、新加坡、阿尔及利亚等国家都在 GRC 制品的研发生产上投入大量人力物力，

产品的应用市场不断扩大。我国 GRC 工业的形成稍后于美、欧、日等国，在 GRC 的研制、生产和应用中，始终坚持“双保险”（抗碱玻纤与低碱水泥相复合）的技术路线，因此，使我国 GRC 获得了稳定、健康的发展。

② 纤维增强硅酸钙板　纤维增强硅酸钙板具有自重小、隔声与绝热效果好、施工速度快等优点，是一种集多种功能于一体的新型建筑板材。日本和美国是使用硅酸钙板最普遍的国家，硅酸钙板的发展可以追溯到 20 世纪 30 年代，美国 OCDG 公司最早发明了硅酸钙板。20 世纪 50 年代日本开始研制低密度硅酸钙板，20 世纪 70 年代日本硅酸钙板生产技术成熟并开始向世界推广产品以及转让生产技术，随后硅酸钙板在世界得到广泛的认可与使用，英国、德国、俄罗斯、丹麦和比利时等西方国家开始相继建设大型硅酸钙板生产企业。纤维增强硅酸钙板是在我国于 20 世纪 80 年代初期研制成功，80 年代中期进入开发阶段，90 年代发展起来。硅酸钙板是一种国家重点鼓励发展的重要的薄板类装饰材料和新型墙体材料，是最具先进性的墙体材料之一。

③ 金属面夹芯板　金属面夹芯板早在 20 世纪 60 年代就已经被应用于航空航天领域，随后在欧美等国被广泛应用于建筑、船舶、火车等领域。我国早期对夹芯板的研究也主要集中于航空航天和船舶领域。20 世纪 80 年代初期在建筑领域引入夹芯板技术，经过三十多年的研究与推广应用，如今金属面夹芯板被广泛应用于工业与民用建筑物外墙、隔墙、屋顶和吊顶。

（5）废弃物利用绿色墙体材料

固体废弃物综合利用有利于节约天然资源的消耗，实现资源可持续利用，同时解决固体废弃物污染环境、安全隐患等问题。利用固体废弃物生产建筑材料是消纳固体废弃物的有效途径之一。从“十五”到“十二五”期间，国家在政策导向与科研支持上做了大量工作，积极引导墙体材料对固体废弃物利用技术的发展，先后在利用工业废渣（煤矸石、粉煤灰、工业石膏等）、农业废弃物（农作物秸秆等）、建筑垃圾、城市污泥等方面取得较大进展。

① 利用工业废渣生产的绿色墙体材料　目前国内外在工业废渣利用上都做了大量的研究与应用工作，技术与工艺日趋成熟。利用工业废渣代替部分或全部天然资源生产的绿色墙体材料，有利于节约资源、降低墙体材料的成本，这是发展绿色墙材的重要途径。

② 利用农业废弃物生产的绿色墙体材料　我国秸秆产量巨大，是墙体材料升级、绿色建筑发展的良好选择。利用农业秸秆制造建筑墙体的技术已成为国内很多研究者和企业关注和发展的课题。国家先后在“十二五”“十三五”期间出台一系列政策支

持促进循环经济发展，设立专项科研课题，促进产业技术提升。目前，利用可再生的秸秆制造墙体的主要种类包括秸秆草砖墙、秸秆人造板、秸秆纸面草板等。

a. 秸秆草砖墙体　秸秆草砖可解决缺少木材等建筑材料的问题，兴起于美国，在美国、英国、加拿大、澳大利亚等地得到大量应用。我国 2000 年前后开始进行秸秆草砖建筑的应用，经过十多年的发展，已成功应用于 700 多套农村住宅和小学等建筑中。这些草砖墙建筑保温节能性好，室内温度得到显著改善，是可持续发展的低碳建筑，在北方农村建造具有很多优势。

b. 秸秆人造板材　英国、美国等多个国家建立了秸秆人造板生产线，如美国 Priml Board 公司，加拿大 Isobord 公司生产线产量均在 $10 \times 10^4 m^3$ 以上。英国 Compak 公司采用麦秸和稻草作为原料制造的秸秆人造板，即 Compak 板，性能比木质刨花板还要好。国内研究者对秸秆人造板应用于建筑领域的各种性能进行了不同角度的研究。目前生产秸秆人造板的企业普遍采用定向麦秸秆板生产技术，已经在陕西建立生产线，在四川、上海等地得到应用。

c. 秸秆纸面草板　纸面草板技术产生于瑞典，在英国得到广泛推广和应用，目前已有 20 多个国家生产和应用该产品。20 世纪 80 年代初期，我国从英国引进两条生产线应用于新疆维吾尔自治区及辽宁省试验，并利用纸面草板在东北、北京、江苏、山东、河北等多省市建造了各种结构房屋。纸面草板便于生产不同的构件并与现有建筑结构结合，形成装配式建筑所用墙体。现场快速组装的特点，可以促进装配式建筑的发展。

③ 利用建筑垃圾生产的绿色墙体材料　国内外在对建筑垃圾的回收再利用方面做了大量的工作。日本因其国土资源少，十分重视建筑垃圾的重新开发利用，并制定了多项法规保护再生建筑材料的发展。美国、德国、俄罗斯、法国、奥地利等国均在对利用建筑垃圾进行回收再用方面做了大量的研究与推广工作。我国建筑垃圾用于墙体材料的研究生产尚处在起步阶段，但也已成功开发了一些产品，如利用废砖和废混凝土块制成混凝土砌块砖、花格砖等轻质砌块。从“十一五”到“十三五”期间设立专项课题支持建筑垃圾的开发利用研究，成果显著。从根本上解决了资源匮乏与建筑废弃物造成的生态环境日益恶化等问题。

11.2.5　绿色保温隔热材料

我国是建筑业大国，建筑能耗量约占社会总能耗量的 30% 以上。建筑节能已成为影响我国能源可持续发展战略决策的关键因素。故发展建筑保温隔热材料对建筑节能有巨大的促进作用。建筑保温隔热材料可以分为无机保温隔热材料、有机保温隔热材料和复合型保温隔热材料三类。

（1）无机保温隔热材料

① 岩棉（矿渣棉） 英国最早在 1840 年发现并生产矿渣棉。随后美国、德国也相继开发生产出矿渣棉。到了 20 世纪 80 年代，世界各国的岩棉产量趋于平稳。我国 20 世纪 50 年代开始生产矿渣棉，通过技术引进、消化改进，形成自有技术产品。随着工艺和需求标准的提高，岩棉的主要性能，如吸水 / 防水性能、酸度系数、导热系数、抗拉 / 抗压强度、燃烧性能等指标的提升对于产品的绿色化水平具有重要意义。

② 膨胀珍珠岩 美国自 1940 年开始大量生产和应用膨胀珍珠岩，用量约占世界总产量的 60% 以上。德国在建筑业中也广泛采用膨胀珍珠岩作为散铺隔热、隔音层，做隔热和耐炎热抹灰砂浆的集料，应用于快硬砌筑砂浆等。日本也有大量的膨胀珍珠岩保温隔热制品应用于建筑工程中。国内珍珠岩的主要产地有河南信阳、河北张家口、山西灵丘、辽宁、内蒙古多伦、浙江宁海等，产品涉及轻质混凝土制品、保温砂浆、保温砌块、保温板等，并被大量应用到建筑保温工程当中。

③ 泡沫玻璃 泡沫玻璃最早在 20 世纪 30 年代，由法国和苏联研究制成。随后美国、德国、英国、捷克、日本等国的相关公司也开发出系列产品，目前技术最为成熟的是美国的 Pittsburgh Corning 公司。我国最早于 20 世纪 50 年代生产出第一块泡沫玻璃，20 世纪 70 年代中期开始进行泡沫玻璃的小批量生产，经过几十年的发展，产量及产品种类均得到较大提升。产品在石油化工行业及建筑行业中得到大量应用。

④ 泡沫混凝土 20 世纪北欧国家开始致力于泡沫混凝土相关技术的开发与研究。苏联、美国、韩国、英国、日本等国先后对泡沫混凝土做了一系列的研究开发与应用。我国 20 世纪 50 年代由苏联引入泡沫混凝土技术，20 世纪 80 年代迅速发展，目前有 1000 多家企业从事泡沫混凝土行业，年产量达到世界第一。在建筑工业化、绿色建筑、被动房、海绵城市建设等方面应用前景广阔。

（2）有机保温隔热材料

有机保温隔热材料具有很好的保温隔热性能，与无机保温隔热材料相比具有质量轻、导热系数小、吸水率低等优点。传统有机保温隔热材料质轻、导热系数低，但是易燃，对安全造成一定的隐患。目前新型有机保温隔热材料主要包括聚氨酯、酚醛泡沫等。

① 聚氨酯（PU） 聚氨酯（PU）是目前国际上公认的性能较理想的保温材料。20 世纪 40 年代，德国 Bayer 首次制得了聚氨酯硬质泡沫，20 世纪 90 年代开始在

节能建筑上被逐步使用。目前，欧美国家的建筑保温材料中约有 49% 为聚氨酯材料。我国目前应用于建筑保温隔热的 PU 比例不足 10%，因其耐燃烧等级低，且燃烧过程中会放出大量有毒气体，因此目前多通过与无机材料复合，提高材料的阻燃性能，解决单独使用单一产品存在的技术问题。

② 酚醛泡沫（PF） 改性酚醛泡沫作为建筑外墙的保温材料，在国外已较广泛地被应用。美国、法国、俄罗斯、英国、日本、北欧、中东等国家及地区均已广泛采用。我国酚醛泡沫的工业化生产与应用起始于二十世纪八九十年代，发展十分迅速，目前已在众多大型工程中得到应用。

（3）复合型保温隔热材料

目前常见的复合型保温隔热材料有复合型硅酸盐保温隔热材料、复合型反射隔热涂层、泡沫塑料 - 硅酸盐复合保温隔热材料、相变复合保温隔热材料、真空绝热板和 SiO_2 气凝胶。

① 复合型硅酸盐保温隔热材料　美国、苏联、日本和英国等许多国家对硅酸铝纤维复合材料开展了研究工作，已在航空航天领域得到广泛的应用。日本发明了的高效多孔陶瓷隔热材料，不燃、不吸湿、抗折强度高、耐用、易于加工成型，广泛用于干燥室、工业窑炉、建筑隔热等领域；美国、日本、韩国等公司对硅酸钙绝热制品开展了研究，因其抗压强度高、热导率小、施工方便、可反复使用等优点，使得行业发展迅速。我国在复合型硅酸盐保温隔热材料领域也做了大量的开发与应用工作，现在出现的海泡石保温隔热材料因其良好的性能和应用效果，引起了业内的高度关注。目前复合型硅酸盐保温隔热材料已广泛地应用于民用建筑、热力设备、管道、窑炉等方面。

② 复合型反射隔热涂层　反射隔热涂层最早是由美国国家航空航天局于 20 世纪 90 年代为解决航天飞行器传热控制问题而研发的，目前已经从航天领域发展到民用建筑以及工业领域中。国内中国建筑材料科学研究总院等多家企业已相继研发出反射保温隔热涂料，产品具有高反射率，低热导率，低蓄热系数等热工性能，并在众多工程中得到推广应用。

③ 泡沫塑料 - 硅酸盐复合保温隔热材料　美国、德国、日本等国均已对泡沫塑料及其复合材料开展了大量的研究与应用工作。其已被广泛应用于航空、航天、电子、化工生产等领域。在国内，近年来泡沫塑料材料作为一种新型复合保温防火材料，在建筑节能领域的应用前景广泛。已开发出多种泡沫塑料 - 硅酸盐复合保温隔热材料，如以聚苯乙烯泡沫塑料板为主要原料，制出的一种屋面防水保温隔热板；以膨胀聚苯乙烯颗粒、膨胀玻化微珠作为保温隔热骨料和硅酸盐水泥作为胶凝材料，制得的一种性能优异的无机 - 有机复合型保温浆料；两侧为无机防火隔热材料，中间

采用 EPS 保温板，板材浇注成型时与饰面砖复合在一起制成的外保温贴面砖等。

④ 相变复合保温隔热材料　德国 Basf 公司、美国 Dow 化学公司先后开发出相变功能建材制品，并已开始推广应用。其他各国也已开展了相关内容的研究与应用工作。我国在建材工业发展规划（2016 年～ 2020 年）中提出要重点培育“本质安全、耐久性好、轻质高强、储能保温的墙体屋面材料制造和应用技术”，大力推动相变储能建材产品的开发与应用。中国建筑材料科学研究总院研发的相变储能式地暖系统、相变地板等产品经过示范应用，效果显著，可有效调节室温，使室内环境处于人体舒适温度范围，显著降低空调及采暖能耗。

⑤ 真空绝热板　真空板的研发始于 20 世纪 70 年代，主要集中在日本、欧美等国。现在全球生产 VIP 真空隔热板的公司只有德国 Wacker、美国 Cabot、德国 Degussa 三家。德国和瑞士的 VIP 市场应用较广，已在数十项工程中应用。我国的真空绝热板在 2009 年开始在建筑工程中使用，现已有多家公司具有生产能力，产量及市场开发潜力较大。

⑥ SiO_2 气凝胶　SiO_2 气凝胶是一种具有空间网络结构的复杂纳米孔非晶固体材料。其比表面积大、孔隙率高及孔隙尺寸小，也是一种新型纳米多孔超级保温隔热材料。气凝胶是在 20 世纪 30 年代，由 Kistler 首次成功合成的。在过去的几十年里，发展十分迅速。近 10 年来，主要作为隔热材料投入市场，未来将迅速替代传统绝热材料。国内气凝胶市场起步较晚，但是发展速度很快，目前需求主要集中在民用领域的建筑节能、石油化工、轨道交通、电力工业、热力管网等，军品领域的航天、兵器及舰艇等。此外，气凝胶在吸附催化、吸声隔声、储能等领域还具有广阔的应用空间。

11.2.6　绿色防水密封材料

随着城市化建设步伐不断加快，庞大的建筑市场带动了我国防水市场的繁荣。自 20 世纪 80 年代以来，我国建筑防水密封材料行业得到飞速发展。目前产品可概括分为五大类：防水卷材、防水涂料、刚性防水材料、建筑密封材料以及其他防水材料。

（1）防水卷材

① 沥青 / 高聚物改性沥青防水卷材　欧洲的改性沥青防水卷材技术十分发达，走在世界的前面，并向美国和中国等输出先进制造设备。美国已开发出无异味、烟雾的优质沥青，日本也开发出低烟、无味的热黏沥青，自黏改性沥青卷材已列入公共建筑工程标准说明书中。经过 30 年的发展，我国的 SBS 改性沥青防水卷材生产能力已高居世界第一，但在施工机具技术水平方面与国外还有着一定的差距，应尽快缩小技

术差距，提升施工质量和施工效率。

② 合成高分子防水卷材　合成高分子防水卷材起源于欧洲，首先应用于屋面防水。之后进入美国，市场得到迅速发展。我国 20 世纪 80 年代从国外引进首条高分子防水卷材生产线，进入 21 世纪后，国外快速发展的 TPO 防水卷材在国内相继问世。经过 20 多年的发展，我国的合成高分子防水卷材在产品质量和用量上已取得相当的进展。

③ 柔性聚合物水泥防水卷材　聚合物改性水泥的研究开发在国外已有几十年的历史。各国对聚合物水泥材料的改性方法、性能、应用进行了大量的研究。欧洲应用较多的是德国。亚太地区的日本、韩国、澳大利亚、新加坡、马来西亚和我国的香港、台湾地区都有批量生产和应用。我国 20 世纪 70 年代将氯丁胶乳添加至防水砂浆中，大幅度提高了防水砂浆的综合性能，20 世纪 90 年代开始批量应用。经过二十多年的发展，产品先后应用于建筑物屋面、外墙、卫生间、地下室、铁路、隧道、水利、电力等方面。

（2）防水涂料

国外使用最多的是聚合物基防水涂料，在聚合物基防水涂料中，聚氨酯弹性体涂料各项性能优良，已成为发达国家的主要防水屋面涂料。国内从 20 世纪 70 年代开始研发聚氨酯防水涂料，20 世纪 90 年代初开始研制生产聚合物水泥防水涂料，在屋面、室内、厨卫间、地下室和其他结构部位的防水施工中应用。丙烯酸橡胶防水涂料则是外墙防水涂料和屋面保护涂料的主力军。在聚合物改性沥青防水涂料中，主要使用的是橡胶改性沥青防水涂料，这种材料与沥青基卷材的相容性好，因而在屋面修理中得到广泛的应用，此外在地下室和大型水利设施工程中使用也很成功。

（3）刚性防水材料

刚性防水技术发祥于欧洲。日本在引进欧洲技术的基础上得到了发展，已在隧道工程、地铁工程、地下工程得到应用。我国刚性防水技术在引进国外技术的基础上得到了快速发展，但总体上技术与国外的差距还比较大。在巨大的市场需求推动下，提升我国刚性防水产品质量及技术势在必行。

（4）建筑密封材料

在欧美地区，使用最多的密封胶是硅酮密封胶，然后依次是聚氨酯密封胶、丙烯酸密封胶、聚硫密封胶，沥青基密封胶使用量很少。和欧美地区不同，在日本，改性硅酮胶所占比例最大，然后依次是聚氨酯密封胶、硅酮密封胶、丙烯酸密封胶和聚硫密封胶。在我国，密封胶发展于 20 世纪 60 年代的国防工业，用 10 多年的时间走过了国外 50 年的发展历程，已建立了门类齐全的产品体系，但在基础聚合物研究领域和产品质量等方面仍然与国外存在差距，还需进一步深入研究。

11.2.7　绿色装饰装修材料

随着生活质量的提高，室内环境质量问题的突出，装饰装修材料逐渐朝向舒适、健康、环保的方向发展，在发挥传统装饰材料优点的基础上，高度重视开发和推广采用各种新型功能建筑装饰材料。主要包括可控制和改善室内微生物污染、化学污染、电磁污染、室内舒适度等环保健康功能装饰装修材料。

（1）抗菌防霉功能装饰装修材料

无机抗菌材料的研制和应用最为发达的国家是日本。在20世纪80年代其就开始集中研究银系无机抗菌剂及其在塑料中的应用。目前品川燃料、钟纺、石冢硝子及东亚合成等公司都有无机抗菌剂推出。而欧美国家以开发有机或有机无机复合的抗菌材料为主，近年来Ciba、Dupont等公司也推出了无机抗菌剂，如美国Arch公司的ZOE系列抗菌剂、德国Sachtleben Chemie公司的Sachtolith KL系列无机抗菌剂等都具有安全的抗菌作用，在建材、塑料等制品中已有应用。阿克苏诺贝尔、德国乐德涂料等知名公司都纷纷推出抗菌功能产品。

我国抗菌防霉建材制品自20世纪90年代初就有研究。最早采用陶瓷砖表面光催化镀膜实现抗菌功能。“十五”期间随着银系无机抗菌材料的研发，抗菌陶瓷、抗菌塑料管材、抗菌镀膜玻璃、抗菌木质板材、抗菌涂料先后研发推出。“十一五”期间无机抗菌材料和抗菌建材制品的性能提升、测试方法和产品标准建立等方面取得较大成果，抗菌材料及制品技术逐渐与国际接轨。目前抗菌防霉建材种类繁多，抗菌防霉硅藻无机壁材、抗菌填缝剂、抗菌人造石等多种装饰材料已实现产业化并得到大量应用。

（2）相变调温功能装饰装修材料

20世纪60年代，美国科学家首先研究了相变材料的基本性能。20世纪70年代初，伴随着第一次能源危机的爆发，相变储能材料的研究得到了新的发展和进步。1982年，美国能源部太阳能公司发起将相变材料应用于建材的研究，德国、瑞典、荷兰、日本等国先后开展了相关内容的研究。目前常见的相变物料的重要生产厂家是德国的巴斯夫与美国的杜邦。国内从20世纪70年代末开始对相变材料进行开发研究。国家从“十一五”到“十三五”均设立专项课题，推动相变功能建筑材料的技术提升。近年来，相变储能材料的热物性及其与建筑基体材料的相容性研究取得了一定进展，尤其在相变地板和相变墙体等领域成果显著。由中国建筑材料科学研究总院、北新建材集团等企业开发的相变地板、相变石膏板等产品已在示范工程中得到应用，节能效果显著。

（3）调湿功能装饰装修材料

国外关于调湿材料的研究起步较早。日本在调湿功能装饰材料的开发应用领域走在世界的前列，形成了调湿功能瓷砖、板材、壁纸、涂料等一系列产品，在住宅、博物馆、资料馆、纪念馆、寺庙、图书馆、美术馆以及书库等建筑中普及应用。西班牙，德国等也相继开发出一系列的调湿功能装饰装修材料。我国最早于 20 世纪 90 年代开展了对调湿功能材料的研究，21 世纪随着硅藻泥技术的兴起，以及日本调湿功能瓷砖、板材技术的引进，调湿功能装饰材料行业迅猛发展。硅藻泥产业经过自主知识产权的提升，开发出独有的装饰化效果，已形成内装市场“三分天下”的趋势。

（4）防电磁辐射功能装饰装修材料

美国通过用纳米石墨作为吸波剂制备的纳米吸波材料“超黑粉”，不仅对雷达波的吸收率大于 99%，而且在低温下仍然保持很好的韧性。导电高聚物制备成复合材料，有望发展成为一种新型的高性能轻质吸收材料。近年来，一些新型材料逐渐占据了电磁防护材料的市场。纳米材料的量子尺寸效应、小尺寸和界面效应等会对材料性能产生重要的影响，从而使其本身具有极好的吸波特性，具有兼容性好、频带宽、厚度薄和质量轻等特点。将具有不同特性的材料复合制备出满足不同需求的高性能材料已成为当今研究的热点。复合材料不仅可以具有磁损耗和介电损耗特性，还能产生多重反射吸收和极化效应等新的损耗机制，使其吸波性能得到较大提高，成为当今研究最广泛的领域，在各个行业都有很好的应用。中国建筑材料科学研究总院从“十一五”期间就一直致力于电磁波吸收建筑材料的研究开发工作，并取得了一系列的研究成果，目前吸波建材的结构设计主要涉及阻抗梯度结构、多层结构、蜂窝结构、网格表面结构等，涉及的产品主要包括电磁波吸收砂浆、电磁波吸收刨花板、电磁波吸收石膏基材料、电磁波吸收矿棉板等。

（5）净化功能装饰装修材料

国际上，空气净化材料的发展以纳米功能材料的催化分解和吸附功能为基础，向着使人体舒适健康的方向发展。日本、美国、德国是功能性空气净化材料研究较早也是研究技术比较成熟的国家。尤其是日本，到目前已经开发出了众多具有空气净化功能的材料和制品。在日本，光触媒市场每年产值就多达 2000 多亿日元，并且每年以 10% 以上的速度增长，经济效益及社会效益潜力巨大。国内从最初的跟踪引进日本技术开始，逐渐过渡到自主研发空气净化功能材料及制品。随着人们对人居环境质量及大气污染问题的重视，空气净化已成为当前社会关注的热点问题之一。越来越多的科研院校以及企业在净化领域投入大量人力物力，进行开发与研制工作。中国建筑材料科学研究总院从“十五”到“十三五”一直深入进行“建筑室内空气净化材料研发及应用”研究工作，在纳米 TiO_2 改性及多孔矿物复合等材料的可控制备、功能化修饰以及在催化、净化等方面，特别是在矿物环境材料负载光催化材料方面取得了丰硕成果。2018 年“高活性可见光催化材料”入选了中国科协 60 个重大科学问题和工程技术难题，今后空气净化问题将成为科技界继续关注的重点技术问题之一。

11.3 发展我国绿色建材的主要任务及存在的主要问题

11.3.1 发展我国绿色建材的主要任务

“十九大”明确提出加快“生态文明建设”，围绕城市基础设施建设、棚户区和危房改造、美丽宜居乡村建设等任务以及建筑能效的提升，将极大地推动建材工业结构调整和转型升级的步伐。“十三五”时期是我国绿色建材产业夯实发展基础、提升核心竞争力的关键时期。资源节约型和环境友好型社会形态逐渐形成，能源资源的加速消耗，自然环境的不断变化，向建材工业提出了更高的要求。研究发展新兴建筑产业，提高绿色建筑的技术，将高能耗、高资源需求、高污染的建材行业改为低能耗、低污染、低排放的绿色行业成为大势所趋。发展绿色建材新材料关系到我国可持续发展战略的实施，同时也关系到建材工业的健康发展，战略意义重大。

新时期绿色建材产业的主要任务是牢固树立绿色、低碳发展理念，重视新材料研发、制备和使用全过程的环境友好性，提高资源能源利用效率，促进新材料可再生循环，改变高消耗、高排放、难循环的传统材料工业发展模式，走低碳环保、节能高效、循环安全的可持续发展道路；对支撑能源、资源、环境等关键瓶颈领域的新材料，实施集中突破，建立资源节约、环境友好型的技术体系、生产体系和效益体系，实现有控制的健康发展，有力支撑经济发展方式的转变，保障我国的可持续发展。

11.3.2 发展我国绿色建材存在的主要问题

（1）产品标准及评价体系不健全，制约行业快速发展

绿色建材新材料中的很多产品为创新产品，应用时间较短，受制于行业标准和配套评价体系的缺失，部分材料产业的市场拓展进展缓慢，无法实现大规模产业生产。建筑设计与建材产品标准的脱节，导致很多绿色建材新材料无法纳入建筑设计体系，造成生产环节和应用环节的建筑设计规范无法对接，阻碍了绿色建材产品进入绿色建筑市场。

（2）高端及创新人才短缺，影响行业技术发展

新技术的研发需要持久的投入和丰富的人才储备，目前国内建材行业技术创新投入与世界发达国家相比仍然较低，高端人才相对缺乏，自主创新能力仍有待提高，科技成果向现实生产力转化的有效机制也有待继续完善。

（3）研发资金短缺，阻碍企业规模化应用

新材料的开发及应用需要大量的资金投入，企业发展新材料产业的资金主要来源于自身积累，大量的研发投入对企业的灵活资金链造成重大影响，扩大研发投入和加快产业化发展缺乏相应的资金支持，致使企业在新产品的研发及生产线建设上畏手畏脚，加大了新产品快速投入市场应用的周期。

（4）知识产权保护力度缺乏，影响产业健康发展

国内对知识产权侵权意识的缺失，法律制度的不健全致使自主研发创新遭到冲击，科研团队的成果无法得到保障，影响了新一代新型建材产业的发展。市场经济条件下虽然有了知识产权保护的基本法律，但是对侵权行为的处罚力度过低，导致违法违规成本低，严重影响了企业创新的积极性，增加了技术创新的风险，导致了一些企业产生了“研发不如引进，创新不如仿制”的思想，影响了产业健康持续的发展。

11.4　推动我国绿色建材产业发展的对策和建议

（1）完善政策法规，加强产业发展规划布局

完善健全的政策法规对于引导行业健康快速的发展具有积极的促进作用。国家有关部门应进一步制定和完善绿色建筑材料新材料产业发展相关科技创新政策，发挥政策的支持和引导作用，对行业进行规划统领、引导，坚持政府干预和市场调控相结合，明确产业的发展方向和政策导向。积极争取国家相关政策的支持，促进企业加大研发力度，对已取得技术上的重大突破、有望在短时间内形成规模的领域，重点从产业化方面加大支持力度；对目前尚在技术攻关、发展模式还不成熟的新材料产业领域，着重从上游研发、下游应用等产业链的两端给予支持。制定相关的财税和产业发展鼓励政策，帮助解决绿色建材新材料产业发展倾斜政策不足和资金短缺的困难，促进绿色建材新材料产业产品的推广应用。

（2）调动各方资源，培育产业环境

加快制定绿色建材新材料产业发展指导目录和投资导向意见，完善产业链、创新链、资金链。深化国家与地方联动机制，建立高效、协调的管理体制和强有力的统筹协调机制，促进资源的高效配置与综合集成。坚持政府推动和企业主导相结合，整合

社会各方资源，鼓励风险投资，为绿色建材产业提供良好发展环境。发挥市场的资源配置作用，突出国家对重点行业的聚焦支持，引导打造具有国际竞争力的企业群体。

（3）完善标准化建设，建立评价体系，培育消费市场

完善绿色建材标准化建设，建立健全绿色建材评价通用导则和针对具体产品的评价细则体系，制定完善的建筑材料绿色、清洁生产相关标准规范，在实际应用中总结经验，补充完善已有绿色建材产品评价标准。深化与国际机构的合作，加强先进技术引进吸收，结合我国绿色建材产业实际情况，接轨国际先进评价与认证体系，构建适应我国建材产业发展需求的绿色建材评价与认证体系；以评价认证引导绿色建材的生产与应用，提升绿色建材产业的市场需求。

（4）重视创新人才培养和开发，加强技术提升

制定促进绿色建材产业发展的人才政策，实施引进海外高层次人才的“千人计划”。从行业层面组织实施“创新人才推进计划”，加大领军人才引进和培养力度，为绿色建材产业的发展提供丰富的人才储备。加快建立多层次的适合产业技术创新实际需要的人才培养体系，支持建立企业技术研发中心，培育一批具有创造性的一线中青年科技人才；从国家科技重大专项的实施过程中，培养一批创新型科技人才，培育年轻骨干，扶持研究团队建设。

（5）取长补短，积极参与国际科技合作

全球化的背景下，绿色建材产业的发展离不开国际市场的开发和对国际资源的吸纳。应积极吸引大型跨国公司在中国建立技术研究开发机构，同时鼓励内资企业以获取国外产业核心关键技术为目的的海外并购，鼓励到海外设立研发机构，组建研发联盟，积极利用当地人才、技术和信息，参与国际标准制定，提高企业国际竞争力。

（6）加强示范应用，提高绿色建材的社会认知、认可度

建立政府投资的工程强制使用绿色建材、企业投资工程推荐使用绿色建材的机制，开展绿色建材的规模化集成应用与示范，逐步将绿色建材的使用上升至全社会自发、自愿层面；同时，对绿色建材应用效果进行跟踪监测及评价，提升绿色建材产业的社会认可度。

作者简介

姚燕，我国高性能水泥混凝土领域的学术带头人，承担和参与完成国家项目及企业重大合作项目 40 余项。获国家级科技奖励 1 项，省（部）级 18 项；光华工程科技奖；国家级一等企业管理现代化创新成果 1 项；发明专利 29 项。

编辑专著 3 部，发表论文 100 余篇；主持制定国家标准 5 项；培养研究生 28 名。兼任中国科学技术协会第八届全国委员会委员、中国硅酸盐学会副理事长、中国材料研究学会副理事长、中国建材联合会副会长、中国水泥协会副会长、中国混凝土与水泥制品协会副会长、中国建筑材料联合会科技教育委员会执行主任、中国科技体制改革研究会副理事长、英国混凝土技术学会会长、国际材料及结构试验与研究联合会（RILEM TC-TDC）技术委员会主席等。

张忠伦，中国建筑材料科学研究总院科技发展部部长，教授级高级工程师，从事新型建材、环境功能材料、无机非金属新材料研发和管理工作，承担了国家“973”“863”、支撑计划重大科技项目和课题 10 余项，主编了《电磁辐射污染控制技术》《国家和建材行业科技创新政策文件》著作两部；个人获“国家中长期规划战略研究突出贡献专家”（国家中长期规划战略研究领导小组颁发）荣誉称号；获国家科技进步二等奖一项，省部级科技进步奖多项；发表学术论文 50 余篇，其中多篇被国际 SCI、EI 收录。

第 12 章

手机新材料

赛瑞研究

12.1 手机产业发展现状

12.1.1 全球手机产业发展现状

1993 年美国公司 IBM 推出全球首款智能手机 Simon，到 2008 年美国 Apple 公司推出 iPhone 3G 开启智能手机新时代，时至今日，经过 25 年的发展，全球智能手机市场已经发展成为市场规模达千亿美元的产业。

（1）全球智能手机出货量

2009 年第四季度至今，全球智能手机出货量大致经历过高速增长期、低速增长期、负增长期。全球智能手机季度出货量及同比增长率见图 12-1。其中 2009 年 Q4 ～ 2013 年 Q2 增长率均超过 30%，之后增长率逐步放缓，至 2017 年 Q2 首次出现负增长。特别是进入 2018 年以来，受到换机周期延长、硬件设计创新不足、库存积压等问题的影响，全球智能手机前三季度出货量均为负增长，具体到 Q3 季度，全球智能手机出货量为 355.2 百万台，同比增长率为 -6%，连续四个季度维持在负增长率，全球市场的颓势仍在延续（图 12-1）。

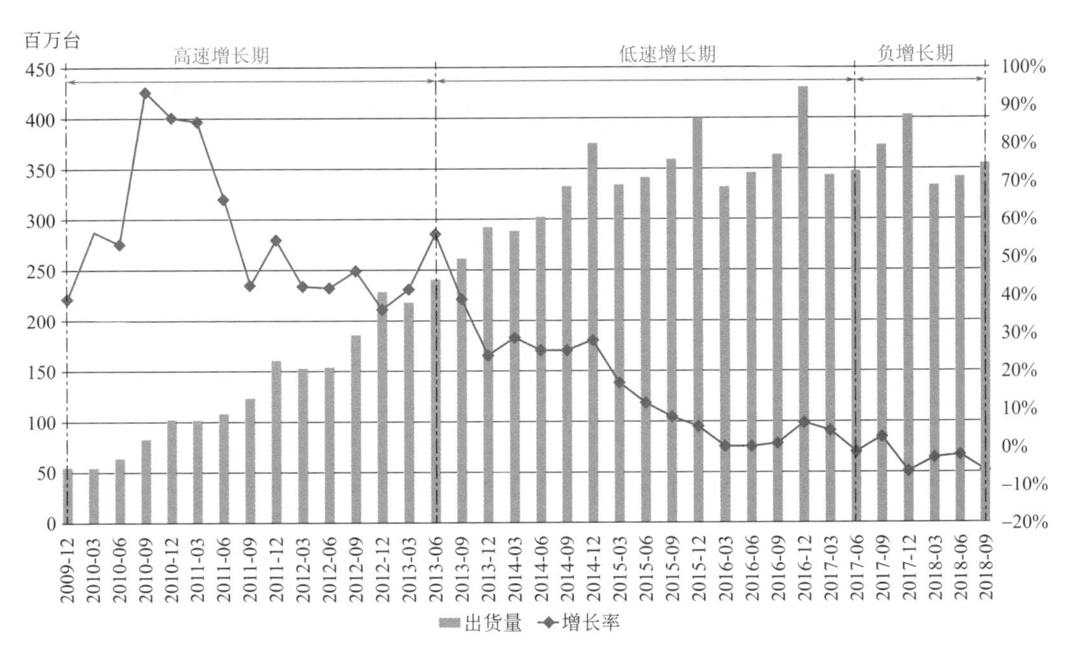

图12-1　全球智能手机季度出货量及同比增长率

资料来源：Wind、IDC、赛瑞研究

（2）品牌市占率

全球智能手机发展至今，逐渐形成了以 Samsung、Apple、华为、小米、OPPO、vivo 为第一梯队，联想、摩托罗拉、黑莓等品牌为第二梯队的竞争格局。2018 年 Q3，Samsung 以 20.3% 的市占率排名第一，但出货量较 2017 年 Q3 下降 13%，主要是中低端产品市场、中国和印度市场表现不佳。

得益于亚洲和欧洲的良好表现，华为以 14.6% 的市占率超越 Apple（市占率为 13.2%）排名第二。虽然新的 iPhone XR、XS 和 XS Max 系列产品需求良好，但是过高的价格影响了 Apple 出货量的增长。而小米则实现了对 OPPO 的反超，主要是印度和印度尼西亚的市场的增长以及欧洲市场的开拓。OPPO 市占率略有降低，但 Find X 的推出也使其逐渐进入全球市场。

此外海外的非洲、俄罗斯、印度与南亚等市场，中国的手机厂商亦逐渐追平国际品牌的市场占比，并且还有继续加速增长的趋势。2017 ～ 2018 年 Q3 全球智能手机品牌市占率见表 12-1。

表12-1　2017～2018年Q3全球智能手机品牌市占率

2018年Q3智能手机品牌市占率TOP5		2017年Q3智能手机品牌市占率TOP5	
企业	市占率	企业	市占率
Samsung	20.3%	Samsung	22.1%
华为	14.6%	Apple	12.4%

续表

2018年Q3智能手机品牌市占率TOP5		2017年Q3智能手机品牌市占率TOP5	
企业	市占率	企业	市占率
Apple	13.2%	华为	10.4%
小米	9.7%	OPPO	8.1%
OPPO	8.4%	小米	7.5%

资料来源：Wind、IDC、赛瑞研究

12.1.2 中国手机产业发展现状

中国手机产业经历 20 年的发展，产品从功能手机发展为智能手机，多个品牌不断做大做强，并逐步进入全球市场，且自主研发创新能力不断增强，带动国内手机行业从中国制造向中国品牌迈进。

（1）中国智能手机出货量

2016 年至今，中国手机出货量逐年走低，2017 年 3 月～ 2018 年 4 月连续 14 个月出现负增长。2018 年 10 月市场有所回暖，出货量为 3853.3 万台，同比增长 0.9%，其中智能手机占比为 94.1%。2016 ～ 2018 年 10 月中国手机出货量及增长率见图 12-2。

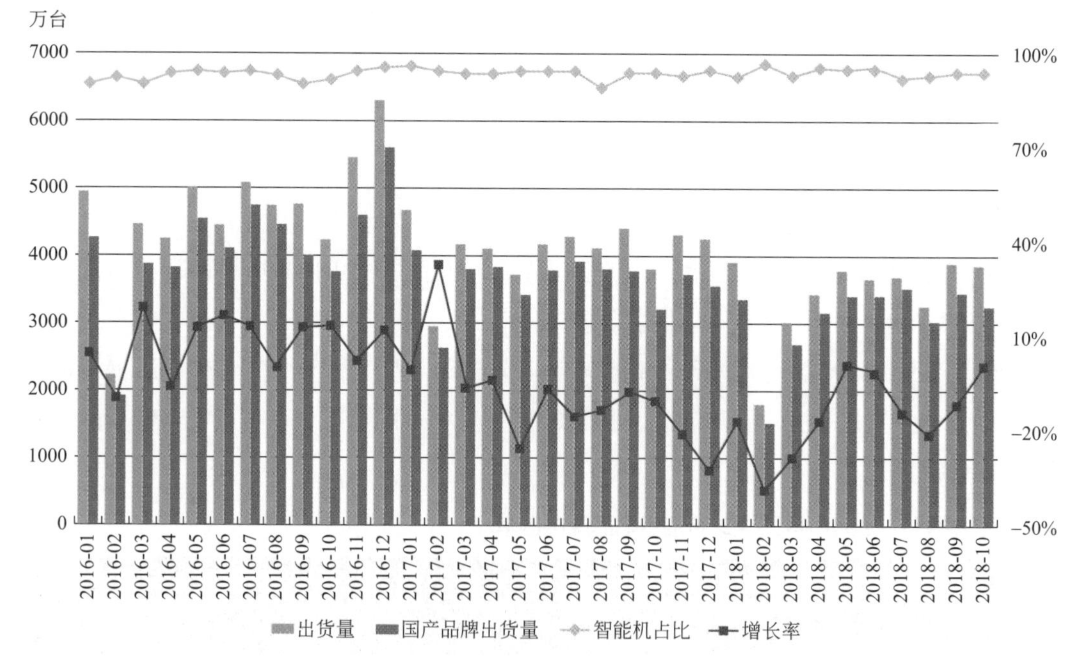

图12-2 2016～2018年10月中国手机出货量及增长率

资料来源：Wind、赛瑞研究

近几年，国产手机异军突起，特别是中低端手机市场已经成为国内品牌的主要利润来源。而在高端旗舰机型领域，近年来华为 Mate 20、OPPO Find X、vivo NEX、小米 MIX3 等旗舰机型的推出，中国品牌在高端机型领域占比也逐渐增加。高端机型的推出也推动了中国手机品牌的全球化推广。

（2）品牌市占率

市占率方面，华为、OPPO、vivo、小米、Apple 占据着出货量的前五位，且行业集中度逐渐增高，CR5（五个企业集中率）从 2017 年的 74% 增加到 2018 年 Q2 的 87%。2016 ～ 2018 年 Q2 中国手机出货量品牌市占率见图 12-3。

国产品牌市占率的提高，一方面得益于国内品牌全面布局多元产品，在性价比方面有着较大优势；另一方面创新设计能力、高科技运用能力的提升逐渐得到消费者的认可。

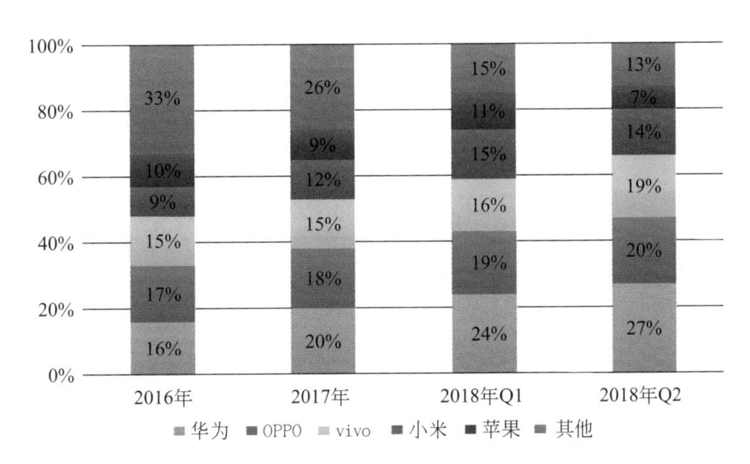

图12-3　2016～2018年Q2中国手机出货量品牌市占率

资料来源：Wind、赛瑞研究

（3）最新技术及热点

整体来看，为争取更多的市场份额，当前国产品牌隐现机海战术的端倪，相继推出千元机。但在高端机领域，国产品牌亦不断地推陈出新，不仅在设计上别具特色，对于最新技术的运用也让消费者耳目一新，主要如下：

① 旗舰机型大多采用 7nm 或 10nm 制程手机芯片；

② 屏下指纹及全面屏成为当前主流；

③ 新型散热技术及新材料的运用逐渐增多；

④ AMOLED 屏幕已成为高端旗舰机型的标配；

⑤ 金属中框 +3D 玻璃 / 陶瓷机身逐渐成为手机材质的主流。

2018 年主要品牌旗舰机技术亮点见表 12-2。2018 年主要品牌旗舰机屏幕及机身材质见表 12-3。

表12-2　2018年主要品牌旗舰机技术亮点

品牌	型号	相关技术亮点
华为	Mate 20 Pro	• 支持首个Nano Memory Card存储卡，比传统卡小45% • 全球首款7nm制程手机SOC芯片 • 全球首款Cortex A76架构CPU，全球首款双核NPU • 全球首款1.4Gbps 4.5G基带 • 全新的VC液冷系统+石墨烯散热技术
小米	MIX3	• 磁动力滑盖全面屏 • 93.4% 超高屏占比 • 高效 10W 无线充电
vivo	NEX 旗舰版	• 全屏幕发声技术代替传统的听筒 • 屏下指纹技术，解锁速度提升10%
OPPO	Find X	• 升降式前置摄像头 • 石墨散热贴及纳米碳铜材料的运用

资料来源：赛瑞研究

表12-3　2018年主要品牌旗舰机屏幕及机身材质

品牌	型号	屏幕	屏幕供应商	机身及机身材料	材料供应商
华为	Mate 20 Pro	AMOLED	京东方 /LG Display	金属中框 +3D 玻璃	比亚迪 / 长盈精密
小米	MIX3	AMOLED	Samsung Display	7 系铝合金中框 + 陶瓷后盖	潮州三环 / 比亚迪
vivo	NEX 旗舰版	AMOLED	Samsung Display	金属中框 +3D 玻璃后盖	长盈精密 / 比亚迪
OPPO	Find X	AMOLED	Samsung Display	7 系铝合金中框 + 3D 玻璃	长盈精密 /—

资料来源：赛瑞研究

12.2　我国优势手机新材料产业状况

12.2.1　我国优势手机新材料产业概况

按照手机零部件的构成，手机产业链主要可以分为外壳结构件、显示器、摄像头、电池、芯片、功能件等几个细分产业。手机产业链结构示意见图 12-4。主要零部件的关键原材料的产业化实力较为薄弱，许多关键原材料主要依赖进口。优势产业主要集中在中游的外壳结构件、显示器制造及模组、摄像头模组及功能件等领域。

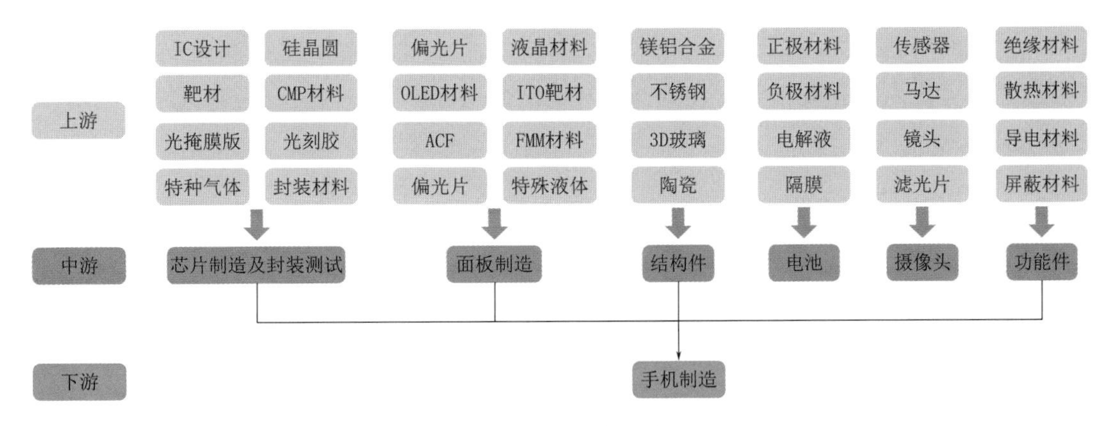

图12-4　手机产业链结构示意

资料来源：赛瑞研究

手机机身及中框材质应用分布见图 12-5。

机身材料方面，通信技术的不断发展对手机的机身材料要求越来越高，为了避免信号屏蔽，以及目前全面屏设计方案对手机机身材料的特殊要求，玻璃及陶瓷机身材料逐渐取代了塑料和金属机身材料。2016 年以来，主流品牌的旗舰机逐渐放弃铝合金机身材质，转向玻璃及陶瓷机身。玻璃及陶瓷不仅能与屏幕达到更佳的贴合效果，并且能够很好地适应未来无线充电及 5G 网络对手机机身材料的性能要求。

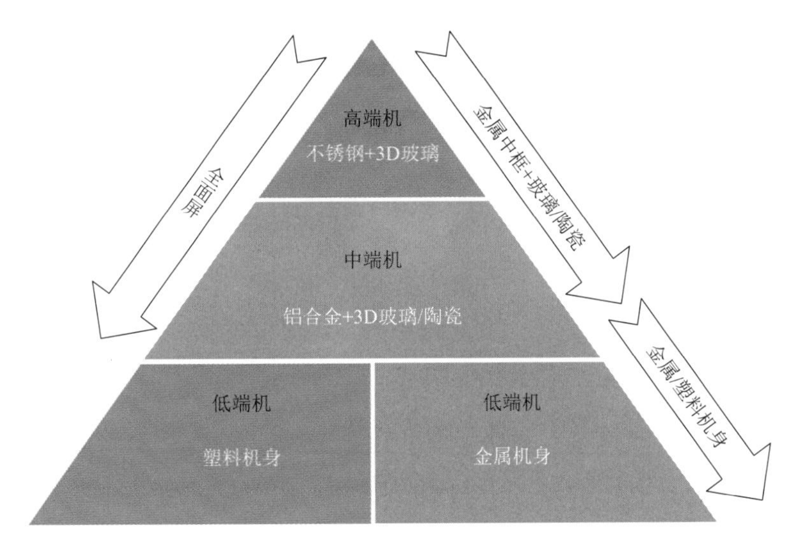

图12-5　手机机身及中框材质应用分布

资料来源：赛瑞研究

中框材料方面，由于屏占比的扩大增加了屏幕玻璃受到外力撞击的风险，因此需要中框来增加机身结构强度和保护屏幕，这就需要金属中框材料有良好的强度和延展性，起到保护和缓冲作用。目前金属中框已成为全面屏手机的标配，铝合金由于其质量轻、强度高、易加工的特点逐渐成为消费电子产品的主要金属材质。而不锈钢相比铝合金具有更高的强度和硬度，能够更好地抵御物理形变，因此在高端机型中应用占比逐渐升高。

12.2.2 中国手机中框材料产业状况

手机金属中框产业链结构示意见图 12-6。

金属中框用来固定正反两面玻璃盖板，对机身强度、内部空间利用率、散热效率等方面也有重要影响。长期以来，铝合金因其质轻、价廉、易加工等优点，一直都担当着手机中框材质的主角。而随着手机朝着大屏化、轻薄化的方向发展，普通铝合金由于强度较低，无法达到性能要求，因此苹果公司在 iPhone6 的机身“弯曲门”后于 iPhone7 采用了强度更高的 7 系铝合金。

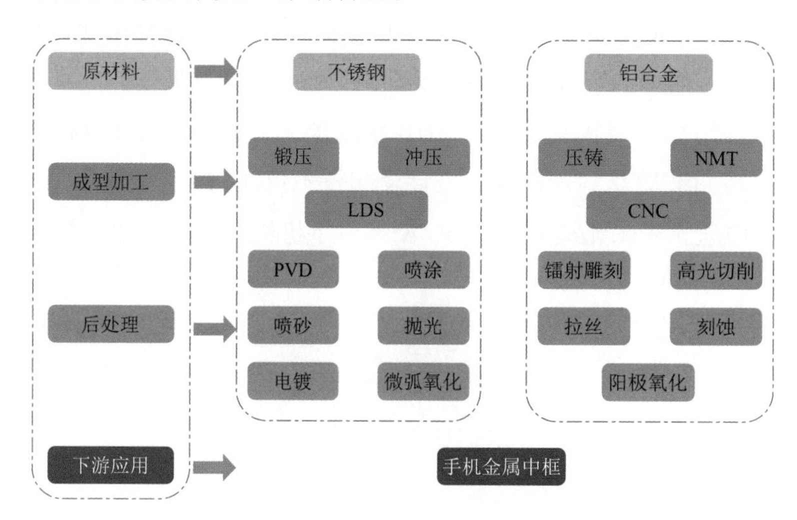

图12-6 手机金属中框产业链结构示意

资料来源：赛瑞研究

2017 年，“双面玻璃 + 金属中框”的应用渗透率为 2%，主要集中在高端机型。预计到 2020 年，“双面玻璃 + 金属中框”的应用渗透率将达到 50%，逐步从高端机型向普通机型渗透，将成为未来 3 ～ 5 年的主流应用方案。

2016 年～ 2020 年全球及中国金属中框市场规模及预测见图 12-7。

2017 年，全球金属中框的市场规模约为 734.5 亿元，国内市场规模约为 245 亿元，预计到 2020 年全球及中国市场规模将分别达到 1334 亿元和 365 亿元。2016 年～ 2020 年 CAGR（复合年增长率）分别为 65.76% 和 52.71%，增长的主要驱动力为“双面玻璃 + 金属中框”应用渗透率的提升及金属中框加工技术成熟及价格的降低。

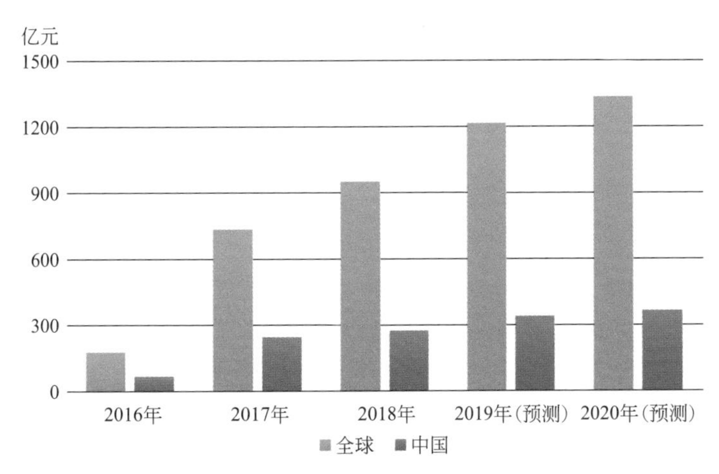

图12-7　2016年～2020年全球及中国金属中框市场规模及预测

资料来源：赛瑞研究

目前我国金属中框产业较为成熟，且拥有如比亚迪电子、长盈精密、通达集团、领丰电子等一大批优质企业。中国手机金属中框知名企业及客户情况见表 12-4。

表12-4　中国手机金属中框知名企业及客户情况

企业	产品	主要客户
比亚迪电子	7 系铝合金等	华为、Samsung、小米等
长盈精密	金属中框等	Samsung、Apple、华为、OPPO、vivo、小米等
富士康	不锈钢等	Apple、Samsung、华为
通达集团	金属中框等	华为、OPPO、小米、联想等
领丰电子	铝合金和不锈钢外壳	OPPO、vivo 等
劲胜智能	金属结构件	OPPO、小米、华为、Samsung 等
兴科电子	金属外观件	华为、小米、OPPO、vivo、TCL 等
东方亮彩	精密金属结构件	华为、OPPO、小米、中兴等
联振科技	不锈钢中框	Samsung、OPPO、vivo、小米等

资料来源：赛瑞研究

目前金属中框主要以铝合金为主，不锈钢的应用较少。但早在 2014 年 Apple 就在 iPhone4 上就采用了不锈钢中框，之后小米的小米 4、小米 6，华为、魅族等相关产品均采用了不锈钢中框。可是由于不锈钢存在长期散热不良，导致电子元器件加快老化，加重整机重量、造价高等缺陷，应用范围较窄，各主流品牌逐渐放弃了不锈钢中框而选择性价比更高、可加工能力更强的铝合金中框。

目前全面屏渗透率不断提升，中框变得更窄、更薄，不锈钢相对铝合金具有较高的强度和硬度，能够满足大屏双面玻璃的支撑，iPhone X 和 iPhone XR 选择回归到不锈钢中框，小米、华为、诺基亚等也都在进行不锈钢中框的尝试，未来不锈钢中框的应用将逐渐得到扩展，有潜力取代目前的铝合金成为未来主流的中框材质。

12.2.3 中国手机机身材料产业状况

（1）玻璃

玻璃作为手机外壳材料具有轻薄、透明洁净、抗指纹、防眩光、耐候性佳的优点。其产业链上游包括玻璃基板及相关原料的生产制备，中游为成型加工处理，下游为成品应用。

手机 3D 玻璃产业链结构示意见图 12-8。

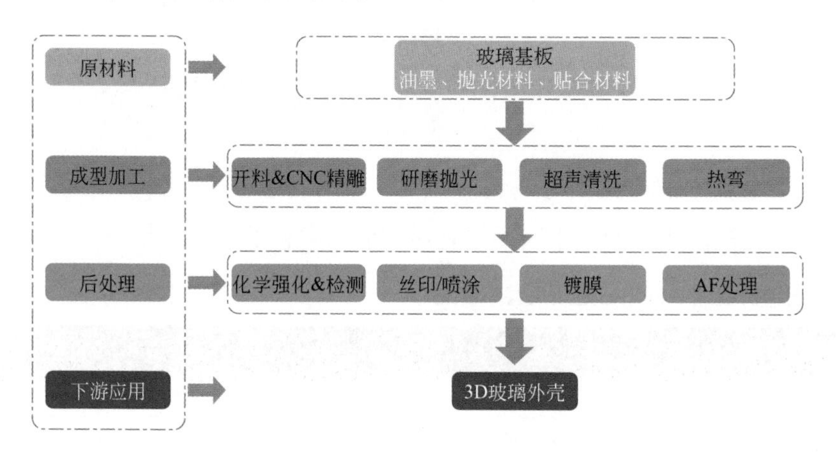

图12-8 手机3D玻璃产业链结构示意

资料来源：赛瑞研究

盖板玻璃作为外观件中重要的一环，经历了 2D、2.5D 到 3D 的升级，目前主流品牌的高端机型大多采用 3D 玻璃作为前后盖材质，主要是因为以下几点：

① 无线充电、5G 等新型传输方式使金属机壳屏蔽成为重大瓶颈，去金属化成为趋势；

② 金属背板增加了窄边框产品在天线净空区的设计难度；

③ 相对其他非金属材料，玻璃在材质、手感和加工难度方面具有独特优势；

④ AMOLED 柔性屏的大量应用，3D 玻璃与屏幕可达到更佳的贴合效果，实现曲面效果；

⑤ 玻璃产业成熟度高和成本相对较低。

目前 AMOLED 屏幕配合 3D 玻璃盖板的设计不但可以获得更具吸引力的显示效果，而且得到市场认可。2017 年玻璃材质的渗透率仅为 13%，2018 年约为 26%。未来 AMOLED 屏幕渗透率的提高必然会推动 3D 玻璃的需求量的提升，预计到 2020 年玻璃材质的渗透率将达到 43%。

2016 ～ 2020 年全球及中国手机玻璃市场规模及预测见图 12-9。

2017 年，全球手机玻璃的市场规模约为 124 亿元，国内市场规模约为 41 亿元。预计到 2020 年全球及中国市场规模将分别达到 337 亿元和 92 亿元。2016 年～ 2020 年 CAGR（复合年增长率）分别为 52.81% 和 40.83%。

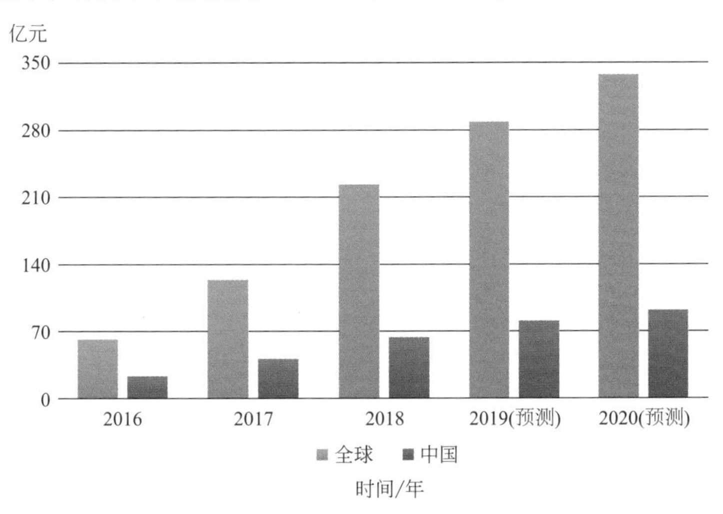

图12-9　2016～2020年全球及中国手机玻璃市场规模及预测

资料来源：赛瑞研究

未来 3 ～ 5 年，3D 玻璃产业将进入高速发展期。考虑到 3D 玻璃未来庞大的市场需求，国内的胜利精密、欧菲科技、比亚迪、星星科技、瑞声科技等上市公司纷纷扩充产能，以期占据更多的市场份额。中国 3D 玻璃知名企业及客户情况见表 12-5。

表12-5　中国3D玻璃知名企业及客户情况

企业	产能	规划产能	厂址	主要客户
伯恩光学	84KKpcs/ 年	—	深圳、惠州	Apple、Samsung、SONY、小米、华为等
蓝思科技	50KKpcs/ 年	70KKpcs/ 年	浏阳、东莞、越南	华为、Samsung、小米、vivo、OPPO、LG、联想等
星瑞安	12KKpcs/ 年	108KKpcs/ 年	贵阳	Apple、LG、华为、联想、中兴、OPPO、小米等
通达集团	7KKpcs/ 年	—	成都	华为、OPPO、小米、联想等
科立视	6KKpcs/ 年	5.5KKpcs/ 年	福州	—
东旭光电	5KKpcs/ 年	31KKpcs/ 年	绵阳	—
比亚迪	2.4KKpcs/ 年	90KKpcs/ 年	惠州、汕头	华为、Samsung、小米等
瑞声科技	—	100KKpcs/ 年	常州	Apple、Samsung、华为、中兴、小米等
星星科技	—	20KKpcs/ 年	莆田	华为、联想、小米、魅族等
胜利精密	—	75KKpcs/ 年	舒城	Motorola、OPPO、华为、小米
联创光电	—	50KKpcs/ 年	抚州	—

资料来源：赛瑞研究

目前过高的产品价格、生产良率较低是限制3D玻璃渗透率快速提升的主要因素，3D玻璃的价格为普通玻璃的3倍左右，因此应用主要集中在高端产品中。目前有限的产能及只有50%～60%的生产良率使得市场供应有限，限制了3D玻璃的大范围的应用。因此未来3D玻璃产业发展的主要任务有解决印刷、镀膜和抛光的工艺难题，提高产品良率；加快热弯机设备国产化替代，降低3D玻璃整体成本，加快向中低端机型的渗透。

（2）陶瓷

陶瓷作为手机外壳材料具有良好的质感、耐磨性好、散热性能好的优点。其产业链上游包括粉体和黏结剂的生产制备，中游为成型加工处理，下游为成品应用。

手机陶瓷产业链结构示意见图12-10。

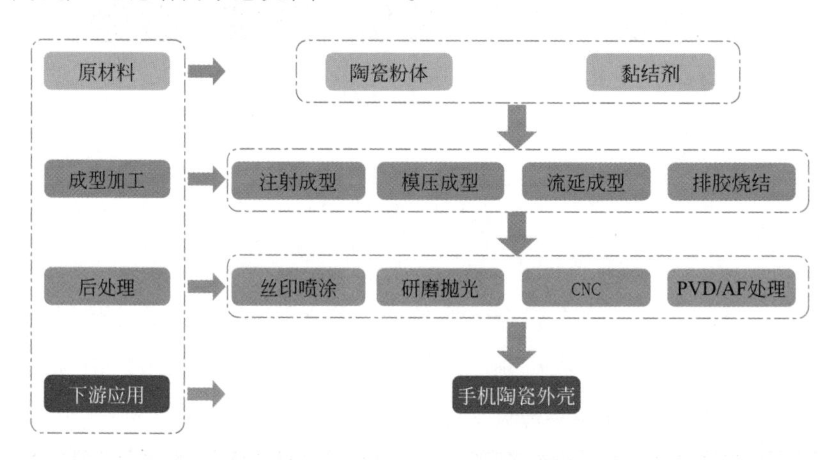

图12-10　手机陶瓷产业链结构示意

资料来源：赛瑞研究

相对于玻璃，陶瓷材料成本较高、产品良率较低、制作周期较长，因此很多厂商在权衡之后都会选择玻璃而不是选择陶瓷，使其应用范围远小于玻璃。但是陶瓷在质感、耐磨、散热等方面的优势，使其得到一些手机品牌的青睐，但配备的机型较少，主要应用于高端机型中，如小米MIX3、金立天鉴W808、初上科技CHUS H1、华为P7蓝宝石典藏版、OPPO R15等。

2016～2020年全球及中国手机陶瓷市场规模及预测见图12-11。

2017年手机陶瓷材料的渗透率预计为0.2%，2018年为1%。目前陶瓷材料的价格在150～180元之间，而随着未来手机陶瓷工艺的成熟及单价的降低。预计2020年陶瓷机身渗透率将达到10%，全球市场规模超过220亿元，国内市场规模将达到60亿元。2016～2020年CAGR（复合年增长率）分别为165.55%和144.66%。

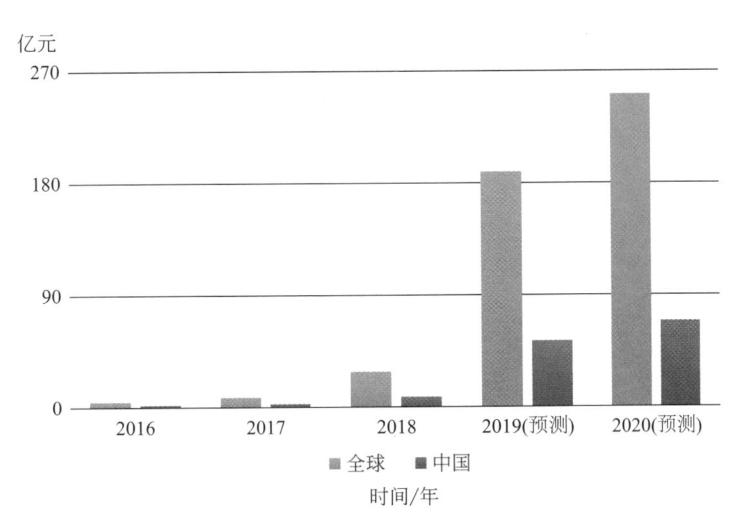

图12-11　2016～2020年全球及中国手机陶瓷市场规模及预测

资料来源：赛瑞研究

手机外壳对于陶瓷粉体的高纯、分散性、粒度和分布有较高要求。目前高端纳米级复合粉体生产商现主要集中在日本和欧美等地区，目前国内市场主要依赖于进口。国内发展较为成熟的陶瓷加工产业的代表性企业主要有潮州三环、蓝思科技、顺络电子、长盈精密等。

中国手机陶瓷背板知名企业及客户情况见表 12-6。

表12-6　中国手机陶瓷背板知名企业及客户情况

企业	相关产品	主要客户	相关说明
潮州三环	陶瓷盖板及外观件等	小米、一加等	量产
蓝思科技	陶瓷中框、陶瓷后盖等	小米等	量产
顺络电子	手机陶瓷背板等	金立、华为	量产
富士康	陶瓷盖板	初上科技	量产
长盈精密	陶瓷机壳	小米等	量产
丁鼎陶瓷	手机陶瓷盖板等	—	量产
通州湾新材料	陶瓷手机背板	—	量产
汇璟陶瓷	手机陶瓷背板等	—	量产
汇金股份	陶瓷背板等	—	规划布局
伯恩光学	陶瓷件加工	—	布局规划
比亚迪	手机陶瓷盖板	—	布局规划

资料来源：赛瑞研究

目前手机陶瓷产业链配套不是很齐全，产能规模有限，其仅在个别品牌的高端机型中得到应用，还没有真正形成使用陶瓷的潮流和趋势。由于陶瓷材料能够很好地满足5G通讯和无限充电技术对机身材料的要求，而且陶瓷在差异化的结构设计、颜色个性化等方面的优势，将对陶瓷后盖的需求有较大的刺激作用，但是对陶瓷材料的机械可靠性、量产稳定性提出更高的要求。

12.3 我国手机新材料产业状况

12.3.1 我国手机新材料发展概况

显示器、芯片是手机成本构成中的主要组成部分，iPhone X的成本中，面板和芯片的占比达到36.9%，而在面板及芯片领域，国内的优势主要在面板集成制造及芯片封装测试等领域，而在上游关键原材料方面则处于劣势。

国内芯片及显示材料发展状况见图12-12。

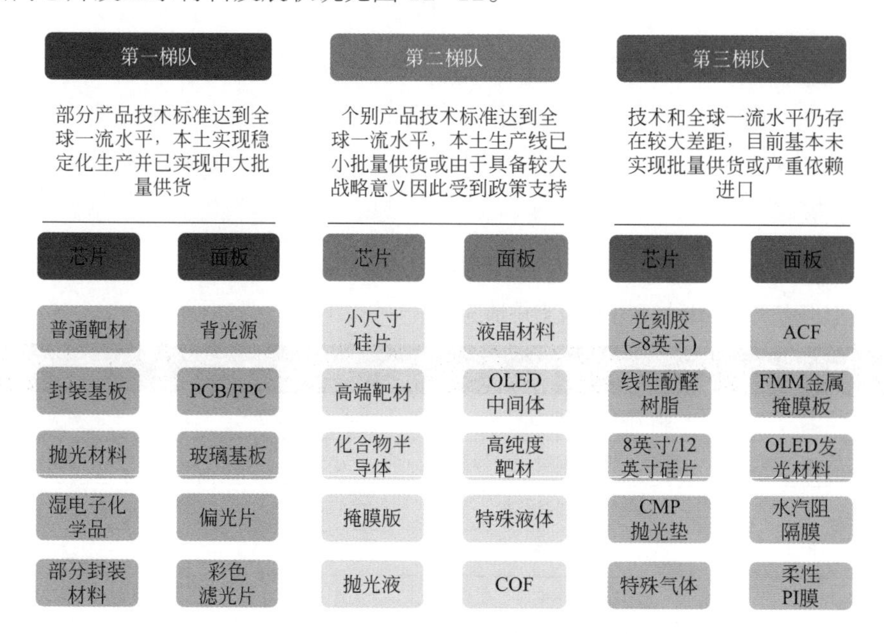

图12-12 国内芯片及显示材料发展状况

资料来源：赛瑞研究

面板行业，在技术壁垒相对较低的背光源、PCB/FPC、玻璃基板、偏光片、彩色滤光片等材料，国内企业均能够实现稳定、大规模的供货，而在具有较高技术壁垒的液晶材料、OLED发光材料、高纯度靶材、FMM金属掩膜板、柔性PI膜、异方性导电膜（ACF）等均严重依赖进口，国内处于研发或小批量供货阶段。

芯片行业，目前生产线供应的国产材料的使用率不足20%，国产化替代主要集中在普通靶材、抛光材料、部分湿电子化学品以及部分封装材料，其中封装材料对国产化率的提升影响最大。在6英寸生产线上大部分材料均实现了国产化替代，但是在

8 英寸及以上生产线上，国产化率较低，大部分材料如大硅片、CMP 抛光垫、线性酚醛树脂、掩膜板等均依赖进口。而 2018 年国内半导体芯片材料逐步取得了一些突破，如 CMP 抛光垫、高纯度金属靶材、大硅片、部分特种气体均实现了量产，部分产品实现了小批量的供货。

12.3.2　我国手机面板关键材料产业

在全面屏时代，AMOLED 屏幕具有厚度更薄、可实现柔性显示、广色域、高的对比度、极高反应速度、省电等优势逐渐成为中高端智能手机的主流显示技术。而加快 AMOLED 屏幕关键原材料的产业发展，尽早实现国产化替代，是国内手机产业健康发展的重要保障。

（1）OLED 材料

OLED 材料以小分子有机材料为主，包括传输层材料（空穴传输层 HTL、电子传输层 ETL）、注入层材料 HIL 以及有机发光材料 OLL，其中发光材料根据发光颜色不同可分为红、绿、蓝三基色发光材料。其中发光材料是 OLED 面板中最重要的材料。OLED 材料产业链结构示意如图 12-13 所示。OLED 材料最上游为基础的化工原料，经过一定的合成工艺制备得到 OLED 中间体和粗单体，粗单体经过升华技术处理得到单体，应用于 OLED 面板制造。

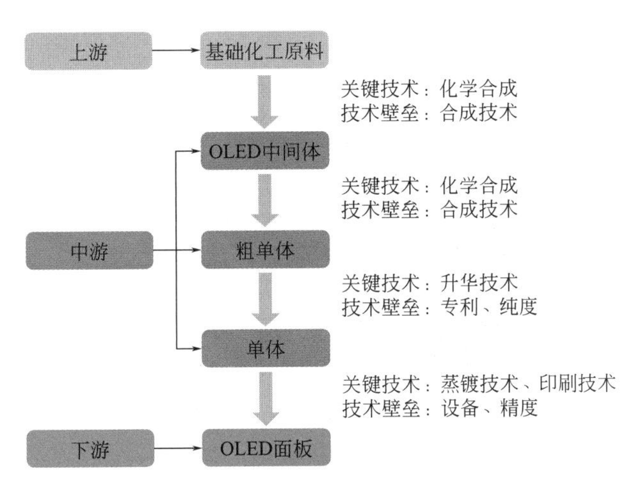

图12-13　OLED材料产业链结构示意

资料来源：赛瑞研究

得益于近年来下游终端产品对 OLED 显示技术的青睐，OLED 面板出货面积得到大幅度的增长，推动了全球 OLED 材料市场规模的快速增长。2016 年～ 2020 年全球 OLED 材料市场规模及增长率预测见图 12-14。2017 年全球 OLED 材料市场规模 8.7 亿美元，较 2016 年增长 43.5%。

2018 年下游智能手机需求放缓，但大尺寸 OLED 电视出货量增长促使了 OLED 出货面积的增加，增加了 OLED 材料的需求。2018 年全球 OLED 材料市场规模达到 12 亿美元，未来随着喷墨印刷技术的应用将促进 OLED 电视制作成本的降低，促进 OLED 电视需求的增长，将进一步推动 OLED 材料市场规模，预计到 2020 年将超过 21 亿美元，2016 ～ 2020 年 CAGR（复合年增长率）为 37.08%。

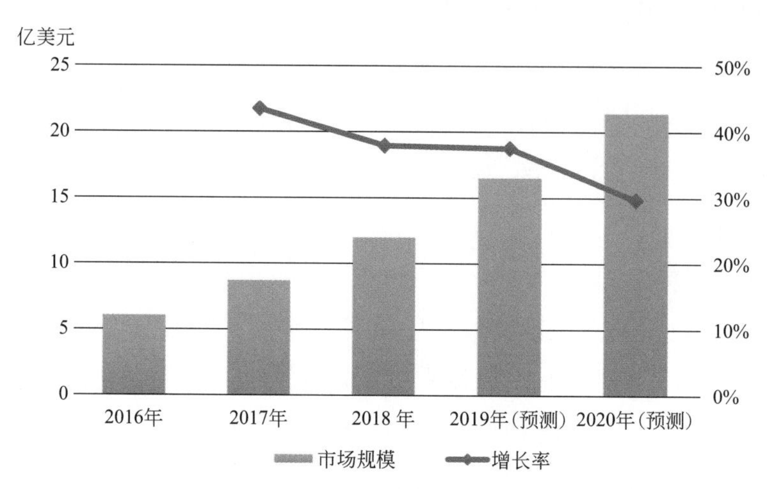

图12-14　2016～2020年全球OLED材料市场规模及增长率预测

资料来源：赛瑞研究

2017 年全球 OLED 材料市场份额见图 12-15。

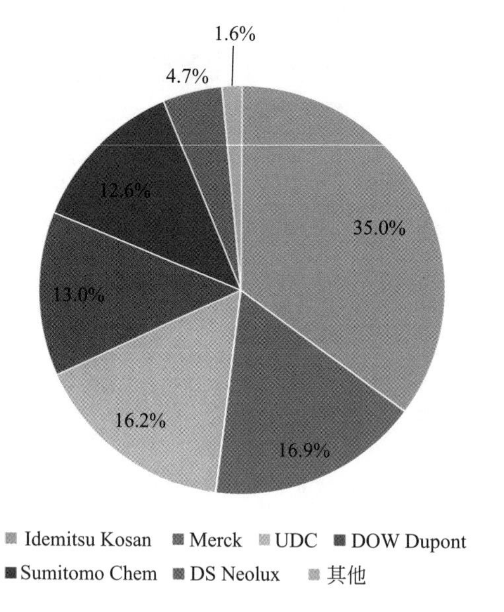

图12-15　2017年全球OLED材料市场份额

资料来源：赛瑞研究

OLED 材料中，发光材料单体升华技术的技术壁垒最高，单体材料主要供应商有美国 UDC、Dow Dupont，德国 Merck、韩国 LG Chem、Samsung SDI、Duksan、Doosan，日本 Idemitsu Kosan、Toray、Sumitomo Chemical，国外企业基本垄断了 OLED 材料市场。其中美国 UDC 是全球最大的 OLED 磷光材料制造商，拥有 2000 多项技术专利。

总体来看国内的 OLED 材料还处于起步阶段，主要集中于 OLED 材料中间体和粗单体材料的生产，供应给美、日、韩、德等国企业。而 OLED 单体材料则由于专利壁垒及较高的技术门槛的限制，并未实现大规模产业化和批量的供货。中国 OLED 材料知名企业见表 12-7。

表12-7　中国OLED材料知名企业

企业	发光材料			空穴传输层	电子传输层	空穴注入层
	中间体	粗单体	升华材料			
奥莱德	●	●	●	●	●	●
强力新材	●	●	●	●	●	
诚志永华	●	●	●			
欣亦华	●	●		●	●	●
华显光电				●		●
莱特光电		●				
万润股份	●	●				
瑞联新材	●			●		
阿格蕾雅	●	●	●	●	●	
宇瑞化学	●					
宁波卢米蓝		●	●	●	●	
江西冠能	●	●	●			
北京鼎材	●					
濮阳惠成	●					

资料来源：赛瑞研究

2018 年国内一些 OLED 材料企业陆续取得相关突破，如阿格蕾雅实现高纯 OLED 材料的量产，产能达 5 吨 / 年，相对进口材料可降低 50% ～ 70% 的成本；强力新材与中国台湾昱镭光电合作成立强力昱镭，并已开始量产 OLED 升华材料，进入了国内主要 OLED 面板厂的研发线及生产线。鉴于国内 OLED 升华材料处于量产初期，产量及产品良率均处于提升期，因此目前国内面板制造商更倾向于进口的 OLED 升华材料。

目前全球 OLED 面板产能扩张迅猛，未来将形成供过于求局面，且面板制造业逐渐向中国大陆转移，主流面板制造商迫于利润压力，故为了使面板制造成本降低，将更倾向于国内 OLED 材料，今后将是国内 OLED 材料实现进口替代的黄金期。

（2）薄膜封装材料

OLED 发光层的多数有机材料对水、氧气及其他污染物极为敏感，遇水或氧气容易发生化学反应而影响发光效率、工作稳定性、材料寿命，因此 OLED 封装材料需具有良好的水汽阻隔性能和耐冲击性能。OLED 封装材料可以分为金属、低熔焊料玻璃粉、薄膜封装。

薄膜封装（Thin Film Encapsulation）一般都是以塑料为基材，在其上通过磁控溅射法、电子束蒸镀法或等离子体增强化学气相沉积法将无机氧化物沉积在衬底上形成水汽阻隔膜。薄膜封装材料产业链结构示意见图 12-16。

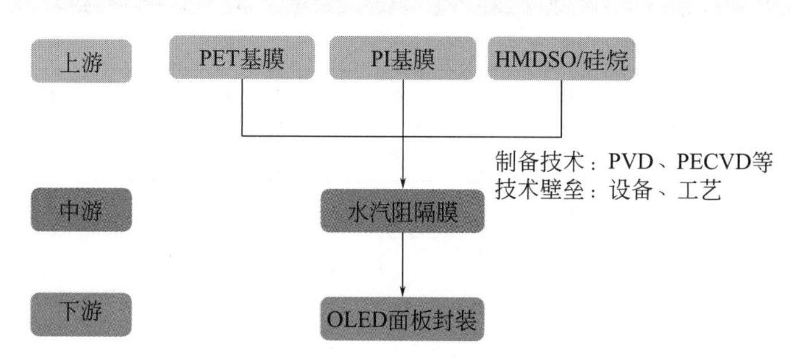

图12-16 薄膜封装材料产业链结构示意

资料来源：赛瑞研究

金属和玻璃封装材料无法满足 AMOLED 屏幕的性能要求，主要用于 PMOLED 产品中。薄膜封装不仅可以有效减小显示器的重量和厚度、提高面板柔性，而且透明薄膜封装材料还允许 OLED 使用顶部发光模式，有利于面板的发光效率和屏幕分辨率的提高，逐渐得到市场的认可，未来将有 70% 的 OLED 面板采用薄膜封装技术。

2016 ～ 2020 年全球柔性 OLED 薄膜封装材料需求及增长率预测见图 12-17。

2017 年全球 OLED 面板出货面积为 4988K • m^2，其中柔性 OLED 屏幕的渗透率在 30% 左右，预计薄膜封装材料的需求量为 2259K • m^2，较 2016 年增长 180.2%。2018 年越来越多的智能手机采用 AMOLED 屏幕，将极大地促进薄膜封装材料的需求，预计薄膜封装材料需求量将达到 4414K • m^2。随着柔性 OLED 屏幕渗透率的提高以及薄膜封装材料在 PMOLED 面板的应用普及，未来薄膜封装材料的需求将进一步扩大。

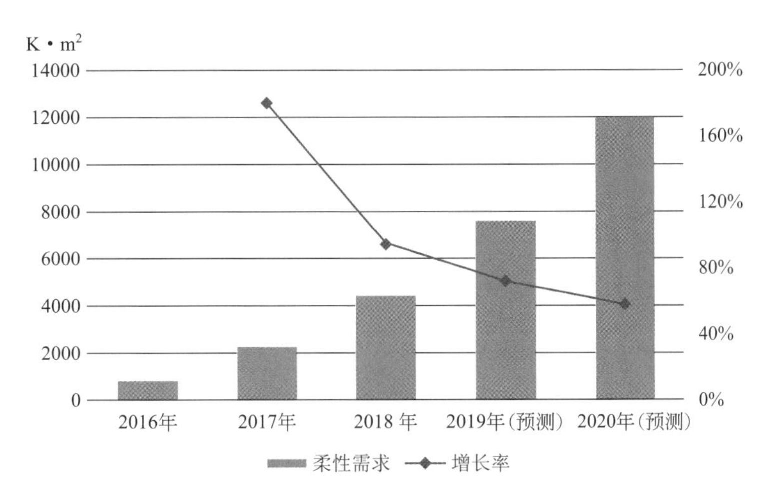

图12-17　2016年~2020年全球柔性OLED薄膜封装材料需求及增长率预测

资料来源：赛瑞研究

国外柔性密封材料发展较早，技术比较成熟，占据主要地位。国外主要柔性 OLED 薄膜封装材料企业见表 12-8。目前全球主要的薄膜封装材料供应商为韩国的 Samsung SDI 和 LG Chem，其与 Kateeva 和 Applied Materials 等薄膜封装材料设备供应商合作，共同开发柔性薄膜封装材料。Samsung SDI 最先量产柔性屏幕用薄膜封装有机材料，在蒸镀及喷墨工艺流程的缜密性及面板产品的可靠性方面表现都非常优秀。而美国 3M，日本 Mitsui Chem 均能够稳定生产薄膜封装材料。

表12-8　国外主要柔性OLED薄膜封装材料企业

企业	相关产品	相关说明	备注
Samsung SDI	TFE	有蒸镀用产品、喷墨用产品	2010开始研发，2015年开始量产
LG Chem	BFL、FSPM封装剂	适用于手机、柔性可穿戴、电视等OLED面板封装	—
3M	水汽阻隔膜	高端显示用水汽阻隔膜	客户遍布主要面板制造商
Mitsui Chem	Structbond XMF-T密封材料	高阻隔性，防潮性，透明性和工艺可管理性	2017年扩大了封装材料的产能

资料来源：赛瑞研究

国内从事光学膜及显示膜业务的企业中，做封装阻隔膜的企业非常少，处于起步阶段，主要以康得新和万顺股份为主。其中万顺股份在高端 AMOLED 封装领域的高阻隔膜产品目前处于客户送样阶段。2017 年康得新自主研发的全球首条卷绕式大宽幅高性能封装阻隔膜生产线成功投产，产能达到 1200 万平方米 / 年，拥有水汽阻隔膜专利，成功打破了国外企业的垄断，并且与京东方、华星光电、维信诺建立了合作。

总体来看，国内柔性密封材料产能较少，处于供不应求的状态，但鉴于国外企业对生产技术的保密，以及相关关键设备技术人才的缺乏，高端封装阻隔材料依然严重依赖进口。目前包括华星光电、京东方、和辉光电、翌光科技、柔宇科技等面板制造商对柔性封装材料及结构进行了一系列的研究，并取得了相关专利，未来随着国内柔性面板制造技术的成熟和国内薄膜封装材料产量、性能的不断提升，国内薄膜封装前景将非常广阔。

（3）异方性导电膜（ACF）

异方性导电膜（Anisotropic Conductive Film，简称 ACF）最先由 Sony 开发出来，是同时具有粘接、导电、绝缘三大特性的透明高分子连接材料。ACF 是微电路连接的必需材料，如芯片电路的连接，精密柔性电路的连接。ACF 能实现连接电极之间具有上下导通、左右绝缘的特性，且电极之间具有良好的黏结力，极好的耐温耐湿性和抗腐蚀能力。ACF 材料性能的好坏直接影响信号的传输与画面显示的效果。

ACF 材料产业链结构示意见图 12-18。

ACF 材料上游原材料为树脂（基材、保护层及填充物）、导电金属粒子（Au/Ni）、聚乙烯（保护层）、黏结剂 / 添加剂，经过搅拌、涂层、分割、卷带、封装等工艺制成卷带的 ACF 材料。

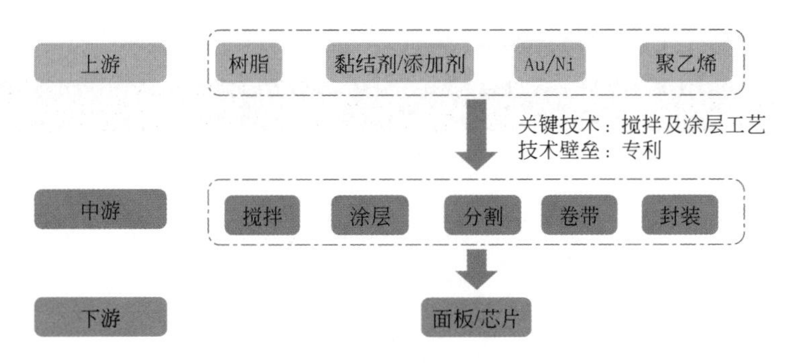

图12-18　ACF材料产业链结构示意

资料来源：赛瑞研究

ACF 目前使用于 COG、TCP/COF、COB 及 FPC 中，主要用于驱动 IC 的 COF 基板与屏幕及 PCB 板的封装接合。随着电子元器件朝着小型化、薄型化、柔性化的方向发展，AMOLED 面板亦逐渐采用 COF 封装方式，使 ACF 的需求及用量均迅速扩大。

全球知名 ACF 企业及产品指标见表 12-9。

ACF 目前市场规模超过 100 亿元 / 年，而随着未来 OLED 屏幕出货量的不断增长，ACF 材料的市场潜力巨大。ACF 属于高技术功能性材料，受国外产品的长期垄断。如日本 Dexerials、Hitachi-Chem，美国 3M，韩国 H&S High Tech 等，拥有不断创新的技术优势及市场基础，牢牢掌控着全球 ACF 市场份额。而中国台湾的 TeamChem、玮锋科技、长兴材料等公司的产品也具有竞争优势。

表12-9　全球知名ACF企业及产品指标

企业	相关产品	相关技术说明
3M	ACF6363、ACF7303、ACF7371	ACF6363为例 • 粒径：10μm • 黏结剂厚度：40μm • 粒子类型：镀金镍颗粒 • 剥离强度：＞700gf/cm
Dexerials	各类型 ACF 材料	CP801AM-35AC为例 • 粒径：10μm • 粒子类型：镀金/镍树脂粒子 • 可对应最小电极间距：100μm
Hitachi-Chem	COG/ATB 用 ACF	ANISOLM为例 • 最小接触面积：8000μm^2 • 最小间距：10μm
H&S High Tech	各类型 ACF 材料	TSC5300系列为例 • 粒径：5μm • 粒子类型：镀金/镍树脂粒子 • 颗粒密度：5500Pcs/mm^2
长兴材料	AF50935、AF70525、AF70625、AF91218、EF90225	EF90225为例 • 粒径：10μm • 粒子类型：镀金镍颗粒 • 颗粒密度：500Pcs/mm^2 • 剥离强度：＞6N/cm
TeamChem	各类型 ACF 材料	—
玮锋科技	各类型 ACF 材料	—

资料来源：赛瑞研究

ACF 产业化的技术难度高，并且发达国家一直对相关的技术进行严密封锁，所以至今我国 ACF 材料严重依赖进口。近年来我国已经陆续有一些企业取得了 ACF 材料的研究进展，并有一定的生产能力，如深圳飞世尔新材料股份有限公司已基本形成从导电微球到 ACF 制造全产业链的研发和生产能力，导电粒子粒径可达 5μm，在国内处于领先地位；镇江爱邦电子科技有限公司具备导电金球和 ACF 的研发和生产能力。

ACF属于高精尖的功能材料，面板制造商在选取供应商时从测试到接受公司的产品需要较长的验证时间，且面板制造商的验证成本较高（验证成本超过500万元/次），周期长，且对产品持谨慎态度，更倾向于采用国外知名企业的产品，导致国内产品验证机会有限，推广周期较长，销售量较小，国产化进程十分缓慢。深圳飞世尔ACF材料营收及占比见图12-19。由此可知深圳飞世尔2017年ACF材料销售额仅为8.6万元左右，占总营收的比重亦仅为0.22%，还处于小范围供货状态。

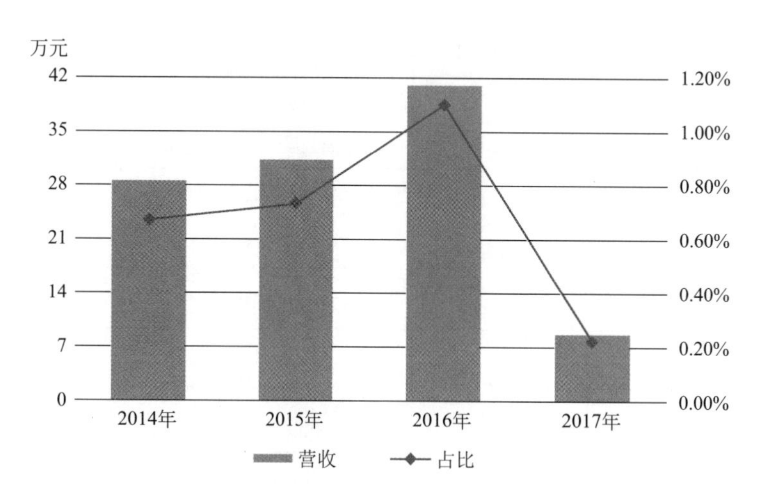

图12-19 深圳飞世尔ACF材料营收及占比

资料来源：Wind、飞世尔年报、赛瑞研究

随着显示面板产业迅猛发展，ACF已经成为一个技术含量高，经济效益好，具有广阔前景的产业。ACF材料对外的高依赖性对我国显示面板的发展和竞争力造成严重威胁，特别是在显示面板产业逐渐向中国内地转移的背景下，必然影响和制约我国面板产业自主创新的发展进程。因此国内企业加强相关技术的研发，提高产品性能，扩大产能，加强与面板制造商的合作与验证，共同推进ACF材料国产化进程。

（4）精细金属掩膜板（FMM）

精细金属掩膜板（Fine Metal Mask，简称FMM）是OLED蒸镀工艺中的消耗性核心零部件，其主要作用是在OLED生产过程中沉积RGB有机物质并形成像素，在需要的地方准确和精细地沉积有机物质，提高分辨率和产品良率。分辨率越高，像素数越多，就需要更加微细和精巧的孔，在一张金属掩膜板上约有2000万个孔。

由于在OLED有机材料的蒸镀过程中温度较高，FMM材料由于金属热膨胀而导致形变，形变导致尺寸的变大，进而导致蒸镀材料的错位，最终产生发光层错位混色和金属过孔无法覆盖等现象，因此金属掩膜板被视为OLED产业中具有高度技术难度的材料。且因为在大尺寸OLED面板制造中，现阶段FMM很难兼顾大面积、低重量、低热膨胀系数的要求。而且制作FMM材料的相关设备研发和制造成本高昂，投入过大，发展严重滞后。并且采用光刻工艺制作掩膜板需要预先制作光罩，一旦基板布局改变，光罩也就随之废弃。因此，采用光刻工艺制作FMM掩膜板目前仅适用于小尺寸生产线，而且制作周期长、生产成本高。

FMM材料产业链结构示意见图12-20。

FMM材料的最上游为Invar金属、刻蚀液及树脂等原料，经过蚀刻、电铸和多重材料（金属+树脂材料）复合得FMM材料，其中蚀刻技术为当前主要供应商所采用的技术，电铸（Electroforming Metal）制出的FMM厚度很薄，多重材料复合法能够很好地解决FMM材料的热膨胀问题。

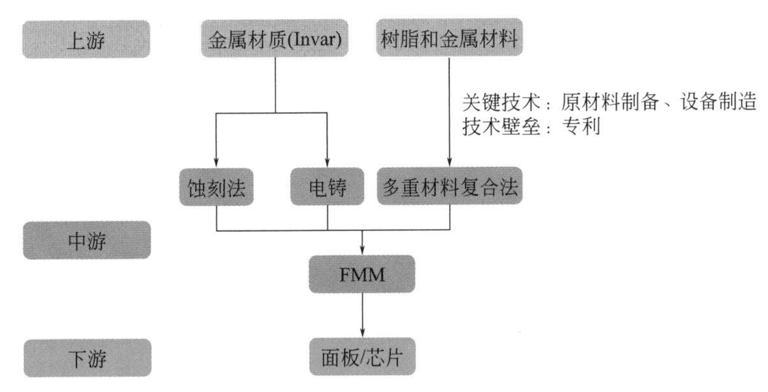

图12-20 FMM材料产业链结构示意

资料来源：赛瑞研究

近年来OLED显示技术渗透率逐渐提高，带动FMM材料市场规模的快速增长。2016～2020年全球FMM材料市场规模及增长率预测见图12-21。2017年全球FMM市场的收入为2.34亿美元，2018年中国内地多条OLED线体的量产，促使全球FMM材料市场规模将增长至4.21亿美元，同比增长79.9%。而随着未来OLED生产技术的不断成熟，成本的不断降低，应用范围的不断扩展，新线体的不断投产，预计到2020年全球FMM材料的市场规模将达到7.87亿美元，2016～2020年CAGR（复合年增长率）为59.7%。

FMM材料的原材料Invar（10～20μm厚）目前只有Hitachi-Metals可以生产，中游的材料制造则主要集中在日本、韩国和中国台湾等少数企业。此前Hitachi-Metals跟日本DNP是捆绑合作，DNP在超过400PPI的高PPIFMM的供货方面处于全球主导地位。而此前DNP与Samsung Display签署垄断性合约（提供 10 ～ 20μm 厚的 FMM），直至 2018 年 DNP 与 Samsung Display 垄断合约到期。国内面板制造商 BOE 才能够与 DNP 达成合作协议，为其提供 WQHD 级手机用的 FMM 材料（约 30μm 厚）。其他企业还有如韩国 Wave Electronics、Poongwon、E-CONY、SEWOO、LG，日本 TOPPAN、Athene。

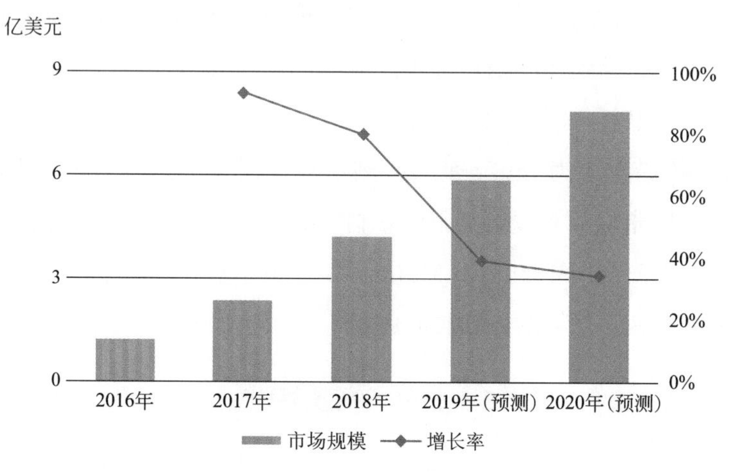

图12-21　2016～2020年全球FMM材料市场规模及增长率预测

资料来源：赛瑞研究

中国能够生产 FMM 材料较少，而生产 CMM 材料的企业较多。但是中国作为全球 OLED 面板产业主要生产基地，将成为 FMM 材料需求最大的市场。且 DNP 与 TOPPAN 有限的产能无法满足众多面板制造商的需求，庞大的市场促使上游材料企业积极地参与。台湾达运是全球少数具有量产 FMM 能力的企业，月产能 3000 片。2018 年 8 月，联创光电 10 亿元的 FMM 生产项目落户南昌市赣江新区，成功投产后可实现年产值 7 亿元，有望实现高精度金属掩模板的国产化，打破依赖进口的局面，推动国内 OLED 显示技术发展。

12.3.3　我国手机芯片关键材料产业

（1）大尺寸硅片

硅片是价值含量占比最高、最核心的材料，其核心难点在于高纯度要求，通常需要 9N 以上；在 IC 制造中所使用的晶圆均为单晶硅片，具体的硅片规格又可分为抛光片 PW/AW，外延片 EW 和绝缘体上硅 SOI 三大类。

硅片制造流程及主要设备见图 12-22。

硅片的制造过程较为复杂，涉及诸多高精尖的制造设备。原始硅料经过单晶炉制备得到单晶硅体，后经过截断、滚磨、切片后制得单晶硅片，硅片经过倒角、研磨、刻蚀、抛光、PVD/CVD 后制得外延片。

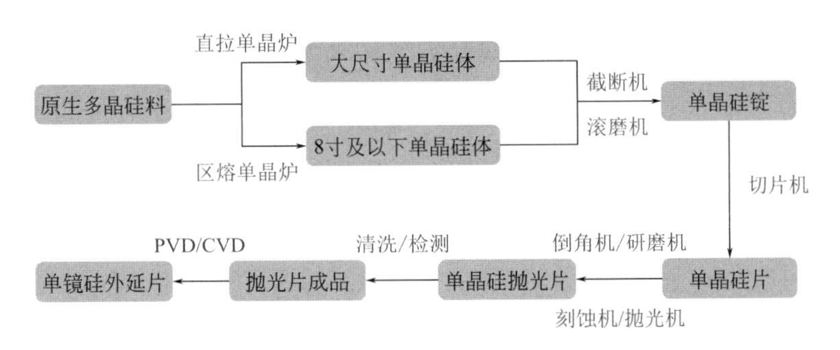

图12-22　硅片制造流程及主要设备

资料来源：赛瑞研究

2001 ～ 2018 年 Q3 全球硅片出货量及环比增长率见图 12-23。

主流的硅片为 12 英寸、8 英寸和 6 英寸。大尺寸的 12 英寸的渗透率在 2015 年已经达到 78%，将成为未来几年硅片市场的绝对主流。目前 90% 以上的芯片和传感器是基于半导体单晶体硅片制成，硅片的供应与价格的变动情况对 IC 芯片产业的影响极大。2016 年全球硅片市场开启了新一轮的景气周期，出货量逐步增长，2018 年 Q3 全球硅片出货量达到 3255 百万平方英寸，环比增长 3.01%，同比增长 8.61%，预计 2018 年全球硅片市场将达到 110 亿美元。

半导体硅片需求的增长主要是近年来高端制造工艺的发展，对高质量大硅片的需求越来越大；下游的需求如高性能手机功能的不断创新对大硅片需求的刺激；工业与汽车半导体、CIS、物联网等 IC 芯片市场的发展产生新的增量需求。

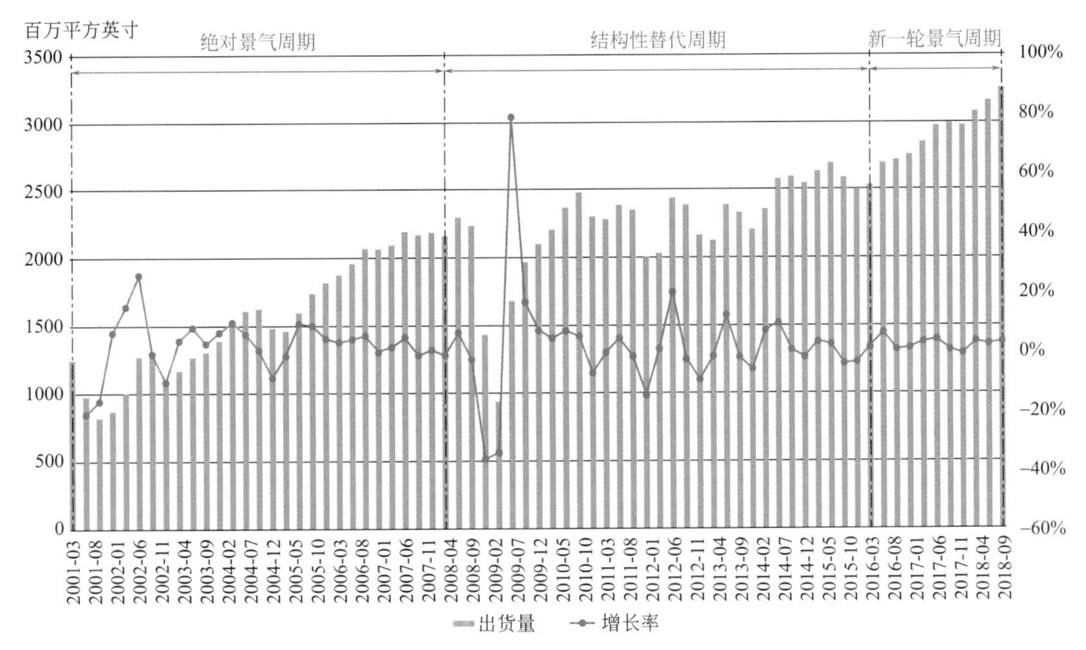

图12-23　2001～2018年Q3全球硅片出货量及环比增长率

资料来源：赛瑞研究

2016 ～ 2020 年全球 12 英寸硅片需求量及增长率预测见图 12-24。

12 英寸硅片作为未来竞争的主要领域，目前处于供不应求的状态，2017 年需求量约 5400 千片 / 月，2018 年的需求量增长至 5700 千片 / 月，同比增长 5.2%，到 2020 年将进一步增长至 6200 千片 / 月。

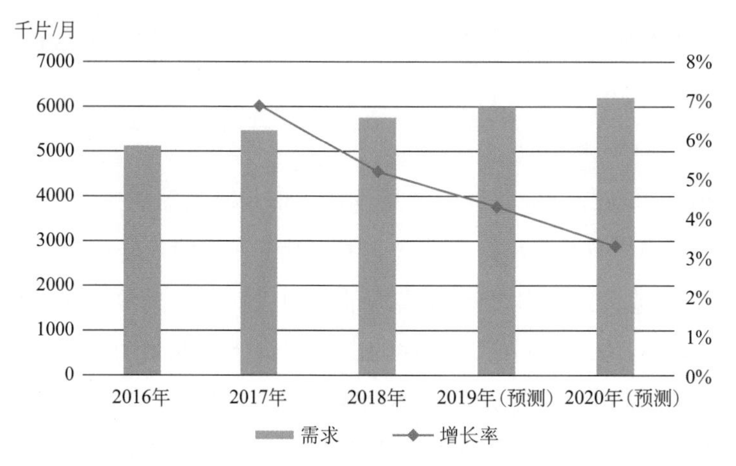

图12-24　2016～2020年全球12英寸硅片需求量及增长率预测

资料来源：赛瑞研究

目前硅片市场呈现寡头垄断格局，2016 年全球第六大硅片供应商中国台湾的环球晶圆收购全球第四大硅片供应商美国 SunEdison，至此形成了以日本信越半导体、胜高科技，中国台湾环球晶圆、德国 Siltronic、韩国 LG 五大供应商的垄断格局，五家公司占全球 90% 以上的市场份额。2017 年全球硅片市场格局见图 12-25。

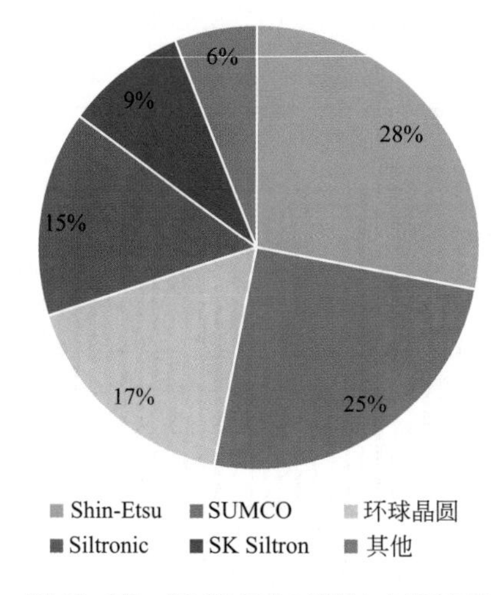

图12-25　2017年全球硅片市场格局

资料来源：赛瑞研究

目前中国内地自主生产的硅片以 6 英寸为主，产品主要的应用领域仍然是光伏和低端分立器件制造，而 8 英寸和 12 英寸的大尺寸集成电路级硅片依然严重依赖进口，上海新昇 12 英寸硅片目前已经向中芯国际提供样片认证。近年来中国内地迎来半导体晶圆扩产潮，不少本土企业、合资公司以及其他领域的巨头纷纷布局大尺寸硅片领域。

国内部分大硅片企业项目进展见表 12-10。

表12-10　国内部分大硅片企业项目进展

类型	企业	地点	尺寸/英寸	金额/亿元	进度	产能/（万片/月）
本土	北京有研	北京	8	—	在建	2
		北京	12	—	建成	1
	金瑞泓	衢州	12	30	在建	10
		衢州	8	2	建成	12
		衢州	8	20	在建	40
	上海新昇	上海	12	15	在建	60
合资	洛阳单晶硅	洛阳	8	—	建成	20
	环球晶圆	杭州	12	35	在建	24
		上海	8	12	在建	15
		杭州	8	30	在建	30
		昆山	8	—	—	—
	宁夏银和	银川	12	8	在建	20
		银川	8	15	在建	15
		银川	8	8	在建	35
	上海合晶	郑州	12	53	计划	20
		郑州	8	53	计划	20
跨界	中环股份	天津	12	—	—	2
		无锡	8	—	在建	75
		天津	8	—	在建	30
	重庆超硅	重庆	12	10	在建	5
		重庆	8	5	在建	50
	京东方	西安	—	100	计划	—

资料来源：赛瑞研究

目前本土硅片供应严重不足，8 英寸及 12 英寸硅片对外依存度高达 86% 和 100%，导致中国内地集成电路对外部原材料企业的议价能力较弱，严重阻碍了我国集成电路产业的发展。随着国内大尺寸硅片项目的推进，有望改变12英寸硅片完全依赖进口的局面，但总体上产能远远不能满足国内市场的需求，因此提升大硅片的供应能力是当务之急。

（2）半导体光刻胶

光刻胶是利用光化学反应经曝光、显影、刻蚀等工艺将所需要的微细图形从掩模板转移到待加工基衬底上的有机化合物。受紫外光曝光后，光刻胶在显影液中溶解度会发生变化，从液态变为固态。G线、I线光刻胶是市场上使用量最大的光刻胶。

光刻胶产业链结构示意见图12-26。

光刻胶是经过严格设计的复杂、精密的配方产品，上游包括光刻胶树脂、光引发剂、添加剂等一系列化工材料，通过不同的配比，经过复杂而精密的加工工艺制得光刻胶，应用于PCB、面板制造以及半导体领域中。

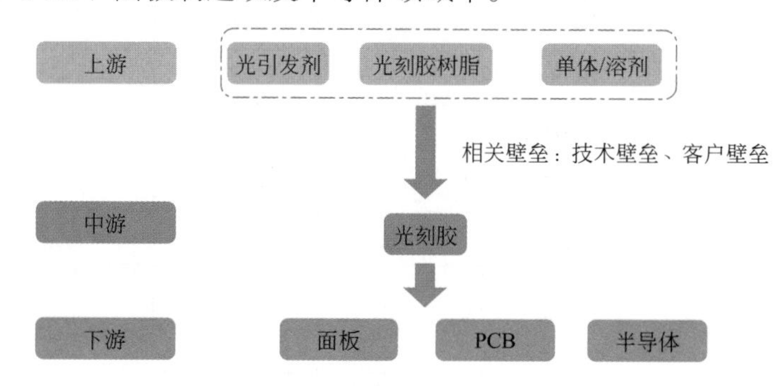

图12-26 光刻胶产业链结构示意

资料来源：赛瑞研究

2016～2020年光刻胶市场规模及增长率预测见图12-27。

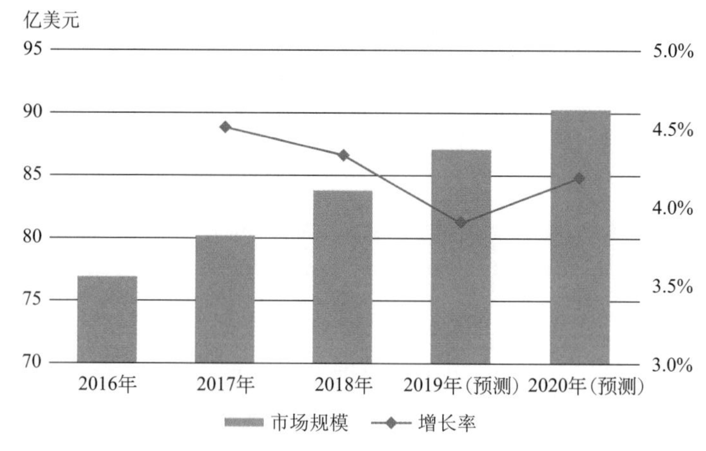

图12-27 2016～2020年光刻胶市场规模及增长率预测

资料来源：赛瑞研究

光刻工艺的成本约为整个芯片制造工艺的35%，并且耗费时间约占整个芯片工艺的 40% ～ 60%，因此市场需求巨大。2017 年全球光刻胶市场规模约 80 亿美元，2018 年小幅增长至 83.8 亿美元，2020 年市场规模将超过 90 亿美元。2016 ～ 2020 年 CAGR（复合年增长率）为 4.1%。

光刻胶化学结构特殊、纯度要求比较高、生产工艺复杂、品质管理苛刻，属于资本密集型和技术密集型产业，因此中国光刻胶市场基本上由外资企业所占据，特别是高分辨率 KrF 和 ArF 光刻胶的核心技术基本上被日本 JSR、Shin-Etsu Chemical、Tokyo Chemical，美国 DowDuPont 等企业所垄断，尤其是日本企业，全球专利分布前十公司中占 7 成。光刻胶单一产品市场规模与海外巨头公司营收规模相比较小，光刻胶仅为大型材料厂商的子业务。

2017 年全球半导体光刻胶市场格局见图 12-28。

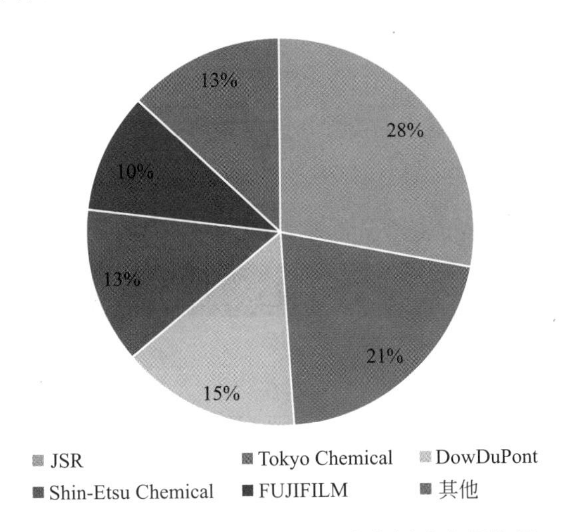

图12-28　2017年全球半导体光刻胶市场格局

资料来源：赛瑞研究

国外企业不仅占据着全球超过 90% 的市场份额，对 KrF 线和 ArF 线光刻胶配方、生产工艺等核心技术进行技术封锁，不仅产品类型丰富，还积极进行 EUV 光刻胶的研发，其中代表性的公司有日本 JSR、Tokyo Chemical、FUJIFILM，美国 DowDuPont 等。

全球主要半导体光刻胶企业主要产品布局见表 12-11。

表12-11　全球主要半导体光刻胶企业主要产品布局

公司	地区	KrF（248nm）	ArF（193nm）	EUV
JSR	日本	量产	量产	研发
Tokyo Chemical	日本	量产	量产	研发
FUJIFILM	日本	量产	量产	研发

续表

公司	地区	KrF（248nm）	ArF（193nm）	EUV
DowDuPont	美国	量产	量产	研发
Shin-Etsu Chemical	日本	量产	量产	—
Sumitomo-Chem	日本	量产	量产	—
DONGJIN	韩国	量产	研发	—
Everlight	中国台湾	量产	量产	—

资料来源：赛瑞研究

中国内地企业半导体光刻胶技术和国外的先进技术相比差距较大。目前能生产半导体光刻胶的企业较少，仅在市场用量最大的 G 线和 I 线有产品进入下游供应链。如北京科华和苏州瑞红 G 线正胶、I 线正胶均取得量产，北京科华 KrF（248nm）光刻胶已经通过中芯国际认证，ArF（193nm）光刻胶均处于研发阶段。我国主要半导体光刻胶企业产品情况见表 12-12。

表12-12　我国主要半导体光刻胶企业产品情况

类别	市场规模	国产化情况	主要企业
分立器件光刻胶	0.5 亿元	10%	苏州瑞红、北京科华
G 线、I 线光刻胶	2 亿元	15%	苏州瑞红、北京科华、潍坊星泰克
KrF、ArF 光刻胶	5 亿元	几乎全进口	苏州瑞红、北京科华

资料来源：赛瑞研究

我国在半导体光刻胶方面国产化率较低，尤其是高端的 KrF、ArF 光刻胶基本依赖进口。虽然近几年有了快速的发展，但整体上还处于起步阶段，工艺技术水平特别是尖端原材料及设备仍依赖进口。加强引发剂、增感剂、光刻胶树脂等关键原料的研发、生产，增强高端光刻胶自给能力成为当前主要任务。

（3）高纯金属靶材

溅射属于物理气相沉积技术的一种。它利用离子源产生的离子，在高真空中经过加速聚集，而形成高速度能的离子束流，轰击固体表面，离子和固体表面原子发生动能交换，使固体表面的原子离开固体并沉积在基底表面，被轰击的固体即为溅射靶材。

高纯金属靶材产业链结构示意见图 12-29。

金属溅射靶材上游为金属提纯产业，下游为面板、半导体、太阳能等领域。高纯金属溅射靶材在半导体领域中主要应用在晶圆制造和先进封装过程，用来制备导电层、阻挡层等。

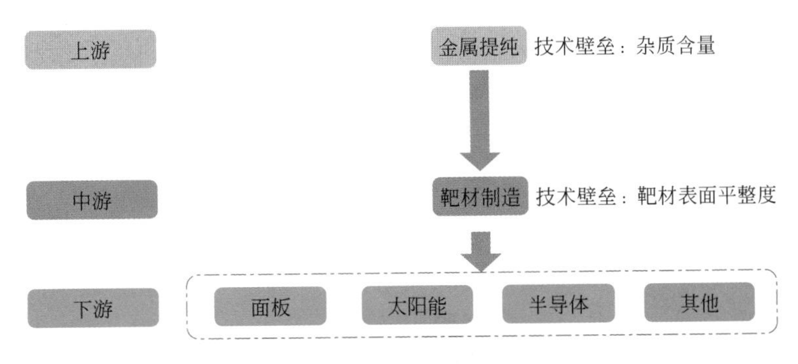

图12-29　高纯金属靶材产业链结构示意

资料来源：赛瑞研究

2016 ～ 2020 年全球半导体溅射靶材市场规模及增长率预测见图 12-30。

在众多应用领域中，半导体用金属溅射靶材要求最高、精度最大、集成度最高，因此价格也最为昂贵。2017 年全球半导体溅射靶材市场规模约为 13.4 亿美元，2018 年增长至 15 亿美元，增长率为 11.9%，到 2020 年市场规模将突破 18 亿美元。2016 年～ 2020 年 CAGR（复合年增长率）为 11.36%。

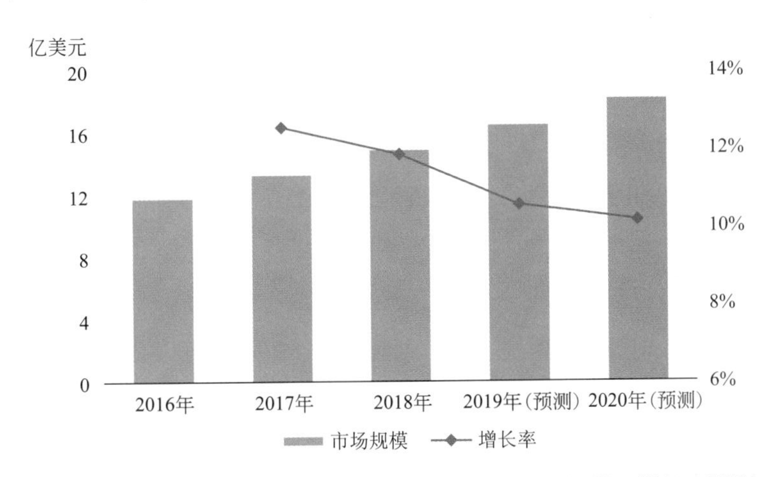

图12-30　2016～2020年全球半导体溅射靶材市场规模及增长率预测

资料来源：赛瑞研究

半导体芯片对溅射靶材的纯度、内部微观结构等都有着极其苛刻的标准。纯度通常要达到 99.9995% 以上，杂质含量过高不仅会影响沉积薄膜的电性能，而且易在晶圆上形成微粒，造成电路的损坏。因此半导体溅射靶材需要掌握生产过程中的关键技术，并经过长期实践才能制成符合工艺要求的产品。

目前溅射靶材产业链各环节参与企业数量基本呈金字塔型分布。高纯溅射靶材制造环节技术门槛高、设备投资大，具有规模化生产能力的企业数量相对较少，呈现寡头垄断格局，主要分布在美国、日本等国家和地区，如日本 Nikko-Metal、

TOSOH、Sumitomo-Chem、ULVAC，美国 Honeywell、Praxair 等。

2017 年全球半导体溅射靶材市场格局见图 12-31。

美国、日本跨国集团产业链完整，囊括金属提纯、靶材制造、溅射镀膜和终端应用各个环节，具备规模化生产能力，在掌握先进技术以后实施垄断和封锁，主导着技术革新和产业发展。

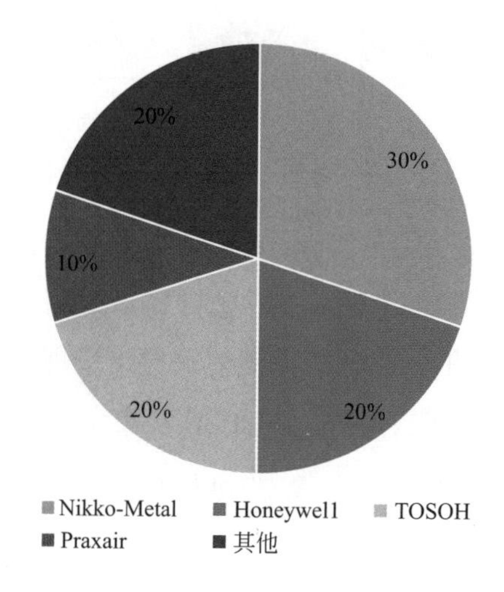

图12-31 2017年全球半导体溅射靶材市场格局

资料来源：赛瑞研究

我国溅射靶材行业起步较晚，总体来看国内高纯溅射靶材产业表现出数量偏少，企业规模偏小和技术水平偏低的特征。受到技术、资金和人才的限制，多数国内厂商还处于企业规模较小、技术水平偏低以及产业布局分散的状态。近年来受益于国家从战略高度持续地支持电子材料行业的发展，国内企业陆续开发出一批能应用于高端应用领域的溅射靶材，代表性企业有江丰电子、有研新材、阿石创等。

中国主要半导体高纯溅射靶材企业见表 12-13。

表12-13 中国主要半导体高纯溅射靶材企业

公司	2018年H1营收	2018年H1净利润	相关产品	主要客户
江丰电子	2.96 亿元	0.24 亿元	各种高纯溅射靶材	台积电、格罗方德、中芯国际、联华电子、索尼、东芝、意法半导体、海力士等
有研新材	22.2 亿元	0.38 亿元	超高纯金属、铜靶材、钴靶材等	台积电、中芯国际等
阿石创	1.12 亿元	0.19 亿元	溅射靶材和蒸镀材料	—
隆华节能	7.2 亿元	0.66 亿元	氧化铟锡（ITO）靶材	—

资料来源：赛瑞研究

经过数年的科技攻关和产业化应用，目前国内高纯溅射靶材打破了溅射靶材核心技术由国外垄断、产品供应完全需要进口的不利局面。如江丰电子在 16nm 技术节点实现批量供货，不断弥补国内同类产品的技术缺陷。再加上国内溅射靶材市场的高增长和国内溅射靶材企业的本土优势，国内溅射靶材企业的成长空间将被打开。

（4）CMP 抛光材料

CMP 化学机械抛光是集成电路制造过程中实现晶圆全局均匀平坦化的关键工艺，用较软的材料来进行抛光以实现高质量的表面抛光。抛光材料是 CMP 工艺过程中必不可少的耗材。根据功能的不同，可划分为抛光垫、抛光液、调节器以及清洁剂等，而其主要以抛光液和抛光垫为主。

CMP 抛光材料产业链结构示意见图 12-32。

抛光液是一种不含任何硫、磷、氯添加剂的水溶性抛光剂，可分为酸性抛光液、碱性抛光液、硅溶胶抛光液等，其上游主要原材料包括防腐蚀介质、成膜剂、助剂、磨料等。抛光垫根据是否含有磨料分为磨料抛光垫、聚氨酯抛光垫、无磨料抛光垫等。

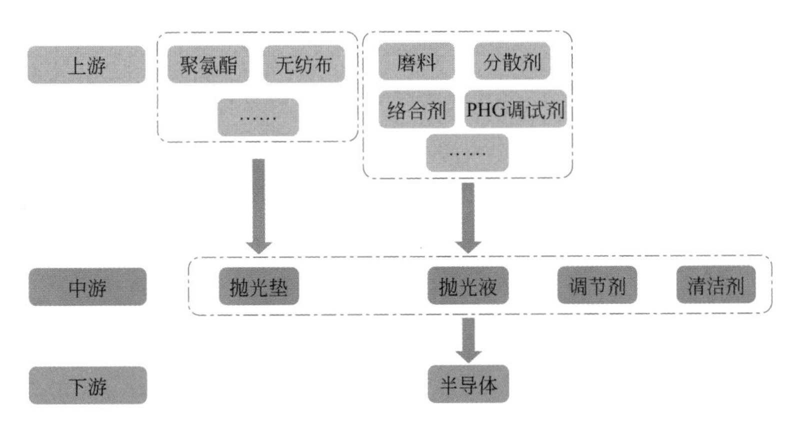

图12-32　CMP抛光材料产业链结构示意

资料来源：赛瑞研究

2016 ～ 2020 年全球半导体抛光材料市场规模及增长率预测见图 12-33。

抛光材料的市场容量主要取决于下游晶圆产量，近年来一直保持较为稳定增长。2017 年全球半导体抛光材料市场规模为 17.2 亿美元，2018 年增长至 18 亿美元。同比增长 4.7%，到 2020 年将超过 19 亿美元，2016 ～ 2020 年 CAGR(复合年增长率）为 4.64%。

CMP 抛光材料制备技术门槛高。美国和日本等国际巨头凭借在研发和生产方面的技术优势，并对相关专利及技术进行封锁，构筑了极高的技术壁垒。

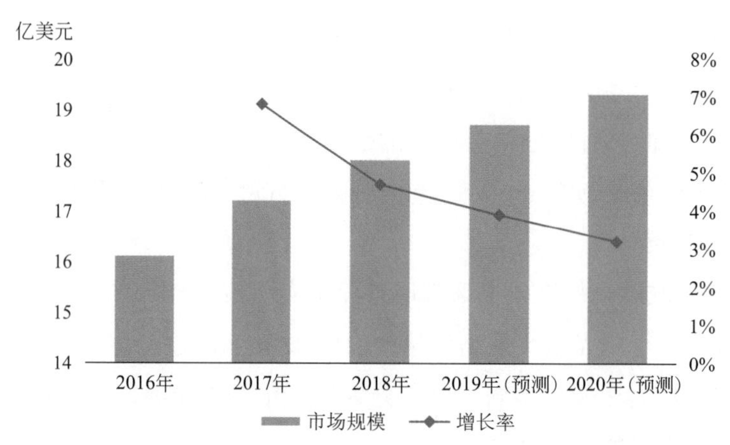

图12-33 2016～2020年全球半导体抛光材料市场规模及增长率预测

资料来源：赛瑞研究

抛光垫的技术壁垒在于沟槽设计及提高寿命改良。全球抛光垫市场呈现DowDupont一家独大的局面，其市场份额达到79%，在细分集成电路芯片和蓝宝石两个高端领域更是占据90%的市场份额，牢牢掌控着全球市场。其他供应商还包括Cabot、Thomas West、FOJIBO、JSR以及中国台湾三方化学等。

2017年全球半导体抛光垫市场格局见图12-34。

抛光液的技术壁垒在于调整抛光液组成以改善抛光效果，目前主要的供应商包括日本Fujimi、Hinomoto Kenmazai，美国Cabot、DowDupont、Rodel、Eka，韩国ACE等公司，占据全球90%以上的市场份额。

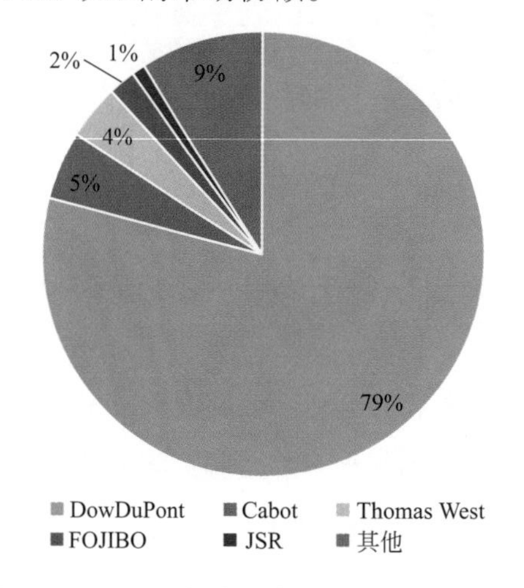

图12-34 2017年全球半导体抛光垫市场格局

资料来源：赛瑞研究

中国抛光垫市场方面，此前中国内地国产高端抛光垫市场占有率几乎为0。本土企业仍处于尝试突破阶段，一直没有实现国产替代化，难点主要集中在国外技术封锁以及相关专利壁垒两方面。而近年来随着我国对电子信息材料的支持，中国内地抛光垫企业鼎龙股份填补了国内空白，规划产能 50 万片 / 年，客户包括中芯国际、上海华力、中航微电子等主要半导体制造商。2018 年鼎龙股份收购时代立夫，进一步加快了抛光垫的国产化替代进程。

中国抛光液市场方面，2008 年之前我国抛光液对外依存度达到 90%，8 英寸、12 英寸芯片抛光液对外依存度更是达到 100%。虽然目前高端抛光液技术有所突破，但市场规模较小，占有率较低。代表性企业主要有安集微电子、力合科技、晶岭电子、北京国瑞升等。

中国主要抛光液市场企业见表 12-14。

表12-14 中国主要抛光液市场企业

公司	性质	主要产品	说明
安集微电子	合资	CMP抛光液、清洗液等	可生产12英寸、8英寸芯片抛光液
力合科技	私营	蓝宝石抛光液、硅晶体抛光液、基片抛光液等	—
晶岭电子	合资	蓝宝石水晶玻璃抛光液等	主要生产6英寸芯片用抛光液
北京国瑞升	合资	研磨液（小部分用于IC）、抛光膜等	相关产品已经实现国产化替代

资料来源：赛瑞研究

CMP 抛光材料具有技术壁垒高，客户认证时间长的特点，今后几年伴随着中国晶圆厂的不断投产，中国市场对于抛光材料的需求将会明显增长，中国企业应当加强对于抛光液和抛光垫等产品的技术研发，实现国产产品替代进口的目标。

12.4 5G通信时代手机新材料发展机会

随着通信技术的不断发展，未来 5G 毫米波通信、5G 天线设计、无线充电技术的发展对手机材料的要求也越发严苛，对各部件的材料都提出了更高的性能及功能性要求，不仅要求材料对信号的干扰小、介电常数小，还需具有高的刚性、耐色污，且要在保证手机轻薄的前提下提高手机的耐冲击性。传统的材料已不能很好地满足未来性能及功能要求，因此寻找新材料替代传统材料成为当下产业发展的主要方向之一。

12.4.1 手机结构新材料

（1）纳米氧化锆陶瓷

① 应用优势　氧化锆陶瓷材料结合了玻璃的外形差异化、无信号屏蔽、硬度高等性能优势，同时拥有接近于金属材料的优异散热性。氧化锆陶瓷在手机中的应用主

要是后盖（对塑料、玻璃、金属材料的升级和补充）、指纹识别的贴片或可穿戴设备的外壳（对蓝宝石的替代）、锁屏和音量键等小型结构件（传统应用）。

纳米氧化锆陶瓷主要优点见表 12-15。

相比于传统金属材料，具有无信号屏蔽、硬度高、观感强、散热性好等特点。与塑料相比具有更坚固耐磨、易上色、不易褪色、强度高、整体轻盈等特点。

表12-15　纳米氧化锆陶瓷主要优点

序号	特点	说明
1	高硬度	硬度接近天然钻石，不易磨损
2	介电常数高	对微波信号及微传感信号影响小
3	相容性好	不易产生细菌、不过敏皮肤
4	综合力学性能优异	综合力学性能最优异、寿命周期长
5	外形美观	玉一般的质感，有视觉上的美感

资料来源：赛瑞研究

② 前景趋势　近年来，陶瓷背板市场认可度不断提升，但受制于成本和产能的限制，氧化锆在手机背板材料中的渗透率较低，2018 年仅为 1%。未来生产工艺的完善、良品率的提升、成本的不断降低、易碎性的改善，纳米氧化锆陶瓷的渗透率将会不断地提升。

（2）工程塑料

① 应用优势　工程塑料因具备工艺成熟、可塑性强、稳定性高等优势，一直是制造手机的主流材质之一，主要应用于手机前框、中框和电池后盖。但 5G 时代对手机工程塑料提出了更高的要求，如满足信号传输及外观的要求、足够的刚性与抗冲击性、耐刮等，而 PC/PMMA（聚甲基丙烯酸甲酯）等复合板材很好地满足其性能要求。

PC/PMMA 复合板通过共挤的方法制得，具有较好的硬度和耐磨性，相对玻璃具有高性价比、丰富灵活的可定制化外观、工艺流程简单，爬坡上量快等优点，有望在 5G 时代迎来“重生”。

透明 PC 材质用作背盖，较复合板具有更低的成本、更高效的制品形态、更好的耐冲击和耐用性，且注塑压缩工艺成型的手机背盖在整机厚度和外观上足以与玻璃背盖相媲美，因此逐渐得到一些企业的青睐。

② 前景趋势　随着表面处理工艺的提升 PC/PMMA 复合板后盖的外观已经有较大的改善。2018 年 Covestro 推出的 Makrofol SR 253 的 PC+PMMA 的光学薄膜为 5G 手机后盖新解决方案，在满足基本的刚性、抗冲击、耐刮等性能要求外，还具有出色的 3D 成型性以满足设计需求，优异的光学性能使手机具有出色的外观。目前

PC/PMMA 复合板已经逐渐被 OPPO、vivo、联想等手机品牌采用。

透明 PC 材质方面，比亚迪、东方亮彩、劲胜、三景、通达、硕贝德等企业正在加速布局注塑透明 PC 手机背盖，三菱化学、中塑新材料等相关企业也纷纷研发满足高硬度、低应力、无彩虹纹等要求的原料，OPPO 已经有透明 PC 材质机型量产，有望在 2019 年成为手机背盖主流解决方案之一。

（3）液态金属

① 应用优势　液态金属又称为非晶合金或金属玻璃，使用时呈固态金属，但其固态原子的排列方式类似于液体金属的原子排列，不存在周期性排列的晶体结构，因此具有独特的性能和成型工艺优势。

5G 时代，随着 3D 玻璃和陶瓷盖板的崛起，对中框强度等各方面的要求越来越高。液态金属强度为传统高强钢的 2 ～ 3 倍，超过镁铝合金的 10 倍。此外还具有高硬度、高耐磨性，耐腐蚀性，良好的散热性，而且既轻又薄，作为手机中框，液态金属具有显著的优势。

② 前景趋势　虽然液态金属相比于其他金属中框材料性能优势突出，成本也较低，但目前除了图灵手机、Kreta 等少数产品机型，很少有品牌真正采用液态金属。主要是液态金属的技术壁垒很高，所采用的设备要求也高，再加上国内除宜安科技、逸昊金属、Liquidmetal 外，具备大规模生产的企业也比较少，产能太低，垄断性强，还未形成完整的产业链。因此，液态金属距离手机中框的大规模应用还有很长的路要走。

12.4.2　手机功能新材料

（1）散热材料

5G 时代的临近，智能手机产品的不断更新升级，功能越来越复杂，芯片和模组的集成度和零部件密集程度急剧提升，导致设备功耗和发热密度不断提升。因此高效散热已经成为当前智能手机设计、研发的重要考虑因素之一，新型的散热材料不断被开发利用。

5G 时代对智能手机散热新需求见表 12-16。

表12-16　5G时代对智能手机散热新需求

特性	发热增量说明
芯片处理效率升级	芯片发热量显著提升
玻璃、陶瓷散热性较差	玻璃、陶瓷散热性较金属差，需更多导热及散热器件
轻薄化	零部件更加集成化、模组化、内部更加紧凑，需进一步加强散热

资料来源：赛瑞研究

散热方法多种多样，各方法侧重不同，主要方法包括降低环境温度和降低热阻两种。目前主要以石墨散热和液冷热管散热技术为主。石墨散热片的片层状结构可很好地适应任何表面，屏蔽热源与组件的同时改进消费类电子产品的性能，因此被广泛地应用。液冷热管散热技术并不是新技术，已经在PC端得到广泛的应用。在2018年荣耀Note10、魅族16th、三星Note9等机型采用后，又逐渐进入手机市场。荣耀Note10，采用了The Nine液冷散热技术，在原来的八层散热基础上增加了液冷散热层，并且采用了石墨贴导热和热管。

石墨烯由一系列按蜂窝状晶格排列的碳原子组成，其特殊的结构使得石墨烯具有优良的导热性，自身导热系数达到5300W/（m·K），能快速扩散热量，是室温下导热最好的材料，甚至超过碳纳米管、石墨材料。并且石墨烯轻薄，更利于手机的轻薄化，有望成为划时代的散热材料。2018年华为Mate 20 X采用VC液冷+石墨烯膜散热系统，首次将石墨烯应用于手机散热。但石墨烯膜研发周期长、制备难度高、量产率低，对设备要求高，目前应用较少。

未来5G时代，智能手机朝着轻薄化、集成化方向发展，散热方案也将向着超薄、高效的方向发展，必将呈现多种散热技术并存、工艺技术不断升级的创新局面。

（2）导热材料

导热材料用于发热源和散热器的接触界面之间，主要作用是提高热传导效率，从而有效的解决高功率电子设备的散热问题。导热材料分为导热脂、凝胶、相变材料、垫片、石墨膜。

导热凝胶具有较低的热阻和压缩变形能力，不需要混合、搅拌或任何固化过程，易于清理及修整，且自动化生产，主要用于解决手机芯片的散热问题。2018年DowDuPont推出了全新的用于智能手机部件热管理的TC-3015有机硅导热凝胶，不仅可实现芯片组的高效散热，还具有良好的润湿性，可确保低接触电阻以实现热管理，即便在IC和CPU等发热最多的部件也不会产生热量。

高导热石墨膜是近年利用石墨的优异导热性能开发的新型散热材料。高导热石墨膜是在特殊烧结条件下对基于碳材料的高分子薄膜反复进行热处理加工而制成的，具有厚度薄、散热效率高、重量轻等特点，针对局部过热、快速导热、空间限制等方面提供了很好的解决方案。

目前石墨膜已经成为手机散热的基础材料，且尚未发现导热性能优于石墨且其他特性又能满足手机商业化运用要求的导热材料。新型的手机散热解决方案，比如金属背板散热、导热凝胶散热，均是在石墨膜的基础上，通过与金属导热板或者导热凝胶的结合，进一步提升散热效果。

5G 时代高导热石墨膜及新型导热材料有望得到更广泛的应用，未来将呈现多种导热材料产品并存、材料工艺不断创新的局面。

（3）电磁屏蔽材料

5G 时代，智能手机集成度不断提高、信号传输密度不断提升，内部芯片间距越来越小，导致手机内部的电磁干扰越来越严重，因此电磁屏蔽材料成为未来 5G 时代智能手机的刚需。

电磁屏蔽材料的主要作用有提供无线通信系统和高频电子设备的电磁兼容能力；降低电子设备的电磁辐射；保证电子产品工作的稳定性，提升电子设备的可靠性和安全性等。

主要电磁屏蔽材料及器件见表 12-17。

目前电磁屏蔽材料及器件主要有导电塑料器件、导电硅胶、金属屏蔽器件、导电布衬垫、吸波器件等。

表12-17　主要电磁屏蔽材料及器件

材料	特性	应用
导电布	• 镍/铜/镍涂层的聚酯纤维布 • 最基本层为高导电铜，结合镍的外层具有耐腐蚀性能 • 优异的导电性、屏蔽效能及防腐蚀性能	PDA掌上电脑、PDP等离子显示屏、LCD显示器、笔记本电脑、复印机等
导电布衬垫	• 导电屏蔽作用的衬垫材料 • 具有良好的电磁波屏蔽效果	电子机箱、机壳、室内机箱、工业设计、笔记本电脑、移动通信设备等
导电橡胶	• 金属填充物的橡胶材料 • 高导电性、电磁屏蔽、防潮密封	通信设备、信息技术设备、医疗器械、工业电子设备等
导电硅胶	• 主要有银/铜、银/镍、镍/碳等 • 出色的屏蔽效能及机械效能 • 在大多数金属表面都有很好的附着力 • 工作的温度范围在-55℃到+125℃之间	无线基站、直放站、滤波器、手机、掌上电脑、笔记本、汽车中控、摄像头、对讲机、安防器械等
电磁波吸收材料	• 可导磁的复合软磁性材料 • 高性能片状吸波材，适合狭窄空间的设计 • 非导电亚克力胶、高粘贴强度 • 抑制电磁共振、电磁波抗干扰 • 抑制所有种类电子设备电磁噪声	电子数码产品、无线充电、RFID射频识别、数字交换机、柔性电路板、高速CPU芯片、图像处理器、振荡芯片、储存芯片、高速信号线速、屏蔽罩内壳、高速微处理器等
金属屏蔽器件	• 良好的弹性，极好的重复使用性 • 良好的机械性能 • 能在多种环境下良好地工作	适用于存在EMI/RFI或者ESD问题的广泛的电子设备

资料来源：赛瑞研究

未来5G时代，电磁屏蔽材料将会朝着屏蔽效能更高、屏蔽频率更宽、综合性能更优的方向发展。电磁屏蔽材料将呈现材料多元化的发展趋势，产品种类不断丰富和创新，各种新材料在电磁屏蔽的创新应用中得到更多的发展，材料工艺的不断升级，应用市场也不断扩大。

12.4.3 手机天线新材料

5G通信技术的通信频率和网络带宽越来越高，对天线材料提出了更高的要求，为了适应网络和终端的高频高速趋势，传统的PI软板作为智能手机的天线和传输线，已经遇到了性能瓶颈，其对射频信号产生的损耗较大，使得天线的全向通信性能变差，且吸潮性较大、可靠性较差，已经无法适应当前的高频高速趋势。因此选择损耗因子小的材料来制作天线以达到更好的信号传输效果成为未来5G天线材料的主要方向，因此LCP和MPI材料脱颖而出。

液晶聚合物（LCP）是一种新型热塑性有机材料。基于LCP基材的LCP软板凭借在传输损耗、可弯折性、尺寸稳定性、吸湿性等方面的优势，可用于高频高速数据传输。LCP基材的损耗值仅为2‰～4‰，相比传统基材2%的电磁损耗要小10倍，可以有效降低损耗。成为高频高速趋势下PI软板的绝佳替代材料。

传统PI软板的改良而诞生的MPI材料，随着技术的成熟，在15GHz以下的频率范围内综合性能接近LCP材料，且在供货状态、产能、成品率和成本等方面有着较大的优势，未来将会占据一定的市场份额。

总体来看，5G时代虽然LCP与MPI材料共存，但LCP材料将会成为主流并成为未来的发展趋势，特别是15GHz以上的应用或4层以上的复杂软板的应用，LCP材料将成为首选。2017年Apple在iPhone8/8S采用LCP天线传输线，而在iPhone X中规模化商用兼有天线传输功能的LCP天线，提前为5G布局与验证。

12.5 手机新材料发展展望

5G时代的即将来临以及人工智能的大面积普及，智能手机将向着高集成度、轻薄化方向发展，对手机的设计、制造以及材料的性能提出了更高的要求，未来中国手机新材料的发展方向如下。

① 手机结构材料方面　优势产业需做大做强：凭借自身技术优势及产业化的优势，推动玻璃、陶瓷、金属中框等材料的技术及工艺的创新，做大做强优势产业。

② 面板及芯片关键材料方面　实现国产化替代是当务之急：抓住面板及芯片制

造产业逐渐向中国内地转移的契机，加快本土关键原材料的研发、生产技术的创新，突破国外技术封锁，实现国产产品替代进口的目标。

未来 5G 时代，把握市场机遇，不断的材质创新是关键。5G 时代的结构新材料、导热散热材料、天线材料等将会是多种产品共存、不同工艺协同创新的时代，加强材质和工艺的创新将是提升市场竞争力的关键所在。

作者简介

赛瑞研究是专注于中国战略性新兴产业的研究咨询机构，旗下包括“新材料在线”“寻材问料”和“测了么”三大平台：“新材料在线”是专注于新材料行业的门户 + 媒体 + 智库 + 创业服务平台；“寻材问料”是国内首家材料解决方案一站式服务平台，建设线上材料大数据库和线下实体创新材料馆，打造材料界和制造业的“互联网 + 新材料”连接平台；“测了么”是国内首家一站式测试服务平台。

第 13 章

绿色涂装——水性工业漆

韩国军　李召伟

13.1　发展绿色涂料涂装的产业背景及战略意义

13.1.1　发展绿色涂料涂装的政策导向

行业的发展离不开政策和市场的双驱动。在 2017 年，国家出台了不少新的环保政策，同时多项国家及行业标准或规范相继发布，促进了涂料行业发展。

2017 年 6 月 26 日，财政部、税务总局、环保部联合发布《中华人民共和国环境保护税法实施条例》，向社会公开征求意见，自正式发布之日起实行；同年 8 月 18 日，环保部、发改委等 16 个部门印发并实施《京津冀及周边地区 2017 年～ 2018 年秋冬季大气污染综合治理攻坚行动方案》；2017 年 9 月 13 日，生态环境部等联合印发了《“十三五”挥发性有机物污染防治工作方案》；2017 年 10 月 30 日，环保部就《生态环境部关于修改<环境保护主管部门实施限制生产、停产整治办法>的决定（征求意见稿）》公开征求意见；2017 年 12 月 5 日，发改委、工信部发布了《关于促进石化产业绿色发展的指导意见》，要求新建化工项目须进入合规设立的化工园区，重点发展水性涂料等绿色石化产品。此外，环保部于 2017 年 4 月 10 日印发《国家环境保护标准“十三五”发展规划》；2017 年 11 月 6 日，环保部审议并原则通过《排污许可管理办法（试行）》，推动排污许可制实施等。

此外，地方制定环保政策，加强 VOC 治理，推动环保涂料应用发展。江苏省政府办公厅印发《江苏省“两减六治三提升”专项行动实施方案》，提出鼓励推广应用水性漆等环保涂料；2017 年起，北京的家具制造行业全面禁止使用溶剂型涂料进行喷涂作业；2017 年 4 月，南京开展挥发性有机物污染专项治理，要求全市 800 余家机动车维修单位全面禁止油性漆，改用水性漆；陕西西安 2017 年 4 月起，严禁含高挥发性有毒有害的稀释剂在市场上销售，促使水溶性等环保型装饰涂料逐步取代或占领市场等。

同时，多项标准或规范也相继发布：2017 年 4 月 14 日，环保部决定制定《挥发性有机物无组织排放控制标准》和《涂料、油墨及胶黏剂工业大气污染物排放标准》两项国家环境保护标准；2017 年 5 月 1 日，深圳经济特区技术规范《家具成品及原辅材料中有害物质限量》第二阶段限值要求正式实施，要求全市家具企业在 6 月底前要将溶剂型涂料生产线改造为水性涂料、UV 涂料等低挥发性涂料生产线；京津冀三地联合发布的《建筑类涂料与胶黏剂挥发性有机化合物含量限值标准》于 2017 年 9 月 1 日开始实施；2017 年 10 月 12 日，《绿色设计产品评价技术规范水性建筑涂料》团体标准批准发布；2017 年 12 月 8 日，《绿色产品评价涂料》国家标准正式发布，于 2018 年 7 月 1 日起实施。部分底漆溶剂型涂料禁用政策汇总见表 13-1。

表13-1　部分底漆溶剂型涂料禁用政策汇总

地区	时间	油改水要求
天津市	2019 年 1 月	自2018年6月1日起，天津市一类机动车维修企业改用环保型涂料；自2019年1月1日起，天津市所有涉及涂漆作业的机动车维修企业全部改用水性环保型涂料
中山市	2018 年 10 月	金属表面涂装行业、建筑行业（内外墙涂装、钢结构户外户内涂装等）、汽修行业（喷漆）要实施重点行业全面替代
上海市	2018 年 5 月 1 日	自2018年5月1日起，禁止在新建、改建、扩建的建筑工程中使用溶剂型外墙涂料，禁止在建筑（装饰装修）工程中使用溶剂型木器涂料
深圳市	2017 年 5 月 1 日	《家居成品及原辅材料中有害物质限量》正式提出。2017年5月1日起，新标准将全面禁止使用溶剂型涂料和溶剂型黏结剂在深圳地区使用
江苏省	2017 年 2 月 8 日	江苏省印发《“两减六治三提升”专项行动方案》，明确提出强制使用水性涂料
石家庄	2017 年 6 月	2017年6月底前淘汰有机溶剂型涂料企业，推广水性漆代替油性漆

13.1.2　发展绿色友好型涂料是适应环保的需求

习近平总书记指出，绿水青山就是金山银山。这为我们建设生态文明、建设美丽中国提供了根本依据。深刻认识和把握绿水青山就是金山银山理念的逻辑，及时总结推广生态文明建设实践的鲜活经验，对于当前加快生态文明体制改革，建设美丽中国具有重要的理论和现实意义。

传统溶剂型油漆，含有苯、二甲苯、甲醛、游离的 TDI（聚氨酯油漆的化工原料）等大量有害物质，在生产和使用中不仅会消耗石油等工业原料，挥发出大量有害气体，加剧空气污染程度，而且存在损害人类健康的隐患。

据统计资料显示，20% 的挥发性有机化合物 VOC 是由传统溶剂型油漆产生的。大量含有该物质的溶剂型油漆被广泛应用于家具、汽车、工业机械等行业，这些挥发性有机化合物的 VOC 是形成 PM2.5 的重要来源，对人类赖以生存的大气环境造成了严重的污染。

数据显示，在我国，油漆每年排放到大气中的有机挥发物达到 700 万吨以上，如果一列火车 14 节车厢，每节车厢载重 50 吨，这些挥发物可以装 1 万列火车。不过油漆对空气的污染却未引起足够重视。

直到 2012 年，面对油漆排放的 VOC 气体导致的空气污染危害，广东省按照珠三角清洁空气行动计划，率先提出逐步禁止销售使用高挥发性油漆涂料。后来，诸多地方政府出台政策限制或禁止油性漆生产和销售，鼓励大力推广应用水性漆。

为了应对环境恶化和保护国民的健康，美国涂装行业早在多年以前就开始倡导绿色涂料涂装。许多用于防腐蚀涂料生产和使用的溶剂都属于挥发性有机物，为了严格控制挥发性有机物对环境的破坏，美国联邦政府和许多州政府以及地方性权威机构出台了一系列关于严格控制挥发性有机物排放的法律和法规。为此，有些州直接出台了严厉的 VOC 排放标准，比如加利福尼亚州的空气质量监督局早在 2000 年就要求大部分涂料中的溶剂含量不能超过 250g/L；在 2006 年，加州的南部沿海地区空气质量管理处更是将这一限制性指标提高到涂料中的溶剂含量不超过 100g/L。

13.1.3 绿色发展为涂料涂装行业转型升级带来新机遇

在倡导绿色发展的背景下，从源头上对涂料涂装进行有效控制从而减少挥发性有机物 VOCs 的排放，是打赢污染防治攻坚战的重要组成部分。2018 年 10 月，业内人士齐聚北京，热议如何推动实现工业制造绿色涂装，一致认为绿色涂料涂装行业前景广阔。

工业涂装 VOCs 排放是空气污染的重要因素。在此背景下，绿色发展成为行业转型升级的必然。中国涂料工业协会绿色工业涂料涂装分会理事长山西华豹涂料有限公司张蛟说，治理大气污染成为打赢污染防治攻坚战的主战场，降低 VOCs 的排放量，实现绿色发展也成了涂料企业如何快速做大做强的迫切问题。

据统计，当前我国涂料涂装行业绿色环保类产品占比不高。2017 年我国各类涂料产量约 2100 多万吨，其中 VOCs 排放较高的工业涂料约超过 800 万吨，水性涂料仅占 100 万吨左右；据不完全统计，2018 年水性涂料总量仍然仅有 200 万吨左右。在行业规模和市场占有率方面，国内几千家涂料企业年销售收入仅 3000 亿元，主要应用于中低端的涂料涂装。

“发展绿色工业涂料不仅契合环保要求，也是振兴我国绿色涂料产业的新机遇。”山西华豹涂料董事长张蛟这么说道。近十年来，铁总、中车、中国兵器等一大批企业先行先试，使水性工业涂料在轨道交通、集装箱、风电装备、工程机械、钢结构等多个方面得到广泛应用，也起到了绿色涂装的示范效应。未来要充分发挥行业协会优势，搭建交流合作平台，积极引领产业转型，通过国家政策和资金的引导，建立产学研用结合机制，有规划、有步骤地规划绿色涂料涂装的发展战略，并大力引用新材料和高科技专业人才。

中华环保联合会有关人士则表示，由于涂料涂装行业应用种类繁多，点多面广。一方面要继续加大对后端环境的治理，减少污染物排放总量；另一方面应该从源头上进行有效控制，选择绿色环保类产品。目前来看绿色环保类涂料涂装产品大规模替代应用的条件已经成熟，企业应积极顺应国家和市场需求，集中资金资源、智力资源和市场资源，积极研发绿色环保型涂料涂装工艺和产品，做大做强绿色涂料涂装产业。

13.2 绿色涂料涂装的发展应用现状及趋势

13.2.1 绿色涂料涂装的发展应用现状

随着人类对环境及健康的日益重视，水性涂料已经获得了越来越广泛的应用，传统溶剂型涂料在生产和使用过程中所释放的有机挥发物产生的污染，目前成为排在汽车之后的城市主要污染源。为了使涂料达到环保要求，科技工作者把研究重点放在了代替传统型涂料的研发上。这些替代性涂料包括高固体分涂料、水性涂料、粉末涂料和辐射骨化型涂料等。这些新型的涂料作为传统溶剂型涂料的替代物可以很好地降低 VOC 的排放、减少有害废物的生成、减少对有毒释放物的接触。其中，水性涂料具有来源方便、易于净化、成本低、低黏度、无毒、无刺激、不燃等特点，成为当今研究的热点。

水性涂料最早应用于建筑涂料领域，随着汽车、大型家电等工业发展的需要，水性涂料作为工业金属防腐蚀涂料也随之发展起来。然而在工业涂装领域，仍是以溶剂型涂料为主。涂料工业在世界应用范围内来看，水性涂料在有些发达国家中的应用已经占有了相当的比例。1999 年，欧洲的水性工业涂料就已经超过 50 万吨，2010 年达到了 100 万吨，截至目前，水性工业涂料在欧洲的整个涂料行业占比已经达到了 60% 以上。美国对水性涂料的开发成果占其全部涂料总成果的 30%，日本也从 21 世纪开始重视并着手发展以水性涂料为主的低环境负荷类型的涂料。我国尤其是近两年为研究开发和生产水性涂料出台了不少重要的环保法规和实施标准，但总体而言与发达国家的技术水平还有一定的差距。

（1）水性工业涂料在汽车及其他车辆领域的应用

从我国 2001 ～ 2017 年的汽车销量统计数据来看，中国汽车市场经历了从高速增长到平稳增长的过程。第一个十年是高速增长阶段，实现了从年销仅百万辆到 1000 万辆，汽车销量年均增速达到 24%，快速进入汽车大国行列；而接下来年销量攀高到 2000 万辆规模，仅用了不到五年时间；在过去的 2017 年，汽车销量冲高至 2888 万辆，离 3000 万辆只差一步之遥。在 2018 年，体量如此庞大的中国汽车市场，会进入高质量发展阶段，这样的高速发展确实让人期待。

作为涂装下游应用行业，汽车工业的发展对汽车涂料市场的拉动作用明显。汽车涂料是指涂装在轿车等各类车辆车身及零部件上的涂料，一般指新车的涂料及辅助材料和车辆修补用涂料。汽车涂料是发展最快的涂料品种，用量仅次于建筑涂料，位居第二，它也是性能要求最高的涂料品种，其中尤以汽车涂装要求最高。因此，汽车涂装材料往往代表了当代涂料工业发展的最高水平。

在欧美、日本等发达国家对汽车涂装中 VOC 的排放早已有了严格的要求。欧洲明确规定 1997 年新建的轿车涂装线 VOC 排放量不得超过 $45g/m^2$；德国的 VOC 排放标准更为严格，要求不超过 $35g/m^2$；美国规定新建的轿车涂装线 VOC 排放量为 $35 \sim 40g/m^2$；日本规定轿车涂装线 VOC 排放量不超过 $60g/m^2$。

欧洲国家近年来新建的涂装生产线全部采用了水性中涂和水性色漆。在北美，新建生产线有使用水性中涂，也有使用粉末中涂的，由于粉末漆换色困难，因此色漆均为水性的。欧美的汽车涂装主流是采用水性中涂 + 水性色漆 + 双组分罩光清漆工艺体系，其 VOC 排放量为 $34g/m^2$，已满足欧洲甚至德国的 VOC 排放标准。北美情况相似，但采用水性涂料的比例还要高一些。

而作为全世界汽车保有量排名第二的国家，我国汽车涂料和涂装技术方面也日渐成熟。我国今后全面使用水性涂料的可能性很大，主要原因如下。

① 国内近几年新建的轿车涂装线直接按照水性涂料工艺设计，为水性涂料的应

用预留了空间。今后只要通过设备改造，就可进行水性涂料的应用。

② 溶剂型涂料漆施工时换色比水性涂料困难，使其应用有一定的局限性，特别是对于色漆而言。

③ 随着国内与日俱增的汽车保有量，汽车市场的迅速崛起将促使含有新材料新技术的汽车修补涂料、汽车原厂涂料的市场需求上升，并由过去的“群雄争逐”的格局迈入如今的“纵横捭阖”阶段。与此同时，原有汽车涂装线的环保升级改造或技术革新以及其新增的产能，都将推动汽车水性涂料等新型涂料的快速增长，而随着我国法律法规以及监管的日益严苛，全社会对低碳环保理念的不断推进，水性汽车涂料或将成为汽车涂料产业未来发展的必然趋势。

对于今后国内新建的汽车涂装线，在审批过程中强制要求采用水性涂料工艺进行设计，使用水性中涂和水性色漆。对于已按照水性涂料工艺设计的现有汽车涂装线，给予一定的时间限制和政策鼓励，要求对涂装线进行设备改造，以适应水性涂料的应用。对于未按照水性涂料工艺设计的现有汽车涂装线，在水性涂料施工条件放宽之前，适当放宽 VOC 排放量的限制，并且同样给予一定的时间限制和政策鼓励。汽车涂装线可通过采用先进的涂装设备、使用高固体分涂料和双组分清漆以及采用 3C1B 工艺等方案来满足降低 VOC 排放量的要求。

虽然水性涂料存在设备投资较大，但相信随着环保呼声的日益提高以及中国对清洁生产的日渐重视，在建设和谐社会的进程中水性涂料在中国汽车涂装线的应用将越来越广泛。

（2）水性工业涂料在铁路交通行业的应用

20 世纪 80 年代起，德国开始将水性醇酸、乳液型涂料、双组分水性环氧底漆等水性涂料用于铁路车辆。进入 21 世纪后，欧美地区在铁路客车和货车领域的水性涂料体系应用非常普遍，如单组分单涂层厚涂型水性丙烯酸涂料、水性双组分环氧底漆 + 水性单组分丙烯酸面漆、水性双组分环氧底漆 + 水性双组分聚氨酯面漆等。

在我国铁路交通行业的涂料应用中，山西华豹涂料有限公司从 2008 年起就开始引进国外先进技术，向我国铁路系统推出了铁路货车用水性防腐涂料，其挥发物含量仅为 1.9% 以下，即 VOC 含量 < 60g/L，而耐盐雾性能可达 1000h。

华豹水性工业漆 2008 年 5 月通过铁路总公司运输局“铁路货车用水溶性防腐涂料技术审查”鉴定；2012 年 11 月通过中国神华铁路货车运输分公司“铁路水溶性防腐漆及清漆涂装技术审查”鉴定。华豹水溶性防腐漆及配套涂装是通过国家建材中心、铁路总公司检验中心和铁科院等权威部门历年检验的。2012 年 12 月铁路总公司正式批准了水溶性工业防腐漆的技术指标，这也为今后铁路货车用水溶性漆奠定了基础。

目前我国铁路货车领域已经成功应用华豹水性工业涂料涂装车辆约130000辆，产品经过10年以上验证，完全可以到达溶剂型产品质量标准。根据计划，在2019年国内铁路货车的生产厂家会全部切换成水性工业漆。

水性涂料在欧美等发达国家的城轨车辆上已逐步得到应用（如阿尔斯通2003年3月执行的意大利城际列车项目、庞巴迪公司2007年3月执行的法国巴黎地铁车辆项目、西门子公司2006年5月执行的法国雷恩轻轨车辆项目等），新加坡地铁车辆已明确要求必须采用水性涂料。而在国内，直至2017年水性涂料在国内城轨车辆上还未广泛使用。但自新加坡地铁采购的车辆在中国生产（如南车青岛四方机车车辆股份有限公司正在执行的新加坡151A车辆项目）并采用了德国Mader水性工业涂料，水性涂料的物理特性和施工工艺已被国内部分地铁车辆生产厂家充分掌握。

作为具有先知先觉的国内涂料企业，山西华豹涂料公司早在引进货车用水性工业涂料之时就认识到了水性工业漆在机车、货车及轨道列车上应用的广阔前景。并投入了大量研发精力，于2016年率先完成研制并开始推广应用，加快了动车、高铁及轨道交通领域涂料的国产化、水性化进程。

山西华豹涂料有限公司推出的机车客车用水性工业漆涂料配套为水性铁红防锈底漆、水性丙烯酸聚氨酯中漆加水性丙烯酸聚氨酯面漆，总膜厚约150μm，在实验室性能指标测试中耐盐雾大于720h，耐人工加速老化大于600h，完全达到了溶剂性涂料的防腐性能。

（3）水性工业涂料在集装箱行业的应用

在国内，集装箱行业是水性工业涂料推广应用最快最深入的一个行业。截至2018年底国内主要的集装箱生产商所生产的标准箱基本实现了全水性化。为水性工业涂料在其他行业的推广起到了很好的示范作用。

2016年，中国集装箱行业协会组织会员企业举行了VOCs治理自律公约签约仪式，承诺到2017年4月1日，整个集装箱行业将从用溶剂型涂料改为用水性涂料。公约签署以后，依然采用溶剂型涂料涂装集装箱的企业，所生产的每只集装箱将被处以800元的罚款。协会成员包括集装箱产量约占全球50%的中国国际海运集装箱集团（CIMC），和其他一些企业一起，占到了全球75%的集装箱市场份额，而整个中国在全球集装箱市场的比例则高达90%。

因此，这一承诺的意义非常重大。数百万美元被投资用于新建水性涂料用涂装生产线。这种通常让事情在中国变得更为简单的从上至下的做法，展现了出色的效率。以前有40%的溶剂型集装箱涂料采用了有机溶剂，此外，在涂装过程中，还需要添加约 20% 的有机稀释剂。据估计，集装箱企业在生产线上改用水性涂料后，涂装一只标准干货箱的 VOC 排放量将从 36kg/TEU 降至 5 ～ 8kg/TEU，相当于减少了 80% 的 VOC 排放量。

这是中国整个行业作出的首项自律性承诺，为水性涂料在短时间内占据单一市场领域提供了巨大的机会。水性涂料企业则从这一机会中全面获益并扩大市场份额。而集装箱涂料市场的这一变化也推动了中国整个工业涂料的发展。水性和高固体分涂料在这两年间均获得了快速的增长。

2017 年，中国生产了 25.7 万吨集装箱涂料。整个集装箱产业的 VOC 排放减少到 12 万吨，与一年前广泛采用水性涂料之前的 15 万吨排放量相比，成就非常令人赞叹。这种显著的变化应归因于中国集装箱行业协会所做的公开承诺，该协会由全球几大集装箱生产企业领导。因此，未来几年水性集装箱涂料行业预计会有比较大的更新需求。

（4）水性工业涂料在工程机械行业的应用

在 2017 年开始工程机械成为众多行业中最受关注的领域之一，工程机械市场需求大幅回暖。从市场份额看，三一（11%）、中联重工（9.2%）、徐工（5.9%）、柳工（4.1%）、山工（3.8%）五家国内工程机械企业占据了超过 35% 的市场份额，没有出现一家独大的垄断局面。据统计，在涂料使用方面，2017 年工程机械行业涂料消费量超过 12 万吨，涂料销售额约 30 亿元。由于之前未整改，工程机械行业大部分采用溶剂型涂料，其 VOCs 排放量超过了 8 万吨。

国内工程机械在涂装材料和涂装工艺上，水平参差不齐，在 2018 年前主要采用了溶剂型涂料。目前工程机械的竞争已经从原来的性能、可靠性，发展到现在外观性能的竞争，为适应市场竞争需求，各厂家都在积极的改进和引进先进的涂装工艺，提高产品的整体装饰性和防护性能。根据工程机械零部件的特点，主要为薄板件涂装、小件涂装、整机涂装和结构件涂装，由于结构件较大，形状复杂，所以只能采用低温烘烤漆的解决方案。

国内工程机械涂装的现状，以下三个方面比较显著：

① 不断持续的环保压力下，工程机械涂装面临涂装线改造、涂料重新选型的新困境；

② 工程机械企业开始注重涂装工艺的改进，部分企业采用了国际先进的涂装工艺，部分达到了国际领先水平；

③ 国内工程机械企业大部分完成了地摊式涂装向工业流水线涂装的转变。

根据机械工程行业构件的涂装特点和对 VOCs 控制的要求，工程机械企业主要考虑选用 UV 固化涂料、粉末涂料和水性涂料，其各自特点如表 13-2 所示。

表13-2 UV固化涂料、粉末涂料和水性涂料性能特点

涂料类别	性能特点	代表企业
UV 固化涂料	效率高，更多适用于形状规则的基材 修补难 涂层不能太厚	PPG、阿克苏诺贝尔、飞凯光电材料等
粉末涂料	结构件大而复杂，喷粉存在难度 固化温度高，结构件升温和降温困难 粉末涂料达到防腐耐候要求需要喷两层粉，这对结构件存在难度 粉末涂料修补困难	阿克苏诺贝尔、艾仕得、江苏华光、立邦等
水性涂料	溶剂、稀释剂主要是水，成本低 涂料体系和原有的溶剂型涂料相似，如环氧底漆、聚氨酯面漆，保证涂层的防腐和耐候性 施工条件比溶剂型要求高	华豹涂料、阿克苏诺贝尔、PPG、宣伟、威士伯、巴斯夫、立邦、晨阳

从表 13-2 中的比较可以看出，应用水性涂料必将是工程机械行业的大势所趋，主要原因如下。

① 水性环氧底漆的综合性能已经基本达到了溶剂型环氧底漆的性能。

② 水性聚氨酯面漆的综合性能已经基本达到了溶剂型聚氨酯面漆的性能。

③ 工程机械企业在原有的涂装设备上进行适当改造即可满足油改水的涂装要求。

鉴于此，国内以三一重工、上海龙工为代表的部分工程机械企业已经开始试用水性涂料，水性涂料供应商主要有威士伯及华豹涂料。

（5）水性工业涂料在重防腐领域的应用

随着“中国制造 2025”规划的推出，装备制造业迎来了历史发展的新机遇。对于涂料行业而言，装备制造业的欣欣向荣给防腐涂料的发展注入动力源泉，因为装备制造业几乎涉及了目前所有的防腐涂料。

防腐涂料是现代工业、交通、能源、海洋工程等部门应用极为广泛的一种涂料。按其涂料膜层的耐腐蚀程度和使用要求，通常分为常规型和重防腐型两类。目前，我国防腐涂料的市场规模已仅次于建筑涂料而位居第二位。2017 年我国防腐涂料总产量达到 600 万吨左右，2018 年我国防腐涂料总产量达到 680 万吨左右。其中尤其以重防腐涂料增长较快，发展前景可观。

重防腐涂料相对于常规涂料而言，技术含量较高，技术难度更大，应用范围更广，使用寿命也更长。其中较为常见的重防腐涂料有环氧类重防腐涂料、聚氨酯重防腐涂料、无机富锌重防腐涂料、氟碳涂料和聚脲重防腐涂料等。我国重防腐涂料生产

能力不足，一直依靠进口。

在重防腐领域，多年来由于水性漆本身的性能还未完全达到溶剂型涂料的防腐性能，加上成本和施工难度等问题，水性涂料在重防腐领域未真正推广开，但是随着国家环保政策的趋紧，水性涂料五年内必将在重防腐领域得到重大突破。

水性漆在重防腐领域的最佳代表，莫过于水性无机富锌底漆。实际应用表明水性无机富锌底漆可以在极端的条件下对钢材提供有效的保护。随着传统防腐涂料领域应用最广的环氧富锌底漆、环氧云铁中间漆、丙烯酸聚氨酯面漆的水性化，水性防腐涂料已经能够胜任绝大多数防腐工况。国内企业山西华豹涂料所开发的水性工业漆已经被成功应用于 C4 环境条件下的风电行业，并获得了 SGS 及国内权威部门的相关认证。

13.2.2　绿色涂料涂装的发展趋势

“十二五”期间，我国涂料行业实现了飞速发展，在高速成长的房地产、汽车、船舶、运输、交通道路等行业的快速带动下，产量和产值节节攀升。根据前瞻产业研究院发布的《2017 年～ 2022 年中国涂装行业市场需求预测与投资战略规划分析报告》：2010 ～ 2018 年我国涂料产量走势见图 13-1。2017 年涂料行业全年规模以上工业企业产量达 2100 多万吨，增长 11%（2018 年数据还未完全统计），2016 年涂料行业全年规模以上工业企业产量达 1899.78 万吨，同比增长 7.2%；主营业务收入达 4354.49 亿元，同比增长 5.6%。从 2010 年～ 2016 年我国涂料产量复合增速达到 12%，行业发展迅速。从整个涂料行业的发展及国家对环保提出的要求来看绿色涂料涂装市场深藏巨大发展潜力。

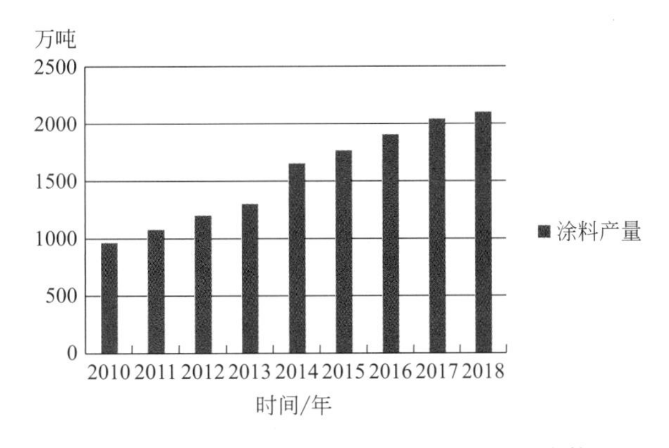

图13-1　2010～2018年我国涂料产量走势

（1）政府铁腕治污，涂装行业绿色转型势在必行

我国涂料年产量达到 1800 多万吨，然而环境友好型涂料使用率却不足 40%，而

欧美发达国家已经达到 70% ～ 80%，超过 50% 市场为溶剂型涂料，含有大量易挥发甲醛、苯等有毒物质，对环境影响比较大。涂装行业是高耗能和高污染行业，因此随着经济的增长及环境的日益恶化，国家对三废处理的要求将会越来越严格。“十三五”期间，国家强力推进污染治理以及着力发展节能环保产业，因此随着环保政策越来越严苛，涂装行业向绿色友好方向转型是行业必经之路。

（2）绿色制造指明下游市场发展方向，水性涂料迎来新契机

另外，涂装行业作为表面处理行业的重要组成部分，其下游产业如机械工业、汽车工业、家电行业、钢铁行业、船舶工业、航天航空工业、建筑行业等均已出台相应“十二五”发展规划，其未来发展的重要方向是高技术、自主品牌、节能环保及节能减排。因此，为满足下游市场需求，水性化的方向转型也是涂装行业的必然趋势。

作为近年来新兴的一种家装产品，水性涂料主要以水为稀释剂，相比于传统的溶剂性涂料，甲醛、芳香类碳氢化合物等有害物质被大大降低。这种高环保性和当下公众的需求完美契合，水性涂料或将是未来涂料行业发展方向，发展前景不容小觑。环境友好型、资源节约型水性涂料也是国家发展改革委《产业结构调整指导目录》中鼓励发展的产品。

（3）积极响应号召，涂企纷纷布局投产

在政府和地方铁腕治污的政策导向和改革压力下，众涂企纷纷抢先布局自己的水性涂料生产基地。以华豹涂料（中国涂料涂装协会水性涂料分会会长单位）、晨阳集团、中南涂料、科天化工、PPG、威士伯等为代表的涂料企业纷纷扩建水性漆产能。其中，部分企业则计划新建水漆项目，水性环保型涂料已经成为行业发展的主旋律。其中，华豹涂料在所有企业中率先实行全水性漆的生产和销售，为水性涂料行业的发展起到了带头和表率作用。

13.3 发展绿色涂料涂装存在的问题及主要任务

13.3.1 发展绿色涂料涂装存在的问题

虽然目前水性涂料得到越来越广泛的应用，但从技术角度讲仍有一些问题有待优化和解决。如成膜时间长，对环境温度、湿度敏感，固含量相对传统溶剂型涂料而言较低，水乳化和水分散体涂料长时间贮存困难等。由于水的表面张力较高，水性涂料的施工方式有别于溶剂型涂料，对基材表面清洁度、施工环境的温湿度要求较高，需要通过配方的技术改进和施工工艺的调整来协同解决。

水性涂料还需解决涂膜亲水性和耐水性之间的矛盾。水性涂料的成膜物中含有大量的亲水基团和亲水物质，如果不进行转化或处理，势必会影响涂层的耐水性，其耐水性弱于溶剂型涂料，这也是水性涂料在使用上受到制约的主要因素。

大多数水性树脂是以水乳化型或水分散型的形式存在，成膜后涂膜的光泽和丰满度不如溶剂型涂料，这使大多数水性涂料无法应用于要求高光泽涂层的领域。

此外，现在某些水性涂料中仍需加入一些水溶性的助溶剂和助剂，其中有些溶剂或助剂与溶剂型涂料所用的溶剂相比，尽管用量小，但毒性更大，对身体危害更大。因此，环保、健康和安全仍是今后水性涂料研发、生产及发展过程中应注意的问题。

从水性工业涂料的性能来讲，还不能完全达到溶剂型涂料的效果，特别是在使用环境比较恶劣的重防腐方面，水性工业涂料还有较大差距。虽然集装箱、汽车已经应用水性涂料作为防腐保护，这是由涂装生产线来完成的，而对于更多的非涂装生产线的水性涂料涂装，如船舶、桥梁、海工装备以及大型机械等，由于涂装的限制，水性工业涂料的性能就比较难以满足使用要求。

之所以强调了水性涂料的缺陷，是因为诸如碳排放、涂膜质量、施工容忍度以及废水中的溶剂处理等问题的存在直接影响了水性涂料的发展。因此，我们在推动水性涂料的时候要充分考虑到这些因素，同时，政府在政策引导方面也应该更加科学和实事求是，切不可盲目发展、武断专行。

现在说到环保，必说水性；企业上新品种，只上水性；行业组织搞活动，重点做水性；政府审批涂料企业的新建和改扩建项目，只认水性，似乎只有水性才是涂料工业未来的发展方向。其结果是大家都往水性涂料这一条道上挤，忽视了同样是低 VOC 排放涂料的高固体分涂料、粉末涂料以及 UV 固化涂料等。这对于通过涂料的技术进步达到环保要求和涂料技术的全面发展是很不利的。所以在对绿色涂料涂装的认识上，我们要客观公正，既要认识到水性涂料的长处又要认清水性工业漆当前存在的问题，以此来做到对绿色环保涂料涂装的正确引导。

13.3.2　发展绿色涂料涂装的主要任务

第一，在涂料应用最多工业领域，仍是溶剂型涂料一统天下的市场格局，水性涂料还只占很小的一部分比例。因此，提高涂料特别是工业涂料的水性化比例，减少涂料对环境的污染和对施工人员的身体危害，已经成为我国涂料行业共同面临的课题。

第二，目前国内水性工业涂料的研发水平与国外相比还有一定的差距，作为研发企业和研发人员，当前的主要任务是使水性工业涂料的成本和性能两方面都能达到溶剂型涂料相同或接近的水平。

第三，从政府和行业的角度上对国内绿色涂料涂装进行正确的方向引导以及提供政策的支持，使国内涂料企业能在第三次涂料革命（绿色涂料——水性工业漆）中实现弯道超车，跃居世界涂料行业的顶端（2018 年全球前 15 名的油漆和涂料制造商为：PPG、宣伟、阿克苏诺贝尔、立邦、RPM、巴斯夫、艾仕得、关西涂料、亚洲涂料、Masco、佐敦、海虹老人、DAW、Berger Paints、多乐士，国内企业仅有上海华谊精细化工位列第 24 位）。

13.4 推动绿色涂料涂装产业发展的对策和建议

在工业涂装领域，水性涂料还只占很小的比例，故未来我国水性工业涂料仍具备广阔的发展前景。但由于水性工业涂料需要更多的资金投入及更高的技术水平，加上目前国内已经有诸多涂料企业开始在此领域加码投入，因此未来水性工业涂料市场的竞争也将会更加激烈。

虽然中国水性工业涂料是发展潮流，大势所趋，并且存在国家政策导向的支持，但在终端化工、船舶及集装箱等分布领域增速放缓的背景下，水性工业涂料又不具备价格优势，因此未来行业仍存在较大的发展阻力。我们对未来水性工业涂料发展有以下几点建议。

第一，对于工业涂料的发展，一定要秉持实事求是的科学的态度。涂料水性化是控制 VOC 排放的手段之一，目的是为了降低排放、减少污染。绝不应该在发展过程中片面取舍，重此轻彼，更不可盲目追风。为了降低 VOC 排放这一目标，应该秉持数路并重，同时发展原则，不可偏颇，要加强协同研发和整体推动。

第二，对于水性工业涂料的环保问题，乃至整个涂料行业的环保问题，应该由与涂料涂装相关的各个方面，一起共同努力来解决，而不是仅仅依靠或者说仅仅针对涂料生产企业提出要求和限制就可以解决了的。这需要政府管理部门进行科学管理和积极引导，全社会的舆论推动和公民教育，保护涂料企业在解决涂料环保问题上的积极性和可持续性，最终达到减少 VOC 排放的目标。

第三，要在技术上提高水性工业涂料的整体性能，需要与水性涂料技术相关的各方面的努力。不仅需要对水性涂料自身的研究要有突破，更需要与之相关的树脂、助剂以及其他材料在水性化方面的共同发展。同时一定要重视新材料的应用，如石墨烯、碳纳米管等的应用，以及用新材料助力水性涂料发展，这样才有可能在诸多技术瓶颈上得到突破。

第四，针对水性工业涂料的缺点，加大研发力度。对于水性涂料户外涂装易受涂装施工环境的影响等关键问题，在研发阶段可将研究重点放在水性固化技术上，考虑采取多种技术综合使用。除了烘烤固化、水性 UV 固化、微波固化等技术外，能否考虑尝试对钢结构底材采用电磁加热技术促进水性涂料的固化；加快研究适合户外现场使用的、能促进水性涂料固化的设备装置，这种小型化的、灵活性高的装备可以极大地推动水性涂料的户外普及使用。如果解决了户外施工方面的问题，水性工业涂料将会有突破性发展。

第五，可考虑率先在水性工业涂料领域推行涂料涂装一体化。涂装总体来说，一种是有涂装生产线的，如家具、汽车、轨道车辆等行业；一种是现场涂装。前者比较容易做到涂料和涂装一体化的结合，而后者则更应该尝试探索。要从涂料、施工、涂装设备以及结算模式等诸方面统一考虑。涂料涂装一体化的好处很多，这方面很多专家已经进行了探讨，现在要第一个“吃螃蟹”的人出现。

第六，水性涂料、低 VOC 涂料等标准和规范应该建立、健全和统一。目前从国家到行业、地方和企业各种标准不统一、不全面、不完整，有的概念、术语表述不科学等。这种状况不利于水性涂料的健康发展。

作者简介

韩国军，华豹涂料公司副总工程师，在涂料行业工作近三十年，先后参与国家铁路桥梁、铁路集装箱行业涂层设计、涂装技术研发、标准制定、大型桥梁（芜湖长江大桥、九江长江大桥）验收，以及国家战略石油储备库、管道等行业涂料开发及应用。研发的水泥防护料、无溶剂涂料等应用在南水北调、西气东输等项目上。近 8 年来主要参与铁总、中车的货车、机车、客车、高铁涂层水性工业涂料的研制及应用、标准制定及推广绿色涂装，以及风电绿色涂装水性工业漆设计及应用。

李召伟，先后从事热浸镀稀土合金镀层的研究（国家 863 课题）、阴极保护设计、地下管线防腐层检测等技术工作；于 2011 年开始从事涂料涂装工作，并就职于世界涂料巨头阿克苏诺贝尔（苏州）防护涂料有限公司，熟知 ISO、ASTM、SSPC 涂料涂装设计及检验标准，美国防腐蚀协会 NACE2 级检验员（NACE NO.41510）。

第 14 章

液态金属新材料

邓中山　刘　静

14.1　发展液态金属新材料的产业背景及战略意义

液态金属是一大类高科技新兴材料，在常温下呈液态，具有优良导电特性和超高导热率。与其他金属材料相比，液态金属具有流动性好、弹性好、耐腐蚀等特点，同时还具备其他金属材料所没有的低熔点特性，熔融状态下的塑形能力使其能够更方便地打造出不同形态的产品。近年来，国内外学者特别是我国科学家的大量原创性工作显示，液态金属的基础及应用研究已从最初的冷门发展成当前备受国际广泛瞩目的重大科技前沿和热点，影响范围甚广，正为能源、电子信息、先进制造、国防军事、柔性智能机器人，以及生物医疗健康等领域技术的发展带来颠覆性变革，并将催生出一系列战略性新兴产业，将有助于推动国家尖端科技水平的提高、全新工业体系的形成和发展乃至社会物质文明的进步。

液态金属产业作为我国极具标志性的具有完全自主知识产权的前沿领域，其核心技术居于国际领先水平，在具备高技术含量和重大实际应用价值的同时，还具有产业关联度大、产业升级带动性强的特点。随着我国团队及国际同行取得的一系列重大基础发现和核心技术突破，围绕室温液态金属的基础、应用及产业研究已成为国际热门的重大科技前沿。由于液态金属巨大的应用价值，一些发达国家正陆续投入巨额资金对其进行布局。建议国家加大液态金属相关研究的投入，系统发展液态金属技术与工业体系，促使我国的液态金属研究和工业发展始终处于世界领先地位。

液态金属系列颠覆性技术有助于推动传统产业转型升级，为我国发展成制造强国提供重要支撑。科学技术研究成果能快速转化为生产力是制造强国的一大特征。建议政府启动液态金属前沿材料应用示范项目，培植一批先导用户，引导有实力的企业投入液态金属下游应用产品的研发，建立一批示范项目，坚持新材料探索、机理、应用材料特性和产业化技术工艺、应用技术并重的原则，抢占技术制高点，并带动一批液态金属企业的发展。

14.2　液态金属前沿新材料发展现状及趋势分析

14.2.1　国际上液态金属新材料发展概况及发展趋势

在能源应用领域，一些发达国家的相关机构正纷纷开始对其进行布局。德国亥姆霍兹（Helmholtz）国家研究中心联合会德累斯顿罗森多夫研究中心、卡尔斯鲁厄理工学院，以及其他亥姆霍兹研究中心、国内外大学在 2012 年联合成立了液态金属研究联盟，提高液态金属技术的能源与资源利用效率，其五年运行经费 2000 万欧元。美国三所顶尖大学（UCLA、UC Berkeley、Yale）也于 2012 年启动了 500 万美元的科研项目，研究液态金属在太阳能热系统中的应用。

在柔性电子领域，美国投资 1.71 亿，整合了美国国防部、麻省理工学院、波音公司、通用公司等建立了柔性混合电子制造创新协会，其核心之一在于寻找高性能柔性导电墨水。同时美国空军研究实验室尝试将液态金属作为柔性电路的互联材料，正在进行镓液态金属合金 GaLMA 传统射频电子研究。欧盟的信息技术协会（ITS）在 FP6 和 FP7 也启动柔性电子技术专项，并成立产业与学术界结合的联盟，广泛推动这一项目。瑞士洛桑联邦理工学院研究人员使用液态金属，搭配柔性聚合物，成功开发出一种电路系统，它能够弯曲，甚至拉伸其为四倍原始尺寸。美国普渡大学 2014 年提出点胶针式的液态金属打印方法，2015 年设计出机械烧结的镓铟纳米粒子，通过喷墨打印，在手套上印制出液态金属电路。2013 年，卡内基梅隆大学提出液态金属微接触打印方法，但其精度较低，尚处于实验室研究阶段。美国化学会评选 2016 年顶级研究进展中，北卡罗莱纳州立大学团队制造的 10μm 聚合物包覆的共晶 GaIn 线，被列为其中之一。

在有机电子学领域中，室温液态金属电极已显现出其独特的应用。比如美国哈佛大学著名学者 Whitesides 等人构建了金属（金或室温液态金属）、有机大分子（如水凝胶等）和室温液态金属的三明治体系，其电流方向改变会诱发电极表面的氧化层的形成和分解，导致电路的断与开，从而实现分子整流功能。新加坡国立大学 Nerngchamnong 教授在 Nature Nanotechnology 发表研究成果，指出该体系具有较高的稳定性，可被进一步地发展成分子二极管。

在液态金属柔性机器领域，澳大利亚墨尔本市 RMIT 大学的研究人员利用无毒金属镓合金提炼出神奇的滴液，可自我组装，能被用于制造 3D 显示器和其他复杂的机器元件。此外，北卡罗莱纳州立大学新型液态金属技术制成的纳米机器人，能够精确的吸附并杀死癌变细胞，这一发现或将成为癌症终结者。

14.2.2 我国液态金属新材料发展现状

作为国际上室温液态金属研究的先行者和拓荒者，中国科学院理化技术研究所刘静研究团队十几年来一直在液态金属研究领域不断积累和前行。除在传统的芯片冷却、能源领域取得原创性创新突破，并在先进制造、生命健康以及柔性智能机器领域开辟出了一系列有显著科学意义和重大应用前景的全新研究方向。在液态金属领域渐成国际热门领域的起始阶段，中国团队已申请数百项专利，获得数十项授权发明专利，为我国有关重大前沿产业今后发展奠定了基础；在取得大量底层核心突破的同时，他们还做出 30 余项全新的基础科学发现，在国际上产生了广泛的影响。

在热控与能源领域，最早基于液态金属散热技术已发展出系列已投入市场应用的液态金属电脑芯片散热器及大功率 LED 液态金属高功率密度散热器。发展了用于高性能计算机的室温金属流体芯片冷却技术、可广泛用于能源领域的金属流体无水换热器、移动电子器件低熔点金属相变吸热技术、液态金属能量自动捕获与发电技术以及纳米金属流体材料、液态金属热界面材料等。开辟出若干十分重要的研究新方向，同时也开发出一系列液态金属产品如液态金属导热膏、液态金属手写笔、芯片级液态金属散热器等。目前已形成 20 余项授权的发明专利。液态金属散热技术大大提高了现有散热技术的效率，同时对高热流密度及大功率电子芯片和高强度光电器件等的热管理具有不可替代性。

经多年探索，2011 年 3 月，中国科学院理化技术研究所团队发表长篇评述文章，首次系统论述了所提出的基于液态金属的电子直写技术 DREAM-Ink（Direct Printing of Electronics via Alloy and Metal Ink），逐步创建了液态金属印刷电子技术及基于液态金属的 3D 打印技术，研发出世界上第一台液态金属桌面电子电路打印机，可在任意基质上打印的液态金属喷墨打印机，及室温下直接成型的液态金属 3D

打印机。这些工作打破了传统电子制造技术瓶颈，使得个人在低成本下快速、随意地制作电子电路特别是柔性电子器件成为现实，并有望在功能器件快速制造领域发挥作用。其中，液态金属个人电子电路打印机入围“2014 两院院士评选中国十大科技进展新闻”（全国 20 名），荣获 2015 中国国际高新技术成果交易会优秀产品奖，并入围素有全球科技创新“奥斯卡奖”之称的 2015“R&D 100 Award” Finalist（该年度中国内地唯一入围产品；中国内地在以往 53 届中仅华为公司 1 项技术曾入选），入选美国《大众科学》（中文版）年度榜单“2016 年度全球 100 项最佳科技创新”。

在医疗健康领域，利用液态金属的导电性建立的神经连接与修复技术，通过迅速建立损伤神经之间的信号通路及生长空间，可大幅提高神经再生能力并显著降低肌肉功能丧失的风险。同时，由于液态金属自身拥有的高密度，其会对 X 射线有很强的吸收作用，具备分辨率较高的血管成像效果。与此同时，基于液态金属的液 - 固相转换机制，可发展高柔性、高强度人体外骨骼。

在液态金属柔性智能机器领域，该团队首次发现系列独特的电控可变形液态金属基础现象及过渡态机器、自驱动效应等，改变了人们对传统材料、流体力学及刚体机器的固有认识，为变革传统机器人技术乃至研制未来全新概念的柔性智能机器人奠定了理论与技术基础。团队在自驱动液态金属机器方面的开创性工作，被评为由两院院士评选的 2015 中国十大科技进展新闻之一，以及科技盛典 CCTV 十大创新人物奖等。自驱动液态金属机器发现成为权威刊物 *Advanced Materials* 年度最高下载量论文，其 Almetric 影响力指数在该刊全部论文中位列 No.1。

由于液态金属的导电性高、柔性可变形及换热效率高等材料特性，在国防军事、电子印刷、柔性智能机器及生物医学健康等领域有可能会带来一系列颠覆性技术。世界各发达国家都在组织强有力的科研力量，加紧研究开发液态金属前沿技术。可以说，液态金属是中国为数不多的在基础研究与产业化推进方面均处于世界领先地位的领域，发展空间巨大。但与此同时，该领域目前也面临着世界高水平研究团队的冲击与奋力追赶，我国应抓住国内液态金属发展已取得的一些重大成果和先天优势，进一步抢占未来技术的制高点，确保持续成为液态金属研究与应用的引领者。

在液态金属产业方面，液态金属产业化项目是 2014 年云南省“科技入滇”签约重点项目。由云南中宣液态金属科技有限公司采用中国科学院理化技术研究所刘静教授团队先进的液态金属技术，与中国科学院理化技术研究所联合云南科威液态金属谷研发有限公司、北京梦之墨科技有限公司、云南靖创液态金属热控技术研发有限公司、云南靖华液态金属科技有限公司等在云南打造液态金属谷产业集群。目前，已建成年产 200 吨液态金属产品生产线、为液态金属产业服务的 5 中心 1 委员会（重点实验室、工程研究中心、研发中心、企业技术中心、产品质量检测中心、标准化委员会）以及液态金属科技馆等，相应积累和优势在世界上已呈现显著的领先地位。依托世界领先的液态金属技术，利用云南丰富的有色金属资源，之前已于宣威建成世界首套液态金属电子手写笔、电子油墨生产线，以及国内首创液态金属导热片、导热膏生产线；近期，北京梦之墨科技有限公司围绕其世界首台液态金属电子电路打印机、喷墨式打印机、3D 打印机的生产线也已在宣威产业园区建设中。上述有关产品推向市场后填补了国内外产业空白，被中央电视台、云南电视台等主流媒体乃至国际著名电视媒体如 Discover、路透社、福克斯新闻、新科学家、麻省理工技术评论、新闻周刊等广泛报道，引起国家和省市领导的关注和支持。

目前云南的液态金属相关产业公司针对市场需求完成液态金属 3D 手写笔、液态金属恒温浴、液态金属肿瘤射频消融设备、液态金属可穿戴 LED、液态金属限流器、液态金属双流体散热器、液态金属相变散热器等 10 余个新产品研制开发。2016 年 8 月，液态金属谷引进深圳沣宬照明科技公司，在宣威建设液态金属 LED 灯具厂，项目已正式开工，计划 3 年内实现产值 10 亿元。2016 年 10 月，云南企业联合中国科学院理化技术研究所团队，与曲靖市麒麟区人民政府签署协议，计划投资 10 亿元，把液态金属热控与能源项目产业落户曲靖市麒麟区，使液态金属产业布局进一步展开，项目主要建设液态金属电力电源系统、液态金属快速低成本制氢、超高功率密度液态金属散热器、液态金属微通道散热器、智能型金属相变材料及应用技术、太阳能聚集光伏 / 温差 / 热离子发电、低品位热量捕获与利用装置、自适应温控装置等军民用项目，预期实现产值 30 亿元。

目前，液态金属谷的产业布局初见成效，正在谋划全面延伸下游产业链，致力于打造国际知名的液态金属谷产业集群。编制的《云南液态金属产业发展规划》明确了液态金属“四大领域”（增材制造领域、热控与能源领域、生物医学领域、柔性机器领域）和“十大产业”（液态金属印刷电子产业、金属室温 3D 打印产业、液态金属合金材料产业、液态金属先进散热技术产业、液态金属热界面材料产业、液态金属国防应用技术产业、液态金属印刷功能墨水产业、液态金属能源利用技术产业、液态金属生物医用材料技术产业、液态金属柔性机器产业）发展方向，完成了液态金属谷建设规划设计。计划用 5 ～ 10 年的时间，围绕液态金属谷建设全力推动液态金属产业集群发展，力争在“四大领域”的应用和“十大产业”的发展上取得突破性进展，逐步建设成为云南的液态金属谷、中国的液态金属谷、世界的液态金属谷。

14.2.3　我国液态金属新材料发展过程中的经验及存在的问题

早在 2008 年前后，我国科学家就颇具前瞻性地提出了在中关村创建中国液态金属谷的战略构想，只是当时由于时机和条件尚不成熟而未果。此倡议在数年后由于相关项目在云南的落地得以快速推进起来。2013 年，中国科学院理化技术研究所液态金属热界面材料、电子手写笔项目落地云南宣威，由云南中宣液态金属科技有限公司实施产业化。2014 年，作为云南省“科技入滇”签约重点项目，液态金属成果在业界产生重大影响；与此同时，结合云南有色金属资源优势在当地建设中国液态金属谷的倡议逐渐变得清晰而具体起来。在此期间，云南中宣液态金属科技有限公司在国内外率先建成了年产 200 吨液态金属原材料及产品生产线，随后向市场推出了液态金属导热片、液态金属导热膏、液态金属电子手写笔、液态金属 3D 手写笔等系列产品；同年，为确保液态金属新兴产业的持续健康发展，在宣威市开发区和有关企业的支持下，云南科威液态金属谷研发中心应运成立。2015 年，由云南宣威举办的首届液态金属产业技术发展高峰论坛更将相应工作推进一大步，大会确立了宣威为中国液态金属谷所在地；论坛举办期间，在当地建成的国内外首个液态金属科技馆正式对外开放。随后，广东、北京等地液态金属相关企业或入驻液态金属谷，或进入接洽合作阶段。2016 年，云南靖创液态金属热控技术研发有限公司在曲靖成立，由宣威多家液态金属研发企业提出申请的旨在为液态金属产业服务的省级 5 中心 1 委员会也已相继获得批准，主要包括：云南省液态金属企业重点实验室、云南省科学技术院科威中宣液态金属研发中心、云南省液态金属制备工程研究中心、云南省液态金属企业技术中心、云南省液态金属产品质量监督检验中心；同年 11 月，全国第二届液态金属产业高峰论坛在曲靖圆满举行，引发国内外业界震动，100 余项前沿技术及产品集中亮相，一时之间发展液态金属工业的前瞻性意义和重大价值为业界所广泛认同；会议期间，我国学者再次阐述建立国家液态金属科学与应用中心的重要意义，并提出实施国家液态金属科学研究计划的倡议。2017 年 2 月，云南液态金属谷建设成果入选 2016 云南十大科技进展，被赞誉为“揭开了液态金属前沿技术的神秘面纱”。至此，中国液态金属谷的建设可以说基本上从理想变成现实。

经过多方努力和共同推动，在云南省各级政府和主管部门的支持下，液态金属产业于 2016 年列入云南省“十三五”科技发展规划和云南省“十三五”新材料发展规划；2017 年 1 月，正是源于云南的推动，国家工信部、发改委、科技部、财政部联合制定的《新材料产业发展指南》，将液态金属列为新材料产业的重点扶持方向之一；2017 年 6 月，液态金属列入国家工信部编制的《重点新材料首批次应用示范指导目录》。液态金属产业科技联合体是以行业企业科协为主体，科研院所、学会社团、科技服务机构等单位共同参与的；2018 年 5 月，中国科协公布了产学研融合技术创新服务体系建设项目名单，液态金属产业科技联合体（由北京梦之墨科技有限公司、云南中宣液态金属科技有限公司、云南科威液态金属谷研发有限公司、云南靖华液态金属科技有限公司、云南靖创液态金属热控技术研发有限公司等产业主体共同发起）获得批准。

可以看出，在整个液态金属工业的发展过程中，产学研结合十分紧密，充分体现了首都科技优势与云南资源 / 地缘优势的良好结合和相辅相成。中国室温液态金属的突破性研发起始于中关村，规模化工业则形成于云南。云南作为液态金属全新工业的策源地，在带动新兴行业快速发展的过程中做出了引领性贡献，液态金属产业化由此才逐渐在全国范围内得到认同和开展起来。而近一两年来，国际上在液态金属的研究上基本进入高潮，这可以从国际上诸多实验室的纷纷涌入和大量论文在短时间内频繁发表即可略见一斑。

目前，我国尤其是云南省在液态金属产业部署和实质性产能及影响方面，在世界范围内处于领先优势。若能在相应基础探索和前沿研究上加紧部署相关力量，会进一步打通产、学、研全链条的高效运转，促成世界级液态金属研发中心和液态金属谷的真正建成。然而，与国际上业已出现的如火如荼态势形成对比的是，国内进入这一新兴领域的研发团队和企业应该说还十分有限，不少机构对此尚处于观望态度。以往，由于历史的原因，我国不少新兴科技和产业的发展大多源自发达国家，人们习惯于跟踪模仿和跟进，在开拓新工业方面缺失不少。因此，即便对于液态金属这样一个我国在开创性基础发现、应用研究乃至产业推进方面均处于世界领先地位的战略性高科技领域，国内对此有着深刻认识的机构和团队还为数不多，这在很大程度上必然会对今后全国范围内相应工业的发展十分不利。历史的经验表明，再好的机遇也会稍纵即逝。

制约液态金属产业发展的主要困难和问题包括：

① 液态金属产业属于战略性新兴产业的功能定位尚不明确，国家对于这一战略领域的重视程度不足；

② 基础理论和应用研发体系不健全，研发投入严重不足，制约了相关研发团队的壮大与发展；

③ 相关新产品的质量没有完善的国家权威机构认可的标准体系，产品推广销售渠道不畅；

④ 液态金属相关产品特性研究亟待进一步深化和长周期工程试验，需要进一步

联合不同领域的力量优化产品功能；

⑤ 产业集聚的建设亟待更高层次的宣传支持，引导社会各类资本投入发展。

14.3 我国液态金属新材料的需求和发展趋势

14.3.1 制造强国对前沿新材料的需求分析

液态金属作为重要的新材料，将有望成为我国实现制造业强国的关键支撑。液态金属具有沸点高、导电性强、热导率高的特性，其制造工艺无需高温冶炼，环保无毒，有关成果被认为是人类利用金属的第二次革命，可广泛应用于印刷电子、3D 打印、热控与能源、航空航天、国防军工、生物医疗、教育与文化创意等方面。如下从几个主要方面对其需求进行分析。

（1）液态金属印刷电子产业

印刷电子是基于印刷原理，将特定功能性材料配置成液态油墨，全部或部分利用印刷（涂布）工艺，实现具有大面积、柔性化、薄膜轻质化、卷对卷等特征的电子器件与系统的电子制造技术。印刷电子技术具有节约资源、绿色环保、低成本、柔性化、可大面积生产等显著特点，在 OLED 照明、有机光伏、柔性显示、电子元件、集成智能系统传感器等产业领域具有十分广阔的发展前景。因此，许多先进国家和地区，如美国、欧盟国家、韩日等，已经将印刷电子技术列为国家科技发展的重要规划，在军用、民用方面投入了大量人力、物力和财力进行相关技术研发，并成功孵化出一些企业，所推出的柔性显示器、柔性电子书等产品相继得到了市场关注和认可。液态金属作为一种兼具金属性和流动性的低熔点合金，在印刷电子领域已展现出巨大的潜力和优势。

（2）液态金属混合柔性电子产业

液态金属混合柔性电子的产业需求主要包括如下内容。

① 低成本，高精度，高性能 液态金属的组成成分一般包括镓、铟、锡等金属材料，根据亚洲金属网的数据显示，这些金属的价格要远低于金、银等贵金属材料。低成本的价格将对液态金属的推广产生促进作用；液态金属具有优异的流动性，能够实现精细加工，大大提高产品的测量精度；液态金属自身为液态，流动性好，柔性高，封装后，曾有研究报道，将液态金属柔性复合材料进行较大幅度的拉伸、弯折，即使重复多次，也不会影响其正常工作状态的性能。

② 多领域应用 如前所述，基于液态金属的柔性混合材料，可以进军多个领域。

包括军事、医疗、消费电子等多个重要方面，市场巨大。经过优化设计的混合柔性电子材料有广阔的应用空间，它作为一种潜在的颠覆性技术，未来将在医疗、消费品和军事等重要方面大有作为。混合柔性电子制造将实现国防部所需的重要器件制造。近日，美国莱特－帕特森空军基地空军力量实验室展示了柔性混合材料电子技术的新进展。研究人员认为，未来超薄的弹性高性能电子产品将会逐渐取代刚性印制电路板，即充分融合传统的柔性电子元器件、高性能电子产品和新兴的3D打印方法，将金属、聚合物和有机材料整合到“墨水”中，将整个系统以电子方式连接在一起。用这种技术，可以制成几百个纳米厚的硅集成电路，使其成为像塑料一样柔软、可以弯曲甚至折叠的基材。

（3）液态金属3D打印产业

中国科学院理化技术研究所团队基于十多年来的研究积累，于国内外率先提出了机电一体化液态金属3D打印技术，由此打破了传统技术的应用瓶颈。机电一体化液态金属3D打印技术的创新在于赋予传统3D打印产品的电学功能，从而使得各种功能应用得到完美实现。而该技术的核心在于突破三维电子电路与结构件的一体化3D打印瓶颈。通过液态金属3D打印技术的革新，以及与多种材料（如塑料等3D打印材料）兼容打印技术的突破，从而实现功能器件的3D快速打印。在应用领域上，机电一体化液态金属3D打印技术基本上可以渗透到所有3D打印技术领域，特别是在智能医疗领域具有重大的医学应用价值。

机电一体化3D打印技术和设备属于颠覆性技术和设备，必将对3D打印技术产生极大的影响，并且性价比较高，有着其他公司难以逾越的技术壁垒。通过与塑料等多种材料结合，机电一体化液态金属3D复合打印技术无论是技术本身还是其应用模式，都是对现有3D打印技术的突破，其应用领域极具广泛。在产业布局上，应注重以点带面，通过重点投入关键领域，树立品牌效应，再逐步拓展新的应用领域。具体而言，应重点加大对智能医疗器件3D打印领域的投入，如可穿戴电子器件。智能医疗器件一方面具有广泛的需求市场，同时对机电功能要求颇高，能充分体现机电一体化液态金属3D复合打印技术的优势。目前，市场上尚无机电一体化3D打印产品销售，在技术上仅有机电一体化液态金属3D复合打印技术具有产业化能力。因此，液态金属3D打印技术及其衍生出的产品必为市场宠儿，具有较大的盈利空间。

（4）液态金属文化创意产业

液态金属的出现，给我们创造了新的想象空间，改变了我们对很多事物的认知，金属不仅刚硬粗犷庞大，它也可以柔韧机敏精微，液态金属笔不仅仅是从前的笔，液态金属打印机不仅仅是从前的打印机，设计的电路贺卡产品也可以很艺术。液态金属是一种神奇美妙的新兴材料，它可以让文化创意创造触手可及。液态金属文化创意在产业方面的需求将主要集中在智能家居、设计装潢、时尚服装、工艺雕塑及广告业五大方面。

（5）液态金属医疗技术产业

在生物医学与健康技术领域，独特的液态金属更为此带来观念性变革。针对若干世界性重大医学难题和技术挑战，中国团队提出并构建了液态金属生物材料学全新领域，相应努力颠覆了传统医学理念，开辟了崭新的医疗技术体系，在国际上引起重大反响，预示着一个全新生物医学科学领域的崛起。液态金属正显著扩展常规生物医用材料的内在属性和用途，但其在生物医学领域的重大价值以往鲜为人知。近年来，随着一系列重大突破和进展的取得，液态金属为生物医疗健康技术的发展带来了颠覆性变革，并将催生出一系列战略性新兴产业，有助于推动尖端医疗科技水平的提高、全新生物医学应用体系的形成和发展乃至社会物质文明的进步。当前，面向世界性先进生物医学技术领域内的重大需求，进一步开展国际领先的液态金属生物材料学基础与前沿技术研究，可望发现更多新型生物医学材料，为发展液态金属生物医学产业奠定关键基础，相应技术的发展和应用有望使我国液态金属生物医学材料学基础及前沿技术研究处于世界领先地位。液态金属研究正在为战略性医疗健康高新科技领域的发展乃至开辟新前沿带来重大观念性启示。

按照应用需求，液态金属医疗技术可细分为如下领域：液态金属肿瘤血管栓塞制剂及治疗技术；液态金属神经连接与修复技术；液态金属高分辨血管造影术；液态金属内外骨骼技术与注射电子学；液态金属皮肤电子技术；碱金属流体肿瘤消融治疗技术。

（6）液态金属芯片冷却产业

出于对超高热流密度热量排放的需求，人们对高效冷却方式的追求导致长期投入了大量的人力物力，但现有途径的散热能力已几乎达到极限。以液体金属作为冷却流体以及同时结合肋片散热和对流冷却散热的方式已显示其重要价值，是寻找高效散热方法的新的切入点，由此可望建立崭新的技术体系。液态金属芯片冷却技术在产业推广方面将主要定位于先进热界面材料及先进散热器两大方面。随着高集成度芯片器件散热问题越来越严峻，先进热界面材料及散热器在该领域将起着越来越重要的作用。

（7）液态金属能源利用产业

室温液态金属作为一种新型工质，在低品位余热利用、聚焦光伏发电、氢能利用以及人体能量捕获等方面均是国内外首创。在低品位余热利用及聚焦光伏发电系统中，液态金属可有效解决其中的能量高效传输难题。在氢能利用方面，液态金属可以

解决铝 - 水反应面临的瓶颈问题，实现氢气的随制随用，从而解决氢气的储存和运输问题。在人体能量捕获方面，液态金属作为一种具有良好导电性的流体，易于同时实现能量捕获和发电的目的。

（8）液态金属柔性智能机器人产业

实现在不同形态之间自由可控转换的变形柔性机器，以执行常规技术难以完成的更为特殊高级的任务，是全球科学界与工程界长久以来的梦想，相应研究在军事、民用、医疗与科学探索中极具重大理论意义和应用前景。在各种可能的技术途径中，建立可控主体构象转换、运动和变形的理论与技术体系是实现这类变形机器的关键所在。然而，已往所建立的方法和技术大多面临不易克服的瓶颈，特别是对受控主体实现大尺度可控变形与融合方面的有效途径十分欠缺。近年来，由于液态金属领域的一系列重大发现和突破，使得可变形机器的研制出现前所未有的曙光，由此促成可变形机器从理想走向现实，进而对世界性重大战略需求做出实质性贡献。

14.3.2 前沿新材料的发展趋势

前沿新材料是引领新材料技术发展方向、催生新生产业发展的重要支撑。前沿新材料的技术和产业化应用突破，有可能会对经济和社会产生变革性的影响。作为面向未来的颠覆性材料，液态金属将有望带动新一代信息技术、新能源、高端装备制造等领域快速发展。未来需进一步巩固扩大我国在液态金属新材料领域的优势，组织产业链上下游各方力量开展系统攻关，力争形成一批创新成果与典型应用，为新材料产业及下游应用行业的持续发展奠定良好基础。如下从几个具有代表性的方向对液态金属新材料产业的发展趋势进行论述。

（1）液态金属印刷电子产业

室温液态金属印刷电子技术是一个快速发展的新兴领域，是一种有别于传统印刷电子技术的、尤其适合于柔性电子的软材料电子技术。首先，液态金属墨水制备工艺较当前印刷导电墨水简便得多。其次，成形的室温液态金属电子结构始终保持液态，因而不存在传统印刷电子中电子材料固化后的断裂问题。最后，当前印刷导电墨水成本仍旧很高，而液态金属成本则较为适中。基于现存的直接手写技术，它使得通过简便的方法直接快速打印各种功能电路成为现实，为印刷电子制造开启了一个全新技术领域。在应用方面，液态金属印刷电子可用于柔性显示领域，与卷曲的 OLED 技术相结合，制作显示器的柔性液态金属控制电路。液态金属电子技术还可以促进 OLED 照明技术的进步，发展绿色节能照明。利用此技术还可以制备轻便、小巧、灵活及廉价的压力传感器、RFID 非接触式识别系统等。此外，可穿戴电子产品为一个新兴的印制电路产业增长点，例如手腕电子、接触传感装置、婴儿贴身监视器、医用传感器与监控器、电子服装、宠物监视装置等可穿戴电子产品都用到动态弯曲的电路。

（2）液态金属混合柔性电子产业

根据 Technavio 的最新报告，全球柔性电子市场预期将在 2010 年～ 2016 年以接近两位数，即 67% 的复合年增速上涨。据权威机构预测，柔性电子产业 2028 年将超过 3000 亿美元，未来十年内年复合增长率接近 30%，处于长期高速增长态势。美国《科学》杂志将有机电子技术进展列为 2000 年后的世界十大科技成果之一，可见柔性电子技术契合了未来的发展趋势。

未来液态金属混合柔性电子，要结合传统电子技术，对其进行改良和提升。未来发展应主要从提升性能和充分利用其优势扩展应用两个方面着手，全面开展液态金属混合柔性电子的研究。柔性电子发展具有广阔的市场，我国虽是电子产业大国，但目前还达不到强国水平，混合柔性电子是我国电子产业跨越发展的重要机会之一。当前，欧美发达国家纷纷制定了针对柔性电子的重大研究计划，如美国 FDCASU 计划、日本 TRADIM 计划、欧盟第七框架计划等。因此，掌握基于液态金属为电子材料的混合柔性电子核心技术，实现柔性电子领域的自主创新和技术突破，具有重要的产业战略意义，必将对我国相关产业的结构优化、转型升级产生深远影响。

（3）液态金属 3D 打印产业

作为新一代信息技术与制造业深度融合的先进制造技术，3D 打印技术是一项涉及物理、化学、材料科学与工程、计算机科学与技术、控制科学与工程、机械工程、生物医学工程等多学科交叉领域的前沿性先进制造技术，体现了信息网络技术与先进材料技术、数字制造技术的密切结合，是先进制造业的重要组成部分。

中国科学家首创的机电一体化液态金属 3D 打印技术，打破了传统 3D 打印技术的应用瓶颈。机电一体化液态金属 3D 打印技术的创新在于赋予传统 3D 打印产品的电学功能，从而使得各种功能应用得到完美实现。通过液态金属 3D 打印技术的革新，以及与多种材料（如塑料等 3D 打印材料）兼容打印技术的突破，从而实现功能器件的 3D 快速打印。在应用领域上，机电一体化液态金属 3D 打印技术基本上可以渗透到几乎所有 3D 打印技术领域，特别是在智能医疗领域具有重大的医学应用价值。采用多种墨水，运用多种打印技术制作电气系统（如立体电路）、机电器件、功能器件等将会是今后很长一段时间内的发展趋势，在制造业、电子信息、能源和医疗技术等领域将产生巨大的应用需求。

（4）液态金属医疗技术产业

针对若干世界性重大医学挑战，中国团队构建了液态金属医疗技术全新领域。

首创的液态金属神经连接与修复技术，被认为是“极令人震惊的医学突破”（Most Amazing Medical Breakthroughs）；创建的液态金属血管造影术、可注射固液相转换型低熔点金属骨水泥、植入式医疗电子在体3D打印，以及人体皮表电子液态金属直接打印成型技术等，也因崭新学术理念和技术突破性，引起业界广泛重视。

未来发展方面，需着力探索液态金属生物医用材料的独特优势和科学规律，解决由液态金属引发的生物医学技术及器件研制中的关键科学与技术问题。系统建立液态金属生物医学材料学科完整的理论与技术体系，并突破液态金属在神经修复和连接、骨骼重建、血管造影及肿瘤阻塞治疗等若干重大核心技术，使我国液态金属生物医学材料学基础及前沿技术研究处于世界领先地位，打造液态金属生物材料与医疗技术航母，致力于肿瘤等重大疾病的医疗解决方案的构建。

（5）液态金属柔性智能机器人产业

液态金属柔性机器的研制和产业化推进当前处于起动阶段，蕴藏着巨大发展机遇和空间。通过液态金属的引入，有望真正促成可变形液体机器理论与技术取得重大突破。不难预见的是，未来由液态金属引发的柔性可控变形单元，将可望用于构建各类全新概念的先进机器人技术，在民用乃至国防安全等方面将大大有助于开启前所未有的应用空间。预计中国可在这一原创方向上不断取得崭新的基础发现和变革性技术突破，从而为我国未来研发全新概念的尖端液体机器乃至开创关键应用领域创造条件。

14.4 液态金属新材料产业发展的指导方针、战略目标和实施路径

14.4.1 指导方针

坚持培育新材料产业与振兴传统产业相结合的原则，以液态金属新材料产业发展带动传统产业的升级转型。坚持自主创新与开放合作相结合原则。加强创新发展，把技术创新作为推动我国液态金属新材料产业发展的主要驱动力，加快形成具有自主知识产权的技术、标准和品牌。坚持政府引导与市场驱动相结合的原则，发挥政府的推动作用和市场的调节作用。坚持军民融合、相互促进，推动变革性液态金属新材料与装备技术产业化。

14.4.2 战略目标

以建设液态金属科技强国为目标，全面提升我国液态金属基础和前沿技术方面的研究实力，构筑液态金属科学研究 - 工程技术 - 产业集群融合性体系，引领液态金属科学、液态金属技术、资源开发利用和产业化发展，致力于建设国际一流的液态金

属前沿科学和关键技术研发与应用的基地，打造国际知名的液态金属领军品牌。重点布局液态金属高功率密度散热技术、液态金属印刷电子技术以及液态金属可变形机器等方面的研究，保持和扩大我国在液态金属基础和前沿技术研究领域的领先地位，推动物理、材料、资源、制造以及柔性机器等领域的跨越式发展。

努力推进液态金属导热材料、液态金属柔性电子器件、液态金属大功率 LED 灯、液态金属 3D 打印设备、液态金属丝网印刷设备、液态金属太阳能光伏聚焦发电系统、液态金属系列散热产品、液态金属电子浆料、液态金属储能等产品应用示范，打造液态金属产业集群。

着力将液态金属打造成为新材料产业领域的重要新兴业态，建成国际顶尖的液态金属研发中心、液态金属工程实验中心、液态金属产品质量检测检验中心，形成从液态金属原材料、器件到终端产品的完整产业链，建设“中国液态金属谷”，打造千亿级液态金属产业链。

14.4.3 实施路径

基于液态金属新材料，重点发展液态金属“四大领域”（增材制造领域、热控与能源领域、生物医学领域、柔性机器领域）和“十大产业”（液态金属印刷电子产业、金属室温 3D 打印产业、液态金属合金材料产业、液态金属先进散热技术产业、液态金属热界面材料产业、液态金属国防应用技术产业、液态金属印刷功能墨水产业、液态金属能源利用技术产业、液态金属生物医用材料技术产业、液态金属柔性机器产业）。全力推动液态金属产业集群发展，力争在“四大领域”的应用和“十大产业”的发展上取得突破性进展。

研究液态金属电子浆料、液态金属热界面材料、液态金属相变材料、液态金属导电胶、液态金属磁流体、液态金属低温焊料等功能材料，并针对液态金属功能材料开发相关器件及模块关键技术；研究液态金属印刷电子及 3D 打印装备关键技术，及其在印刷电路、柔性电子、可穿戴电子、消费电子、功能器件、柔性显示、光伏、文化创意、智能家居、教育培训等领域的应用技术；研究液态金属肿瘤血管栓塞制剂及治疗技术、液态金属神经连接与修复技术、液态金属高分辨血管造影术、液态金属内外骨骼技术与注射电子学、液态金属皮肤电子技术、碱金属流体肿瘤消融治疗技术等前沿医疗技术，发展系列创新医疗器械产品；研究液态金属电力应用关键技术、液态金属快速低成本制氢技术、超高功率密度液态金属冷却技术、液态金属相变热控技术以及液态金属低品位热量捕获与利用技术等，并发展对应的军民用关键器件与装备；研究液态金属柔性智能机器人技术，并探索其在军事、民用及科学研究方面的应用；研究液态金属回收再利用技术，发展液态金属回收产业。

14.5 液态金属新材料发展的保障措施和政策

液态金属工业目前处于成长初期，需要从多方面给予扶持，以促进其更快更好地发展。以下从体系建设、创新机制体制、政策支持以及配套服务四方面提出液态金属产业发展需要的支持保障措施。

14.5.1 体系建设

（1）产业链布局

围绕液态金属产业设立产业园，通过本地培育、对外招商、或与外地企业合作等方式，构建和打通涵盖矿产业、装备制造业、电子信息业、物流业、现代服务业等行业在内的完整产业链条，形成产业聚集效应，降低产业链内部流通成本，提升产业活力和促进带动作用。

（2）官产学互动

由政府、企业、科研机构共同建设液态金属产业、行业协会，推动液态金属各相关技术及应用的国家标准、行业标准的制定。促进建立企业与高校、科研院所对接及成果转化体系。

14.5.2 创新机制体制

推进实施国家及省市科技计划，促进军民融合和资源双向转化，强化军民协同创新，建立技术创新联盟，集中力量突破液态金属重点领域关键共性技术。采取创新科技成果后补助等方式，鼓励企业创新和市场开拓。加强科教融合、校企联合，鼓励企业建设职业学院，培养液态金属创新创业人才、科技人才和创新团队，组织开展创新创业大赛、设计大赛和职业技能大赛，推动创新能力建设。鼓励在材料加工等一般竞争性领域以及国企搬迁改造中发展混合所有制，鼓励国企进入液态金属产业，提高国企活力。

14.5.3 政策支持

（1）财税补贴

对于液态金属产业园内的企业，针对其在技术研发或升级、新增就业岗位、技能人才培训、税收上缴等方面，制定专项财政拨款、财政贴息、税收返还、土地划拨等财税补贴政策。

（2）示范应用

搭建液态金属创新技术平台，积极推动液态金属高端制造装备的研发试验，实施液态金属印刷电子、3D 快速成型制造等应用示范工程，申报液态金属产业自主创新示范区，并为示范项目提供相关支持政策。

（3）人才引进

在液态金属领域推动与国内外知名科研单位的联合建立分支研究机构。支持液态金属相关企业通过中央、地方各类人才政策，有针对性地引进国内外科研骨干和高层次经营管理人才，并鼓励企业与高校、研究院所联合培养液态金属相关技术高端研发人才和复合型人才。

14.5.4　配套服务

（1）金融服务

加强银企合作，引导外资、民营等多元资本进入液态金属行业，鼓励境内外私募股权投资、创业投资机构集聚发展。鼓励和协助液态金属企业通过上市、吸引国家战略投资、加强与央企合作等方式提升资本运作能力，拓宽融资渠道。

（2）创业孵化

围绕液态金属产业链建设创业孵化器，为中小型初创企业简化行政审批流程、加快办理速度，鼓励并创造条件支持其与液态金属产业各环节企业、研究机构开展对接合作。

作者简介

邓中山，中国科学院理化技术研究所研究员，中国科学院大学教授。主要研究领域包括液态金属功能材料及应用、先进散热技术等。曾获中国电子学会电子信息科学技术奖、中国制冷学会技术发明奖一等奖、中国国际高新技术成果交易会优秀产品奖等荣誉及奖项。已出版学术著作 1 部、发表论文 100 余篇、应邀著作章节 5 篇，申请发明专利 40 余项。曾主持国家“863”项目、国家科技支撑计划项目、国家自然科学基金项目、中科院仪器研制项目、中科院重点项目等科研项目 10 余项。

刘静，中国科学院理化技术研究所研究员，清华大学教授。长期从事液态金属、生物医学工程与工程热物理等领域交叉科学问题研究并作出系列开创性贡献。发现液态金属诸多全新科学现象、基础效应和变革性应用途径，开辟了液态金属在芯片冷却、先进能源、印刷电子、3D 打印、生物医疗以及柔性机器人等领域突破性应用，成果在世界范围产生广泛影响，被诸多科学杂志如 MIT Technology Review，New Scientist 等大量评价。出版有 9 部跨学科前沿著作（其中之一印刷 5 次）及 20 余篇应邀著作章节；发表期刊论文 460 余篇（含 20 余篇英文封面或封底故事）；获授权发明专利 130 余项。其是 2003 年国家杰出青年科学基金获得者；曾获国际传热界最高奖之一“The William Begell Medal”、入围及入选“两院院士评选中国十大科技进展新闻”各 1 次，入选 CCTV 2015 年度十大科技创新人物等。

第 15 章
锂电池材料

黄学杰　赵文武

锂离子电池属新材料产业重要分支之一，经过近三十年的产业化高速发展，锂离子电池已经形成了极其完备的产业化链条，从原材料、上游到新材料产品、电芯制备，以及下游的数码产品、小型电动工具、电动汽车和大规模储能设施等一应俱全。

由于新能源汽车在全球范围内爆发性增长，动力锂电池市场需求激增。2011 年全球新能源汽车销售量仅为 5.1 万辆，2018 年全年我国新能源汽车销量 105 万辆，中汽协预计 2019 年新能源汽车销量 160 万辆。未来随着支持政策持续推动、技术进步、消费者习惯改变、配套设施普及等因素影响的不断深入，全球新能源汽车市场仍将保持较高增速。据预计，2022 年全球新能源汽车销量将达到 600 万辆。在汽车电动化的浪潮下，动力电池市场需求不断增长，2018 年 1 月～ 11 月国内动力电池装机总电量约 43.63GWh，已经成为消费电子、动力、储能三大板块中增量最大的板块。

15.1　锂电池关键材料产业及技术发展现状

（1）正极材料

正极材料主要以锰酸锂尖晶石型材料，以镍钴锰、镍钴铝为代表的层状材料，以及以磷酸铁锂为代表的橄榄石型结构材料为主。国外电池企业主要以锰酸锂、镍钴锰、镍钴铝或其混合材料为主。中国目前以磷酸铁锂材料为主，但该材料能量密度进一步提升的空间有限，随着对动力电池能量密度要求的大幅提升，乘用车电池向镍钴锰、镍钴铝或其混合材料体系的转换趋势明显。锂电池用正极材料综合性能对比见表 15-1。

表15-1 锂电池用正极材料综合性能对比

产品类别	技术指标 容量/（m·Ah/g）	发展方向	优点	缺点
镍钴锰三元材料	≥ 180	提高低温性能，提高倍率性能，提高体积比能量，改善安全性	循环性能好，容量高	压实密度低，倍率性能和低温性能比锰酸锂差，安全性能仍有待改善
镍钴铝三元材料	≥ 190	改善安全性，降低残碱含量，提高低温性能，提供体积比能量，提高倍率性能	容量高，循环寿命长	安全性能差，加工性能差，表面pH值高
尖晶石锰酸锂	≥ 110	改善高温循环性	技术及配套工艺成熟，倍率性能好，成本低，安全性能较好	比能量低，高温循环性能差
磷酸铁锂	≥ 160	改善倍率性能、低温性能和加工性能，进一步降低成本	安全性能优异，循环性能优异，成本较低	比能量偏低，低温性能差
富锂层状锰酸锂	≥ 250	改善倍率性能、循环性能及电压衰降问题	容量高	与电解液的匹配差，循环性能和倍率性能亟待改善
高电压镍锰酸锂	≥ 135	提高循环性能	电压高，成本低	循环稳定性较差，现有电解液匹配性差

（2）负极材料

石墨类材料仍然是主流的选择（包括人造石墨、天然石墨及中间相碳微球）。随着对动力电池能量密度要求的大幅提升，合金类材料尤其是硅碳复合材料成为当前及今后一段时间产业化及应用研究的重点方向。对于快充型动力电池，钛酸锂负极材料仍是首选材料，石墨与软碳的混合材料也有批量应用。锂电池用负极材料综合性能对比见表 15-2。

表15-2 锂电池用负极材料综合性能对比

产品类别	技术指标 容量/（mA·h/g）	发展方向	优点	缺点
天然石墨	≥ 360	改善循环性能	技术及配套工艺成熟，成本低	比容量已到极限，循环性能及倍率性能较差

续表

产品类别	技术指标 容量/（mA·h/g）	发展方向	优点	缺点
人造石墨	≥ 350	提高容量、低成本化、提升倍率性能	技术及配套工艺成熟，循环性能好	比容量偏低，倍率性能较差
中间相碳微球	≥ 340	提高容量、低成本化	技术及配套工艺成熟，倍率性能好，循环性能好	比容量低，成本高
硬碳	≥ 430	提高首次效率，降低成本	倍率性能好， 安全性能好，可快速充电，寿命长	技术及配套工艺不成熟，首周循环效率低，成本高，加工性能差
软碳	≥ 400	提高首次效率，提高压实密度	良好的低温性能和循环性能，具有快速充放电和成本优势	能量密度偏低， 首次效率较低
硅碳	≥ 800	提高首次效率，提高循环稳定性	原料丰富，容量高	首周循环效率低，导电性能较差，循环性能较差
钛酸锂	≥ 160	解决钛酸锂与正极、电解液的匹配问题，提高电池能量密度	倍率性能、循环寿命和安全性能优异	能量密度低、成本高，技术及配套工艺不成熟

（3）膜材料

聚烯烃材料是主流的选择，包括聚丙烯及聚乙烯两大类产品，主要有单层膜和复合膜。为提高动力电池的安全性，通常对隔膜材料表面进行了表面改性处理提高耐高温性能，如涂覆无机陶瓷涂层或有机涂层；同时针对动力电池能量密度的进一步提升，隔膜材料的薄型化是发展趋势，聚乙烯材料将得到广泛应用。此外，新型隔膜材料，如聚酰亚胺、芳纶及无纺布等材料也得到了相关应用和考核验证。从提高能量密度和安全性角度看，在薄型化的聚乙烯材料基础上进行表面改性，涂覆有机或无机涂层，是当前及今后一段时间的主流技术选择。

（4）电解液

六氟磷酸锂依然是市场主流产品，在未来一段时间内无替代技术和产品出现对其造成严重威胁。同时，一些新型锂盐在市场上出现并得到了初步的应用，如双氟磺酰亚胺锂盐（LiFSI）。与传统的六氟磷酸锂电解质盐相比，双氟磺酰亚胺锂盐在溶剂中的溶解度及电导率较高，具有更宽的工作温度范围及更高的安全性，但由于其价格高、高温储存稳定性差、杂质含量控制难等问题，目前主要作为辅料添加剂与六氟磷酸锂配合使用。目前，用于动力电池的电解液存在如下突出问题：电解液的主要溶剂成分高度易燃，安全性没有保证；主要成分包括溶剂和锂盐电解质的纯度不够，受到一些杂质的干扰，电解液的长期稳定性不好，电池的长期循环寿命（10 年左右）无法保证；电解液的液态温度范围窄，电池的高低温性能差。动力电池电解液发展方向如下。

• 发展高纯度、高稳定性和长寿命电解液　电解液与电池正极物质、负极物质、甚至黏结剂等都有一定程度的相互作用，这些相互作用通常会导致电池的性能恶化，抑制或削弱这些相互作用对发展长寿命电池具有重要的意义。因此，要发展长寿命动力锂离子电池，就必须加强电解液在电池中与各物质相互作用与影响的基础研究，保证电解液的高纯度和高稳定性。这方面的工作包含电解液的溶剂纯化、锂盐电解质的生产和纯化、电解液添加剂的生产和纯化、高性能电解液系统的组配和优化几个方面。

• 高安全性电解液　高安全性是锂离子动力电池至关重要的指标。要保证电池的安全性，必须首先保证电解液的安全性。这方面的发展主要包括三个方面：一是发展高度氟化的溶剂；二是合理开发和使用电解液的阻燃剂；三是大力发展不可燃的全固态锂离子电池。

• 宽液程电解液　发展在 -40 ～ 80℃之间稳定的电解液系统，保证电池在极冷和极热条件下安全和稳定的工作，这不仅要求电解液的液态温度范围宽，而且要求电解液在高温条件下不溶解正极活性物质和不破坏负极表面 SEI 膜成分。

• 高压电解液　高压电池材料和高压锂离子电池是未来 5 ～ 10 年中高比能锂离子电池发展的主要方向。与此相应，必须开发具有高压稳定性的电解液体系，包括高抗氧化性的溶剂和新型锂盐电解质。

• 全固态电解质体系　无机固体电解质在电导率等方面已经日益成熟，特别是基于这种电解质的锂离子电池具有液体电解质难以比拟的优点。车用锂离子电池使用全固态无极电解质将会是锂离子电池发展史上的一次技术飞跃。

15.2　锂离子电池材料产业存在问题

① 技术创新能力不足，研发投入少，自主推出的新产品较少，产品升级换代慢，材料的技术水平需要进一步提升，相关的专利以及核心技术仍然缺乏，阻碍中国锂离子电池参与国际市场的竞争。

目前中国锂离子电池关键原材料生产企业众多，产品技术及质量水平良莠不齐，关键正、负极等材料整体水平落后于国外厂商，大多数企业处于模仿跟随的阶段，通过低价方式占据市场；少部分企业有着较强的自主创新能力，在行业内占有一席之地，并成为国内外顶级锂离子电池生产企业的合格供应商。在锂离子电池用高性能隔膜及铝塑包装膜等领域尚未完全实现国产化。关键原材料的缺失将导致中国锂离子电池制造的原材料命脉控制在国外企业手中，制约中国锂离子动力电池的发展。此外，中国锂离子电池产业缺少核心专利，目前锂离子电池产业相关的专利以及核心技术被日本、美国以及韩国掌握。中国锂离子电池产品在出口时会经常面临知识产权的问题，将阻碍了中国锂离子电池参与国际竞争。

② 锂离子电池关键材料技术总体上仍落后于国外先进水平，部分材料还依赖进口。多数企业生产自动化程度和控制、管理存在缺陷或不足，制约了产品一致性和成本。

我国锂离子电池的产业链已初具规模，但结构仍不完善，锂离子电池设备与原材料的技术水平总体上仍落后于国外先进水平，部分核心装备及原材料还完全依赖进口。近几年来锂离子电池国产装备在技术和市场方面取得了长足的进步，但与国外先进生产装备相比，仍存在精度差、自动化程度低，无法满足高一致性、高效率锂离子动力电池大规模生产的需要等诸多问题，生产装备的某些关键零部件依赖进口。

③ 材料评价不够深入，电化学性能、物理化学性能评价不够，在使用过程中质量问题较多，使用寿命达不到要求。

④ 锂离子动力电池已有部分进入寿命末期，锂离子动力电池的二次利用和回收问题尚处于探索阶段，回收机制和技术方面均有不足。

电池回收技术储备不足。回收废旧锂离子电池安全性差，容易出现短路，造成局部过热而自燃甚至爆炸；拆解过程设备自动化程度低、处理效率不高；另外，收集和回收技术不完善容易造成二次环境污染。

动力电池回收管理体系不完善。并未出台专门的动力电池回收管理规定，缺乏生产者责任延伸制度，回收责任主体不明确。

15.3　推动我国锂电池材料发展的对策与建议

发展锂电池材料产业，必须大力增强核心资源保障能力，提升我国锂电池产业技术水平和弥补创新能力不足，增加国际竞争力。

（1）对策

正极材料是锂离子电池锂源的提供者，从根本上决定了电池的比能量和能量密度。在现有量产应用的正极材料中，磷酸铁锂和锰酸锂安全性较高，但比容量低，无法使锂离子电池的比能量超过 200Wh/kg（使用金属锂负极的电池除外）；三元材料比容量较高，但安全性需要进一步提升，钴资源限制了其未来的产能。鉴于动力电池需要持续提高比能量和能量密度，镍钴锰层状材料在今后十年内，将是高比能量动力电池的主要材料选择，尤以镍含量高的镍钴锰层状材料（简称高镍材料）和高电压镍钴锰层状材料（简称高电压材料）为重点。此外，尖晶石镍锰酸锂正极材料因其高电压和低成本，以及富锂氧化物固溶体材料因其具有较高的克容量和较宽的电化学窗口，也成为开发热点。

负极材料是决定锂离子电池性能的关键因素之一，目前商业化应用最广泛的是石墨类材料（天然石墨、人造石墨、中间相碳微球），其他已规模化生产的负极材料各具特色。无定型碳材料（硬碳和软碳）倍率性能好，但首次效率低；硅基材料容量高，但首次效率低，循环过程中体积变化大，易粉化；钛酸锂材料高低温性能、循环性能优异，但能量密度低，成本高。

石墨类材料技术已非常成熟，成本低，在未来十年内，仍然占锂离子电池负极材料的主导地位，无定型碳材料（硬碳和软碳）因具有较好倍率性能，将在高功率锂离子电池中得到研究和应用；随着汽车企业对动力电池能量密度要求的大幅提升（>300Wh/kg），合金类材料尤其是硅基复合材料成为应用研究和产业化的重点方向。

随着电池能量密度的提升，高安全型隔膜和电解液也需要加强开发。还有固体电池技术被认为是未来的发展方向，相应的材料技术研究需要加强。

（2）建议

① 研发和设计能力　推动建设锂电池材料产业和汽车/储能产业跨行业的技术发展联盟，多渠道支持建设工程化平台，建立材料基本数据库、工程数据库和产品数据库，建设锂电池产品设计、工程设计、工艺装备和分析测试平台，建设以企业主导、科研机构和高等院校共同参与的产业技术协同创新联盟。

② 制造能力　重点加强新型锂离子电池材料产业制造能力建设。培育技术创新型企业，推动锂电池材料生产企业加强技术改造和工艺革新，建设智能化生产车间和智能化工厂。

③ 关键材料　加快培育和发展新型锂离子电池正极材料、负极材料、电解液、隔膜材料产业，发展绿色制造技术。鼓励材料企业加强技术创新，在正负极、隔膜、电解质等关键材料领域培育一批骨干和创新型企业。

④ 关键装备　推动企业优先采用国产化装备；通过引进吸收消化再创新和自主创新，提高我国锂电池材料关键装备的制造精度、效率和自动化使其达到国际先进水平；支持装备企业提高研发能力和集成能力，采用信息技术开发智能化装备。

⑤ 动力电池再利用　加快建设动力电池回收体系，建设动力电池产品全生命周期管理平台，加强动力电池再利用技术的研发，建设动力电池梯级利用示范基地和材料回收示范工厂。

作者简介

黄学杰，中国科学院物理所研究员，博士生导师，清洁能源中心常务副主任，兼任广州中科院工业技术研究院锂离子动力电池工艺技术装备基础服务平台主任，国际锂电池学会 (IMLB) 执委会成员，“十二五”国家 863 计划电动汽车专项总体组专家，两届总装元器件和电能源专业组成员，广东省科技重大专项新能源汽车电池与动力系统专辑组组长，《储能科学与技术》编委会常务副主任。主要从事锂二次电池及其相关材料、工艺和装备技术的研究，自 1980 年代起已在国际著名科学期刊上发表学术论文 160 余篇，申请发明专利 50 余项；技术支撑了多家锂电及相关材料研发和生产企业；曾获 ISI 经典论文奖，中科院杰出成就奖等。

赵文武，中国科学院物理研究所高级工程师，作为项目负责人累计完成 6 项重点科研项目，包括国家高技术研究发展技术（863）项目 1 项，广东省科技计划重点项目 1 项，中科院科技创新重点项目 2 项，国家电网科技项目 2 项。带领国家团队攻克新能源汽车用能量型动力电池模块和能量功率兼顾型动力电池及系统关键技术并带动关键原材料国产化；解决动力电池单体、模块及系统规模化生产及成本控制技术，形成万套级年生产能力，已发表论文 40 余篇，专利 10 项。

第三篇

新材料园区篇

第 16 章
新材料园区产业发展趋势及应对

陆春雷　吴胜文　陈丽华

新材料产业是国民经济的战略性、基础性和先导产业，是建立科技强国及当前各战略性新兴产业的重要支撑；是我国重点打造的战略新兴产业之一。

全球新材料市场规模平均每年以 10% 以上的速度增长。我国新材料产业规模 2017 年超过 3.1 万亿元，预测到 2025 年产业规模将达到 10 万亿元，长期保持以 20% 以上的速度增长。

我国新材料产业发展速度之快，除市场需求驱动之外，还与各地方政府高度重视新材料产业发展、将其确定为地方特色产业有关。并且国家积极建设新材料产业园区，形成产业集群及产业链互补，极大增强了其发展竞争力。产业园区有利促进了新材料产业快速发展。

16.1　新材料产业园区发展现状、趋势及应对

（1）新材料产业园区发展现状

目前有国家级新材料产业基地约 150 个，包括 32 个新型工业化示范基地和 90 个高新技术产业基地。到 2015 年底，国内新材料产业园区数量已经接近 500 家。

我国新材料产业已经形成集群式发展模式，各地根据区域经济发展的实际需要，

纷纷设立了众多新材料产业园区。新材料产业园区成为承载新材料产业聚集发展，推动经济转型升级的主要载体。经过多年发展，新材料园区的基础设施、软硬件环境、城市功能、创新能力及金融服务等逐步完善，一批新材料产业园已经逐步形成了特色鲜明的产业聚集园区，成为带动新材料产业规模化发展的主要力量。呈现出东中西部差异化发展，分布点多面广遍地开花的发展格局。从区域分布来看，东部园区聚焦前沿材料、中西部园区发展先进基础材料的差异化发展态势。东部地区凭借较强的研发实力、广阔的市场空间和便捷的交通条件，在发展前沿材料、关键战略材料方面走在全国前列；中部地区依托雄厚的传统工业基础，建设了高端装备、电子信息、化工材料等新材料产业园；西部地区依靠丰富的资源优势，培育了有色金属、稀土功能材料等新材料产业园区。

总体上，国家级新材料产业园区普遍发展较快，水平较高，取得了突出成就，对新材料产业发展及本区域经济发展做出了突出贡献。但多数市县级产业园区，缺乏科学的产业统筹规划，发展缓慢，对地区的新材料产业及经济发展推动作用不强。表现为园区企业创新能力不足，产品处于中低端水平，企业盈利能力较低，可持续发展面临挑战。

部分园区主导产业不明确，产业集群和产业链互补优势不明显。造成原因：一是由于产业规划时对地区产业发展基础、条件、环境因素等分析与定位不准确；二是在发展过程中急于求成，迫于考核机制、生存压力等多种因素，对产业集群、产业链协同及升级重视不够。在招商引资时，对引进的企业产业定位、盈利及发展能力、与园区企业间的产业协同能力、产业链上下游协同能力及产业集群及产业链升级能力缺乏足够认识，因此使园区难以形成规模化的产业集群及产业链协同效应。

多个产业园区主导产业同质化发展。盲目跟风追热点，部分园区对当地发展新材料产业的条件和基础缺乏清晰分析认识，导致新材料产业发展脱离本地实际、特色不足，出现低水平、同质化现象，甚至部分出现产能过剩情况，加大了园区发展风险。

园区功能服务配套不完善，存在重生产、轻生活、重招商、轻配套、重招成熟大项目、轻孵化转化新兴科技创新项目等问题，更多关注为企业提供生产用地，而对于企业创新发展所需的共性技术开发平台建设、检验检测平台、融资平台、物流配送、法律法规、知识产权、产学研协同创新等创新及产业升级生态环境重视不足，配套建设不完善。

部分园区，土地集约化利用效率不高，单位产出较低，原有低端产业发展乏力后劲不足，新的高质量项目又进不来。面临土地指标不够后续发展受限，原有土地腾退困难、园区发展活力不足等不利局面。

（2）新材料产业园区发展趋势

我国产业园区发展始于1988年中关村科技园区的建立。随着中国经济高速发展，到目前已经进入经济新常态及产业升级创新驱动发展阶段。在此过程中产业园区经历了快速建设、二次创业，到目前总体进入创新驱动发展阶段，已经呈现出以下的趋势：

① 整体协同发展趋势；

② 产业集群及产业链不断升级趋势；

③ 特色化、专业化发展趋势；

④ 产业链延伸及产业扩散发展趋势；

⑤ 信息化、数字化发展趋势；

⑥ 科技创新、金融服务等创新及营商环境不断完善趋势；

⑦ 由以招商大项目的外部引进为主转变为园区自主培育孵化创新创业企业为主的内生发展趋势；

⑧ 国际化合作及全球资源整合利用发展趋势。

（3）新材料产业园区未来发展应对措施

① 不断完善科技创新体系、产业化服务体系及金融服务等创新及营商环境，加大配套设施及条件建设。不断打造完善的科技创新服务、市政服务、金融服务、政务服务、企业孵化发展服务、科技中介服务、供应链服务、物流服务、商务配套服务等良好的生态环境。

② 由依靠大项目、大招商为主的外延式发展向更多依靠科技成果孵化、企业创业孵化的内涵式增长的转变。打造有利于创新型企业发展的生态环境、配套条件。

③ 为中小企业发展建设更好的发展环境，对中小企业在技术、资金、市场、环境、组织管理、运营管理等多方面提供支持，进一步完善中小企业创业环境。

④ 践行新发展理念，坚持以人为本，遵循科技创新、园区经济和城镇化协调发展的内在规律，实现由单纯发展产业向科技、经济和社会全面协调可持续发展的转变。

⑤ 加强国际交流合作，充分利用好国际资源。积极吸引国际国内科技创新机构入区，建设国际先进技术成果转化对接平台，加快科技成果产业化转移进程，积极引入符合园区发展的国际高端科技资源，提高园区创新竞争力。

⑥ 在新常态下，进一步深耕适合本地区及园区发展的主导产业集群，分析理解产业集群及产业链特点，立足产业基础，加速创新载体和平台建设，建设完整的创新

链、产业链和价值链。加大产业集群及产业链创新体系完善力度，推进产业集群及产业链升级、产业链扩展完善，寻找新的经济增长点。强化产业集群、产业链之间的高效协同，缩短产品的生产周期、提高效率、降低成本，增强竞争力。

材料的产业链通常比较长，坚持把培育完善优势产业链作为发展目标，构建具有活力的产业链整合发展机制，推动企业之间在产业链的相互配套。新材料产业园区能否实现产业聚集，是受一定的外部因素和内部因素影响的。在做主导产业定位之前，首先要考虑清楚一些外部因素，包括政府引导政策、资本推动、土地能源等基础条件、公共服务平台以及市场总体环境；内部因素，应重点考虑区域主导产业及龙头企业，发挥优势产业的关联带动作用，带动配套企业的协同，促进产业链以及研发创新能力的提升，增强区域经济的竞争力。

⑦ 引入数据驱动手段促进材料产业园创新发展。以大数据、云计算、物联网和人工智能为代表的新一代信息技术正在成为新一轮技术革命的核心驱动力。新材料行业将迎来数据驱动新机遇。

目前，部分新材料企业开始探索数字车间、智能工厂建设，横店东磁等已经实施了智能工厂项目，部分企业开始关注大数据、云计算及人工智能方面发展与应用情况。但总体来讲，材料企业对数据驱动认知度较低，认知率不足 15%，大部分企业没有对自身的数据统一整理集中存储管理，很少建有数据中心，部分企业虽做了数据积累、但并没有对数据进行整理分析及应用，数据实际应用率仍比较低；数据驱动在企业的认知和应用仍有较长路要走。

在材料基因工程发展方面，部分高校、科研机构积极先行、开展大量研究工作，少部分研究成果开始到企业端试应用。目前，上海大学材料基因组工程研究院、北京材料基因组工程高精尖创新中心、上海交通大学、中南大学、北京工业大学、北京大学、华东大学、西安交通大学、深圳大学等已经开展这方面的研究实践工作。中国科学院物理所、中国科学院金属所、北京航空材料研究院、钢研院特钢所、钢研纳克等科研院所也在进行这方面的研究工作。

企业方面相对滞后，对材料基因工程、数据驱动认识不足，缺乏畅通的渠道了解数据驱动相关技术；同时，企业渴望通过相关技术实现产品升级、效益提升。

新材料产业园区，可以通过自身产业聚集的优势，创造条件营造良好环境，推动数据驱动在新材料企业新产品研发、生产过程优化等方面的应用，缩短新产品开发周期、优化生产过程控制，提高生产效率、降低消耗，增强企业竞争力。同时，创造条件，大力支持推进智能制造等先进生产方式在园区发展。

16.2 特色案例分享

16.2.1 常州高新技术产业开发区

（1）园区概况

常州国家高新区是1992年11月经国务院批准成立的全国首批国家级高新区之一，成立26年来，高新区先后经历了三次区划调整。目前，管辖面积扩大至508.94平方公里。全区共下辖7镇3街道，一个省级经济开发区——常州滨江经济开发区，一个综合保税区——常州综保区。

（2）产业集群及产业链

初步形成了新材料和高端装备制造两大传统主导产业，在此基础上明确了“两特三新”重点产业（分别是光伏智慧能源、碳纤维及复合材料两大特色产业，新能源汽车及汽车核心零部件、新医药及医疗器械、新一代信息技术三大新兴产业）的发展格局。产业结构见图16-1。

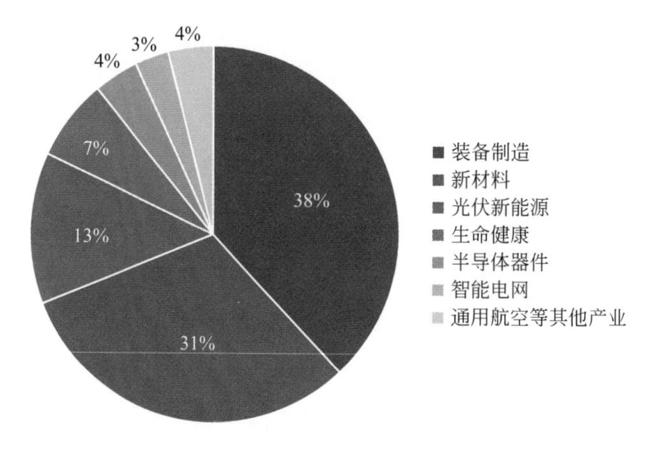

图16-1 产业结构

近年来，常州高新区围绕新材料产业引进了一批重大项目，涵盖芳烃、烯烃、玻璃纤维、高性能涂料等产业链，安泰科技、中江焊丝、诺贝丽斯等细分领域领军企业先后入驻，发展壮大了阿克苏诺贝尔、天马集团、华润化工、新阳科技等国内外知名企业，逐步形成标志性产业集群的规模效应。

发挥中简科技“源头型”创新的技术优势和对下游产业链的牵引优势，以及以康得复材、宏发纵横等企业的市场应用领域优势，着力建设碳纤维及复合材料国家产业创新中心和国家军民融合发展示范园，全力打造常州北有碳纤维、南有石墨烯的国家碳材料产业高地。

（3）取得成绩

以全市 12% 的土地、14% 的人口，贡献了全市经济总量的 20%，公共财政预算收入的 21.5%，高新技术产业产值的 32%，实际到账外资的 27.5%，出口总额的 37%。

综合实力持续增强：全区地区生产总值 1340.2 亿元，一般财政预算收入 111.4 亿元，规模以上工业总产值 3004.3 亿元，规模以上销售收入 2954.7 亿元，市场主体总量突破 10 万家，规模以上企业突破 1 千家，年销售超亿元企业 329 家，纳税超千万元企业 213 家，IPO 上市企业 11 家，“新三板”挂牌企业 49 家。

（4）创新要素集聚

全区有效期内高企总数 437 家（今年新认定高企 100 家，新增高企 74 家，净增 78 家），高新技术产业产值占规模以上工业比重达 62.3%，研发经费占地区生产总值比重达 2.91%，万人有效发明专利拥有量 56.31 件。

高新区与江苏省产业技术研究院、安泰创明共建“江苏省产业技术研究院先进能源材料与应用技术研究所”、江苏省“碳纤维及复合材料科技成果产业化基地”成功获批。

园区目前拥有两站三中心及各类平台 428 个，其中重大创新载体 10 个、众创空间 23 家、孵化器 31 家、加速器 8 家，孵化总面积超过 230 万平方米。实施了 381 项国家级和 647 项省级科技项目，招引了 98 名国家级专家和 657 个“龙城英才”项目，初步形成了“一核心四驱动”的创新布局。

（5）国际合作及全球资源整合利用

国际化合作持续推进、充分利用国际资源：入区 1683 家外资企业、38 家世界五百强企业，其中投资超亿美元的项目超过 46 个，累计利用外资超过 104 亿美元。

（6）金融生态

高新区集聚各类金融机构 118 家、各类资本 223 亿元，综合运用科技贷款、产业基金股转债、债转股、创业贷款贴息和担保等手段，减缓企业融资压力。金融信贷产品不断丰富，联合商业银行先后推出了“苏科贷”、贷款保证保险、成果转化项目贷款、“人才贷”“中小企业融资扶持基金贷款”“苏微贷”等政策性信贷产品。区政府于 2016 年出资 3000 万元设立“中小企业融资扶持基金”作为代偿资金池，联合江南银行和高新担保公司三方进行合作为中小工业企业提供信贷支持。

（7）营商环境

高新区全面启动实施集成改革方案，紧盯行政管理体制、经济发展体制和社会管理体制三大领域，以“六个一”为目标，将开发开放体制改革、产城融合综合改革、

“亩产效益”综合评价改革等 9 项特色改革配套实施，集成推进，有效打通了联系服务群众的“最后一米”。

打造多个平台：打造企业融资平台，打造检验检测平台，打造法律服务平台，打造电商合作平台，打造园区信息共享平台等。

构建完善体系：构建产业联盟体系，构建职业教育与培训体系，构建科技成果转化服务体系等。

16.2.2 宁波新材料科技城

（1）园区概况

宁波高新区始建于 1999 年，2007 年经国务院批准升级为国家高新区。宁波高新区仅仅占地 55 平方公里，却辐射带动了整个宁波的创新驱动与产业发展，这里集聚了宁波最完备的科技服务业产业体系和新材料产业链。

（2）产业集群及产业链

加快发展新材料、智能制造、生命健康等三大主导产业，大力发展科技服务业。宁波高新区在膜材料、汽车电子、工业机器人、互联网 + 等细分前沿领域取得成效，涌现了均胜电子、激智科技、宁波韵升、中银电池、永新光学、美诺华等一批领军型企业。科技服务业优势突出，五年来科技服务业增加值复合增长率达到 25%，研发设计、检测认证、信息技术等快速增长。

加快引进高科技产业项目。先后引进拓邦智能控制器、赣锋锂业、路宝桥面铺装新材料、旷视科技、华为云沃土工场、和利时工业云平台、德塔森特智能数据中心等一批优质项目，进一步增强经济发展后劲。

（3）创新要素集聚

以宁波研发园等创新平台为依托，宁波高新区集聚了 300 多家各类研发机构和科技服务机构，大力开展应用研究和成果转化。引进集聚了北方材料科学与工程研究院、中科院宁波材料所、中石化宁波工程研究院、诺丁汉大学宁波新材料研究院、中国电子科技集团宁波海洋电子研究院、中科院宁波信息技术研究院、工信部电子五所等一批重点研发机构，涵盖新材料、智能制造、信息技术等重点领域。

积极搭建创新创业平台。区内建成了研发园、软件园、创业园、文创园、检测园等创新创业载体，建设宁波新材料联合研究院、宁波新材料国际创新中心、宁波智慧园、智造社区等一批重大创新平台。通过整合大院大所高校资源，组建了全国首个新材料公共技术服务平台——宁波新材料联合研究院，承载公共检测、应用研究、成果转化、创业孵化、产业加速、科技金融六大功能，累计服务全市企业超过 600 家。

全力构筑创业孵化平台：现拥有宁波市科技创业中心、浙大科技园宁波分园、甬港现代创业中心等 20 余家科技企业孵化器，其中国家孵化器 8 家；建成新材料产业加速器、新材料初创产业园、凌云产业园等 9 个科技企业加速器，总面积达 42.8 万平方米；建成总面积 5 万平方米的“宁波众创空间”、总面积 2 万平方米的“宁波新材料众创空间”以及“海峡两岸青年创业基地”等 40 余个众创空间，形成集研发、孵化、中试、加速一体化的创业孵化体系。此外还连续多年举办全球新材料行业赛、科技创业计划大赛、创客创业大赛等赛事活动，创新创业氛围日益浓郁。

全力提升科技创新能力。不断加大创新创业政策支持力度，新推出具有重大突破性的自创区“黄金八条”政策，从“4 个 1000 万”支持高层次人才创业、“3 个 5000 万”支持高端研发机构引进、设立单项最高 1000 万元的区级重大科技专项等八个方面大力度推动创新创业。同时加快高新技术企业、创新型企业、瞪羚企业培育，目前已培育科技型企业 2500 余家，高新技术企业 320 多家。

大力引进高端人才团队：大力实施“高新精英计划”和“资本引才计划”，加快建设院士创新中心，通过“院士领衔 + 原创技术 + 产业培育”等方式，打造顶尖人才创新创业示范平台，先后引进陈建峰院士、黄维院士、徐政和院士、李立涅院士、李明院士等 20 余位国内外院士在高新区（新材料科技城）创新创业，高端人才集聚效应不断凸显。

（4）国际合作及全球资源整合利用

加快提升企业国际化发展水平：宁波高新区鼓励企业“走出去”，积极参与“一带一路”建设，跨国整合创新资源，助力民营企业实现品牌国际化。如均胜电子开展了三次跨国并购，集团实现总产值近 300 亿元，有效实现了市场、资源和技术的全球整合。

（5）金融生态

通过充分发挥宁波民营资本充裕的优势，成立了宁波首家“天使投资人俱乐部”，设立创业风险投资引导基金和政府性天使引导基金，多种途径引导民营资本投资创新创业。

设立了 1 亿元的分园发展扶持基金，用于分园科技型产业的发展；建立了 3000 万元的科技信贷“风险池”资金，引导区内 300 多家投融资机构在全市范围内开展创业投资、股权投资、风险投资。

（6）营商环境

全面推进科产城融合发展：经过多年的发展，宁波高新区原 18.9 平方公里范围内 17 个行政村的征地拆迁工作大部分已经完成，已开发面积达 80% 以上，整个区域的城乡二元结构、人口结构都发生了根本变化。基本建成了骨干路网和重点基础设施，高起点建成了一批公办幼儿园、学校、医院、社区卫生服务中心，引进了印象城、奥特莱斯、迪信通、宝龙等一批知名商业品牌，形成集研发、孵化、总部、办公、居住于一体的科技新城区，成为宁波城市“东部板块”的重要组成部分和展示宁波现代化城市形象的重要窗口。

以“一区多园”为载体，辐射带动全市新兴产业快速发展：为有效发挥宁波高新区（新材料科技城）的引领辐射带动作用，实施高新区“一区多园”发展战略，在全市范围内已设立 7 个分园，通过“一区多园”来带动全市新兴产业快速发展。近年来，从高新区孵化转移到分园和周边地区的创新创业企业达 100 余家，总投资超过 100 亿元。

16.2.3 包头稀土高新区

（1）园区概况

1992 年 5 月 8 日，包头稀土高新区正式成立，并在包头市绝缘材料厂（现和发稀土公司）南部空地上举行内蒙古包头稀土高新技术产业开发区建设启动破土动工典礼。1992 年 11 月 9 日，国务院下发《关于增建国家高新技术产业开发区的批复》，同意在包括包头在内的二十五个城市建立国家高新技术产业开发区。

（2）产业集群及产业链

1996 年 11 月 18 日，包头稀土高新区完成“九五”产业发展规划，确定了“一业为主、五业并举、多元联动、整体优化”的产业发展方针，即以稀土高新技术为主，兼顾发展新材料等高新技术。稀土高新技术则以稀土钕铁硼、永磁电机、稀土储氢合金粉、镍氢电池、三基色荧光粉、单一稀土化合物、单一稀土金属、稀土超磁致伸缩材料、抛光粉、塑料用稀土颜料、稀土高温电热元器件等为主。

“十五”期间（2001 ～ 2005 年），包头稀土高新区稀土产业产能迅速扩大。到 2005 年，稀土企业达到 63 家，稀土产品品种达到 130 个，稀土产业实现工业产值 21.6 亿元。稀土深加工产品和基础功能材料比重大幅提升。

“十一五”期间（2006 ～ 2010 年），包头稀土高新区稀土产业集中度进一步提高，稀土新材料和应用产品成为重要增长极。到 2010 年末，区内稀土企业 75 家，其中生产型企业 69 家，科研和贸易企业 6 家，中外合资企业 10 家，年产值 2000 万元的规模以上稀土企业 21 家，稀土产业工业总产值 145 亿元，比 2005 年的 21.6 亿元增长 571%。

“十二五”期间（2011 ～ 2015 年），包头稀土高新区围绕稀土创新型特色产业集群这一主线，着力建设稀土储备中心、稀土交易中心，初步实现了稀土产业由粗放向集约的转变，数量向质量的转变，传统向现代的转变，单一向多边的转变，封闭向开放的转变。稀土磁性材料及应用产业，稀土储氢材料及其应用产业，稀土抛光材料及其应用产业，稀土发光材料及其应用产业，稀土催化、塑料助剂材料及其应用产业，稀土有色合金新材料及其应用产业等均得到全面提升和发展。5 年间，历经国际经济大环境的起伏跌宕，包头稀土高新区的稀土产业仍然保持了稳健的发展步伐。

步入“十三五”时期，包头稀土高新区通过永磁、催化、合金“三主”产业推动，带动发光、抛光、储氢“三辅”产业发展，稀土新材料连年增速都达到 30% 以上，远高于全国 6% ～ 7% 的增速，实现了由稀土原材料产业为主向稀土新材料及终端应用转变，由稀土产品粗加工向精深加工、打造品牌转变，稀土产业集群被确定为国家级工业园区标准化示范项目，实现稀土科研、标准、产业同步发展。镨钕转化率由 20% 提高到 70%，镧铈转化率由 30% 提高到 62.5%，永磁材料产量位居全国前列，抛光、储氢材料产量居全国第一。以天和磁材、韵升强磁为龙头企业，形成了金属钕或镨钕—稀土永磁材料—稀土永磁电机、垂直轴风电发电机、稀土核磁共振等稀土永磁材料产业链；以天骄清美、索尔维为龙头企业，形成氧化铈—抛光粉及抛光液—用于 CRT、LCD 以及光学镜头的抛光材料等抛光材料产业链；以希捷环保为龙头企业，形成氧化镧、铈—催化材料（石油、汽车尾气、电厂脱硝领域）等催化材料产业链；以稀奥科、昊明新电源、长荣电池为龙头企业，形成氧化镧—稀土储氢材料—稀土镍氢电池—新能源汽车等储氢材料产业链；以宏博特为龙头及以中科院着色剂项目为引导，形成了氧化铈—硫化铈无毒着色剂—应用产品等产业链。继北方稀土于 1997 年在上海证券交易所上市后，2016 年，英思特稀磁在新三板挂牌，9 家稀土企业在新四板挂牌，还有多家企业已步入上市券商辅导阶段。

产业升级、创新能力不断增强。经过多年的发展，依据麦肯锡全球研究院做的稀土产业专门发展规划，包头稀土高新区结合磁应用、新能源汽车、智能装备、环保等产业发展方向，发力终端应用领域。

稀土着色剂连续化隧道窑生产线在包头建成，开发了温和条件下硫化物着色剂制备新方法，满足国家稀土资源平衡利用和替代有毒有害产品重大需求。

拓又达新能源科技公司生产的垂直轴风力发电机组，是为南极科考站紫金山天文台制造的我国第一套风光互补供电设备。

天和磁材公司量产 HCJ>30 及 32MGoe 以上的钐钴稀土永磁材料，开拓了军工用钐钴市场。英思特公司的磁组件已被微软、联想、华为等厂商指定为笔记本电脑分体机专用磁铁组件，项目属国内首创。

稀宝医疗成功推出国内首台移动磁共振诊疗车“驰影 A30”，其车载集成型磁共振和扁鹊飞救远程系统等多项先进技术属世界首创。立足稀土，开拓磁性材料应用新领域，争取在磁调速、磁弹簧、磁密封等领域有所突破。通过现有的电机、电池产业基础，引进新能源汽车产业、高铁轻量化底盘和车厢企业。推动中科着色剂项目投产达效，并加快稀土印泥、稀土硫化铈口红、稀土硫化铈色浆、稀土陶瓷等应用项目发展。

（3）取得成绩

截至 2017 年，包头稀土高新区稀土高新技术企业已经达到 16 家，预计在 2020 年前，稀土磁性材料产能将超过 5 万吨，产量将超过 3 万吨，成为世界最大的稀土钕铁硼新材料及深加工产品生产、销售基地。

（4）创新要素集聚

一大批科研机构陆续落户，极大地增强了包头稀土高新区稀土产业的竞争实力与发展水平。在原有国内最大稀土科研机构包头稀土研究院的基础上，联合成立内蒙古科技大学稀土学院并签订《内蒙古科技大学与包头稀土高新区管委会合作办学协议》，引进中科院包头稀土研发中心、上海交大包头材料研究院两大新型科研院所，规划建设了稀土应用产业园、稀土新材料深加工基地、高新技术产业基地、中科院产业园、上海交大产业园等；通过与包头本地稀土企业的技术合作，共建了研发（工程技术）中心，联合攻关解决核心技术难题。并成立中科院包头稀土研发中心“稀土硫化物及稀土光源”院士专家工作站、中科院包头稀土研发中心“中欧一带一路联合实验室”等一批新型产学研合作机构，新工艺、新产品、新项目正在加速开发与转化。

通过共建、代建等多种模式打造了中科院产业园、上海交大产业园、昊明新能源产业园、中科机器人产业园、稀宝博为医疗器械产业园五大创新基地，构建“两院五园”协同创新格局，打通科技成果转化的“最后一公里”。

（5）金融生态

包头稀土高新区充分发挥资金的引导作用，完善稀土交易体系，通过更多渠道，进一步促进投资方式多元化，有效解决企业融资难、融资贵、融资慢的问题，提升稀土产业核心竞争力。

积极推动包头市成立“稀土产业转型升级基金”，初期规模 40 亿元，将以参股而不控股的方式，投向包头稀土产业转型升级项目。目前，包头稀土高新区 23 家稀土企业获批基金 26 笔，共计 15.6 亿元，已到位基金 12 亿元，占包头市到位基金总额的 80%，资金的使用综合费用率控制在 7% 以下，为推动包头稀土高新区稀土产业转型升级提供有力的资金保障。

推进包头稀土产品交易所建设，鼓励稀土企业进场交易，稳定原料价格，扩大供给渠道，避免稀土原料价格大起大落对企业造成的冲击。包头稀土产品交易所现货发售模式新系统于 2016 年 6 月上线以来，现已上线氧化镝等 12 种稀土氧化物，发展了广东广晟、四川盛和、上海和利稀土等发行会员 7 家，经纪会员 8 家，贸易会员 120 家，交易商达到 1227 家。新系统增强了资金、稀土交易的流动性，标志着稀土交易向标准化、规模化、多元化方向又迈出了重要一步。稀交所目前在库产品货值已超过 20 亿元，是全国唯一以稀土实物入货来保障参与交易各方交收的交易所。

16.2.4　赣州高新技术产业开发区

（1）园区概况

赣州高新技术产业开发区始建于 2001 年，前身为赣县工业园。2015 年 9 月获国务院批复升级为国家高新技术产业开发区。近年来，赣州高新区结合地区资源禀赋，高标准规划编制了《产业发展规划》，进一步明确了以培育稀土和钨新材料研发及应用为首位产业，生物食品和装备制造为辅的产业体系。提出了以赣州高新区为核心打造国内领先、世界一流的集稀土稀有金属产业创新要素于一体、形成投资机构集聚、相关产业集聚、人才集聚、要素市场集聚的一个有利于产业创新要素相互促进、共生发展的“谷”生态环境，即建设中国“稀金谷”。截至目前，赣州高新区内拥有钨和稀土企业 62 家，其中规模以上企业 37 家。2017 年首位产业实现主营业务收入 185.8 亿元，同比增长 18.96%，占高新区工业经济总量比重达 56%。

赣州高新区先后获批新材料（稀有金属）国家新型工业化产业示范基地、国家钨和稀土新材料高新技术产业化基地、江西省军民融合产业基地、江西省钨和稀土产业基地、江西赣州稀有稀土金属循环经济产业基地、专利申请过千件园区。

（2）产业集群及产业链

近年来，赣州高新区结合地区资源禀赋，推动首位产业企业做大做强，努力延伸产业链条。钨产业已经形成从采矿、选矿、冶炼到钨加工及应用产品的产业体系，打造了一条从钨矿采选—钨精矿—APT—蓝钨、碳化钨粉—硬质合金—棒材、刀具、矿山凿岩工具的完整钨产业链条，具有国内同行业领先水平，成为全国钨产业链条最长的县市之一。稀土产业发展方面，赣州高新区已成为全国重要的稀土产品生产基地。其中红金稀土已成为目前中国规模最大、工艺最先进、能够对南方离子型矿实现十五种单一高纯稀土元素全分离的仅有几家企业之一。

（3）创新要素集聚

近年来，赣州高新区分别与清华大学、江西理工、中科院包头稀土研究中心、海西研究院等科研院所对接。截至目前，国家钨与稀土产品质量监督检验中心、中国稀金（赣州）新材料研究院、中国科学院海西研究院赣州稀金产业技术研发中心、质谱科学与仪器国际联合研究中心赣州分中心等多个科研平台相继在赣州高新区挂牌，开启了“中国稀金谷”建设和稀有金属产业发展新篇章。

引导企业实施创新发展战略，鼓励企业加大与科研院校合作。推动江西理工大学稀土磁性材料研究所与诚正稀土共建“稀土永磁材料中试基地”；推动中国南方稀土集团与友力科技公司共建稀土回收利用中试车间；协助引进电机行业泰斗唐任远院士与诚正稀土合作共建院士工作站；指导 8 家稀土企业申报高新技术企业。2017 年协助企业申请各类专利 710 件。

（4）营商环境

为加快推进落地项目建成投产，赣州高新区成立“项目落地办公室”，密集调度项目建设进度。实行区主要领导挂点推进、周例会调度、“保姆式”代办等制度，落实一线工作法，加快稀土产业项目落地建设步伐。

16.2.5 京津科技谷产业园

（1）园区概况

京津科技谷产业园区是天津市人民政府批准成立的市级示范工业园区。其也是国家火炬计划新材料特色产业基地、全国小企业创业基地、天津市首批高新技术产业开发区、天津国家自主创新示范区。园区规划面积 35 平方公里，建成区 10.67 平方公里。建区 11 年来，共引进企业 1900 余家，投资规模超过 800 亿元，其中 500 强企业 10 家，国内外行业龙头企业 38 家。截至 2017 年底，累计实现营业收入 1040 亿元，税收 72 亿元，吸引就业 2.2 万人。

（2）产业集群及产业链

多年来，京津科技谷初步形成了新材料、智能制造、信息技术等主导产业。

① 新材料产业　重点发展特种金属功能材料、高性能结构材料、功能性高分子材料、特种无机非金属材料和先进复合材料等，引进了拥有中国最大的金属材料研发生产基地的中国钢研科技集团，中国镁行业产业链最长的山西东义煤电铝集团，中国混凝土外加剂行业龙头企业江苏苏博特新材料股份有限公司、生产屏蔽材料的飞荣达、生产稀土荧光材料的中科翔及美资企业埃尔泰克等；近年来新材料产业获得科技成果 200 项；实现转化 65 项；实现销售额 20 亿元。

② 智能制造产业　重点发展智能控制系统、关键零部件、智能装备等，引进了世界 500 强排名 178 位、中国 500 强排名 30 位的中国航空工业集团，世界 500 强

企业排名第 381 位、中国 500 强企业排名第 91 位的中国航天科工集团，A 股上市北京高能时代环境技术股份有限公司、新型高效热交换设备龙头企业华赛尔换热设备有限公司、珑涛环保设备有限公司等。

③ 信息技术产业　重点发展信息技术的研究与应用、信息设备与器件的制造、信息服务等。引进了中国 500 强排名第 107 位的国美电器控股集团、中国十大最具成长性互联网企业暴风影音、中建材集团北新国际电商、联众世界、云鸟、海马玩、团车网、漫灵软件等。

（3）创新要素集聚

目前已建设 3.5 万平方米孵化器、12.5 万平方米加速器和 20 万平方米标准厂房，承接新材料产业研发和成果转化。与清华大学、天津大学、河北工业大学、天津工业大学等高校院所签署产学研合作协议；其中河北工业大学产学研基地首批入驻河北工业大学国家技术转移中心、生态环境与信息特种功能材料教育部重点实验室、智能康复装置与检测技术教育部工程研究中心等 5 个成果转化中心、重点实验室、工程中心。

与清华大学、重庆大学共同组建了国家镁合金工程技术中心北方基地；并与俄罗斯、美国、墨西哥、以色列、意大利、德国等建设研发实验室。

建立了中关村创新驿站，成为科技创新与成果转化的一站式服务平台和高校院所、企业、专业园区、孵化器中的创新基础服务组织，还为创新活动提供政策宣讲、需求发现、成果挖掘、服务机构推荐、创新导师选用等服务。

建立了天津质检院武清分院，设有金属材料检测中心及一批新材料制品的检测中心，可进行汽车零部件检测、康复器材检测、锂电池检测等。

建立了工大航泰“先进纺织复合材料”教育部工程研究中心、天津工业大学教育部复合材料研究中心等。

（4）金融生态

园区充分发挥海河产业基金引导作用 ，引进了 14 家风险投资公司，并不断优化金融服务环境。

为了切实解决新材料创新型企业融资难题，创新资金服务平台，与银行、风险投资机构、天使投资人、小额贷款公司、信用担保机构、金融租赁机构等各类金融机构接洽并达成战略性合作，如民生银行授信 5 亿元，对不具备贷款条件的企业只要园区担保就给予支持。

对通过融资租赁购置的先进研发生产设备的新材料企业给予融资租赁额综合费率 5 个百分点费用补贴。

对完成股改并挂牌上市的新材料企业给予30万～800万元配套补贴。

（5）营商环境

促进产业链协同，园区内新材料企业与智能制造企业形成良性互动，打通了新材料企业上下游间各个环节，实现企业竞争力的提升，降低了成本。

积极为企业搭建网上销售平台，并通过微信公众号、网络平台、新媒体等宣传新材料企业产品和技术优势。

推动企业走出去，组织企业参加“中国国际中小企业博览会”“津洽会”“军民两用材料展览会 ”等各类展会为企业提供出版印刷、展位租赁、公司VI设计、国际市场推广等服务并给予补贴扶持。全面展示企业形象，扩大企业国际知名度，促进企业快速发展壮大，建立了企业宣传推广、境外包装、参展的渠道，同时降低了企业成本。

16.2.6 东台经济开发区

（1）园区概况

江苏东台经济开发区创建于2002年，2006年被批准为省级开发区。现管理面积73.4平方公里，下辖滨河、城北2个社区和9个村。开发区先后被批准设立“台湾新材料工业园”“江苏东台新材料（不锈钢）产业园”“上海西郊开发区东台工业园”等区中园，先后获批国家火炬特色产业基地、国家绿色园区，省新型工业化产业示范基地、省“两化”融合示范区、省电子元器件产业基地、省高端装备制造业特色产业基地等。曾荣膺“中国不锈钢制品产业基地”“江苏省高层次人才创新创业基地”“长三角园区共建联盟示范园区”等称号，园区实力不断增强。

东台是国家绿色能源示范县市、江苏省功能性材料和电子信息及新型电子元器件制造产业基地、江苏省智能纺机制造基地，海关、商检、保税物流等功能性载体齐全。生产力布局合理，形成以经济开发区、沿海经济区、城东新区、西溪景区为重点，镇域特色产业园为补充，定位明晰、产业互补的发展格局。

（2）产业集群及产业链

立足现有产业基础和优势企业，着力打造国家火炬计划新材料产业基地和华东地区一流的特色金属材料产业基地。重点引进纳米材料、智能材料、特种工程材料、超导体材料、石墨烯应用材料等新型材料研发及生产，初步形成了以磊达钢帘线及切割钢丝、生辉薄板、业辉彩钢板、上矽电工钢为代表的特种金属材料产业；以德赛化纤、宏泰纤维为代表的特种纤维材料产业；以中玻浮法玻璃、欧文斯玻璃容器、巨欣安全玻璃为代表的特种玻璃材料产业；以生辉LED、友新光电为代表的特种电子信息材料产业。新材料产业占园区经济总量的 60% 以上，新材料产业链不断拉长增粗，成为名副其实的支柱产业。

新特产业集聚发展，先后落户领胜科技、科森科技、生辉光电、东祥麟覆膜材料项目、华东智能成套装备项目等一批行业龙头企业及项目，形成以新材料、电子信息、装备制造产业为主导的发展格局。

（3）创新要素集聚

与江苏省产业研究院、中科院南京分院等 10 多家科研院所共建产学研合作平台，目前拥有国家级科技企业孵化器 2 家、国家级众创空间 2 家。先后成立国家高新技术企业 32 家、省级以上创新平台 18 家，获批中国驰名商标 3 个，省高新技术产品、新产品 160 多个。加快建设电子信息产业研究所、智能装备制造产业研究院。年内智能化成套加工中心产品产量突破 1 万台套。

（4）营商环境

现代服务业快速扩张，特色旅游业加快发展，获得“中国优秀旅游城市称号”。服务业增加值年均增速 25%，其中现代物流、金融服务等新兴服务业占服务业增加值比重 40%。载体功能不断提升，加快内河港建设，携手央企国企共同打造区域性现代物流园。建成中欧科技产业园一期 10 万平方米现代化厂房、研发中心、人才公寓等。加快推进 10 万平方米城市商业综合体建设，致力打造宜业宜居的现代化园区。

东台的海岸线长 85 公里，滩涂面积 156 万亩，占江苏省总量的五分之一。每年以 150 米左右的成陆速度向东延伸、新增土地 1 万亩以上，相当于每年新增 7 平方公里的土地面积，为园区未来发展提供了用地保障。

16.2.7　南京江北新材料科技园

（1）园区概况

南京江北新材料科技园于 2018 年 3 月由原南京化学工业园区（成立于 2001 年）发展而来，是南京市及江北新区为做优做强新材料支柱产业，建设具有国际竞争力的新材料生产基地而设立的专业特色园区。其位于南京市北部，长江北岸，处于沿海经济带与长江经济带的交汇处，距南京市中心 30 公里，规划面积 45 平方公里，是国家级江北新区的产业与创新核心区。

（2）产业集群及产业链

园区将主导产业定位于高性能合成材料、高端专用化学品等，包括工程塑料、弹性体、功能纤维、生物降解材料；环保涂料、个人护理化学品、催化剂、电子化学品等。截至 2017 年底，累计入园企业近 400 家，其中规模以上工业企业 126 家，包括

30多家世界500强、全球化工50强以及细分市场领先企业。建成投产各类企业172家，园区主要企业有扬子石化、扬子巴斯夫、扬子BP、扬子伊士曼、诚志清洁能源、塞拉尼斯、亚什兰、瓦克、沙索、蓝星安迪苏、赢创、贺利氏、艾士德、空气化工、林德气体、普莱克斯等。

累计完成全社会固定资产投资2216亿元，2017年实现产值1892亿元，销售收入1951亿元，实现税收189亿元。

（3）创新要素集聚

① 研发中心　总建筑面积约25万平方米，主要布局各类科技企业孵化器、众创空间、专家服务基地、留创园、重大公共技术服务平台及一批高端新型研发机构。

② 国际企业研发园　总建筑面积约16.24万平方米，重点布局国际企业研发总部、新型创新平台、创客空间、人才公寓等，其中研发办公大楼功能上主要用于新材料研发、工艺设计、互联网+、文化创意等。

③ C-Park　总规划面积337亩，分为研发区、中试厂房区、产业化基地区、商业办公区四个功能区。同时配备相应的安全、环保、餐饮、后勤等公共设施和服务。重点聚焦生命健康、新材料、高端专用化学品三大产业，是园区落实“两落地、一融合”和产业转型升级的重要载体之一。

④ 双创平台　创建了国家火炬南京化工新材料特色产业基地，规划面积17平方公里，2015年2月获批江苏省化工新材料产业产学研协同创新基地。截至2017年底，拥有规模以上工业企业及配套关联企业共72家，高新技术企业25家。2017年，1家企业成功在“新三板”挂牌。拥有一启创吧、2123创意谷、新材智库等孵化器或众创空间。入驻了南京化工环保新材料研究院、南京理工化工新材料研究院、南京先进生物技术和生命科学研究院等一批新型研发机构。建有南京化工环保产业创新中心、上海股权托管交易中心企业挂牌孵化基地等公共服务平台。

（4）创新材料馆

其是一个集园区成果展示、企业宣传、创新材料展示、活动交流、科普教育于一体的综合材料展示场馆。含线下创新材料展示和线上材料数据平台，参观者可以在馆内实时便捷查询材料生产企业、特性和应用领域。

主要分为以下几大区域。

① 先进材料和中国制造2025　展示中国制造2025中电子信息行业、航空航天行业、新能源及新能源汽车行业、高端制造行业中最具创新的材料及工艺。

② 生活中新材料　材料在居住、出行、服饰、生活日用相关领域中的应用。

③ 材料历史长廊　从石器时代，无缝过渡到创新材料时代，阐述材料的发展

变革。

④ 创新材料　最前沿的创新材料，例如石墨烯、碳纳米管、液态金属、3D 打印材料等。

16.2.8　重庆长寿经济技术开发区

（1）园区概况

长寿经开区是 2010 年经国务院批准设立的国家级经济技术开发区。经开区规划面积 80 平方公里，重点发展新材料新能源、装备制造、电子信息、生物医药、钢铁及金属压延五大产业。开发区紧邻重庆两江新区，距重庆主城核心区 50 余公里，长江穿境而过，拥有公路、铁路、水路等立体交通网络，区位优势明显。先后荣获国家化工新材料高新技术产业化基地、全国循环经济示范园区、中国化工园区 20 强、中国十大最佳投资环境园区、中国钢产业示范基地、国家知识产权试点园区等 10 余项国家级荣誉称号。依托良好的资源禀赋、区位优势、产业基础，累计引进国内外知名企业 410 户（其中：世界 500 强 22 户，跨国公司 43 户，上市公司 47 户），合同引资超 3500 亿元，建成投产企业 233 户（其中规模以上企业 170 户）。2018 年长寿经济技术开发区实现规模以上工业总产值 750 亿元，实现税收 30 亿元，规模以上工业利润 52 亿元，完成外贸进出口额 100 亿元。

（2）产业集群及产业链

重点发展新材料新能源、装备制造、电子信息、生物医药、钢铁及金属压延五大产业。通过外引内联发展方式，新材料产业得到快速发展，已有德国巴斯夫、中石化、英国 BP、索尔维、林德、普莱克斯、云天化、LG 化学、国际复合、阿里斯克、关西涂料、KCC 金刚化工、重庆钢铁集团等 75 家新材料新能源产业企业入驻园区。目前已经建成了全球最大的 MDI 生产基地，亚洲第一的玻璃纤维和电子布生产基地，玻璃纤维、变压器电子材料企业分别在巴西建生产基地走向国际化发展。2018 年材料产业集群建成投产的规模以上企业 60 家，全年产值约 300 亿元，占经开区规模以上企业产值的 39.3%。重点发展以屏芯用材料、高纯试剂为主的电子材料产业集群，以聚氨酯、工程塑料、玻纤复合材料为主的轻量化材料产业集群，以 PVA 光学膜、PVB 膜、石墨膜、聚酰亚胺导热膜为主的功能性膜材料产业集群。

园区在产业集群及产业链规划中，根据自身特点及优势，明确产业集群及产业链定位。在招商工作中，以产业集群及产业链规划为指导执行，收到良好效果。

（3）创新要素集聚

着力建设创新平台。长寿经开区科技产业园总规划面积约700亩，包括长寿经开区科技创新园、长寿经开区国际合作产业园创新基地、光电产业校地合作研发基地、标准厂房（一至六期标准厂房）。长寿经开区科技产业园作为经开区转型升级的重要载体，结合经开区产业发展实际，以“3+3产业体系”作为主攻方向（即3个主导产业：新材料新能源产业、环保产业、光电产业和3个战略性新兴产业：智能制造产业、集成电路产业、新型显示产业）打造创新平台。

着力进行科技创新成果转化。园区内2018年新增国家高新技术企业6家、科技型企业28家、高新技术产品53个。规模以上工业企业R&D经费支出8.2亿元、增长23.31%，占GDP的2.3%。已签约22家法人化研发机构，并已建成6家独立法人化研发机构，共有3个院士专家工作站（其中2016年以来新增2个）、1个博士后科研工作站、1个博士后创新实践基地、3个新型专家智库，共柔性引进院士3人、院士专家团队成员40余人、招收4名博士入站、引进各种智库专家40余人。人才支撑创新能力进一步增强。

（4）未来产业发展规划

① 产业转型发展　长寿经开区瞄准国家战略新兴产业和重庆市先进制造业的发展需求，依托雄厚的基础化工、钢铁产业基地优势，重点发展金属材料、高纯元素材料、功能性膜材料、高性能树脂、特种纤维及复合材料、特色电子材料等新材料产业集群，建立布局合理、特色鲜明的产业基地，形成具备较强自主创新能力和可持续发展能力、产学研紧密结合的新材料产业体系。

② 扩延产业链条　进一步提升产业规模和竞争力，推动经开区新材料产业的迅猛发展。立足新兴产业与材料的结合推进项目招商与落地，围绕新能源电池材料为代表的相关项目招商与落地，逐步构建起经开区的新能源全产业链。围绕巴斯夫MDI等核心项目，构建高性能树脂及塑料、功能性膜材料、专业化学品产业体系，进一步壮大产业集群，推进以工程塑料及膜材料为代表的新材料相关企业的引进与项目落实，促成了长寿经开区工程塑料及膜材料产业集群的初步形成；重点发展以碳化硅、氮化镓材料为主的第三代半导体化合物材料，打造重庆市第三代半导体材料基地。力争到2020年，新材料产业占全区工业总产值比达到20.6%，达到400亿元。

作者简介

陆春雷，中钢研安泰科技股份有限公司战略发展部高级工程师，毕业于东北大学有色冶金专业、首都经贸大学 MBA，长期从事产业项目投资、项目管理、科技成果产业化、企业经营管理及产业园区开发建设等工作。

吴胜文，中钢研安泰科技股份有限公司粉末冶金研究所高级工程师，北京科技大学钢铁冶金专业博士，长期从事新材料领域的科研工作和项目投资管理工作。央企控股上市公司 10 余年的项目投资建设管理经验，熟悉新材料产业领域工业项目的投资和建设管理。

陈丽华，北京大学国家高新技术产业开发区发展战略研究院副院长，北京大学光华管理学院管理科学与信息系统系主任、教授、博士生导师，北京大学流通经济与管理研究中心主任 . 陈丽华教授在香港城市大学获得管理科学专业博士学位，曾在中国科学院数学与系统科学研究院从事博士后研究。主要从事大数据与商业分析，流通经济与管理，供应链金融管理，经济与管理模型与优化设计，服务科学与管理，管理科学与工程，高新开发区战略管理及产业化服务体系设计，科技创新与管理等领域的研究工作和相关的教学工作。陈丽华教授作为负责人或研究骨干主持参加了多项国际合作项目和国家自然科学基金、省部委等重点研发项目。

第 17 章

蚌埠市新材料产业

——全力打造“创新之城·材料之都”

蚌埠市人民政府

蚌埠位于安徽北部、坐落于淮河之滨，是全国文明城市、国家园林城市，也是安徽省支持建设的淮河流域和皖北地区中心城市。早在 4200 多年前，大禹就在此劈山导淮、变堵为疏，其敢为人先、开拓创新的精神在蚌埠代代相传。

“蚌埠丰富的科教资源不管在‘量’上还是在‘质’上，在皖北都是首屈一指，在省内仅次于省会。”蚌埠是皖北科教中心、安徽省第二大科教资源城市。拥有中国电科 40 所、41 所，中国兵器 214 所，中国建材蚌埠玻璃工业设计研究院等中央驻蚌科研单位，拥有安徽财经大学等高等院校 10 所，各类职教院校 34 所。进入新时代，蚌埠将用好用活合芜蚌国家自主创新示范区平台，全力打造“创新之城·材料之都”。近年来，蚌埠获得过全国科技进步先进市、国家知识产权质押融资示范市、科技和金融结合试点市等荣誉。

蚌埠诞生了两件“世界级”的产品，一个是“电变成光”，研制了世界最薄的 0.12mm 触控玻璃。另一个是推动“光变成电”，研制了国内首片铜铟镓硒薄膜太阳能电池，这都标志着在这一领域，中国实现了从“跟跑”到“领跑”的跨越。

“蚌埠正聚焦硅基新材料、生物基新材料两大产业，着力建设世界级新材料产业基地。”硅基新材料产业方面，依托中国建材蚌埠玻璃工业设计研究院，大力发展硅基及其上下游延伸产业，特别是瞄准新型显示玻璃领域，打造拳头产品。目前，位于蚌埠的省级硅基新材料产业基地正在加速集聚，构建起了新型显示、太阳能光伏、特种玻璃 3 条完整的核心产业链。2018 年 2 月，诺贝尔化学奖获得者马里奥·莫利纳来到蚌埠设立工作站，硅基材料安徽省实验室在蚌埠玻璃工业设计研究院挂牌。汉能、恒基伟业等集团新材料项目相继落地，持续推动硅基新材料产业壮大。计划用 3 ～ 5 年时间，推动硅基新材料产业达到 1000 亿元的产值。

生物基新材料方面，支持丰原集团、中粮生化等国内一线生物制造企业发展，培育形成聚乳酸、聚丁二酸丁二醇酯、生物质热塑复合材料 3 条完整的产业链。特别是丰原集团已全面掌握了聚乳酸全产业链生产技术，组建了聚乳酸工程技术开发中心，建成了 2000 吨 / 年聚乳酸纤维产业化示范生产线。目前，依托丰原集团和国内行业龙头杰事杰集团，打造国内最大的聚乳酸产业园。用 3 ～ 5 年时间，推动生物基新材料产业达到 1000 亿元的产值，形成硅基、生物基新材料两个千亿级产业双轮驱动的发展态势，建成名副其实的“创新之城·材料之都”。

当前，蚌埠正处于大有可为的重要战略机遇期，市委、市政府坚持工业强市核心战略不动摇，实施更加积极主动的开放战略，加快打造内陆开放新高地。围绕打造审批事项最少、办事效率最高、投资环境最优、市场主体和人民群众获得感最强的“四最”城市，我们大力倡导“项目定了干，一切手续我来办；项目开了工，一切服务我跟踪；项目投了产，一切困难我来管”的服务理念，深入推进“放管服”综合改革，全面推行“不见面审批”和“最多跑一次”，力争做到在全省审批环节最少、材料件数最少、办结时限最短、涉企收费最低。

蚌埠作为合芜蚌自主创新示范区的核心城市，创新是蚌埠“宝贵基因”，也是蚌埠“发展之魂”。站在新的历史起点，加快建成淮河流域和皖北地区中心城市，既需要全市人民的共同努力，也需要社会各界的积极参与。诚挚邀请海内外有识之士到我市参观考察、交流对接、投资兴业！携手蚌埠共享机遇、共谋发展、共创辉煌！

第 18 章
宜春市锂电产业发展园区

宜春市科学技术协会

近年来，宜春市紧紧抓住国家新能源汽车产业发展的战略机遇，依托丰富的锂矿资源，把锂电产业作为转变发展方式、调整产业结构的重要抓手，统筹做好产业链建设各方面工作，实现了锂电产业从无到有，由弱变强的超越式发展。经过十年来的发展，培育了远东智慧能源、紫宸科技、宜春银锂等一批在行业内具有较强影响力的企业，形成了从锂矿原料采选到电池级碳酸锂、电池关键材料，再到锂离子电池及新能源汽车的较为完整的产业链条。现将宜春市锂电产业发展情况简要介绍如下。

18.1 产业基本情况

截至 2018 年 10 月底，全市锂电项目 101 个，吸引了 10 家主板上市企业来宜投资。其中投产锂电企业 69 家，在建锂电项目 25 个，全市锂电产业主营业务收入 189.06 亿元。2018 年新增投产项目 6 个，新增开工项目 5 个，新增签约项目 8 个。2018 年全市锂电产业主营业务收入原口径统计 352 亿元、现口径统计 233 亿元，同比增长 35%，增速远超我市其他几大支柱产业。我市锂电新能源产业的发展呈现出以下几个特点。

一是“一路两翼”发展格局初步形成。锂电新能源企业分布在市本级宜春经开区和奉新、高安、上高等 8 个县市区，主要集中在经开区、袁州区和奉新、高安等地，初步形成“一路两翼”发展格局。袁州区以锂盐为主，奉新县以负极材料为主，高安以电池和隔膜为主，宜春经开区以锂电池和新能源汽车为主，各具特色，协同发展，形成从源头锂矿开采冶炼到终端新能源汽车及锂电池应用等较为完整的锂电新能源产业链条。

二是全市锂盐实际产量已取得“一席之地”。我市锂云母矿产资源丰富，氧化锂储量达 260 万吨，占全国的 37.6%，且开采容易，吸引了大量资本来宜春投资锂电产业链前端项目。近年来，碳酸锂、氢氧化锂等锂盐项目建设如火如荼。碳酸锂目前实际产能已超 10 万吨，产量已达到 2.1 万吨，约占全国产量的五分之一，氢氧化锂明年产能将达到 3 万吨。南氏锂电今年已正式投产，今年产量约 6000 吨，预计明年产能达 4 万吨，产量达 2 万吨；银锂新能源今年产量 7000 吨，明年有望产量达 1.5 万吨；宝江锂业即将全面投产，明年形成产能 3 万吨，产量 1.5 万吨；飞宇新能源一期正在试产，今年产量已达 3000 吨，明年形成碳酸锂产能 2 万吨，产量 1.5 万吨；泰品新能源按计划如期建设，将于明年 6 月份正式投产，形成产能 1.2 万吨；永新新能源主体工厂即将完工，明年形成产能可达 1 万吨，产量 0.4 万吨；合纵锂业今年产量达 4000 吨；迈特、环锂等企业产量达到 1000 吨。

三是龙头企业转型升级加速。远东福斯特已在今年进入第三批符合《锂离子电池行业规范条件》企业名单，预计销售收入可达 20 亿元，明年有望达 30 亿元。今年上半年动力电池装机量位居全国第七，下半年 3GWh21700 动力锂电池项目建成投产，引进日本、韩国两条日产 40 万支 21700 动力电池智能化、绿色化生产线，配合 ERP 系统和 MES 系统开创锂电池智能制造的新模式，成为锂电行业“绿色数字化工厂”标杆，21700 产能仅次于天津力神，位列国内第二。紫宸科技加大研发投入，产品不断转型升级。2017 年出货量占全国负极材料市场份额约 25%，2018 年主营业收入达 18 亿元，连续两年稳居行业前三名。明年主营业务收入有望超过 25 亿元，成为全国负极材料示范标杆企业，尤其在人造石墨这一细分领域稳坐全国第一的宝座。

四是新增项目发展潜力较大。投资 50 亿元的江西格林德新能源产业化项目，主要生产锂离子电池及相关产品，目前 1 号厂房主体框架已完成，全部建成投产后可形成年产 3GWh 锂离子电池的生产能力，年产值达 40 亿元；投资 60 亿元的江西通瑞锂电隔膜项目已被中国隔膜排行第一的龙头企业上海恩捷收购，规划生产线 30 条，涂布线 30 条，目前固定资产投资达到 18 亿元，已安装完毕 6 条生产线设备，另有 2 条生产线正在安装之中，其中有 2 条锂电隔膜线年底可正式投产，至明年 6 月份，全部 8 条生产线可满负荷投入生产；总投资为 16 亿元的宜春市科陆储能技术有限公司建设储能系统核心生产基地，主要产品为储能系统、储能 PACK 系统、BMS 系统等，目前正在进行动力中心、组装调试厂房的桩基施工及场地局部土方回填工作；投资10亿元的宜春清陶能源科技有限公司采取腾笼换鸟方式，租赁厂房生产动力锂离子电池陶瓷隔膜，依托母公司调派的强大技术研发团队，计划用3～5年时间在宜春建成集研发、生产、销售于一体的动力锂离子电池陶瓷隔膜及新材料产业园。

18.2 产业主要特点

（1）锂矿资源储量丰富

随着全球新能源汽车的不断推广，锂资源将成为新能源经济的紧缺资源，谁拥有了它，谁就拥有了发展主动权。宜春市现探明的锂资源量以氧化锂计为260万吨，均为可开采锂资源，占全国可开采锂资源量的37.6%。宜春市高度重视锂矿资源监管整合工作，先后出台《关于加强我市锂矿产资源管理若干意见》《推进我市氧化锂资源管理实施办法》等政策法规，形成了完善的政策保障体系。成立市属矿业公司，在全面掌握全市锂矿资源家底的基础上，开展含锂矿权回收工作，全市绝大部分有可选利用价值的含锂矿山采矿权、探矿权实现了政府掌控。建立起了采矿、选矿、碳酸锂生产体系，有效提高了锂资源的利用率。今年全市将量产电池级碳酸锂1万吨，预计2019年将量产电池级碳酸锂5万吨，届时我市将成为国内规模最大的电池级碳酸锂生产基地。

（2）产业布局日趋完善

目前，宜春市形成了从锂矿原料精选到电池材料，再到锂离子电池及锂电应用的较为完整的产业链。培育了一批在国内具有较强影响力的高成长型企业，其产能规模和市场占有率已走在全国前列。碳酸锂生产环节有合纵、银锂、海汇龙洲等企业。电池材料生产环节中，正极材料生产企业有升华科技、艾德纳米、江特新材料等企业；负极材料生产企业有紫宸科技、正拓新能源、新卡本等企业，隔膜生产企业有星分子，电解液生产企业有金辉新材料等。锂离子电池生产企业有福斯特、赛特、金路、鸿兴等企业。新能源汽车生产企业主要是江特电机集团下属的江特电动车和宜春客车厂等企业。特别是江特电机集团，目前已经形成了集锂矿开采、选矿、碳酸锂、正极材料、新能源电机及新能源汽车生产为一体的全产业链布局。

（3）科技水平显著提升

宜春市把科技创新作为产业发展的优先战略，遵循创新规律，抓住关键环节，坚定不移实施创新驱动发展战略。组建江西省锂电新能源科技创新战略联盟和动力储能电池技术研发协同创新体及江西省锂云母综合开发协同创新体。组建福斯特、江特电机锂电新能源院士工作站和福斯特博士后科研工作站。全市锂电行业现有国家级工程研究中心 1 个、省级工程技术研究中心 6 个、省级科技创新团队 2 个、省级企业技术中心 3 个、市级工程技术研究中心 15 个，国家高新技术企业 14 家。依靠科技创新，企业核心竞争力显著增强。银锂公司生产技术获得重大突破，实现了锂云母提取碳酸锂高效低成本自动化生产。艾德纳米采用独特的全动态生产工艺和全自动化生产设备，建有世界首条磷酸铁锂正极材料自动化生产线。紫宸科技研发的新型硅碳负极材料制备技术和碳复合技术达到国际顶尖水平。福斯特在动力电池重大基础和前沿技术提前部署，重点开展高比能动力电池新材料、新体系、新结构、新工艺研究，掌握了一批支撑长远发展的关键技术。

（4）发展后劲持续增强

我市以项目建设和产业招商为抓手，以强化要素保障为支撑，培育发展新动能。项目建设方面，合纵锂业准备新建 3 条碳酸锂生产线，达到年产 2 万吨碳酸锂生产能力。紫宸科技正在筹备主板上市并筹划 2 万吨产能扩建工程。升华科技已建成 16 条磷酸铁锂正极材料生产线，全部达到生产要求后生产线将达到 64 条。福斯特投资 38 亿元建设的“年产 3.8GWh 动力储能锂电池研究及产业化项目”近期已开工，项目达到生产要求后，产值将超 100 亿元。奉新县全力推进璞泰来新材料产业园建设，努力打造锂电池完整产业链。重大项目招商方面，紧盯重大项目不动摇，积极推动北汽集团、国能电池、沃特玛、深圳卓能等一批有投资意向的大型锂电项目落地，尽快形成新的经济增长点。公共服务平台建设方面，组建总规模 30 亿元的产业发展引导基金，破解产业资金短缺难题。引进科陆电子等上市公司组建市充电公司，全面实施充电桩项目建设。组建锂电池检测中心并获批全省第一个锂电池 CMA 检测资质。建设锂电工程技术研究院，开展共性技术、关键技术联合攻关。成立锂电新能源学院，为产业发展提供人力资源支撑。

18.3　发展规划

一是顶层设计规划引领。新一届市委、市政府依托丰富的资源优势和现有产业基础，对锂电新能源产业进行了因地制宜的规划。按照“332”战略（三个基地、三大中心、两大平台）打造宜春市动力锂电池制造产业基地、锂电核心材料生产加工基地、新能源汽车制造基地，建成锂电企业总部办公中心、锂电新能源产业人才服务中心、国家锂电研发监督检验中心，创建锂电新能源产业金融平台与锂电新能源产业材料采购平台，力争到 2020 年形成千亿元产业规模，唱响“亚洲锂都”品牌。

二是整合资源夯实基础。我市先后出台《关于加强我市锂矿产资源管理若干意见》《推进我市氧化锂资源管理实施办法》等专项政策法规，形成了完善的政策保障体系，确保锂矿资源管理工作有法可依。成立矿业公司开展锂资源整合工作，全市主要含锂矿权实现政府掌控。对生产水平高、附加值高的碳酸锂企业，优先配置锂云母资源，促进资源优势转化为产业优势。

三是完善政策落实到位。宜春市先后出台《关于加快锂电新能源产业发展的决定》《宜春市锂电新能源产业发展优惠政策》《关于加快推进宜春市锂电新能源产业发展的实施意见》《关于进一步加快宜春锂电产业发展的若干政策》《宜春市锂电新能源产业发展扶持政策兑现操作细则》《江西省宜春市锂电新能源产业发展规划实施方案》等政策文件。在项目引进、企业扶优扶强、人才引进及科技创新、配套服务平台、新能源车发展及金融支持等方面制定了有针对性的政策，对锂电企业予以大力扶持，形成推进有力、保障到位的全方位政策体系。

四是引进人才助推发展。宜春出台《高层次人才引进办法》等一系列政策性文件，从住房支持、安居费、编制使用、职称评聘、就医就学、配偶安置、创业创新等各个方面提供优惠，最大限度地破解人才难引进瓶颈。为打造“亚洲锂都”，推动锂电新能源千亿产业发展，出台《锂电新能源产业发展人才支撑计划实施意见》，依托锂电产业先后引进院士、教授、博士等 260 多位高端研发人才，使宜春成为全省最大的锂电研发人才聚集地之一。

五是做好帮扶培育龙头。强化项目服务，跟踪解决项目推进过程中遇到的问题。每年累计为锂电企业减免税费近千万元。发挥“财园通”“银园宝”“银企对接”等金融平台作用，缓解企业资金压力，每年帮助锂电企业融资 2 亿多元。帮助锂电企业向上争取扶持政策和资金，市级层面的项目和资金优先向锂电企业倾斜。通过精心培育，形成了福斯特、紫宸科技、江特电机、升华科技等一批在国内具有较强影响力的龙头企业，其产能规模和市场占有率已位居全国前列。福斯特 18650 锂电池产量居全国第一，世界第三，动力电池年产 10 万组。紫宸科技硅碳负极材料的研发和生产在国内处于领先地位，行业排名稳居全国前三位。江特电机成功收购扬州九龙客车，将实现年产 10 万辆纯电动乘用车、20 万辆新能源 SUV、2000 辆客车的生产能力。

六是聚焦平台强化支撑。出台《宜春市产业发展引导基金的设立与运行方案》，组建规模 30 亿元的锂电产业发展引导基金，解决企业融资难问题。市内大中专院校开设锂电本科实验班和设立锂电新能源学院，在校生规模上千人。连续举办三届锂电国际高峰论坛和产业合作推进会，有力推动项目合作和“亚洲锂都”的宣传造势。开展宜春市锂电材料及产品检测中心组建和资质认定工作，成功获批省级 CMA 和国家 CNAS 检测资质。每年组织了两次外地专家来宜讲课交流活动。成立市充电公司，在全市范围内规划兴建电动汽车充（换）电站配套设施。筹建锂电产品质量监督检验中心，整合全市锂电检测平台和科研机构，为产业发展提供技术支撑。